Grunwald: Technikfolgenabschätzung – eine Einführung
2. Auflage

Gesellschaft – Technik – Umwelt
Neue Folge

1

Armin Grunwald

Technikfolgenabschätzung – eine Einführung

Zweite, grundlegend überarbeitete und wesentlich erweiterte Auflage

Dieser Band ist auch als gedruckte Ausgabe (englische Broschur) erhältlich:
ISBN 978-3-89404-950-8

Bibliografische Informationen Der Deutschen Nationalbibliothek

Die Deutsche Nationalbibliothek verzeichnet diese Publikation in der Deutschen Nationalbibliografie; detaillierte bibliografische Daten sind im Internet über http://dnb.d-nb.de abrufbar.

ISBN 978-3-8360-0930-0

Zweite, grundlegend überarbeitete und wesentlich erweiterte Auflage.
(Erste Auflage [ISBN 3-89404-931-6]: 2002)

Druck: Rosch-Buch, Scheßlitz

Printed in Germany

Inhalt

Vorwort zur zweiten Auflage

Im Jahre acht nach Erscheinen der ersten Auflage der Einführung in die Technikfolgenabschätzung ist diese nunmehr vergriffen. Diese Tatsache könnte Anlass für einen ehrenvollen Nachruf sein. Angesichts des seit einigen Jahren zu beobachtenden Aufschwungs der Technikfolgenabschätzung scheidet dieser Weg jedoch aus. Vielmehr scheint es geboten, eine einführende Darstellung in die Technikfolgenabschätzung verfügbar zu halten, letztlich aus den gleichen Gründen, die zum Verfassen der ersten Auflage motiviert hat und die dem unten aufgeführten Nachdruck von Teilen des Vorworts der ersten Auflage entnommen werden können.

Eine zweite Auflage darf, aufgrund der dynamischen Entwicklungen im gesellschaftlichen Umfeld der Technikfolgenabschätzung einerseits und in ihrem konzeptionell-theoretischen wie auch methodisch-praktischen Ansatz andererseits, nicht in einem einfachen Wiederabdruck der Erstfassung bestehen. Es stellt sich eher umgekehrt dar. Die Tatsache, dass Technikfolgenabschätzung vierzig Jahre nach ihrer Entstehung immer noch eine junge Forschungskonzeption ist, in der sich auch in eher wenigen Jahren viel ändern kann, führte dazu, dass weite Teile des Buches neu konzipiert und manche Textpassagen neu geschrieben wurden. Damit liegt mit dieser zweiten Auflage eine stark überarbeitete Version vor, die hoffentlich den wissenschaftlichen wie gesellschaftlichen Anforderungen der nächsten Jahre auf der Basis des heute erreichten Standes der Technikfolgenabschätzung gerecht werden kann.

Beibehalten wurde die problemorientierte Darstellung. Der Ausgangspunkt (Teil I) besteht in einer Beschreibung der Herausforderungen an Gesellschaft und Politik, die Technikentwicklung und -einsatz in der Moderne mit sich bringen. Diese werden anhand einiger charakteristischer Spannungsfelder und im technischen Fortschritt intrinsisch angelegter Ambivalenzen erläutert, arrangiert um das Problem des Auftretens nicht intendierter Folgen der Technik herum (Kap. 1). Die gesellschaftliche, insbesondere politische Bewältigung dieser Herausforderungen führt zu einem durchaus heterogenen *Anforderungskatalog* an wissenschaftliche Aktivitäten, welche mit dem Oberbegriff der ‚Technikfolgenabschätzung' bezeichnet werden: Entscheidungsunterstützung, Politikberatung, Demokratisierung von Technik, Bewältigung oder Verhinderung von Technikkonflikten, Umgang mit divergierenden Expertenurteilen und Beiträge zu einer reflektierten Technikgestaltung (Kap. 2).

In den über vierzig Jahren der Geschichte der Technikfolgenabschätzung wurden vielfältige Antworten auf diese Herausforderungen in Form praktischer Umsetzungen und theoretischer Konzepte gegeben (Teil II). Die Darstellung der

Geschichte der Technikfolgenabschätzung erfolgt zunächst anhand institutioneller Entwicklungen in unterschiedlichen Beratungs- und Nachfragekontexten, z.B. in Form parlamentarischer Politikberatung, Wirtschaftsberatung oder Bürgerberatung (Kap. 3). Sodann werden Konzeptionen der Technikfolgenabschätzung vorgestellt, in denen das Verhältnis von Technik, Politik, Wissenschaft, Wirtschaft und Öffentlichkeit auf je verschiedene Weise gedacht wird, was jeweils Konsequenzen für die Auslegung der Technikfolgenabschätzung als Forschung und Beratungspraxis hat (Kap. 4).

Technikfolgenabschätzung ist auch ein ‚Handwerk' und bedarf eines ‚Handwerkzeugs' (Teil III). Hierzu gehören zunächst Anleitungen und Methoden, wie Projekte und Verfahren der Technikfolgenabschätzung strukturiert und durchgeführt werden können (Kap. 5). Zentrale methodische Herausforderungen stellen sich insbesondere im Hinblick auf die Generierung und Bewertung von ‚Zukunftswissen', die Sicherstellung von Verallgemeinerbarkeit und Nachvollziehbarkeit für Bewertungen und die transparente Erarbeitung von Handlungsoptionen (Kap. 6). In der Technikfolgenabschätzung wird eine Reihe von konkreten Methoden verwendet, die der Gewinnung von Systemverständnis, der Generierung und Beurteilung von Zukunftswissen, der Strukturierung von Argumentationslandschaften sowie der Durchführung von Beteiligungsverfahren dienen (Kap. 7). Des Weiteren bedarf Technikfolgenabschätzung auch als interdisziplinäre und problemorientierte Forschung vielfach der Unterstützung durch wissenschaftliche Disziplinen (Kap. 8).

In exemplarischen Praxisfeldern der Technikfolgenabschätzung wird ein anschaulicheres Bild von der Arbeitsweise der Technikfolgenabschätzung gezeichnet (Teil IV). Folgende Felder wurden ohne jeden Anspruch auf Vollständigkeit nach Maßgabe möglichst großer Unterschiedlichkeit ausgesucht: Technikfolgenabschätzung als Nachhaltigkeitsbewertung (Kap. 9), Technikfolgenabschätzung im Umgang mit Technikkonflikten wie z.B. der Endlagerung hoch radioaktiver Abfälle (Kap. 10) sowie Technikfolgenabschätzung als Unterstützung der Innovationspolitik (Kap. 11).

Zum Abschluss (Teil V) wird die Technikfolgenabschätzung aus unterschiedlichen Perspektiven reflektiert. Zunächst stellt sich die Frage nach einer Theorie der Technikfolgenabschätzung (Kap. 12). Eine derartige Theorie liegt bislang nicht vor, trotz theoretisch ausgerichteter Debatten zur Ausrichtung der Technikfolgenabschätzung. Wiederkehrende Fundamentalkritiken wie die Vorwürfe der Technikverhinderung oder der Akzeptanzbeschaffung sowie Warnungen vor ihrer Folgenlosigkeit werden erläutert und kritisch diskutiert (Kap. 13). Die Reflexion erstreckt sich sodann auf die Frage nach den Grenzen der Technikfolgenabschätzung in Bezug auf eine rationale(re) Gestaltung von Technik, auf eine Demokratisierung von Technik und auf die Vermeidung technisch bedingter Risiken (Kap. 14). Schließlich werden ausgehend von der heutigen Situation einige Perspektiven für die Weiterentwicklung der Technikfolgenabschätzung angesprochen (Kap. 15).

Die Darstellung der unterschiedlichen Themen ist selbstverständlich um ein hohes Maß an Ausgewogenheit bemüht. Trotzdem bleibt vieles zwangsläufig subjektiv und mit dem kontingenten Erfahrungsbereich des Autors verbunden. Auch meine nun fast zwanzig Jahre dauernde Tätigkeit in der Technikfolgenabschätzung ändert nichts daran, dass Methoden, Beispiele, Themenfelder und Institutionen mir unterschiedlich gut vertraut sind und dass diese Unterschiede sich auch in der vorliegenden Einleitung nicht komplett eliminieren ließen.

Dank zu sagen ist vielen Kolleginnen und Kollegen aus der Technikfolgenabschätzung selbst, aus ihrem wissenschaftlichen Umfeld und aus ihren Adressatenkreisen und Nutzern, die in direkter oder indirekter Form zur Ausgestaltung dieser zweiten Auflage beigetragen haben, auf den wissenschaftlichen Konferenzen, in Publikationen, in Gesprächen und auf Workshops, im Netzwerk Technikfolgenabschätzung, in Projekten oder in persönlichen Gesprächen ‚zwischendurch'. Ein besonderer Dank gilt den Mitarbeiterinnen und Mitarbeitern im Institut für Technikfolgenabschätzung und Systemanalyse (ITAS) und im Büro für Technikfolgen-Abschätzung beim Deutschen Bundestag (TAB). Hier möchte ich zum einen das ‚TA-Kolleg' hervorheben, das sich in einer eigenen Sitzung mit dem Überarbeitungsbedarf der ersten Auflage befasst hat. Teilgenommen haben daran *Richard Beecroft, Christian Dieckhoff, Marc Dusseldorp* und *Anna Schleisiek.* Zum anderen möchte ich die TA-Theoriegruppe am ITAS mit *Gotthard Bechmann, Knud Böhle, Christian Büscher, Michael Decker, Fritz Gloede, Peter Hocke-Bergler* und *Bettina-Johanna Krings* erwähnen, die vor allem zum Einstieg in die Thematik wertvolle Hinweise gegeben haben. Weiterhin sei Dank gesagt Frau *Melanie Simonidis-Puschmann* für die sorgfältige inhaltliche Durchsicht des Manuskripts.

Karlsruhe, im März 2010 *Armin Grunwald*

Vorwort zur ersten Auflage (Auszug)

Der Begriff des „Technology Assessment“ (TA), im Deutschen zumeist übersetzt mit „Technikfolgenabschätzung“, ist in den sechziger Jahren des vorigen Jahrhunderts geprägt worden. Entstanden in den USA, in einer sehr spezifischen Konstellation parlamentarischer Beratungen über Technik, fand er in den siebziger Jahren Eingang in die europäischen Debatten über Technik und in entsprechende Forschungs- und Beratungsaktivitäten. Die achtziger und neunziger Jahre führten zu einer Ausweitung der Technikfolgenabschätzung im wissenschaftlichen, politischen und öffentlichen Raum und zu einer Festigung der institutionellen Basis.

Trotz dieser jahrzehntelangen Geschichte ist eine einführende Gesamtdarstellung der Technikfolgenabschätzung bislang nicht verfügbar. Die vorhandene Literatur besteht zu einem großen Teil entweder aus umfangreichen, teils mehrbändigen Handbüchern (Albach et al. 1991; Bröchler et al. 1999; Westphalen 1997) oder aus verstreuten Beiträgen in Sammelbänden und Konferenzberichten. Diese Darstellungen sind einerseits oft schwer zugänglich, nur in begrenzten Auflagen gedruckt oder gar nicht mehr aufzufinden. Andererseits, und dies wiegt noch schwerer, sind diese Beiträge in der Regel für die Diskussion *innerhalb* der Technikfolgenabschätzung geschrieben; d.h., sie sind häufig genug für Außenstehende schwer verständlich, ausgesprochen heterogen, sie stehen teilweise in Widerspruch zueinander, sind redundant und verwirrend.

Diese Situation mag damit zu tun haben, dass Technikfolgenabschätzung eben keine wissenschaftliche Disziplin darstellt, die ganz selbstverständlich über einführende Literatur verfügt wie die Theoretische Festkörperphysik, die Staatsphilosophie oder die Betriebswirtschaftslehre. Einführungen dieser Art bilden nicht nur ein Element der universitären Ausbildung, sondern dienen auch der Selbstreflexion über den erreichten ‚Stand von Wissenschaft und Forschung’ in den betreffenden Fächern. In einer Einführung in ein Themengebiet ist das enthalten, was im Konsens der Wissenschaftler als erreichter und damit auch nach außen darstellbarer und an den wissenschaftlichen Nachwuchs weiterzugebender Stand anerkannt ist. In vielen zentralen Fragen der Technikfolgenabschätzung besteht jedoch kein Konsens, trotz der Tatsache, dass Technikfolgenabschätzung mittlerweile gesellschaftlich weitgehend anerkannt und institutionell stabilisiert ist. Worin die zentralen konzeptionellen, methodischen und wissenschaftlichen Elemente von Technikfolgenabschätzung bestehen und wie sie politisch und gesellschaftlich umgesetzt werden sollen, ist immer noch kontrovers. Die interne Konsolidierung der Technikfolgenabschätzung könnte, so mag es scheinen, notwendige Voraussetzung dafür sein, überhaupt eine Einführung schreiben zu können.

Auf der anderen Seite scheint ein Bedarf nach einer kompakten und verständlichen Darstellung der Technikfolgenabschätzung durchaus vorhanden zu sein. Dieser ergibt sich einerseits dadurch, dass Technikfolgenabschätzung in vielfältiger Weise mit ganz verschiedenen gesellschaftlichen Gruppen in Kontakt kommt: als wissenschaftliche Aktivität mit den betroffenen wissenschaftlichen Disziplinen, als Informationsangebot an die interessierte Öffentlichkeit mit Medien und Journalisten, als Beratungsangebot an politische Entscheidungsträger mit den Adressaten dieser Beratung, durch ihren Technik- und Innovationsbezug mit Vertretern aus Industrie und Wirtschaft. Die Vielfalt dieser Adressaten macht den Bedarf nach einem über Berufs- und Disziplingrenzen hinweg verständlichen ‚Referenzdokument' deutlich.

Andererseits gibt es auch einen Bedarf nach einer Einführung, der aus der Technikfolgenabschätzung selbst kommt. Ganz offensichtlich ist hier zunächst der Aspekt von Aus- und Weiterbildung zu nennen. Sowohl im universitären Bereich als auch im betrieblichen Bereich werden verstärkt Erfahrungen aus der Technikfolgenabschätzung genutzt, um entweder Studenten entsprechende Kompetenzen zu vermitteln oder betriebliche Weiterentwicklungen hinsichtlich einer moderneren Behandlung der Schnittstelle zwischen Unternehmen, Gesellschaft und Öffentlichkeit zu ermöglichen. Weiterhin kann – dies ist die Hoffnung des Autors – eine Einführung auch dazu beitragen, die Konsolidierung im Selbstverständnis der Technikfolgenabschätzung voranzutreiben.

Die große Frage ist dann, wie mit der erwähnten Abwesenheit eines gemeinsamen Verständnisses in dieser einführenden Gesamtdarstellung umgegangen werden solle. Nach Meinung des Autors kommt hierfür nur ein *beschreibender* Zugang in Frage, der die verschiedenen Fragestellungen innerhalb der Technikfolgenabschätzung benennt und der die *verschiedenen* Antworten wiedergibt. Zwar ist auch ein solcher Zugang nicht wertneutral und kann nicht garantieren, dass all den verschiedenen Ansätzen und Positionen Gerechtigkeit widerfährt. Es muss oft eine Auswahl getroffen werden, Gewichtungen müssen vorgenommen und Zuordnungen gemacht werden, die immer auch problematisiert werden können und in denen sich unvermeidlich persönliche Einschätzungen des Autors widerspiegeln. Hier kann nur verwiesen werden auf die korrigierende Kraft der wissenschaftlichen und gesellschaftlichen Diskussion *in der Folge* einer Veröffentlichung. Das letzte Wort hat auch in diesem Falle nicht der Autor, sondern der Leser.

Für die Darstellung der Technikfolgenabschätzung in diesem Buch wurde ein problemorientierter Ansatz gewählt. Am Anfang steht die Frage nach dem *gesellschaftlichen Bedarf* nach Technikfolgenabschätzung: worauf soll Technikfolgenabschätzung eine Antwort geben? Dies entspricht einerseits der historischen Wahrheit: Technikfolgenabschätzung wurde seitens des US-amerikanischen Parlamentes und der Öffentlichkeit *nachgefragt* und nicht aus den Wissenschaften heraus angeboten. Andererseits ermöglicht dieser Zugang eine Strukturierung, in der die verschiedenen Ansätze der Technikfolgenabschätzung als Antworten auf die aus gesellschaftlicher oder politischer Sicht gestellten Fragen aufgefasst werden können. Ausgehend von realen gesellschaftlichen Problemen mit Technik und Technisierung kann gefragt werden, was Technikfolgenabschätzung zur Lösung dieser Probleme beitragen kann, welche Möglichkeiten der Wissenschaften oder des politischen Systems genutzt werden können, welche Konzeptionen bislang für welche Zwecke entwickelt und eingesetzt wurden und wo die Grenzen dieser Lösungsmöglichkeiten liegen. Die implizite Definition von Technikfolgenabschätzung als Antwort(en) auf gesellschaftliche Bedarfs- und Problemlagen erlaubt es, die vielfältigen Facetten der Technikfolgenabschätzung als *verschiedene* Antworten auf *verschiedene* Aspekte der Problemlagen aufzufassen und zuzuordnen.

[...]

Der einführende Charakter dieses Buches und die Begrenzung des Umfanges auf ein handhabbares Format bringen es mit sich, dass nicht alle Aspekte und Fragen bis ins Detail behandelt werden können. So sind z.B. die Beschreibungen der TA-Verfahren und TA-Methoden nicht so ausgelegt, dass auf der Basis dieses Buches eine entsprechende Untersuchung unmittelbar in Angriff genommen werden könnte. Stattdessen wird jeweils auf detailliertere Fachliteratur verwiesen. Das Ziel des Buches ist vielmehr, einen allgemeinen Überblick über die Vielfalt innerhalb der Technikfolgenabschätzung zu geben und dem Leser zu erlauben, sich in dieser Vielfalt zurechtzufinden. Zu diesem Zweck wurden eine ganze Reihe von internen Querverweisen angebracht und Redundanzen nicht völlig eliminiert. Zur Orientierung des Lesers finden sich ein Stichwortverzeichnis und ein Abkürzungsverzeichnis am Ende des Buches.

Das vorliegende Buch baut auf langjährigen Diskussionen mit Kollegen und Kolleginnen aus der Technikfolgenabschätzung, aus dem politischen Bereich, der Wirtschaft und aus verschiedenen wissenschaftlichen Disziplinen auf. Gerade ein Unternehmen wie die *Einführung* in ein Themenfeld bedarf der vielfältigen Diskussion und der Kooperation. Allen explizit oder implizit Beteiligten möchte ich daher ganz herzlich danken. Besonderer Dank gilt den Mitarbeiterinnen und Mitarbeitern des Instituts für Technikfolgenabschätzung und Systemanalyse für hilfreiche Kritik und weiterführende Anmerkungen. Hervorgehoben sei die sorgfältige Durcharbeitung des Manuskriptentwurfs durch Klaus-Rainer Bräutigam und Bernd Wingert sowie einzelner Kapitel durch Gerhard Banse, Ingrid von Berg und Michael Rader. Frau Waltraud Laier gebührt besonderer Dank für die professionelle und rasche Gestaltung des Layouts.

Karlsruhe, im März 2002 *Armin Grunwald*

Teil I
Ambivalenzen moderner Technik

Technikfolgenabschätzung ist ein Kind des 20. Jahrhunderts. Sie ist in einer konkreten historischen Situation entstanden, um zur Bewältigung bestimmter gesellschaftlicher Herausforderungen durch Technik und Technikfolgen beizutragen. Um zu verstehen, was Technikfolgenabschätzung ist und was sie leisten soll, ist es daher erforderlich, zunächst den Problemhintergrund für ihre Entstehung zu schildern, der in einer Reihe von Ambivalenzen und Spannungsfeldern des wissenschaftlich-technischen Fortschritts besteht (Kap. 1). Sodann werden die gesellschaftlichen Erwartungen an Technikfolgenabschätzung als Reaktionen auf die genanten Probleme dargestellt (Kap. 2). Auf diese Weise wird in diesem ersten Teil der vorliegenden Einführung der Erwartungshorizont beschrieben, der zur Entstehung der Technikfolgenabschätzung geführt hat und relativ zu dem auch weiterhin die Leistungen der Technikfolgenabschätzung beurteilt werden können (und müssen).

1. Spannungsfelder im technischen Fortschritt

Das Bild von Technik[1] in der Gesellschaft heute ist durch vielerlei Widersprüche gekennzeichnet (Hennen 2002; Renn/Zwick 1997). Einerseits gilt Technik nach wie vor als zukunftsweisend und wohlstandssichernd, als beschützend und komfortsteigernd, als Versprechen auf und vielfach auch als Notwendigkeit für die Gestaltung einer guten, wenn nicht gar besseren Zukunft. Die erwünschten und als positiv wahrgenommenen Folgen werden als Fortschritt empfunden. Andererseits sind Folgen von Technik eingetreten, die nicht mehr als wünschenswert gelten: Probleme mit der natürlichen Umwelt, insbesondere Folgen für das Klima, aber auch soziale Verwerfungen bis hin zu Technikkonflikten. Es ist für das Verständnis der Technikfolgenabschätzung wesentlich, die gegenwärtigen Probleme mit Technik und Technisierung zwischen Wirtschaft, Öffentlichkeit und Politik genauer zu betrachten. Dies wird im Folgenden unternommen, strukturiert nach typischen Spannungsfeldern und Ambivalenzen, die der wissenschaftlich-technische Fortschritt in den letzten Jahrzehnten in zunehmendem Umfang zutage gefördert hat. Diese Spannungen sind zum Teil dialektisch dahingehend, dass sie dem technischen Fortschritt *intrinsische* und notwendigerweise *simultan auftretende*, aber in ihren Wirkungen *gegensätzliche* Entwicklungen beschreiben. Boris Groys hat die Konsequenz dieser Spannungen zutreffend, wenngleich wenig hilfreich, folgendermaßen beschrieben: „man weiß hinsichtlich einer technischen Innovation nie, ob sie die existierende Gesellschaft stabilisiert oder zugrunde richtet“ (1997, S. 18).

Diagnosen von Ambivalenzen, Spannungsfeldern und dialektischen Konstellationen im Zuge des wissenschaftlich-technischen Fortschritts entstammen ausgedehnten wissenschaftlichen und gesellschaftlichen Debatten. Vor allem Autoren aus Philosophie und Sozialwissenschaften, aber auch Künstler und Schriftsteller sowie Naturwissenschaftler und Ingenieure haben sich mit Technik auseinandergesetzt, mehr oder weniger differenzierte Deutungen vorgetragen und die Diagnosen geschärft. Im Detail bestehen Kontroversen, auch schwerwiegender Art, in diesen Debatten fort. Auf einer abstrakten Ebene jedoch gibt es einen weitgehenden Konsens, und um eine in Bezug auf die Herausforderungen an Technikfolgenabschätzung zugeschnittene Darstellung auf dieser Ebene geht es im Folgenden.

---

1 In diesem Buch ist mit Technik grundsätzlich moderne und damit wissenschaftsgestützte Technik gemeint. In der Moderne ist Technik verwissenschaftlicht und Wissenschaft technisiert. Analog ist der ‚technische Fortschritt' zu einem ‚wissenschaftlich-technischen' geworden. Technikfolgenabschätzung betrachtet, und dies drückt das amerikanische ‚Technology Assessment' besser aus, nie nur Technik-, sondern auch Wissenschaftsfolgen, insofern Wissenschaft praktisch wird.

1.1 Zwischen Fortschrittszielen und nicht intendierten Folgen

Eine für das Selbstverständnis der modernen Gesellschaft ganz zentrale Situation im Verhältnis zur Technik resultiert aus dem Zusammenbruch eines naiven Fortschrittsoptimismus, der seit Beginn der Industriellen Revolution immer wieder eine dominante Rolle spielte. Zuletzt war ein solcher Fortschrittsoptimismus in der Wirtschaftswunderzeit nach dem Zweiten Weltkrieg vorherrschend, als ein technischer Fortschritt ohne Grenzen möglich schien. Die Umweltkrisen, der Rüstungswettlauf im Kalten Krieg und die ‚Grenzen des Wachstums' (Meadows et al. 1972) sind die hauptsächlichen Totengräber dieses Optimismus. Negative Folgen von Technik und Technisierung wurden unübersehbar und zeigten den Preis, der vielfach für den technischen Fortschritt zu zahlen war. Diese Dichotomie zwischen den intendierten positiven Folgen von Technik, den mit dem Fortschritt verbundenen Zielen und Erwartungen einerseits und den nicht intendierten, häufig negativen Folgen andererseits führte zu Unsicherheiten über den weiteren technischen Fortschritt, zu Orientierungsproblemen und zu gesellschaftlichen Konflikten über die Beantwortung der offenen Fragen. Das Ende des Fortschrittsoptimismus hat Technikskepsis zu einer gesellschaftlichen Kraft gemacht.

In dieser Spannungssituation existieren beide Seiten der Medaille gleichzeitig und nebeneinander. Zum einen setzt die moderne Gesellschaft weiter auf technischen Fortschritt (Kap. 1.1.1) und unterliegt dabei *Systemzwängen* vor allem ökonomischer Art aufgrund des extremen Wettbewerbsdrucks in der globalisierten Wirtschaft. Trotz der Ambivalenzen und dadurch erforderlichen Regulierungen wird der technische Fortschritt weiter beschleunigt, indem mehr Geld in Forschung und Entwicklung investiert wird. Die Gesellschaft ist auf technischen Fortschritt auch daher angewiesen, um die negativen Folgen der älteren Technik kompensieren zu können, vor allem im Hinblick auf Umwelt und Klimaprobleme. Zum anderen Seite ist das Bewusstsein durchaus vorhanden, dass auch Technik, die zu besten Absichten entwickelt und eingesetzt wird, in ihrem Einsatz unerwartete und nicht beabsichtigte Folgen mit sich bringen kann (Kap. 1.1.2). Technikfolgenabschätzung operiert genau inmitten dieses Spannungsfeldes (Gloede 2007).

1.1.1 Erwünschte Folgen: Technik als Fortschritt

Technik war in der Kulturgeschichte der Menschheit stets ein entscheidendes Medium für Erfolg und Wohlstand. Ob es die Nutzbarmachung neuer Materialien für die Werkzeugherstellung in der Frühzeit der menschlichen Kultur, eine überlegene Militärtechnik oder Bewässerungstechnik in trockenen Gegenden, technisch ermöglichte oder erleichterte Transportkapazitäten, z.B. durch Schiffbau, Techniken langfristiger Lagerung und Vorratshaltung von Nahrungsmitteln oder die technisch ermöglichte Vorhersage von astronomischen Konstellationen wie Sonnenfinsternissen war: stets waren das Wohl, die Überlebensfähigkeit, die Macht und auch der Wohlstand einer Gesellschaft verbunden mit ihren technischen Möglichkeiten – selbstverständlich gemeinsam mit den sozialen und kulturellen Fähigkeiten zu ihrer entsprechenden Nutzung. Diese alte Erfahrung der Menschheit macht es verständlich, dass technische Neuerungen über ihre als positiv und erwünscht angesehenen Folgen häufig als *Fortschritt* verstanden wurden (und werden).

Mit der Industriellen Revolution trat dieser Fortschrittsgedanke in eine neue Dimension. Technik erschien als wesentlich verbunden mit den Idealen der europäischen Aufklärung: die Befreiung von den Zwängen und Begrenzungen der Natur durch die Beherrschung dieser Natur, die Ermöglichung menschlicher Autonomie und Selbstbestimmung durch Technikentwicklung und ihren zielgerichteten Einsatz für die Zwecke des Menschen, schließlich die Befreiung von den kulturellen Beschränkungen vormoderner Gesellschaften. Emanzipatorische Zielsetzungen dieser Art verhalfen der Technik zu einem kultur- und geschichtsphilosophischen Überbau von erheblicher Durchschlagskraft. Das Zusammenwirken der europäischen Aufklärung und der neuen technischen Möglichkeiten führte zu utopischen Erwartungen. Mit Technik wurde in mehrfacher Hinsicht das Versprechen eines besseren Lebens verbunden: Entlastung von körperlicher Arbeit durch technische Werkzeuge oder Maschinen in Landwirtschaft und Manufakturen, unbegrenzte Mehrung von individuellem und gesellschaftlichem Wohlstand durch neue und effizientere Formen der Wertschöpfung, bessere medizinische Versorgung, Befreiung von der Abhängigkeit von der Natur, z.B. durch bessere Erntetechniken, Erweiterung des Bildungs- und Freizeitbereichs, in Utopien des 19. und 20. Jahrhunderts dann sogar die Erlösung des Menschen von den Zwängen der Erwerbsarbeit durch Technik. Zentraler Gedanke dieses aufklärerischen Fortschrittsoptimismus war die Überzeugung, dass der technische Fortschritt immer auch ein sozialer, ein kultureller und letztlich auch ein moralischer Fortschritt nicht nur *sein müsse*, sondern dies auch sei.

Im vergangenen Jahrhundert wurden auf diesem Weg neue Dimensionen der menschlichen Handlungsmacht durch Wissenschaft und Technik erschlossen. Die Atombomben auf Hiroshima und Nagasaki, die Apollo-Mondlandung, die erste Herzverpflanzung, das erste Retortenbaby, die Erfindung des Mikrochips und das Klon-Schaf ‚Dolly' markieren einige besondere Schritte. Gemeinsam ist diesen technischen Erfolgen die Zurückdrängung des Unverfügbaren: das, was menschlichem Zugriff entzogen war, was als unbeeinflussbare Natur akzeptiert werden musste, wird zum Gegenstand technischer Gestaltung nach von Menschen gesetzten Zwecken. Die technische Gestaltung bezieht sich einerseits auf die ‚äußere Welt' des Menschen, auf seine Umwelt (z.B. durch Landwirtschaft) und auf die Umgestaltung der Erdoberfläche (z.B. durch Autobahntrassen, Staudämme und Braunkohlebergbau).

Aktuelle Diskussionen um ein ,Climate Engineering' dehnen diese technische Einflussnahme auf die globale Ebene aus (TATuP 2010). Während bis vor wenigen Jahrzehnten das Klima als eine der menschlichen Handlungsmacht entzogene naturgegebene Größe betrachtet wurde, die zwar durch nicht intendierte Folgen menschlichen Handelns allmählich verändert, aber eben nicht absichtlich beeinflusst wurde, entstand mittlerweile der Gedanke, ein zielgerichtetes *Klimamanagement* zu betreiben. So könnte beispielsweise durch eine absichtliche Einbringung von Aerosolen die Atmosphäre ,gekühlt' werden, um der Klimaerwärmung entgegen zu wirken – bereits vom Gedanken her Ausdruck der erheblich größer gewordenen Handlungsmacht des Menschen.

Andererseits gerät auch die Innenwelt des Menschen unter technisch ermöglichten Zugriff. Viele Krankheiten, die bis vor kurzem als Schicksal akzeptiert werden mussten, können geheilt oder erheblich gelindert werden. Zustände, die als Defizite empfunden wurden, aber nicht verändert werden konnten, wie z.B. ungewollte Kinderlosigkeit oder Schönheitsmakel, können heute medizintechnisch behandelt und teilweise beseitigt werden. Die Ausweitung der Einflussmöglichkeiten des Menschen durch gentechnische Veränderungen des Erbgutes und durch Eingriffe in Reproduktionsvorgänge wie beim Klonen macht auch die Erbsubstanz technisch modifizierbar.

Seit Beginn des Jahrzehnts wird eine Debatte um die ,technische Verbesserung' des Menschen geführt (Roco/Bainbridge 2002; Grunwald 2008b, Kap. 9). Wenn es z.B. gelänge, menschliche Sinnesorgane wie das Auge technisch nachzubauen und sodann zu verbessern, z.B. durch Hinzufügung einer Zoom- oder Nachtsichtfähigkeit, könnte der Mensch sich von seiner evolutionär ererbten körperlichen Verfassung lösen und sich selbst zum Gegenstand technischer Gestaltung machen.

Bevor die Schattenseite dieser Entwicklungen angesprochen wird (Kap. 1.1.2), ist festzuhalten, dass die Technikgeschichte in weiten Teilen eine atemberaubende Erfolgsgeschichte ist (Janich 1998). Die Vergrößerung der menschlichen Handlungsmöglichkeiten, die Transformation von unbeeinflussbar Naturgegebenem in etwas zu Beeinflussendes, vielleicht sogar zu Kontrollierendes, hat in vielen Fällen eindeutig positive Folgen gezeigt – jedenfalls für den Teil der Erdbevölkerung, der Zugang dazu hat. Die Bekämpfung von Krankheiten, die Steigerung des Wohlstands, die Sicherung der Versorgung mit Nahrungsmitteln, die Ermöglichung globaler Kommunikation – die Globalisierung ist ohne die vernetzten Informations- und Kommunikationstechnologien unvorstellbar –, der Schutz vor vielen Gefahren der Natur: alles dies sind Folgen von Technik und Technisierung, die unabhängig von jeder Technikkritik festzuhalten sind.

Die Perspektive auf Technik als Fortschritt fand ihren Niederschlag in einer gewissen ‚Technikgläubigkeit' in Teilen der Bevölkerung. Die Lösung vielfältiger gesellschaftlicher und individueller Probleme wurde (und wird) vielfach vom zielgerichteten und erweiterten Einsatz von Technik erwartet. Auch gegenwärtig, und das weist darauf hin, dass trotz des im nächsten Kapitel diskutierten Zusammenbruchs des Fortschrittsoptimismus diese Gedanken weiter wirken, stellt sich dies häufig nicht viel anders dar. Z.B. wird in Krankheitssituationen meist lieber auf Technik zurückgegriffen (sprich: ein Medikament oder eine Operation), als den Lebenswandel zu ändern. Aktuelle Beispiele für Technikgläubigkeit sind die mit der Nanotechnologie und den ‚Converging Technologies' verbundenen und teils utopischen Erwartungen, damit praktisch alle Probleme dieser Welt technisch lösen zu können (Drexler 1986; Roco/Bainbridge 2002).

1.1.2 Nicht intendierte Folgen der Technik

Technik war aber auch wohl kaum jemals unumstritten und ausschließlich *nur* positiv wahrgenommener Fortschritt. Unerwünschte Folgen[2] von Technik – unerwünscht jedenfalls für bestimmte Teile der Bevölkerung – zeigten sich bereits im Altertum durch übermäßigen Einsatz von Landbautechnik in dafür ungeeigneten Regionen oder durch den Kahlschlag der mediterranen Waldgebiete für den Bau von Schiffen oder Gebäuden mit der heute noch sichtbaren Folge der Verkarstung ganzer Regionen. In der Folge der Industriellen Revolution waren gesundheitliche Probleme und Risiken für die Arbeiter, etwa in Bergwerken oder in Stahlhütten, unübersehbar. Die Problematik der ‚Risiken und Nebenwirkungen' aus dem medizinischen Bereich ist jedermann geläufig.

Aus zwei Gründen war die Problematik nicht intendierter Folgen der Technik jedoch bis vor wenigen Jahrzehnten kaum ein Thema gesellschaftlicher Debatten. Erstens erschienen die unerwünschten und als negativ wahrgenommenen Folgen der Herstellung oder Nutzung von Technik als vernachlässigbar klein gegenüber dem erwarteten und eingetretenen Nutzen. Umweltschäden z.B. waren so lange kein Thema, wie die Umwelt als unbegrenzt belastbar in Bezug auf die Entnahme von Ressourcen und die Einbringung von Emissionen und Abfällen erschien. Zweitens wurde im ungetrübten Fortschrittsoptimismus ganz selbstver-

2 Häufig wird in diesem Kontext von ‚Nebenfolgen' geredet, in Absetzung von den positiven ‚hauptsächlichen' Folgen. Diese Rede ist jedoch teils irreführend, weil die Bestimmung von Folgen als Haupt- oder Nebenfolge von der jeweiligen Perspektive abhängt (vgl. Gloede 2007).

ständlich angenommen, dass der technische Fortschritt selbst der Schlüssel zur Lösung aller Technikfolgenprobleme sei: zukünftige Technik werde leicht die durch heutige Technik entstandenen Folgeschäden beseitigen können. Die zukünftig verfügbaren Technologien seien viel besser geeignet, mit den Technikfolgen umzugehen, als die jeweils gegenwärtigen – und deswegen brauche man sich in der jeweiligen Gegenwart nicht weiter darum zu kümmern, sondern könne die Behandlung der Technikfolgen in die Zukunft verschieben.

Beide Argumente sind schon seit Jahrzehnten nicht mehr haltbar. Die Problematik nicht intendierter Folgen ist ein nicht mehr wegzudenkender Aspekt der weiteren Technisierung geworden (Lübbe 1978). Die räumliche und zeitliche Reichweite von Technikfolgen – und zwar auch die der nicht intendierten negativen Folgen – hat genauso dramatisch zugenommen wie der Grad der Einwirkung auf weite Bevölkerungsteile, ganze Landschaften oder Volkswirtschaften. Diese Situation, dass nicht intendierte Folgen dramatische Ausmaße annehmen können und das Verhältnis von Gesellschaft und Technik vor ganz neue Fragen stellen, sei anhand einiger bekannter Beispiele aus den Bereichen ‚Unfälle', ‚Folgen für die natürliche Umwelt', Folgen für die menschliche Gesundheit', ‚soziale Technikfolgen' und ‚Abhängigkeit von der Technik' kurz erläutert.

Unfälle

Technik soll funktionieren. Ein Nichtfunktionieren ist nicht intendiert. In bestimmten Situationen führt nicht funktionierende Technik zu Unfällen als nicht intendierten Folgen. Unfälle werden gesellschaftlich als etwas Unvermeidliches akzeptiert, insofern ihre Auswirkungen in einem gewissen Rahmen bleiben. Dass in Bergwerken bei Unglücken Arbeiter verschüttet werden oder dass in Chemiefabriken trotz aller Vorsichts- und Schutzmaßnahmen ein Brand mit Personenschäden und Giftgasemissionen ausbrechen kann, wird zumeist genauso hingenommen wie Tausende von Verkehrstoten pro Jahr allein in Deutschland. Niemand fordert die Abschaffung des individuellen Personenverkehrs, obwohl jeder das nächste Opfer sein könnte. Anders sieht dies jedoch in anderen Bereichen aus. Vor allem die Störfälle in Kernkraftwerken (Three Miles Island 1979 und, viel stärker noch, Tschernobyl 1986) erschütterten nachhaltig das Vertrauen in diese Form der Energiegewinnung, aber auch grundsätzlich das Vertrauen in Technik und die damit befassten Experten und Politiker. Die Giftgasunglücke von Seveso und Bhopal wiesen auf das hohe Gefahrenpotenzial bestimmter chemischer Anlagen hin. Vor allem in großtechnischen Anlagen besteht trotz aller Sicherheitsmaßnahmen ein gewisses Risiko. Perrow (1987) zeigte anhand der empirischen Untersuchung von Unfällen in großtechnischen Systemen, dass es umso häufiger zu unvorhergesehenen Störungen kommt, je komplexer ein System aufgebaut ist. Eine Gesellschaft, die auf Technik setzt, macht sich dadurch verwundbar und wird anfällig gegenüber Störfällen. Ebenfalls ist sie darauf angewiesen, Gegenmaßnahmen zu entwickeln, wie z.B. die ,Erfindung' des TÜV mit Zulassungsverfahren und regelmäßigen Sicherheitsüberprüfungen nach zahlreichen schweren Dampfkesselexplosionen im 19. Jahrhundert.

Folgen für die natürliche Umwelt

Technik steht durch Produktionsprozesse und in ihrer Nutzungsphase in einer untrennbaren Beziehung zur natürlichen Umwelt. Aus der Umwelt werden Rohstoffe zur Material- und Energiegewinnung entnommen, und während der Herstellung und Nutzung der Technik werden Abfälle und Emissionen an Atmosphäre, Wasser und feste Erde zurückgegeben. Technikeinsatz ist grob gesprochen die Umwandlung von Rohstoffen in Abfallstoffe unter Gewinnung von (zumeist, aber nicht nur) wirtschaftlichen Vorteilen. Regional und lokal führte dies bereits früh zu erkennbaren Umweltschäden, z.B. in Bezug auf die Luftqualität in industriellen Ballungsräumen. Im Zuge der zunehmenden Technisierung und einer immer größeren Anzahl von Menschen mit entsprechend höherem Energie- und Stoffumsatz haben sich Umweltprobleme drastisch verschärft und zeigen sich zunehmend auf der globalen Ebene (WBGU 1996). Insbesondere das Problem des Klimawandels als Folge des massiven Eintrags von Treibhausgasen in die Atmosphäre ist ein gravierendes und gleichzeitig typisches Problem nicht intendierter Technikfolgen. Anders als in den genannten Störfällen technischer Anlagen handelt es sich hierbei um Folgen *funktionierender* Technik – Folgen, von denen bereits Hans Jonas (1979) annahm, dass sie schwerwiegender und gefährlicher seien als die Folgen nicht funktionierender Technik.[3]

Die Ursachen des so genannten Ozonlochs reichen bis in die dreißiger Jahre des vorigen Jahrhunderts zurück (vgl. das entsprechende Kapitel in Harremoes et al. 2002). Emissionen von Fluorchlorkohlenwasserstoffen (FCKW) in die Atmosphäre aus Kühlschränken, Spraydosen und Klimaanlagen sammelten sich über Jahrzehnte hinweg durch komplizierte atmosphärische Transportprozesse in der Troposphäre an und führten dort zu einem kontinuierlichen Abbau des für die Absorption der ultravioletten Strahlung der Sonne wichtigen Ozons – ein nicht intendierter und lange Zeit nicht entdeckter Effekt. Aufgrund der langen Transportwege und der komplexen chemischen Prozesse in der Atmosphäre dauerte es Jahrzehnte, bis diese Stoffe bis zur heutigen Konzentration akkumuliert waren. Da die FCKW nur sehr langsam abgebaut werden, wird das Ozonloch noch viele Jahrzehnte weiter bestehen, obwohl der Eintrag von FCKW in die Atmosphäre in der Folge des Abkommens von Montreal rasch reduziert wurde.

3 Eine Reihe geradezu klassischer Effekte dieser Art kann nachgelesen werden in Harremoes et al. 2002, darunter die Asbest- und die FCKW-Geschichte.

Folgen für die menschliche Gesundheit

Funktionierende Technik kann, jenseits der Unfallproblematik (siehe oben), nicht intendierte Folgen für die menschliche Gesundheit mit sich bringen, bis hin zu katastrophalen Auswirkungen. Emissionen, die in der Herstellung, Nutzung oder Entsorgung von Technik anfallen, können auf verschiedenen Wegen in den menschlichen Körper gelangen und dort schädliche Effekte verursachen. Die wichtigsten Eingangspfade sind dabei einerseits Lebensmittel, andererseits die Atemluft.

Die Geschichte des Asbest (Gee/Greenberg 2002) ist eine der dramatischsten dieser Art. Als nicht intendierte Folge der Nutzung von Asbestfasern im Baubereich sind unterschiedliche Krankheiten wie Asbestose, Lungenkrebs und Mesothelioma-Krebs aufgetreten. Allein für Europa wird die Gesamtzahl der Todesfälle nach Asbestinhalation auf mehrere hunderttausend geschätzt (ebd.). Aufgrund der langen Latenzzeit des Mesothelioma-Krebses von mehreren Jahrzehnten treten weiterhin Todesfälle durch Asbest auf, obwohl Asbest seit den 1980er Jahren aus den Ländern der Europäischen Union verbannt ist.

Andere Emissionen funktionierender Technik können ebenfalls Gesundheitsschäden hervorrufen, beispielsweise radioaktive Strahlung oder übermäßiger Lärm. Um die Gesundheitsfolgen von Fluglärm gibt es eine lang andauernde Kontroverse, die besonders im Fall von Flughafenerweiterungen virulent wird. Eine aktuelle Technikdebatte, die sich Gesundheitsrisiken entzündet, ist die Frage der möglichen Verwendung von Nanopartikeln in Lebensmitteln (BUND 2008). Auch die Debatte zu gentechnisch veränderten Organismen erreichte ihren Höhepunkt dann, als es um Nahrungsmittel auf der Basis gentechnisch veränderter Pflanzen ging. Schließlich ist daran zu erinnern, dass nicht intendierte Technikfolgen für die natürliche Umwelt sich oft ebenfalls als Gesundheitsrisiken bemerkbar machen. Beispiele sind das Ozonloch (siehe oben) oder die allmähliche Anreicherung von Pestiziden oder Arzneimittelrückständen im Grundwasser, aber auch die Luftverschmutzung in vielen Megacities in Entwicklungsländern.

Soziale und kulturelle Folgen

Innovative Technik verändert häufig das soziale Gefüge einer Gesellschaft sowie ihre kulturellen Traditionen. Die Veränderungen der Arbeitswelt durch die rasche Industrialisierung im 19. Jahrhundert mit der Folge der Verelendung ganzer Bevölkerungsgruppen und die heute absehbaren Veränderungen der zukünftigen Arbeitswelt durch die zunehmende Digitalisierung und Vernetzung sind zwei Beispiele. Zu denken ist auch an den Wegfall vieler Arbeitsplätze durch Rationalisierung und Automatisierung in den letzten Jahrzehnten, gerade im Bereich der wenig qualifizierten Arbeitsplätze. Für die davon Betroffenen verkehrt sich dadurch die traditionelle Versprechung von Technik, zu mehr Wohlstand beizutragen, in ihr Gegenteil:

> „Technikkritik erwuchs aber auch aus den sozialen Folgen der Technisierung des Alltags, hier vor allem aus einer Veränderung der Kommunikationsbeziehungen durch das Fernsehen, aus der zunehmenden Anonymisierung durch Technik und aus den potenziellen Gefahren der Rüstungsproduktion" (Böhret/Konzendorf 1997, S. 67).

Soziale und kulturelle Folgen werden auch in der gegenwärtig viel diskutierten Frage angesprochen, ob durch neue Methoden der Präimplantationsdiagnostik (PID) Formen positiver oder negativer Eugenik in die gesellschaftliche Praxis Eingang finden würden. Zweck dieser medizintechnischen Entwicklungen ist, bestimmte genetisch bedingte Fehlentwicklungen frühzeitig, d.h. vor der Implantation in die Gebärmutter, erkennen zu können. Nicht intendierte Folgen von technischen Möglichkeiten dieser Art können z.B. ein verändertes Verständnis von Schwangerschaft als eines steten Risikozustandes, aber auch Fragen der Stellung und Akzeptanz von Behinderungen in der Gesellschaft sein.

Bedrohungen der Privatsphäre und der bürgerlichen Freiheiten durch einen technisch aufgerüsteten ‚Überwachungsstaat' sind ein weiteres ständiges Thema der technikkritischen Diskussion (vgl. Gaycken/Kurz 2008). Überwachungstechnologien wie Abhöranlagen von Festnetz- oder Mobiltelefongesprächen, die Verfolgung von Nutzerspuren im Internet, die Videoüberwachung vieler öffentlicher Plätze, die Erfassung genetischer Merkmale von Bevölkerungsgruppen bilden zusammen mit den rapide wachsenden technischen Möglichkeiten der Informationsverarbeitung und -speicherung eine für viele besorgniserregende Konstellation. Neue Sensortechniken und Technologien der Mustererkennung eröffnen immer mehr Möglichkeiten der Beobachtung, Speicherung und Auswertung auf allen gesellschaftlichen Ebenen.

Abhängigkeit von Technik

Moderne Gesellschaften sind zunehmend vom reibungslosen Funktionieren von Technik abhängig. Dies beginnt mit der Abhängigkeit vom individuellen Computer und Auto und reicht bis hin zur vollständigen Abhängigkeit von einer funktionierenden Energieversorgung und dem Funktionieren der weltweiten Datenkommunikationsnetze und Datenverarbeitung. Komplexer werdende Infrastrukturen wie z.B. die Elektrizitätsversorgung, die durch erneuerbare Energieträger immer stärker mit fluktuierendem Angebot umgehen muss, beinhalten verstärkt ‚systemische Risiken' (Renn et al. 2008), welche aus kleinen Ursachen durch komplexe Verkettungen und positive Rückkopplungen zu Systeminstabilitäten führen können.

Diese immer häufiger thematisierte Anfälligkeit gegenüber technischem Versagen und zufälligen Ereignissen, aber auch gegenüber terroristischen Angriffen auf die technischen Lebensnerven der Gesellschaft (z.B. in Form eines Cyber-Terrorismus als Angriff auf das informationstechnische Rückgrat der globalisierten Ökonomie) stellt ebenfalls eine nicht intendierte und unerwünschte, gleichwohl unvermeidliche Folge der beschleunigten Technisierung dar.

*

Diese Beispiele verdeutlichen, warum die fortschrittsoptimistischen Zukunftserwartungen im Zusammenhang mit Technik und Technisierung in der Gegenwart verloren gegangen sind und teilweise sogar technikbedingte apokalyptische Gefahren für den Fortbestand der Menschheit gesehen werden (z.B. Jonas 1979). Nicht intendierte Folgen sind nicht mehr nur Beiwerk, gar Bagatelle, sondern können die positiven Auswirkungen von Technik gänzlich in Frage stellen. Gleichzeitig bleiben jedoch Fortschrittsoptimismus und hohe Erwartungen an innovative Technik erhalten; die Überzeugung ist verbreitet, dass innovative Technik die Mängel der traditionellen Technik überwinden und Technikfolgenprobleme lösen helfen werde. Handeln und Entscheiden in dieser unhintergehbaren Spannung zwischen der Angewiesenheit auf weiteren technischen Fortschritt und dem Wissen, dass auch dieser wieder nicht intendierte Folgen produzieren wird, bedürfen der wissenschaftlichen Unterstützung – eine zentrale Motivation für Technikfolgenabschätzung. Wenn davon geredet wird, dass es darum gehe, die Chancen des technischen Fortschritts zu nutzen und die Risiken zu vermeiden oder zu minimieren, kann man diese Redeweise als eine Kurzfassung der geschilderten Ambivalenz verstehen.[4]

1.2 Zwischen dem Eröffnen und Verschließen von Optionen

Wissenschaftlich-technischer Fortschritt führt zu einer Erweiterung der menschlichen Handlungsmöglichkeiten und hat damit eine *emanzipatorische Funktion.* Durch neue Technik entstehen neue Handlungsoptionen, und die Optionsvielfalt

4 Die in den folgenden Kapiteln aufgeführten Spannungsfelder gehören streng genommen sämtlich auch zu den nicht intendierten Folgen des wissenschaftlich-technischen Fortschritts. Es lohnt sich jedoch, diese separat zu betrachten, da dadurch jeweils spezifische Seiten moderner Technik und damit auch spezifische Anforderungen an Technikfolgenabschätzung deutlicher herausgestellt werden können.

menschlichen Handelns wird ausgeweitet. Diese ‚Hochglanzseite' des Fortschritts zeigt allerdings auch Kehrseiten. Denn häufig, und hierüber wird nicht so viel gesprochen wie über die neuen Optionen, werden mit dem Eröffnen bestimmter neuer Optionen andere, bislang etablierte Optionen abgewertet oder auch ganz verschlossen. Auf einer elementaren Ebene ist dies sozusagen eine spezifische Form einer ‚schöpferischen Zerstörung' (Schumpeter 1934): durch neue Technik wird etablierte Technik ersetzt und als überflüssig markiert. Simultan werden erlernte Handlungsweisen, Bedienungsmechanismen, technikspezifisches Wissen und Können bis hin zu liebgewordenen Gewohnheiten entwertet, also zwar nicht prinzipiell verschlossen, aber faktisch uninteressant.

Die elementare Ebene ist jedoch im Rahmen der Technikfolgenabschätzung nicht als solche interessant. Wenn eine veraltete Technik durch eine neue ersetzt und dadurch mitsamt dem Wissen zu ihrer Bedienung, Wartung und Reparatur obsolet wird, wird kaum von einem Verschließen von Optionen zu sprechen sein. Sondern es geht hier um Optionen im Hinblick auf *Lebensformen* und gesellschaftliche Praktiken auf der Basis von Technik. Etablierte und anerkannte Lebensformen werden durch neue technische Optionen zwar kaum jemals *prinzipiell*, wohl häufig aber *faktisch* infrage gestellt oder verschlossen. Innovationen sind damit *machtförmig*. Sie werten vorhandene Wertungen um und führen Gewinnern und Verlierern. Vom Eröffnen neuer Optionen profitieren häufig andere Personen und Gruppen als die, die durch das Verschließen der traditionellen Optionen zu den Verlierern gehören. Machtausübung im Innovationsgeschehen wird selten thematisiert, häufiger wird von einem Wettbewerb auf dem Markt der Möglichkeiten und Angebote gesprochen. Innovation ist jedoch auch ein sozialer Prozess, der von Akteuren mit Interessen betrieben wird, und der in einem politischen Rahmen stattfindet, in dem ebenfalls Machtstrukturen eine Rolle spielen. Folgende Mechanismen des Verschließens von Optionen durch technischen Fortschritt können (ohne Anspruch auf Vollständigkeit) unterschieden werden:

(1) Verschließen durch machtförmige Entwicklungen

Technikbasierte gesellschaftliche Entwicklungen können sich zu technischen Systemen verfestigen, die Lebensformen außerhalb dieser Systeme benachteiligen oder unmöglich machen (Hubig 1993). So wird zwar niemand per Gesetz verpflichtet, einen Telefonanschluss zu haben, aber wer nicht telefonisch erreichbar ist, handelt sich Nachteile ein und kann an bestimmten Kommunikationsformen nicht partizipieren. Mit der Energieversorgung verhält es sich ähnlich, und es ist absehbar, dass in einigen Jahren ein Internetanschluss eine vergleichbar faktisch verpflichtende Rolle spielen wird: ohne Beteiligung an solchen technischen Infrastruktursystemen und ohne die ‚Unterwerfung' unter die entsprechenden Bedingungen ihrer Nutzung ist eine volle Teilnahme am gesellschaftlichen Leben nicht mehr möglich. Die Systemförmigkeit moderner Technik wird zu einem Machtfaktor, der Optionen und Lebensformen benachteiligt, die sich diesem widersetzen.

Im Kontext der Gendiagnostik wird immer wieder befürchtet, dass die Möglichkeit der Früherkennung des Down-Syndroms während einer Schwangerschaft, verbunden mit der Möglichkeit eines Schwangerschaftsabbruchs im Fall einer positiven Diagnose (d.h. dass das Down-Syndrom nachgewiesen wurde), die Anerkennung des Lebenswertes und der Lebensform von Menschen mit Down-Syndrom gefährden könnte. Machtförmig könnte eine derartige Entwicklung besonders dann wirken, wenn sie die finanzielle Unterstützung von Eltern, die sich auch im Falle einer positiven Diagnose gegen einen Schwangerschaftsabbruch entscheiden, durch die Gemeinschaft in Zweifel zieht.

(2) Verschließen durch Gewöhnung und Abhängigkeit

Technik macht vielfach das Leben angenehm und komfortabel.[5] Sobald man sich an eine bestimmte Technik gewöhnt hat, kann man sich das Leben ohne diese Technik kaum noch vorstellen.[6] Technischer Fortschritt sorgt auf diese Weise Schritt für Schritt dafür, dass der Standard des Normalen jeweils weiter hinausgeschoben wird. Vielfach setzt dann eine Abhängigkeit von dem Stand ein, an den man sich gewöhnt hat, und Kompetenzen gehen verloren, die nicht mehr benötigt werden. Wenn dies auch in vielen alltäglichen Hinsichten nicht weiter bemerkenswert ist, sollte jedoch in manchen Situationen wenigstens kurz darüber nachgedacht werden, z.B. wenn Kompetenzen verloren gehen könnten, welche als wesentlich eingeschätzt werden. Die erhöhte Abhängigkeit von der betreffenden Technik erschwert die Wahrnehmung von Optionen ohne diese Technik.

Wenn im ‚Ubiquitous Computing' (Britzelmaier et al. 2002) eine informatorisch aufgeladene Umgebung des Menschen realisiert würde, die uns in vielem unterstützt, erhöht dies das Maß an Abhängigkeit von dieser technischen Umgebung. Dies ist bei Navigationssystemen zu beobachten: statt sich in einer fremden Umge-

---

5 Um diese meist als positiv wahrgenommenen Aspekte von Technik zu nutzen, bedarf es allerdings oft einiger Mühe, z.B. eine Bedienungsanleitung zu verstehen, und von Ressourcen, z.B. Geld, das dann nicht mehr für andere Bedürfnisbefriedigungen zur Verfügung steht, sowie von Anpassungsleistungen (vgl. Kap. 1.3).

6 Man versuche, sich dies anhand der Handys vorzustellen, deren Nutzung universell und unverzichtbar geworden scheint, obwohl ihre massenhafte Verbreitung erst kurz zurückliegt.

bung mittels Karten oder durch Nachfragen zurechtfinden zu müssen und dabei diese fremde Umgebung auch kennen zu lernen, folgt der moderne Autofahrer blind der angenehmen Maschinenstimme des ‚Navi' – und lernt dabei rein gar nichts über die neue Umgebung. In vielen Fällen (z.B. bei Berufsfahrern) ist das sicher völlig unkritisch, man kann aber auch den Verlust von Kompetenzen thematisieren.

(3) Verschließen durch Ressourcenentzug

Wenn durch die neuen Optionen nicht erneuerbare Ressourcen verbraucht werden, stehen diese für andere Optionen nicht mehr zur Verfügung. Dies wird vor allem im Kontext der Nachhaltigkeit vielfach diskutiert (Kap. 9). So lassen sich fossile Kohlenstoffträger wie Erdöl zur Energiegewinnung nur einmal verbrennen. Seltene Funktionsmetalle, z.B. Iridium oder Yttrium, wie sie z.B. in der Mikroelektronik oder in neuartigen Energiespeichern verwendet werden, werden zwar nicht verbraucht, könnten jedoch im Falle schlechter Recyclingraten diffusiv in der Umwelt verteilt und nicht erneut genutzt werden. Dies ist besonders aufgrund der kurzen Lebenszeiten vieler elektronischer Geräte ein Problem. Durch bestimmte gegenwärtige Techniknutzung werden Optionen für zukünftige Generationen eingeschränkt.

(4) Verschließen durch Zerstörung

Einige technische Entwicklungslinien tragen im Falle von Unfällen und Störfällen (Kap. 1.1.2) ein erhebliches Zerstörungspotential in sich, das im Falle des Falles Optionen für Menschen und Regionen verschließt. Die großen Katastrophen (z.B. Bhopal oder Tschernobyl) haben für viele Menschen aufgrund von Tod oder Krankheit zu einer erheblichen bis totalen Reduktion ihres Optionenspektrums geführt. Das extreme obere Ende dieses Spektrums wäre eine Auslöschung der gesamten Menschheit, deren technische Möglichkeit Hans Jonas zum ‚Prinzip Verantwortung' bewogen hat (1979). Seit Beginn des neuen Jahrtausends werden derartige Hypothesen im Kontext der Nanotechnologie erneut diskutiert (Joy 2000) und haben erheblichen Einfluss auf die Risikodebatte zur Nanotechnologie genommen (Dupuy/Grinbaum 2004).

Das oft mit dem Eröffnen von Optionen simultan einhergehende Verschließen anderer Optionen ist eine häufig nicht gesehene, *nicht intendierte* Folge des wissenschaftlich-technischen Fortschritts. Wie im Falle der Schaffung neuer Arbeitsplätze durch neue Technik, die oft gefeiert wird, ohne jedoch zu fragen, welche Arbeitsplätze dadurch an anderer Stelle wegfallen, neigt die auf Innovation fokussierte Gesellschaft dazu, einseitig auf die neu eröffneten Optionen zu sehen. Für eine rationale Beurteilung ist jedoch grundsätzlich eine Gesamtbilanz einschließlich der verschlossenen und eingeschränkten Optionen gefragt – was zu spezifischen Anforderungen an Technikfolgenabschätzung führt.

1.3 Zwischen Autonomiegewinn und Anpassungszwang

Wissenschaftlich-technischer Fortschritt vergrößert den Einfluss des Menschen und verkleinert den Bereich des als schicksalhaft, gottgegeben oder von der Natur vorgegeben Hinzunehmenden. Technisierung in diesem Sinne ist ein *Autonomiegewinn* des Menschen – auch dies ein Element der aus der europäischen Aufklärung übernommenen Hochglanzseite des Fortschritts. Jedoch schafft der Fortschritt simultan mit der Vermehrung des Verfügbaren neues Unverfügbares auf anderen Ebenen. Während die Autonomie des Menschen auf der einen Seite gesteigert wird, wird sie andrerseits verringert. Die neuen Freiheiten treffen auf Anpassungszwänge auf mehreren Ebenen. Neben den emanzipatorischen Technisierungs*hoffnungen* gibt es daher Technisierungs*befürchtungen*, wie z.B. Sorgen vor zunehmenden Kontrollmöglichkeiten, Anpassungsnotwendigkeiten und Autonomieverlusten:

(1) Mensch/Technik-Schnittstelle auf der Objektebene

An der Mensch/Maschine-Schnittstelle erfolgt notwendigerweise eine zumindest gewisse Anpassung der Nutzer an vorgefertigte Aspekte der Technik. Die Nutzung moderner Technik impliziert ein Sich-Einlassen auf sozio-technische Systeme (Ropohl 1979), von denen der Mensch nur ein Teil ist. Die dadurch entstehende *Anpassungserzwingung* zeigt sich darin, dass wir oft unsere ganz alltäglichen Handlungsweisen von Technik abhängig machen (lassen), dass wir uns nach dem richten, was Technik zulässt oder aufgrund der Bedienungsvorschriften von uns fordert. Gerade in betrieblichen Produktionsprozessen, in Fertigungshallen und am Fließband wird dies deutlich: Takt und Arbeitsweise der Maschine geben vor, was der menschliche Arbeiter tun muss. Charlie Chaplin hat in ‚Moderne Zeiten' diesen Aspekt der Anpassungserzwingung im Rahmen fordistischer Produktion scharf kritisiert. Dieser Typ der direkten Anpassung an Technik betrifft heute vor allem den Umgang mit Software als Anpassungsnotwendigkeit an von Software-Ingenieuren gestaltete Benutzeroberflächen von Computerprogrammen.

(2) Anpassung an technische Muster in der Gesellschaft

Allgemeiner steht dem erwarteten Autonomiegewinn durch Technik entgegen, dass Technisierung Anpassungszwänge an eine Welt mit sich bringt/bringen kann, die zunehmend nach ‚technischen', d.h. strikt geregelten Mechanismen abläuft. Wenn Technik als Reflexionsbegriff über Regelhaftigkeiten gedeutet wird (vgl. Grunwald/Julliard 2005), zeigt sich hier eine charakteristische Dialektik. Menschliche Autonomie wird einerseits gesteigert als Verfügung über technische Regeln, mit denen erwartbare Zwecke erreicht werden können. Andererseits aber führen diese Regeln zu einem Anpassungszwang und zur Einschränkung von Freiheiten.[7] Widerstand gegen Technik ist nicht bloß Widerstand gegen einzelne technische Artefakte, sondern verweist auf grundlegende Ambivalenzen zwischen Sicherheit und Freiheit, zwischen Spontaneität und Regelhaftigkeit, zwischen Planung und ‚Verplanung'. Der kritische Blick auf Technisierung stellt sich in diesem Zusammenhang als die Befürchtung einer Verschiebung vieler Handlungszusammenhänge in Richtung stärkerer Regelhaftigkeit dar, gefolgt von Anpassungsnotwendigkeiten an und Zwängen zur Unterordnung unter ‚technische' Verfasstheiten gesellschaftlicher Bereiche wie z.B. übermäßiger Bürokratie.

(3) Anpassung an eigendynamische Elemente der Technikentwicklung

Wenngleich ein kruder Technikdeterminismus (Ropohl 1982) heute sowohl empirisch als auch theoretisch als widerlegt gelten kann, so ist doch schwer von der Hand zu weisen, dass es eigendynamische, sich einer gesellschaftlichen Steuerung widersetzende Aspekte der Technisierung gibt (Dolata/Werle 2007):

> „Die herkömmliche Vorstellung ... unterstellt, dass technische Entwicklungen .... ihrer immanenten Eigenlogik folgen, die ... in der praktischen Anwendung weitgehend prädeterminierte, passive Anpassung bei den Betroffenen erzwingen." (Lutz 1991, S. 71). Oder:
>
> „Dabei scheint es, als seien wir zur Technik verurteilt. Sie kommt immer nur durch menschliche Handlungen zustande und ist doch zu einer selbständigen Instanz geworden, deren Entwicklung anscheinend kaum gesteuert werden kann." (Rapp 1978, S. 8)

In den Bereichen, in denen Technik als nicht gestaltbar – und damit als nicht verhinderbar – erscheint, bleibt der Gesellschaft nur eine antizipative Befassung mit den Folgen dieser eigendynamischen Technik und eine möglichst kluge Anpassung – ein Modell, das in der frühen Technikfolgenabschätzung verfolgt wurde, seit den 1980er Jahren allerdings durch verstärkte Gestaltungsbemühungen abgelöst wurde (Grunwald 2003).

Insgesamt zeigt sich, dass es parallel zu dem Autonomiegewinn des Menschen im Rahmen des wissenschaftlich-technischen Fortschritts gegenläufige

---

7 Diese Spannung ist strukturell analog zur Ambivalenz von Institutionen: sind diese einerseits handlungsentlastend, weil sie Erwartungssicherheit geben, schränken sie andererseits durch geregelte Zugänge das Spektrum des Möglichen ein. Das eine ist nicht ohne das andere zu haben.

Tendenzen von Anpassungserzwingungen gibt. Radikal zugespitzt hat dies Herbert Marcuse (1967, S. 174): „Die befreiende Kraft der Technologie – die Instrumentalisierung der Dinge – verkehrt sich in eine Fessel der Befreiung, sie wird zur Instrumentalisierung des Menschen". Aufgaben der Technikfolgenabschätzung lassen sich hieraus in Bezug auf eine möglichst weitgehende Auslotung und Ermöglichung von Gestaltung ableiten (vgl. Kap. 2.5), aber auch dahingehend, mögliche Autonomieverluste in der Folgenanalyse und -reflexion zu berücksichtigen.

1.4 Zwischen erwünschter und unerwünschter Nutzung

Techniken werden als Mittel zu Zwecken entwickelt, beispielsweise zur Energiebereitstellung, zum Transport oder für medizinische Zwecke. Sind sie einmal entwickelt, sozusagen als sedimentierte Zweck/Mittel-Relation, können die Mittel (in Grenzen) jedoch auch für andere Zwecke verwendet werden. Rohbeck (1993) hat in der Folge von John Dewey von einem „Überschießen der Mittel" gesprochen.

Die Terroranschläge des 11. September 2001 auf das World Trade Center in New York und das Pentagon in Washington haben das Interesse auf absichtsvoll herbeigeführte Zweckentfremdungen und Missbräuche von Technik gelenkt. Der zivile Flugverkehr ist zwar in der Folgenforschung vielfach thematisiert worden; dies aber zu ganz anderen Themen wie Belastung der Atmosphäre durch Emissionen, Fluglärm im Umfeld der Flughäfen, Arbeitsplatzsituation und Wirtschaftswachstum. Die Möglichkeit, zivile Passagierflugzeuge absichtlich als fliegende Bomben zu benutzen, ist eine Umdefinition ihrer ursprünglichen Bestimmung.

Die Umfunktionierung von chemischen Fabriken für die Produktion von chemischen Waffen oder von biologischen Labors zur Züchtung von Milzbrand-Erregern und die Umfunktionierung von für Kernenergiereaktoren vorgesehenen Uran-Materialien zum Bau von Atombomben sind weitere Beispiele hierfür. Sie beschreiben die bekannte *Dual-Use-Problematik*, die die Verwendung von Technik sowohl zu zivilen als auch zu militärischen Zwecken meint. Dass viele Innovationen durch alle Geschichtsepochen hindurch aus dem Militärbereich stammen, ist hinreichend bekannt und zumeist nicht weiter problematisch – auch das Internet wurde ursprünglich im militärischen Bereich entwickelt. Umgekehrt jedoch führt die Zweckentfremdung, oder neutraler, Zweckumwidmung aus dem zivilen in den militärischen Bereich zu Debatten, sowohl unter Wissenschaftlern und Ingenieuren als auch in der Öffentlichkeit. Bei vielen Querschnittstechnologien ist nicht a priori festzulegen oder zu erkennen, in welchem Bereich Anwendungen erfolgen sollen oder erfolgen werden.

Die Dual-Use-Problematik verweist auf eine gewisse Anwendungsoffenheit von Technik. Diese trifft in besonders hohem Maße auf grundlagennahe Entwicklung von Materialien, Prozessen und Systemen zu, welche zu den verschiedensten Anwendungen kombiniert und weiterentwickelt werden können. Solche Techniken werde als ‚enabling technologies' bezeichnet. Damit ist gemeint, dass ihre wesentlichen Anwendungen weniger in *direkten* Produkten, Verfahren und Systemen bestehen, sondern darin, dass sie auf eher indirekte Weise weit reichende Fortschritte in vielen Technologiefeldern erwarten lassen. Solche Querschnittstechnologien (z.B. die Nanotechnologie, vgl. Paschen et al. 2004) sind für vielfache Anwendungen *ermöglichend.*

Die Anwendungsoffenheit der Nanotechnologie führe dazu (nach Schmidt 2008), dass man über ihre Folgen für Mensch und Gesellschaft noch viel weniger wissen könne als dies bei ‚normalen', d.h. über ihre Anwendungen beschriebenen Technologien der Fall sei. Nanotechnologie werde geradezu zum ‚Mittel an sich', für das man (fast) beliebige Zwecke erfinden könne. Hatte noch Rohbeck (1993) von einem „Überschießen der Mittel" gesprochen, um die Offenheit von Technik gegenüber neuen Einsatzmöglichkeiten unter Überschreitung der ursprünglich gesetzten Zwecke zu konzeptualisieren, so bleiben in der Sicht auf Nanotechnologie als ‚enabling technology' die Zwecke, für die man sie entwickelt, weitgehend im Dunkeln. Ihre Förderung werde dadurch zum *Selbstzweck* – man fördert ‚blind' die Ermöglichungseigenschaft, ohne zu wissen, *was genau* dadurch ermöglicht werden soll. Hier ist also nicht nur von einem ‚dual use', sondern von ‚multiple use' zu sprechen.

In Situationen mit einem derart hohen Maß an Unsicherheit über Anwendungen besteht eine Möglichkeit darin, die technische Entwicklung zunächst sich selbst zu überlassen, bis Anwendungskontexte in den Blick geraten, die konkretere Technikfolgenabschätzung zur Entscheidungsunterstützung (Kap. 2.1) erlauben würden. Gestaltungsansprüche können aber auch bereits in den frühen Stadien der Entwicklung angemeldet und realisiert werden, z.B. um durch Roadmapping- und Foresight-Verfahren frühzeitige Szenarien über Anwendungsmöglichkeiten zu identifizieren und dadurch zu einer Orientierung der Technikentwicklung beizutragen (Fleischer et al. 2005).

1.5 Zwischen Entscheider- und Betroffenenperspektive

In gesellschaftstheoretischen Konzeptionen der Moderne wird häufig darauf abgehoben, dass Risiken Folgen von Entscheidungen sind. Statt wie in traditionellen Gesellschaften eine Orientierung an Naturgefahren erfolgt in der modernen Gesellschaft eine Zurechnung auf Entscheidungen. Dies gilt sowohl in der Deutung der ‚Risikogesellschaft' (Beck 1986), die auch als eine ‚Entscheidungsgesellschaft' bezeichnet werden könnte, als auch in der Deutung der Gesellschaft als bestehend aus sozialen Systemen (Luhmann 1984). In Bezug auf die Wahrnehmung von Technik und den nicht intendierten Folgen (Böschen et al. 2006) ist vor diesem Hintergrund die tief greifende Asymmetrie zwischen Entscheidern und Betroffenen zu beachten (Bechmann 2007). Betroffensein von Technik bzw. ihren Risiken heißt danach, von den Entscheidungen Anderer über Technik betroffen zu sein.

Die Castor-Transporte von abgebrannten Brennstäben von Kernkraftwerken in Zwischenlager für radioaktive Abfälle oder Wiederaufbereitungsanlagen haben diese Konflikte in den letzten Jahren besonders deutlich gemacht. Obwohl an der rechtlichen und gesetzgeberischen Legitimation der entsprechenden Vorgänge kein Zweifel bestand (teils liegen sogar internationale Verträge zugrunde), wurde seitens engagierter Kernenergiegegner versucht, diese Transporte zu verhindern. Das Festketten von Personen an Eisenbahnschienen war eines der wirksamsten Mittel hierfür. Nur durch den Einsatz von zum Teil über 10.000 Polizisten und entsprechender Kosten konnten diese Transporte durchgeführt werden. Dem Konflikt liegen unterschiedliche Einschätzungen der Sicherheit eines nuklearen Endlagers, aber auch unterschiedliche Perspektiven der Entscheider (z.B. der Behörden) und der Betroffenen (z.B. vieler Anwohner aus dem Wendtland) zugrunde.

Technische Innovationen und Maßnahmen haben in der Regel nicht nur Gewinner, sondern Gewinner *und Verlierer* zur Folge, häufig mit den Entscheidern als Gewinnern und den Betroffenen als Verlierern (Grunwald 2000a, Kap. 3). Unterschiedliche Perspektiven, Werte und Interessen von Betroffenen und Entscheidern führen zu teils schwerwiegenden Akzeptanzproblemen von Technik und zu gravierenden Technikkonflikten. Hier ist vor allem zu denken an die Anti-Kernkraft-Bewegung, an die Probleme beim Ausbau von Flughäfen, an die ungelöste Frage der Endlagerung radioaktiver Abfälle (siehe oben, vgl. auch Hocke-Bergler/Grunwald 2006), an Freilandversuche mit gentechnisch veränderten Pflanzen, aber auch an regionale und lokale Konflikte um Mülldeponien, Müllverbrennungsanlagen oder die Ansiedlung von chemischen Produktionsanlagen.

In besonderer Schärfe zeigen sich die divergierenden Perspektiven von Entscheidern und Betroffenen anhand von Standortproblemen (Renn/Webler 1998). Die Bestimmung eines Standorts z.B. einer Mülldeponie entscheidet darüber, welche Anwohner dadurch belästigt, gefährdet oder benachteiligt werden, z.B. durch fallende Immobilienpreise. Entscheider versuchen, durch ihre Entscheidungen ihre eigenen Probleme zu lösen, z.B. zur Bewältigung eines kommunalen Abfallproblems. Die von diesen Entscheidungen Betroffenen sind in der Regel andere Personen und Gruppen, die von der Lösung des Problems der Entscheider kaum oder gar nicht profitieren, jedoch mit den Folgen der Entscheidung auf meist negative Weise konfrontiert werden. Was für die Entscheider bloße Nebenfolgen sind, sind für Betroffene oft die Hauptfolgen (Gloede 2007).

Auch technikrelevante *politische* Entscheidungen können Gewinner und Verlierer zur Folge haben. Ganze Industriezweige können in der Folge von Regulierungen, z.B. im Steuerrecht, einen ungeahnten Aufschwung erleben, andere werden dem Niedergang ausgesetzt. Die Altautoverordnung z.B. bedeutete das Aus für viele kleine Schrottplätze, die die erforderlichen Investitionen und Nachweise nicht erbringen konnten, um eine Lizenz als Verwertungsbetrieb zu bekommen. Verlierer sind auch die Besitzer alter Autos, die die erhöhten Kosten tragen müssen. Standortentscheidungen, etwa über ein Endlager für radioaktive Abfälle, können Nachteile für ganze Regionen mit sich bringen, oder aber Vorteile für manche Branchen (z.B. als Zulieferer) und Nachteile für andere (z.B. den Tourismus). Die Interessen und Ziele der Entscheider sind andere als die Interessen der von diesen Entscheidungen und ihren Folgen Betroffenen.

Unterschiedliche Perspektiven auf Technik durch Entscheider und Betroffene sind einerseits eine Folge der unterschiedlich verteilten Vorteile und Risiken und damit eine typische Herausforderung für *Verteilungsgerechtigkeit* (Gethmann 2000). Andererseits liegen Entscheidern und Betroffenen oft auch unterschiedliche moralische Überzeugungen zugrunde, dann handelt es sich um letztlich ethische Probleme. Schließlich sind es oft handfeste Interessen, z.B. hinsichtlich der Lebensqualität am Wohnort oder die Immobilienpreise betreffend, so vor allem in Standortfragen. Aufgabe der Technikfolgenabschätzung ist, sich *umfassend* mit Technikfolgen zu befassen und insbesondere auch die Perspektive der von Technikfolgen möglicherweise Betroffenen in die Analyse und Bewertung, auch in die resultierenden Handlungsoptionen und Empfehlungen einzubringen, die sich ja in der Regel an Entscheider richten (vgl. Kap. 2.2).

1.6 Zwischen Technokratie und Demokratie

Das Verhältnis von Technik und Demokratie ist häufig thematisiert und meistens dabei problematisiert worden. Zwar wird immer wieder auch von demokratischer Technik gesprochen, von neuen Möglichkeiten der Demokratie durch neue Technologien und von technikinduzierten Modernisierungen, die letztlich auch der Demokratie zugute kommen.[8] In der Regel aber werden die rasche

8 Vor allem im Bereich der so genannten Internet-Demokratie gab es bis vor einigen Jahren erhebliche Hoffnungen, dass politische Kommunikation und gesellschaftliche Teil-

Technisierung, die Komplexitätssteigerung durch Technik, die Unüberschaubarkeit der nicht intendierten Folgen und die immer größere Abhängigkeit der Individuen und des Sozialen von Technik kritisch gesehen (z.B. Martinsen/Simonis 2000, Mensch/Schmidt 2003). Immer wieder thematisierte Bedrohungen der Demokratie durch Technik sind:

(1) *Technologischer Determinismus*: Wenn die Entwicklung von Technik einer Eigendynamik folgte (Ropohl 1982), wäre sie damit auch der demokratischen Kontrolle und Steuerbarkeit entzogen. Der Begriff der Technikgestaltung (vgl. Kap. 2.5) wäre obsolet, der Gesellschaft verbliebe, wie dies in den Anfängen der Technikfolgenabschätzung vielfach gesehen wurde, nur eine Anpassung an die Folgen.

(2) *Ökonomische Globalisierung*: Konkreter wird vielfach aufgrund der zunehmend globalen Wirtschaft eine abnehmende Steuerungsfähigkeit der demokratischen Staaten diagnostiziert. International agierende Konzerne optimieren ihre Standorte danach, wo sie die besten Bedingungen finden und unliebsamen Regulierungen aus dem Weg gehen könnten. Werden etwa in Europa Tierversuche reglementiert, können Konzerne und Wissenschaftsorganisationen entsprechende Forschung in Länder mit niedrigeren Standards verlagern. Politische, auf demokratischen Mechanismen beruhende Gestaltungsmacht wird, so die Befürchtung, auf diesem Wege ausgehebelt.

(3) *Eigendynamik von Risikotechnologien*: Komplexität und Risikogehalt bestimmter Technologien führen, so manche Befürchtungen, geradezu zur Notwendigkeit einer Technokratie: „Atomindustrie – das bedeutet permanenten Notstand unter Berufung auf permanente Bedrohung. Sie ‚erlaubt' scharfe Gesetze zum ‚Schutz der Bürger'" (Jungk 1977). Die Sorge ist, dass eine gefährliche und risikoträchtige Technik eine Verschärfung der Gesetze und damit eine Beschneidung der bürgerlichen Freiheiten zur Folge haben müsse, um diese Technik und ihre Risiken überhaupt einigermaßen kontrollierbar zu halten.

(4) *Überwachungsstaat*: Moderne Technologien der Datenerfassung, -speicherung und -auswertung ermöglichen weitgehende staatliche Überwachung. Dies betrifft einerseits Fragen der Datenhaltung über den Bürger, was zur Diskussion über den Datenschutz und zur Einrichtung von Datenschutzbeauftragten führte, andererseits aber auch die Überwachung von Bewegungen, z.B. durch die immer zahlreicher installierten Video-Überwachungsanlagen und die vielfachen elektronischen Spuren, die z.B. im Internet hinterlassen werden. Die Sicherung der bürgerlichen Freiheitsrechte gegen

---

nahme an Entscheidungsprozessen allein aufgrund der technischen Möglichkeiten interaktiver Internetkommunikation einen neuen Aufschwung erfahren würde (vgl. Grunwald et al. 2006).

einen durch Überwachungstechnik gut gerüsteten Staat ist in der Diskussion um die Abwehr terroristischer Gefahren in der Folge des Attentats auf das World Trade Center zunehmend schwierig geworden.

Auf einer anderen Ebene kommen demokratietheoretische Befürchtungen vor einer Aushöhlung der Demokratie durch technokratische Expertenherrschaft in den Blick. In einer sich verwissenschaftlichenden Welt kommt es zu neuen Herausforderungen an die Vermittlung zwischen wissenschaftlich-technischem Sachverstand und politischer Willensbildung (Habermas 1968a). Aufgrund von Entwicklungen nach dem Zweiten Weltkrieg, des Aufkommens und starken Wachstums der staatlichen Großforschung (ausgehend von den USA), entsprechend erhöhter Anforderungen an die Entscheidungskompetenz im politischen System über weit reichende Technik- und Wissenschaftsfragen sowie der Entstehung von so genannten Think Tanks mit neuen Planungs- und Entscheidungsmethoden begann in den 60er Jahren in Deutschland eine umfangreiche Debatte um wissenschaftliche Politikberatung (Brinckmann 2006), in der immer wieder Gefahren für die Demokratie durch eine technokratische Expertenherrschaft gesehen wurden:

> „Die Abhängigkeit des Fachmannes vom Politiker scheint sich umgekehrt zu haben – dieser wird zum Vollzugsorgan einer wissenschaftlichen Intelligenz, die unter den konkreten Umständen den Sachzwang der verfügbaren Techniken und Hilfsquellen sowie der optimalen Strategien und Steuerungsvorschriften entwickelt." (Habermas 1968a, S. 122)

Tendenzen zu einem technokratischen Verhältnis zwischen Wissenschaft und Technik auf der einen und Gesellschaft und Politik auf der anderen Seite, nämlich als Herrschaft wissenschaftlich-technischer Expertise und Dominanz von Sachzwangargumentationen, durchziehen in der damaligen Diagnose die Moderne: „[Der Staat] ist ein universaler technischer Körper geworden und beweist seine staatliche Effizienz nicht zuletzt in der Perfektionierung der technischen Möglichkeiten der Gesellschaft" (Schelsky 1961, S. 100). Gefahren für die Demokratie bestünden danach vor allem in der Überschätzung von Sachgesetzlichkeiten und einer sich daraus ergebenden Verselbständigung des wissenschaftlich-technischen Fortschritts:

> „Die Gefahr für die Demokratie liegt ... in der Ohnmacht der Politiker, wissenschaftlich-technische Fragen zu behandeln und sich mit dem technischen Fortschritt auseinanderzusetzen, da dieser ihnen undurchschaubar, offenbar eigengesetzlich erscheint, ein historischer Prozeß, eine dämonische Superstruktur." (Krauch 1970, S. 202)

Befürchtet wird der Übergriff technischen Denkens auf die Behandlung eigentlich politischer Fragen, ein Zurückdrängen des Denkens in Alternativen zugunsten technischer Optimierung (‚one best solution') und die Überweisung von Entscheidungsfindungen an technokratische Expertenzirkel außerhalb der legitimierten demokratischen Verfahren. Es sind letztlich zwei verschiedene Probleme, auf die hier hingewiesen wird: (1) wie können politische Entscheidungsfindungen *von der Sache her* adäquat mit dem wissenschaftlich-technischen Fortschritt umgehen, und (2) wie sind in diesen Prozessen *demokratietheoretische* Ansprüche einlösbar? Technikfolgenabschätzung steht von Beginn an auch unter Erwartungen, zur Beantwortung dieser Fragen beizutragen, die auch weiterhin aktuell sind (z.B. Weingart/Lentsch 2008).

2. Erwartungen an Technikfolgenabschätzung

Die geschilderte Ausgangslage mit den Spannungsfeldern in der Folge des technischen Fortschritts macht deutlich, dass ein Bedarf an Ansätzen und Verfahren besteht, um Orientierung für notwendigerweise anstehende gesellschaftliche Meinungsbildung und politische Entscheidungen zu schaffen. Technikfolgenabschätzung ist einer dieser Ansätze. Die Summe der Erwartungen an diesen Ansatz besteht weniger in einer monolithischen und kohärenten Anforderungsstruktur als vielmehr in einer charakteristischen Mischung unterschiedlicher, teils inkommensurabler Anforderungen – basierend aber durchweg auf dem Anspruch, Orientierung für *gegenwärtig* anstehende Entscheidungen durch Reflexion auf *zukünftige* Technikfolgen bereitzustellen (Decker/Ladikas 2004).

2.1 Orientierungsleistung durch Folgenreflexion

Die erwähnten Spannungen in der Folge des wissenschaftlich-technischen Fortschritts schlagen sich in einer Fülle von Orientierungsproblemen und offenen Fragen nieder. Gestaltungsnotwendigkeiten resultieren, z.B. zu der Frage nach Möglichkeiten, die Entwicklungen auf der tendenziell ‚positiven Seite' in dem jeweiligen Spannungsfeld zu fördern und die ‚negativen', also in bestimmten Hinsichten unerwünschten Entwicklungen oder Folgen zu vermeiden, zu verringern oder wenigstens durch vorausschauende Handlungen kompensieren zu können. Technikfolgenabschätzung stellt die (bzw. eine der) Antwort(en) auf die durch wissenschaftlich-technischen Fortschritt virulent gewordenen Ambivalenzen und Spannungen dar.

2.1.1 Der entscheidungstheoretische Umweg über die Zukunft

Zunächst stellt sich die Frage, woher die Orientierungen für Entscheidungen angesichts der Ambivalenzen und Spannungsfelder des wissenschaftlich-technischen Fortschritts kommen sollen. Die Traditionen (wie z.B. die Religionen) können dies in der pluralistischen Gesellschaft in der Regel nicht mehr leisten. In modernen Gesellschaften werden die für Meinungsbildungen und Entscheidungen erforderlichen Orientierungen immer weniger aus den vorhandenen Traditionen und Werten, aber immer stärker aus Debatten über die zukünftige Entwicklung bezogen (Luhmann 1997). Die moderne säkulare und verwissenschaftlichte Gesellschaft orientiert sich statt an der Vergangenheit mehr an Wünschen und Hoffnungen, aber auch Befürchtungen in Bezug auf die Zukunft. Die häufige

Rede von nachhaltiger Entwicklung (Grunwald/Kopfmüller 2006), von der Risikogesellschaft (Beck 1986) und die konstitutive Rolle von Innovationen im modernen Selbstverständnis legen davon Zeugnis ab. Entsprechend ist es Aufgabe der Technikfolgenabschätzung, auf dem ‚Umweg' über die Analyse und Reflexion *zukünftiger* Technikfolgen Orientierung *für heute* zu leisten (vgl. Abb. 2-1).

Abb. 2-1: Der entscheidungstheoretische Kreisgang

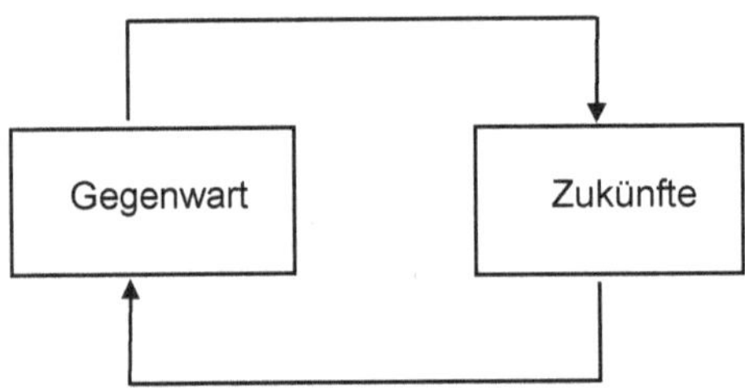

Im Energiebereich spielen teils langfristige Zukunftsbilder wie Prognosen oder Szenarien unter Einschluss von Annahmen über den technischen Fortschritt eine entscheidende Rolle, z.B. in Entscheidungsprozessen der Energieforschung oder zu Investitionen in Kraftwerke. Annahmen über die Entwicklung des zukünftigen Energiebedarfs, über die zukünftige Verfügbarkeit neuer Technologien und ihrer Zeitrahmen oder über die zeitliche Reichweite von bisherigen Energieträgern beeinflussen diese Entscheidungen. Es ist eine der Hauptaufgaben der Technikfolgenabschätzung als Energiesystemanalyse, derartige Zukunftsaussagen, z.B. in Form von Szenarien oder Prognosen, wissensbasiert und systematisch zu generieren, um hierdurch Entscheidungen in Politik, Wirtschaft und Wissenschaft zu unterstützen (Grunwald 2009a).

Technikfolgenabschätzung operiert im Modus des philosophischen Konsequentialismus.[1] Dies gilt auch, insofern Technikfolgenabschätzung sich direkt auf Technikgestaltung erstreckt (vgl. Kap. 2.5), denn jedwede Gestaltungsbemühun-

1 Die Kriterien, unter denen die hypothetischen Folgen reflektiert werden, können sämtlichen Bereichen der Ethik entstammen und keineswegs nur, wie der Konsequentialismus häufig eng geführt wird (Nida-Rümelin 1996), durch utilitaristische Argumentationsmuster.

gen setzen bei Wünschen nach zu realisierenden oder Ansprüche auf zu verhindernde Folgen an. Die Orientierungsleistung erfolgt nicht durch Bezüge auf ,Werte' oder ,Gesinnung', um die Webersche Unterscheidung von Verantwortungs- und Gesinnungsethik aufzunehmen, sondern durch *Folgenreflexion*. Unter dem Gegenstandsbereich ,Technikfolgen' werden zukünftige Folgen verstanden, die es zur Vorbereitung von Entscheidungen ex ante ,abzuschätzen' gelte. Es geht darum, die Voraussicht für die Folgen unserer Handlungen insgesamt in zeitlicher Hinsicht und in Bezug auf die betroffenen Dimensionen und die nicht intendierten Folgen auszuweiten.

Durch die prospektive Analyse von Technikfolgen, die noch gar nicht eingetreten sind, soll in der Situation gesteigerter Kontingenz neue Orientierung geschaffen werden. Wenn es gelänge, durch eine gesellschaftliche Verständigung über angestrebte, gewünschte oder zu verhindernde Technikfolgen Einvernehmen über anstehende Entscheidungen zu schaffen, dann wäre die Situation gesteigerter Kontingenz konstruktiv bewältigt. Dies freilich gelingt eher selten ohne Probleme, sondern vielfach kommt es genau darüber zu Konflikten. Denn die Vorstellungen über zukünftige Technik und Technikfolgen bzw. gesellschaftliche Verhältnisse mit neuer Technik sind in der Regel kontrovers, und das Wissen darüber ist hoch unsicher. Insbesondere wenn es um die Realisierung der Charakteristika der Technikfolgenabschätzung geht, auch nicht intendierte Folgen zu berücksichtigen und dies sowohl aus Entscheider- wie aus Betroffenenperspektive zu tun, verschärft sich dieses Problem.

In den Überlegungen zu noch nicht eingetretenen Technikfolgen ist damit zwangsläufig ein hohes Maß an Nichtwissen involviert. Aussagen über zukünftige Technikfolgen sind unsicher, teils normativ geprägt und häufig umstritten. Vertreter gesellschaftlicher Positionen, substantieller Werte und spezifischer Interessen nutzen schwer überprüfbare Zukunftsaussagen zur Durchsetzung ihrer partikularen Positionen (Brown et al. 2000). Zukünfte dieser Art sind zentrale Austragungsfelder der Konflikte einer pluralistischen Gesellschaft. So werden z.B. im Energiebereich seit Jahren inkompatible und divergierende Energiezukünfte gehandelt, ohne dass klar ist, welche Zukünfte wie weit durch Wissen abgesichert sind, wo die Konsensbereiche liegen und wo wenig oder gar nicht gesicherte Annahmen über Randbedingungen und gesellschaftliche Entwicklungen die Zukünfte determinieren. Wenn Aussagen über Technikfolgen *heute* zur Orientierung von rational begründeten Entscheidungen beitragen sollen, dürfen sie jedoch nicht beliebig sein. Anderenfalls würde es sich im entscheidungstheoretischen Kreisgang (Abb. 2-1) bloß um einen Selbstbetrug handeln. Die Trans-Subjektivierung der Zukunftsanalysen und -reflexionen ist eine zentrale theoretische und methodische Herausforderung der Technikfolgenabschätzung mit Folgen für die Praxis, z.B. im Hinblick auf Politikberatung.

Fragen nach der Möglichkeit oder Unmöglichkeit, Wissen über *zukünftige* Folgen zu Orientierungszwecken für heute zu gewinnen, gehören daher zu den zentralen theoretischen, konzeptionellen wie auch methodischen Herausforderungen der Technikfolgenabschätzung (vgl. Kap. 6.1). Es ist nicht überraschend, dass sich eine eigene Geschichte dieser Konzeptualisierungen schreiben lässt, in der sich gleichermaßen optimistische, skeptische und gänzlich pessimistische Annahmen hinsichtlich der Möglichkeit wissenschaftlichen Folgenwissens zeigen (z.B. Renn 1996, Grunwald 2003).

2.1.2 Frühwarnung und Früherkennung

Die erwartete Orientierungsleistung erfolgte in der Frühzeit der Technikfolgenabschätzung angesichts des Bewusstwerdens nicht intendierter Folgen (vgl. Kap. 1.1) vor allem als *Frühwarnung vor technikbedingten Risiken* (Paschen/Petermann 1992). Der Begriff der Frühwarnung weist zwei Bedeutungskomponenten auf: eine *kognitive*, das möglichst frühe Erkennen der Probleme betreffende, und eine *normative*, die auf Bewertungen und möglicherweise anstehendes politisches Handeln im Umgang mit den unerwünschten Folgen Bezug nimmt. Auf der einen Seite geht es um ein Problem des Wissens, der genaueren oder sensibleren Beobachtung und des Verstehens von Zusammenhängen und der Möglichkeit ihrer Extrapolation in die Zukunft; auf der anderen Seite handelt es sich um ein Problem der Bewertung von Problemlagen als möglicherweise riskant und um das Akzeptieren, dass ohne unabweislich sicheres Wissen gehandelt werden muss (Skorupinski/Ott 2000, S. 36f.). Die Frühwarnung erfolgt, um das Eintreten bestimmter unerwünschter Entwicklungen zu vermeiden oder wenigstens der Gesellschaft die Chance zu geben, frühzeitig zu reagieren statt überrascht zu werden.

> Frühwarnung in der Klimadiskussion besteht z.B. in Warnungen vor den Folgen einer ungebremsten Anreicherung von Treibhausgasen in der Atmosphäre, um ein Umsteuern zu bewirken, wodurch das Eintreten gravierender Klimaänderungen und ihrer möglicherweise katastrophalen Folgen für die Weltgesellschaft noch verhindert werden kann. Hierbei kommt es zu einem bekannten Paradoxon (Bechmann 1994; Weyer 1994b): Ist die Warnung erfolgreich, wurde also rechtzeitig um- oder gegengesteuert, kann man nachträglich nicht mehr feststellen, ob das, wovor gewarnt wurde, überhaupt eingetreten wäre, wenn nicht gegengesteuert worden wäre. Wird sie aber nicht beachtet und tritt der Schaden ein, vor dem gewarnt wurde, so war sie nutzlos, da sie nichts verhindert hat.

Die Bezeichnung der Technikfolgenabschätzung als Frühwarnung vor technikbedingten Gefahren findet sich heute kaum noch. Die Paradoxien der selbst erfüllenden oder selbst zerstörenden Prophezeiung, die Probleme der Operationalisierung des ‚Vorrangs der schlechten Prognose' (Jonas 1979) und die sich daraus ergebende Gefahr eines Alarmismus haben gezeigt, dass der Begriff der Frühwarnung komplex und nicht einfach operabel ist (Bechmann 1994).

Seit einigen Jahren kehrt Frühwarnung jedoch in anderem Gewande wieder: nämlich in der Form des *Vorsorgeprinzips* (z.B. von Gleich 1999, von Schomberg 2005). Dieses besagt, dass politisches Handeln auch dann zulässig ist, wenn noch keine direkte Gefahr abzuwenden ist, sondern wenn eine zukünftige Gefahr als bloß möglich erscheint, wenngleich begründete Verdachtsmomente vorliegen müssen (von Gleich 1999; Grunwald 2008b, Kap. 7). Hier ist dann genauer zu klären, was dies heißt, ab welcher Schwelle hier vorsorgende Handlungen berechtigt oder sogar geboten sind und wie diese ausfallen sollen. Und genau hierfür benötigt man Wissen über die mutmaßliche Gefahr und ihre Eintrittswahrscheinlichkeit, genauso wie Orientierungen über die Kriterien zur Bewertung dieses Wissens.

Die seit Jahren anhaltende Debatte über mögliche Risiken durch Nanopartikel ist hier einschlägig. Nanopartikel sind bereits in einigen marktgängigen Produkten wie Sonnenschutzcremes oder Autoreifen enthalten. Über mögliche gesundheitliche Risiken ist jedoch bislang wenig bekannt. Weitgehender Konsens besteht darin, dass dies eine typische Vorsorgesituation ist. Umstritten jedoch bleibt die Frage, welche Maßnahmen in dieser Situation zu ergreifen seien, zwischen harten Forderungen nach einem Moratorium und dem Verweis auf Selbstverpflichtungen der Wirtschaft (Grunwald 2008b, Kap. 7).

Technikfolgenabschätzung war von Anfang an auch ein Element in den nationalen Innovationssystemen (Smits/ten Hertog 2007). Selbst die Frühwarnung vor technikbedingten Risiken geschah bzw. geschieht nicht mit dem Ziel eines ‚Technology Arrestment' (vgl. Kap. 13.1), sondern in der Absicht, durch eine frühzeitige Erkennung von Risiken Möglichkeiten ihrer Vermeidung oder Bewältigung zu eröffnen. Insofern steht auch die Früherkennung von Risiken in einer Tradition, in der es darum geht, Innovationspotentiale aus Wissenschaft und Technik in einer möglichst guten Weise zu nutzen. Aus diesem Grund war von Anfang an die frühzeitige Erkennung der *Chancen* von Technik ein Thema der Technikfolgenabschätzung, denn erst dadurch werden rationale Abwägungen von Chancen und Risiken möglich. Die Suche nach Chancen und innovativen Anwendungsmöglichkeiten von Technik gehört untrennbar zur Technikfolgenabschätzung hinzu.

Ruud Smits und Jos van Leyten haben in den 1990er Jahren gefordert, dass Technikfolgenabschätzung vom ‚Wachhund' vor technikbedingten Gefahren zum ‚Spürhund' für Chancen der Technik werden solle. Neben einer anderen Positionierung im Feld der gesellschaftlichen Technikdiskussion – nämlich eher auf Seiten der Innovationen als auf der Seite der Bedenken – hat diese Umdeutung auch strategische Gründe: der Spürhund ist im Allgemeinen beliebter als der Wachhund (Smits/Leyten 1991).

Technikfolgenabschätzung als Früherkennung versucht, in frühen Stadien von Technikentwicklungen die *Potenziale* für Anwendungen und Märkte zu erkennen und den Transfer aus den Labors in marktgeeignete technische Produkte zu beschleunigen (Zweck 1999). Dies wird häufig für Technologieentwicklungen durchgeführt, die als Querschnittstechnologie erscheinen und nicht bereits auf spezifische Anwendungen festgelegt sind. Gegenwärtig haben z.B. die Nanotechnologie (Paschen et al. 2004) und die ‚Converging Technologies' (Roco/Bainbridge 2002) diesen Status inne. Es geht darum, möglichst viele und weitgehende Anwendungsmöglichkeiten zu erschließen, die Industrie dafür zu interessieren und Technologietransfer zu motivieren.

Seit den 1990er Jahren zeigen sich in vielen Volkswirtschaften erhebliche ökonomische Probleme, die sich nicht zuletzt in erheblicher Arbeitslosigkeit mitsamt den Folgen für die sozialen Sicherungssysteme zeigen. Vielfach wird einer verstärkten Innovationsfreudigkeit eine Schlüsselrolle für die Bewältigung dieser Probleme zugesprochen. Aus dieser Diagnose sind der Technikfolgenabschätzung erweiterte Aufgaben zugewachsen, die neue Schnittstellen der Technikfolgenabschätzung zur Innovationsforschung erfordern (vgl. Kap. 11).

2.2 Politik- und Gesellschaftsberatung

Die wachsende Abhängigkeit moderner Gesellschaften vom technischen Innovationspotenzial, die Betroffenheit von den indirekten und mittelbaren Technik- und Technisierungsfolgen sowie Technikkonflikte stellen eine erhebliche Herausforderung für Technik-, Forschungs- und Wissenschaftspolitik, aber auch für die Öffentlichkeit dar.

> „The world of science and its impact on public policy are becoming more complex, not less. Technology is central to every aspect of American life, from biotechnology to law enforcement, from agriculture to education. It would be a serious mistake to limit our ability as a legislature to evaluate and respond to the scientific and technological challenges facing Congress, the Administration, and the Nation."[2]

2 Senator Edward Kennedy in einer Rede im US-Kongress im Jahre 1995. Kennedy war einer der eifrigsten Befürworter und Nutzer der parlamentarischen Technikfolgenabschätzung in den USA (vgl. Kap. 3.2).

Dementsprechend steigt der Beratungsbedarf von Entscheidungsträgern in der Politik seit Jahrzehnten an (Nullmeier 2007). Technikfolgenabschätzung ist als Politikberatung entstanden und stellt ein Instrument dar, Zukunftsbezüge von Technik zu erforschen, explizit zu machen und in die politischen Meinungsbildungs- und Entscheidungsprozesse einzubringen (Petermann 1992). Hier geht es darum, den erwähnten entscheidungstheoretischen Kreisgang (Abb. 2-1) für die Notwendigkeiten politischer Entscheidungsprozesse im Kontext des technischen Fortschritts operabel zu machen. Besonderes Interesse findet regelmäßig die demokratische Beeinflussung der *Agenda der Wissenschaften* und damit der Richtung der Technikentwicklung:

> „Politikberatung hat die Aufgabe, Forschungsergebnisse aus dem Horizont leitender Interessen, die das Situationsverständnis der Handelnden bestimmen, zu interpretieren, und andererseits Projekte zu bewerten, und solche Programme anzuregen und auszuwählen, die den Forschungsprozeß in die Richtung praktischer Fragen lenken." (Habermas 1968a, S. 134)

In heutigen Begriffen wird hier das Problem angesprochen, wie eine Gesellschaft, die von Wissenschaft und Technik Beiträge zur Lösung *praktischer* Fragen erwartet, die Wissenschaft so beeinflussen kann, dass diese tatsächlich in der gewünschten Richtung forscht. Dem entgegen steht die innerwissenschaftliche Tendenz autonomer Themensetzung in der Folge der internen Dynamik und der Anerkennungsmechanismen im Wissenschaftssystem.

2.2.1 Gestaltungsskepsis und Steuerungsdebatte

Wenn also der Bedarf nach politischer Gestaltung des wissenschaftlich-technischen Fortschritts und seiner Folgen wohl weitgehend unstrittig ist, und ebenso Konsens darin besteht, dass Politik hierfür angesichts der Komplexität entsprechender Entscheidungen auf wissenschaftliche Unterstützung und Beratung angewiesen ist, so wird doch vielfach daran gezweifelt, dass das traditionelle, nationalstaatlich organisierte politische System dieser Gestaltungserwartung auch genügen könne. Gegenwärtige skeptische Einschätzungen in der Debatte zu der Steuerungs- und Gestaltungsfähigkeit des politischen Systems (z.B. Grimmer et al. 1992; Mayntz 1987, Willke 1983) besagen, dass der Staat den an ihn gerichteten Erwartungen in der Technikgestaltung nicht mehr nachkommen könne. Sie werden, holzschnittartig zusammengefasst, folgendermaßen begründet (nach Grunwald 2000a, Kap. 3.3.1):

(1) *Wissensproblematik:* der Staat habe in der dezentralen und pluralistischen, funktional ausdifferenzierten Gesellschaft nicht mehr die Möglichkeit, das erforderliche Steuerungswissen an zentraler Stelle zu versammeln.

(2) *Orientierungsproblematik*: der Staat könne nicht (mehr) als Vertreter der Präferenzen und Interessen der Bürger im Sinne einer Gemeinwohlvertre-

tung auftreten, sondern sei ein Interessenvertreter unter anderen, nämlich ein Vertreter seiner eigenen Interessen.

(3) *Umsetzungsproblematik*: aufgrund der Ausdifferenzierung der Gesellschaft und des politischen Systems gebe es keine zentrale Planungsinstanz mehr, die gesellschaftliche Steuerungsintentionen und -programme umsetzen könne.

(4) *Akzeptanzproblematik:* wenn der Staat trotzdem explizit versucht, steuernd einzugreifen, werde er an mangelnder Akzeptanz scheitern, die sich aus den Punkten (1) und (2) ergebe.

Zweifler an der Möglichkeit des Staates, weiterhin Akteur gesellschaftlicher Technikgestaltung zu sein, argumentieren: „... das politische System ist somit nunmehr ein Teilsystem unter verschiedenen gleichrangigen Teilsystemen" (Martinsen 1992, S. 56) und sehen eine nur noch stark abgeschwächte Rolle des Staates in modernen funktional differenzierten Gesellschaften:

> „War der Staat traditionellerweise die einzige Instanz, die zumindest potenziell in der Lage war, die planvolle Gestaltung der Gesellschaft autoritativ zu betreiben, so hat sich mittlerweile ein Wandel im Rollenverständnis vollzogen, demzufolge der Staat eher als Moderator gesellschaftlicher Aushandlungsprozesse fungiert und sich auf die Steuerung der gesellschaftlichen Selbststeuerung beschränkt." (Weyer 1997b, S. 78)

Offenkundig wäre Technikfolgenabschätzung als Politikberatung nur bedingt sinnvoll, wenn diese Diagnose in vollem Umfang zuträfe. So fordert z.B. Ropohl (1996) unter anderem aus diesem Grund, dass Technikfolgenabschätzung besser Wirtschaft und Industrie als das politische System beraten solle. Dies ist jedoch ein Fehlschluss, der nicht berücksichtigt, dass der Staat mit seinen demokratischen Institutionen und Verfahren der einzige gesellschaftliche Akteur ist, der für alle verbindliche und legitimierte Entscheidungen treffen kann. Also zumindest in den Fällen, wo es um allgemeinverbindliche Aspekte im Umgang mit den Folgen des wissenschaftlich-technischen Fortschritts geht wie z.B. Grenzwertsetzungen, Sicherheitsstandards, Verwendung öffentlicher Gelder z.B. für die Forschungsförderung – diese Aspekte können zusammenfassend als ‚politikpflichtige' Aspekte von Technik angesehen werden, im Unterschied zu denjenigen Aspekten, die den Verhältnissen von Angebot und Nachfrage auf dem Markt überlasen werden können – müssen *politische* Entscheidungen getroffen werden. Denn durch Moderation allein wird keinerlei Legitimation produziert. Der Staat muss letztlich – und das geht über die Moderatorenrolle weit hinaus – durch entsprechende Entscheidungsverfahren für die demokratische Legitimation der Resultate sorgen (Grunwald 2000a, Kap. 3).

Vor allem wenn es um die Bewältigung gesellschaftlicher Technikkonflikte geht, um den Zusammenhang von Technik und Bürgerrechten, wie etwa beim Datenschutz, um Legitimationsprobleme gegenüber möglichen Verlierern der weiteren Technisierung oder um die Verteilung und das Ausmaß technischer Risiken, so liegt hier eine allgemeine gesellschaftliche Herausforderung vor, deren Bearbeitung nicht der Wirtschaft überlassen bleiben kann. Schwer überschaubare Risiken bedürfen einer staatlichen Beobachtung und Überwachung bis hin zur aktiven Gestaltung des Umgangs mit ihnen. Auch vor dem Hintergrund einer weiteren Beschleunigung der Innovationsdynamik, wenigstens in einigen Bereichen der Technik wie Nanotechnologie, Informations- und Kommunikationstechnik und Synthetische Biologie und der fortschreitenden Globalisierung der wirtschaftlichen und kulturellen Zusammenhänge stellen sich ernsthafte Fragen nach demokratisch legitimen Technikentscheidungen und ihrer Durchsetzung gegenüber den eigendynamischen Anteilen der Technikentwicklung und ihren ‚driving forces'.

Dass durch staatliches Handeln Technik faktisch beeinflusst wird, um das vielleicht zu starke Wort von der Steuerung zu vermeiden, ist leicht zu belegen: Explizite Beeinflussungen des Ganges der Technikentwicklung durch politische Akteure sind z.B. die Serie von Verordnungen und gesetzgeberischen Maßnahmen, welche in den achtziger Jahren zum serienmäßigen Einbau von geregelten Drei-Wege-Katalysatoren in PKW-Abgasanlagen führte, die Durchsetzung der Kernenergie gegenüber den Bedenken der Industrie in den 50er und 60er Jahren, die Altautoverordnung, die eine umweltverträgliche Entsorgung und möglichst weitgehende Wiederverwendung zum Ziel hat, die in der Europäischen Union beschlossene Rücknahmeverpflichtung für Altautos durch die herstellende Industrie und im internationalen Bereich die Ansätze von Klimavereinbarungen mit dem hoch technikrelevanten Ziel einer Reduktion der Treibhausgasemissionen, die Realisierung von umfangreichen Raumfahrtprogrammen und das Erneuerbare-Energien-Gesetz, das z.B. zu einem Boom an Windkraftanlagen, Geothermie und Photovoltaik geführt hat. Es ist unmittelbar erkennbar, dass in diesen Bereichen jeweils ganz verschiedene Gestaltungsziele zugrunde liegen und unterschiedliche Gestaltungsmöglichkeiten mit jeweils verschiedenen Konsequenzen für die weitere Technikentwicklung bestehen. Die Frage ist nicht, *ob* das politische System in seinen Verfahren und Institutionen den wissenschaftlich-technischen Fortschritt beeinflussen kann, sondern wie dies geschehen kann, um bestimmte gesellschaftliche Zielsetzungen zu verfolgen (Aichholzer et al. 2010).

2.2.2 Staatliche Einflussnahmen auf Technik

Politisches und staatliches Handeln in Bezug auf Technik meint nicht, wie dies gelegentlich kritisiert wird, dass der Staat sich einbilde, der ‚bessere Ingenieur' zu sein. Vielmehr geht es um Gestaltung der ‚politikpflichtigen' *Rahmenbedingungen* für den technischen Fortschritt, nicht um Technikgestaltung auf der Ebene von Produkten. Dadurch, also z.B. Sicherheitsbestimmungen, Grenzwerte für Schadstoffe, Datenschutzbestimmungen, Förderprogramme und technikrelevante Steuergesetzgebung wird sicher die Technikentwicklung mehr oder weniger stark beeinflusst. Es ist kaum bezweifelbar, dass Einflussnahmen durch Staat und Politik auf den Gang der wissenschaftlich-technischen Entwicklung vorgenommen werden und auch Wirkungen haben (vgl. Grunwald 2000a). Damit hat Technikfolgenabschätzung als Politikberatung auch einen relevanten Platz in der ‚Technology Governance' (Aichholzer et al. 2010).

In welcher Weise und in welchen Fragestellungen Technikfolgenabschätzung zur Befriedigung des politischen Beratungsbedarfs beitragen kann, hängt wesentlich vom Kontext und der Art der betreffenden technikrelevanten Entscheidung ab. Das staatliche Handeln in der Technik erstreckt sich

(1) auf direkte Technikgestaltung,
(2) auf Forschungs- und Technologieförderung,
(3) auf Regulierungsvorgaben für Technikgestaltung auf dem freien Markt,
(4) auf die staatliche Nutzung von Technik und
(5) auf die Betroffenheit des Staates von technischen Entwicklungen.

(1) Direkte staatlich betriebene Technikentwicklung besteht darin, dass der Staat die Forschungs- und Entwicklungsziele sowie die Einsatz- und Anwendungsgebiete der betreffenden Technik vorgibt und selbst Betreiber der Forschungs- und Entwicklungsarbeiten ist. In diesen Bereich fallen z.B. Raumfahrtprojekte, insbesondere der bemannten Raumfahrt (DLR 1993), Infrastrukturprojekte im Verkehrs- oder Kommunikationsbereich, gegebenenfalls Elemente der Energieversorgung oder ihrer Begleitumstände wie nukleare End- oder Zwischenlager sowie die Militärtechnik. Technikfolgenabschätzung besteht dann hauptsächlich darin, den entsprechenden staatlichen Bedarf zu prüfen und mögliche Optionen seiner Realisierung im Hinblick auf die Folgendimensionen unter den unterschiedlichsten Kriterien zu vergleichen: technische Machbarkeit, Verfügbarkeit, Kosten/Nutzen-Verhältnis, Umwelt- oder Sozialverträglichkeit, Konfliktrisiken innerhalb der Bevölkerung oder mit dem Ausland (z.B. für grenznahe Kraftwerke) etc.

(2) Durch die Einrichtung von Programmen oder Schwerpunktsetzungen in der Forschungs- und Technologieförderung kann der Staat bestimmte Technikforschung fördern oder ihre Einführung beschleunigen, also indirekt die Richtung und Geschwindigkeit des technischen Fortschritts beeinflussen. Aufgabe der Technikfolgenabschätzung ist die voraus laufende Forschung zum Bedarf nach und den Folgen von solchen Förderprogrammen, also zu ihrer Orientierung und zur Prioritätensetzung (z.B. Schippl et al. 2009), sowie ihre wissenschaftliche Begleitung. Dies kann die Beratung im Vorlauf von entsprechenden Ausschreibungen zu Fragen der technischen Potenziale und Risiken betreffen, die Beratung

zu Fragen der Erreichbarkeit der seitens der Wissenschaft und Technik genannten Ziele, die gesellschaftliche, insbesondere volkswirtschaftliche Bedarfssituation und mögliche, durch die betreffende Entwicklung verursachte soziale oder ethische Konfliktfelder (z.B. aktuell die Synthetische Biologie betreffend, vgl. Grunwald 2008b, Kap. 8).

(3) Durch Setzung von regulierenden Rahmenbedingungen für die allgemeine Technikentwicklung, die nach diesen Maßgaben in der Wirtschaft erfolgt, gibt das politische System weder Entwicklungsziele vor noch bestimmt es die konkrete Ausprägung technischer Produkte oder Verfahren. Die Entscheidung über konkrete technische Produkte oder Systeme bleibt den Herstellern bzw. dem Markt überlassen. Das Verbot der Weiternutzung von Fluorchlorkohlenwasserstoffen zur Bekämpfung des Ozonlochs (Harremoes et al. 2002) z.B. ließ Freiraum in Bezug auf den Einsatz von Ersatzstoffen – selbstverständlich innerhalb der hierfür relevanten regulierenden Vorgaben. Derartige gesellschaftliche bzw. politische Aktivitäten betreffen z.B. die Setzung von Grenzwerten und von Sicherheits- oder Umweltstandards, die Bemessung technikrelevanter Steuersätze oder technikrelevante und direkt regulierende Maßnahmen wie Verordnungen über Rücknahmeverpflichtungen von Altautos oder andere Rezyklierungsvorschriften. Regulierung der Technikgestaltung in diesem Sinne setzt entweder ordnungsrechtlich strikte Grenzen (Verbote, z.B. von Neuzulassungen von PKW ohne geregelten Katalysator oder das Verbot des Klonens von Menschen) oder setzt Anreize für das Marktverhalten so, dass Entwicklungen in die gewünschte Richtung erfolgen (z.B. durch Kohlendioxidsteuern, die CO_2-arme Technologien bevorzugen). Dieses Feld ist ein vorrangiges Betätigungsfeld für die Technikfolgenabschätzung, da der Bedarf nach und die Auswirkungen von Regulierungsmaßnahmen meistens sehr schwer abzuschätzen sind und erhebliches Konfliktpotenzial bergen.

(4) Der Staat ist auch Technik*nutzer* in großem Umfang. Bei einer Staatsquote von 30 –50% in den meisten industrialisierten Ländern übt der Staat durch diese Nutzerrolle einen erheblichen Einfluss auf das Marktgeschehen aus. Zwar operiert er nicht als monolithischer Block, sondern als dezentrales Netz von Behörden, Ämtern und Ministerien, die nicht unbedingt alle in die gleiche Richtung marschieren. Dennoch kann kaum bestritten werden, dass durch staatlichen Technikeinsatz und die staatliche Nachfrage nach Innovation (Edler 2007) der Gang der technischen Entwicklung maßgeblich mitbestimmt wird. Für Technikfolgenabschätzung stellt sich hier die Aufgabe vergleichender Analysen zwischen verschiedenen technischen Optionen oder Produkten im Hinblick auf ihre zukünftigen Funktionen im staatlichen Betrieb oder auf Kosten/Nutzen-Verhältnisse.

(5) Staat und politisches System werden nicht nur *aktiv* tätig in Bezug auf Technik (als Gestalter und Nutzer), sondern werden auch passiv betroffen von

Entwicklungen, die marktförmig ablaufen, aber Folgen für Staat und politisches System mit sich bringen. Neue Technologien können z.B. die organisierte Kriminalität erleichtern oder von Terroristen genutzt werden. Technikfolgenabschätzung ist in diesem Feld vor allem dadurch gefragt, dass Reaktionsweisen des Staates auf aktuelle technische Entwicklungen eben auch auf ihre Folgen und Nebenfolgen hin untersucht werden müssen. So werden z.B. die Hoffnungen in Bezug auf eine elektronische Demokratie begleitet von Befürchtungen einer digitalen Spaltung (digital divide) der Gesellschaft in Teilnehmer an der Internet-Kommunikation und davon Ausgeschlossene (Grunwald et al. 2006; Krings/Riehm 2006).

2.2.3 Technikfolgenabschätzung als Politikberatung

Technikgestaltung durch politischen oder staatlichen Einfluss erfolgt durch Entscheidungen zwischen verschiedenen Optionen. Die Vorbereitung von Entscheidungen stellt ein klassisches Aufgabenfeld der Technikfolgenabschätzung dar: wissenschaftliche Analyse von Entscheidungsfolgen und -prämissen sowie von Bedingungen eines Entscheidungserfolges und der Aufbau kohärenter Entscheidungsoptionen gehören zu ihren Aufgaben von Beginn an (Ayres et al. 1970; Paschen 1975; Paschen/Petermann 1992). Technikfolgenabschätzung als Entscheidungsberatung soll die erwartbaren Folgen von konkreten technikrelevanten Entscheidungen untersuchen. Sie ist damit befasst, das erforderliche Wissen verfügbar zu machen, die normativen Orientierungen zu reflektieren, politische Handlungsoptionen zu entwickeln und auch Wege zum Umgang mit der Unvollständigkeit und Unsicherheit dieses Wissens zu erarbeiten. Forschung im Rahmen der Technikfolgenabschätzung bezieht sich dabei auf

- Mechanismen technikbedingter Einwirkungen auf die Gesellschaft. Dies ist die Technikfolgenproblematik *im engeren Sinne*: Chancen und Risiken in ökologischer, sozialer, ökonomischer und politischer Dimension sollen untersucht werden.
- Rückwirkungen dieser Effekte auf menschliche – individuelle und soziale – Handlungsweisen. Hier geht es um Anpassungsstrategien an technische Entwicklungen und Vermeidungsstrategien hinsichtlich negativer Folgen, um Veränderungen in den normativen Rahmenbedingungen der Gesellschaft wie z.B. in Bezug auf technikrelevante Regulierungen, aber auch um öffentliche und politische Kommunikation über Technik, z.B. Risikokommunikation.
- Mechanismen der Technikentwicklung und -nutzung und Möglichkeiten ihrer Beeinflussung.
- Möglichkeiten der Gestaltung der technischen und technikwissenschaftlichen Forschungs- und Entwicklungsagenda im Hinblick auf gesellschaftliche Zielsetzungen, z.B. nachhaltiger Entwicklung (vgl. Kap. 9).

Auf dieser Basis sollen mögliche politische Maßnahmen und Instrumente zum Umgang mit Technikentscheidungen und Technik entworfen und im Hinblick auf ihre Eignung beurteilt werden, etwa auf den Feldern des Internethandels, der Förderung von technischen Innovationen im Verkehrsbereich, in Bezug auf eine nachhaltige Energieversorgung oder für ein effizientes Stoffstrommanagement. Dieses Folgen- und Handlungswissen soll dann in die entsprechenden Entscheidungsprozesse eingebracht werden und dort im Sinne des ‚entscheidungstheoretischen Kreisgangs' (Abb. 2-1) für eine Verbesserung der Entscheidungsgrundlage sorgen, z.B. als Früherkennung oder als Frühwarnung (siehe oben).

In diesem abstrakten Schema ist eine Fülle unterschiedlicher Ausprägungen politikberatender Technikfolgenabschätzung entstanden, mit teils unterschiedlichen Zielsetzungen und Aufgaben und vielfach stark unterschiedlichen institutionellen Einbettungen (vgl. Kap. 3).

2.3 Konflikterkennung und Konfliktbewältigung

Gravierende Technikkonflikte sind eine Erscheinung in den industrialisierten Gesellschaften seit den 1960er Jahren. Vielfach entzünden sie sich an unterschiedlichen Positionen, wie angesichts der Spannungen und Ambivalenzen des technischen Fortschritts weiter zu verfahren sei. Und in diesen unterschiedlichen Positionen geht es nicht nur um konkrete Regelungen wie Grenzwerte für Schadstoffeinträge ins Grundwasser oder den effizienten Einsatz von Forschungsförderung, sondern auch um ideelle und sehr grundsätzliche Aspekte wie Vorstellungen über die zukünftige Gesellschaft, Positionen zum Mensch/Natur-Verhältnis oder die ‚Zukunft der Natur des Menschen' (Habermas 2001). Konflikte um Technik sind vielfach nicht nur Konflikte um technische Produkte, Verfahren oder Systeme, sondern auch Konflikte um die Art und Weise, wie wir in Zukunft leben wollen und wie wir uns im Verhältnis zu Natur und Technik sehen.

Vielen Technikkonflikten liegen unterschiedliche Vorstellungen über die *Verteilung* von Risiken, aber auch von Chancen in räumlicher, zeitlicher und gruppenbezogener Hinsicht zugrunde. Ob es nun die für nicht jeden erschwingliche Wohnlage im Grünen ist, die zwar denjenigen vor gesundheitsschädigenden Emissionen bewahrt, der sie sich leisten kann, der aber simultan die Anwohner der Einfallsstraßen der Städte – in der Regel einkommensschwache Mieter – mit seinen Emissionen belastet, ob der Besitzer eines Luxusautos zwar besonders viele Emissionen produziert, er sich aber den Einbau teurer Filter leisten kann, so dass seine Emissionen nur bei anderen zu Gesundheitsrisiken führen, ob jemand ein Auto mit ABS fährt und dadurch die Kosten bei Karambolagen auf die hinter ihm fahrenden Besitzer billiger Wagen abwälzen kann – das Prinzip ist das gleiche: das Wohlstandsgefälle führt zu einer Asymmetrie in der Verteilung technologiebedingter Risiken und Chancen. So gehört die Gerechtigkeitsfrage, die sich aus der ungleichen Verteilung von Vorteilen und Risiken einer Technologie ergibt, zu den Herausforderungen im gesellschaftlichen Umgang mit Technik. Die Beantwortung der Fragen, welche Risiken wir bereit sind einzugehen bzw. welche Risiken in Abwägung zu erwarteten Chancen zugemutet werden können und wie Chancen und Risiken verteilt werden, ist eine zentrale Herausforderung an die Legitimationsleistung moderner Technikpolitik und häufiger Anlass für Technikkonflikte. Insbesondere das Auseinanderfallen von Entscheider- und Betroffenenperspektiven ist hier einschlägig (Kap. 1.5).

Konflikte um Wissenschaft und Technik sind nichts Außergewöhnliches, sondern entsprechen der Normalität in der pluralistischen Gesellschaft. Sie können Quelle innovativer Weiterentwicklungen sein, vorausgesetzt allerdings, dass eine *vernünftige* Konfliktbewältigung gelingt. Die Ausdifferenzierung der modernen Gesellschaften, ihre Zersplitterung in plurale, moralisch auf verschiedenen Überzeugungen aufbauende Gruppen, divergierende Interessen von Entscheidern und Betroffenen und die durch Migration und Globalisierung verstärkten kulturellen Heterogenitäten inmitten von Staaten erschweren die Möglichkeiten einer Verständigung. Dies erhöht einerseits die Anforderungen an eine verfahrensmäßige Legitimation (Luhmann 1983), welche aber andererseits häufig als ‚bloß formale' Legitimation kritisiert wird. Wie vor allem die Technologien zeigen, die mit der Nutzung von Kernenergie verbunden sind (Kernreaktoren, Wiederaufbereitungsanlagen, Transporte und Lagerung radioaktiver Abfälle), haben Technikkonflikte und mangelnde gesellschaftliche Akzeptanz von prozedural durchaus legitimierten Technologien zu einer Konfliktsituation bis an den Rand einer gesellschaftlichen Handlungsblockade geführt. Dies ist genau die Gefahr: durch eine Eskalation der Technikkonflikte können fundamentalistische Verhärtungen auf allen Seiten auftreten, pragmatische Problemlösungen verbauen und zu Handlungsblockaden führen.[3] Die ungelöste Herausforderung im gesellschaftlichen Umgang besteht darin, die Konflikte in einer Weise auszutragen, dass erstens überhaupt ein weiteres konstruktives Handeln möglich ist, und dass dann dieses Handeln als legitim anerkannt wird – dies könnte die härteste Herausforderung an demokratische Entscheidungsprozesse sein –, auch wenn es den Interessen, Werten und Präferenzen mancher Beteiligter zuwiderläuft.

3 Vgl. Hocke-Bergler/Grunwald 2006 für den Fall der Endlagerung radioaktiver Abfälle als Beispiel. Weitere Beispiele sind die Auseinandersetzungen um Flughafenerweiterungen, insbesondere die Geschichte der Startbahn West am Frankfurter Flughafen und Großprojekte der Kernenergie wie die Wiederaufbereitungsanlage Wackersdorf und der Schnelle Brüter in Kalkar.

Eine wesentliche Funktion von Technikfolgenabschätzung ist (a) die frühzeitige Erkennung von Technikkonflikten, mehr noch aber (b) der Beitrag zu ihrer möglichst gewaltfreien und diskursiven Lösung. In den Mittelpunkt einer hauptsächlich darauf ausgerichteten Technikfolgenabschätzung treten Begriffe und Probleme wie öffentliche Kommunikation über Technik, Risikokommunikation, Konfliktforschung, Mediation und Schlichtung, Sozialverträglichkeit und die Beteiligung von Betroffenen an Entscheidungsprozessen (vgl. Kap. 4.2).

2.4 Demokratisierung der Technik

Die Ziele der Technikfolgenabschätzung in Bezug auf eine Demokratisierung der Technik (vgl. Kap. 1.6) sind auf zwei Ebenen angesiedelt:

- *institutionelle Ebene*: repräsentativ-demokratische Institutionen und Verfahren werden durch Technikfolgenabschätzung als (z.B. parlamentarische) Politikberatung (Kap. 3.2 und 3.3) unterstützt, vor allem um die demokratischen Kontroll- und Gestaltungsmöglichkeiten zu stärken und politische Handlungsmöglichkeiten sowie -notwendigkeiten zu identifizieren;
- *deliberative Ebene*: durch Beteiligung der Bevölkerung oder von Teilöffentlichkeiten in Form unterschiedlichster partizipativer Verfahren sollen *inhaltliche*, nicht nur prozedurale Mitwirkungsansprüche einer demokratischen Öffentlichkeit im Prozess der Technikentwicklung oder der Gestaltung ihrer Rahmenbedingungen berücksichtigt werden.

Technikfolgenabschätzung als wissenschaftliche Beratung demokratischer Institutionen ist ohne Zweifel ein Element der Demokratisierung von Technik. Dafür ist eine ‚wechselseitige Kommunikation' erforderlich:

> „Vielmehr scheint eine wechselseitige Kommunikation derart möglich und nötig zu sein, dass einerseits wissenschaftliche Experten die Entscheidung fällende Instanz ‚beraten' und umgekehrt die Politiker die Wissenschaftler nach Bedürfnissen der Praxis ‚beauftragen'." (Habermas 1968a, S. 126f.)

Diese wechselseitige Kommunikation wurde bereits früh als ein gegenseitiger Lernprozess zwischen Politik und Wissenschaft interpretiert:

> „Immer mehr wird es für beide Gruppen – die Berater wie die Politiker – notwendig, gemeinsam einen komplizierten Lernprozess zu vollziehen, der die Handlungsmöglichkeiten an der vorhandenen Situation orientiert und zugleich die Handlungsfolgen abschätzt und bewertet." (Krauch 1970, S. 210)

‚Wechselseitige Kommunikation' zwischen demokratischen Institutionen und Wissenschaft in diesem Sinne ist in den letzten Jahrzehnten vielfach eingerichtet worden, nicht nur in den Feldern der Technikfolgenabschätzung (Nullmeier

2007). Allerdings, und darum kreisen konzeptionelle Debatten in der Technikfolgenabschätzung seit Jahrzehnten, ist allein dadurch die Bedrohung demokratischer Beteiligungsansprüche durch technokratische Tendenzen nicht abgewendet. Wissenschaftliche Expertenberatung und politische Entscheider könnten Seilschaften bilden und hinter verschlossener Türe Entscheidungen dominieren, aus denen die demokratische Öffentlichkeit ausgeschlossen ist. Wo hier die Grenze ist, ab der die Gesellschaft bereit ist, Entscheidungen an Experten zu delegieren und wo sie selbst Beteiligungsansprüche anmeldet, hängt von demokratietheoretischen Positionen in der Spannung zwischen eher repräsentativ-demokratischen, an Verfahren orientierten Modellen und Idealen einer deliberativen Demokratie ab, in denen auch die substantiellen Inhalte der Entscheidungen in einer deliberierenden Öffentlichkeit verhandelt werden sollen (Habermas 1992, Leggewie 2007).

In den letzten Jahrzehnten haben sich die gesellschaftlichen Ansprüche in Richtung auf mehr Deliberation verschoben, wie z.B. anhand der Behandlung der Frage der Endlagerung radioaktiven Abfalls nachvollzogen werden kann (Hocke-Bergler/Grunwald 2006). Die Beratung politischer Institutionen und Entscheidungsträger wird zwar nach wie vor als notwendig, aber nicht mehr als hinreichend erachtet. Im Rahmen der Diagnose einer zusehends dezentral organisierten Gesellschaft mit erhöhten zivilgesellschaftlichen Beteiligungsansprüchen und abnehmender Steuerungsfähigkeit der klassischen nationalstaatlichen Institutionen wird gefordert, die Politikberatung zu einer ‚Gesellschaftsberatung' zu erweitern (Leggewie 2007). Zwar werden vielfach die Probleme dieses Begriffs diskutiert, vor allem, weil der Adressat einer solchen Beratung diffus sei (vgl. Saretzki 2007). Dennoch haben sich ohne Zweifel die Formen der Governance in modernen Staaten verkompliziert und sind die steuernden Möglichkeiten nationalstaatlicher Institutionen geschrumpft. Technikfolgenabschätzung versteht sich heute vor diesem Hintergrund einerseits immer noch als wissenschaftsgestützte Politikberatung, so z.B. im parlamentarischen Bereich (vgl. Kap. 3.3). Andererseits jedoch hat sie weitergehende Formen der Beteiligung der Bevölkerung in Form partizipativer Verfahren entwickelt (vgl. Kap. 4.2).

Denn um den Ansprüchen einer deliberativen Demokratie zu genügen, bedarf es mehr als institutionalisierter Beratung demokratischer Institutionen. Die oben genannten gegenseitigen Lernprozesse zwischen Wissenschaft und Politik sollen, wiederum Habermas folgend, nach höchst anspruchsvollen normativen Maßstäben erfolgen. Die organisierte wissenschaftliche Politikberatung, das direkte Aufeinandertreffen von wissenschaftlicher Expertise und politischer Handlungsmacht in institutionalisierten Beratungsverhältnissen darf vor dem Hintergrund des ‚pragmatistischen', auf John Dewey bezogenen Modells des Verhältnisses von Wissenschaft und Politik, nur eine *vorbereitende Rolle* für den vom ‚Publikum der Staatsbürger' zu vollziehenden deliberativen Prozess spielen:

> „In der Integration von technischem Wissen und hermeneutischer Selbstverständigung steckt, da sie in einer vom Staatsbürgerpublikum losgelösten Diskussion der Wissenschaftler in Gang gebracht werden muss, immer ein Moment von Vorwegnahme. Die Aufklärung eines wissenschaftlich instrumentierten politischen Willens kann nach Maßgabe rational verbindlicher Diskussion nur aus dem Horizont der miteinander sprechenden Bürger hervorgehen und muß in ihn zurückführen." (Habermas 1968a, S. 137)

Auf diese Weise gewinnt wissenschaftliche Politikberatung eine demokratietheoretische Dimension, statt ausschließlich auf Beiträge zum Funktionieren des institutionellen Getriebes staatlicher Organe beschränkt zu werden. Damit wurde ein Anspruch formuliert, an dem sich wissenschaftliche Politikberatung in vielerlei Konzeptionen und Politikfeldern bis heute abarbeitet, ohne einen Abschluss erreicht zu haben. In diesem Sinne ist wissenschaftliche Politikberatung und damit Technikfolgenabschätzung dem Anspruch nach immer auch ein Stück weit *Gesellschaftsberatung* im Rahmen einer deliberativen Demokratie (Leggewie 2007), auch wenn sie als selbst institutionalisierte Beratung demokratischer Institutionen agiert (vgl. auch Petermann/Scherz 2005 für parlamentarische Technikfolgenabschätzung).

Dies hat erhebliche Folgen für Selbstverständnis, Arbeitsweise und ‚Handwerkszeug' der Technikfolgenabschätzung. Wenn sich das ‚Publikum der Staatsbürger' an Technikdebatten beteiligen können soll, müssen Voraussetzungen in prozeduraler Hinsicht, z.B. in Bezug auf Beteiligungsverfahren (vgl. Kap. 4.2), aber auch in Bezug auf die Behandlung der Themen erfüllt werden. Denn das Vorliegen *explizierter* Verständnisse dessen, um was es in kontroversen Fragen des technischen Fortschritts geht, gehört zu den Vorbedingungen, die erfüllt sein müssen, wenn an eine demokratische Deliberation überhaupt gedacht werden soll (hierzu Grunwald 2008a). Zu klären, worum es geht, in epistemologischer, normativer und praktischer Hinsicht, hat demokratietheoretische Bedeutung in der Ausgestaltung der Wechselverhältnisse zwischen Politik, Öffentlichkeit und Wissenschaft.

Ist insofern der grundsätzliche Anspruch, dass Technikfolgenabschätzung sich auch dem Ziel einer Demokratisierung von Technik stellen und dieses durch eine Kombination beider eingangs erwähnter Ebenen der Tätigkeit realisieren müsse, zwar über die letzten Jahrzehnte unverändert geblieben, hat sich jedoch vieles auf der gesellschaftlich-empirischen Seite verändert. Globalisierung und Weltgesellschaft (Bora et al. 2007), das Aufkommen von Informations- und Wissensgesellschaft mit ihren neuen Politikfeldern (Stehr 2003), Veränderungen im institutionellen Gefüge moderner Gesellschaften, wie dies die Governance-Forschung einzuholen versucht (Voss et al. 2006), die zunehmende Fragilität von individuellen und kollektiven Identitäten (Bora et al. 2005), die Verweise auf die Zivilgesellschaft und die gewachsene Macht von Massenmedien sind nur einige im Kontext der Demokratisierung relevante gesellschaftliche Entwicklungen, auf die zeitgemäße Technikfolgenabschätzung eingehen muss.

2.5 Gesellschaftliche Technikgestaltung

Das mit den dialektischen Momenten der technischen Entwicklung (vgl. Kap. 1) verbundene Ende des Fortschrittsoptimismus zieht einen Gestaltungsbedarf hinsichtlich der Technik nach sich. Wenn weiter davon ausgegangen werden könnte, dass das Neue automatisch auch das Bessere wäre, könnte die Gesellschaft die Entwicklung neuer Technik getrost der Industrie und den Ingenieuren überlassen. Diese würden das technische Angebot weiter ausbauen, und die Nutzer könnten auf dem freien Markt mit voller Konsumentensouveränität selbst durch ihre Nachfrage bestimmen, welche der neuen Techniken sie akzeptieren.

Nun ist die Situation, wie beschrieben, bei weitem nicht so. Gestaltung im wissenschaftlich-technischen Fortschritt ist auf mehreren Ebenen und unter unterschiedlichen Zielsetzungen erforderlich. Hierbei ist, wie ebenfalls bereits erwähnt, das politische System gefordert, sowohl in seiner Eigenschaft als Begrenzer und Regulierer des Fortschritts, z.B. um Bürgerrechte zu sichern, als auch um gezielte Förderung in innovationspolitischer Absicht zu unternehmen (Bechmann et al. 2007). Auf dieser politisch-gesellschaftlichen Ebene wird Technik *indirekt* gestaltet, indem die Rahmenbedingungen des technischen Fortschritts so ausgelegt werden, dass damit die Entwicklung technischer Produkte und Systeme in eine gewünschte Richtung gelenkt wird, z.B. in Richtung auf größere Ressourceneffizienz oder auf größere Sicherheit. Dieses Gestaltungsmoment besteht nicht darin, dass der Staat beginnt, selbst technische Produkte zu entwickeln, die seinen Zielen entsprechen, sondern er beeinflusst die Rahmenbedingungen für Technikentwicklung in der Wirtschaft, so dass die gewünschten Effekte indirekt eintreten (vgl. Kap. 2.2.2).

Ein Beispiel sind die Anlagen zur Gewinnung von Energie aus erneuerbaren Energiequellen wie Windkraftanlagen, Biogas, Photovoltaik oder Geothermie-Kraftwerke. Das politische Ziel der Erhöhung des Anteils erneuerbarer Energiequellen führte nicht dazu, dass der Staat Windkraftanlagen gebaut oder betrieben hätte. Vielmehr hat er durch das Erneuerbare-Energie-Gesetz (EEG) Rahmenbedingungen geschaffen, durch die die Betreiber solcher Anlagen auf längere Zeit eine gesicherte und über dem üblichen Strompreis liegende ‚Einspeisevergütung' erhalten. Durch dieses Modell wurde es für viele lukrativ, in erneuerbare Technologien zu setzen und entsprechende Anlagen zu bauen und zu betreiben.

Der Begriff der Technikgestaltung wird jedoch in der Regel in einem techniknäheren Sinn verwendet und bezieht sich auf die *direkte* Gestaltung von Produkten und Systemen. Selbstverständlich ist es legitim zu fragen, ob nicht die Gestaltungsziele vor dem Hintergrund der dialektischen Momente im wissenschaftlich-technischen Fortschritt auch durch eine direkte Gestaltung der technischen Produkte und Systeme realisiert werden könnten, sozusagen ohne den Umweg über die Rahmenbedingungen. Wäre es nicht möglich, durch Technikfolgenabschätzung ganz nahe an der technischen Entwicklung ganz einfach ‚bessere' Produkte oder Systeme zu schaffen, mit denen sich die geschilderten Ambivalenzen vermeiden oder wenigstens verringern ließen?

Der Begriff der Technikgestaltung in diesem Sinne ist in den neunziger Jahren des letzten Jahrhunderts in die wissenschaftliche und gesellschaftliche Diskussion über Technik und Technikfolgen geraten. Die Ansätze des niederländischen Sozialkonstruktivismus (Bijker et al. 1987; Bijker/Law 1994), der Technikgeneseforschung (Dierkes et al. 1992), des ‚Social Shaping of Technology' (Yoshinaka et al. 2003), des Constructive Technology Assessment (Rip et al. 1995) sowie kulturalistischer Verständnisse des Verhältnisses von Technik und Gesellschaft (Weingart 1989) haben dazu beigetragen, Technik als eine sozial *beeinflussbare Größe* zu verstehen. Technikfolgenabschätzung solle daher, so die neue Devise, die Technikgenese, also den Prozess der Technikentwicklung in den Labors und Firmen in den Blick nehmen und dort technikgestaltend Einfluss nehmen, um positive Entwicklungen zu verstärken und negative an der Wurzel zu verhindern (Dierkes et al. 1992, Dierkes 1997):

> „Wenn durch die Einbeziehung potentieller Nutzer ein großes Spektrum denkbarer Folgedimensionen berücksichtigt wurde und die Chancen und Risiken alternativer Optionen in einem breiten sozialen Aushandlungsprozess ausgelotet wurden, müsste – so das Konzept – ein soziotechnisches System entstehen, das nutzerfreundlicher und risikoärmer ist und daher in weit geringerem Maße unbeabsichtigte negative Folgewirkungen nach sich zieht." (Weyer 1997c, S. 345)

Das Vertrauen ist hier ein *Doppeltes*: ein Vertrauen in die soziale Gestaltbarkeit von Technik als solche, und darüber hinaus noch ein Vertrauen darin, dass eine derartig gestaltete Technik erheblich weniger unbeabsichtigte Folgen zeitigen werde. Die Realisierung der Hoffnungen auf eine nutzerorientierte, sozialverträgliche und risikoärmere Technik wurde an eine entsprechende Gestaltung der *Entscheidungs- und Auslegungsprozesse* der Technik geknüpft, vor dem Hintergrund der Netzwerktheorie und Überlegungen zur Partizipation. Die Substanz (d.h. die reale Ausprägung der Technik) sollte danach erst im Prozess selbst entstehen, und es gab sogar, wie im obigen Zitat, Hoffnungen darauf, durch Gestaltung des Geneseprozesses die Folgenproblematik in den Griff zu bekommen. Ist die Verlagerung von substantiellen Erwartungen an prozedurale Maßnahmen unzweifelhaft ein Element von Modernisierung, so ist mittlerweile auch weit reichender Gestaltungsoptimismus als naiv kritisiert worden (Dolata/Werle 2007).

Ziel möglichst sozialverträglicher Technikgestaltung (Alemann/Schatz 1987) sollte es sein, bereits im Vorhinein negative Technikfolgen und Technikkonflikte zu verhindern oder in ihren Ausmaßen gering zu halten. Die Idee war, bereits in der Technikgestaltung die mutmaßliche spätere Akzeptanzhaltung in der Bevölkerung zu berücksichtigen (*präventive Konfliktvermeidung*). Technik sollte von der Wirtschaft und den Ingenieuren so ausgelegt werden, dass eine „Verträglichkeit mit der gesellschaftlichen Ordnung und Entwicklung" (Meyer-Abich 1976, S. 39) oder die „Übereinstimmung mit den in der Gesellschaft vorfindbaren Wertstrukturen" garantiert werden konnte. Eine derart entstandene Technik sollte, so die Erwartung, auf Zustimmung in der Gesellschaft stoßen. Aufgabe der Technikfolgenabschätzung wäre, die Akteure der Technikgestaltung dahingehend zu beraten, nach welchen Kriterien die Akzeptanz garantierenden und Konflikt vermeidenden Technologien zu suchen wären. Eine Schlüsselrolle dabei spielte selbstverständlich die sozialwissenschaftliche Wertforschung als Erforschung der für die Akzeptanz wichtigen gesellschaftlichen Werte, nach denen die Technik dann ausgelegt werden sollte.

Es haben sich jedoch erhebliche Probleme mit diesem Ansatz gezeigt (vgl. Kap. 10.1): *Erstens* ist das Ziel, die Entstehung von Technikkonflikten präventiv durch sozialverträgliche Technikgestaltung zu verhindern, nicht so zweifelsfrei zustimmungsfähig, wie es auf den ersten Blick den Anschein hat. Angesichts der bedeutenden Rolle von Konflikten für die Weiterentwicklung der Gesellschaft erscheint die grundsätzliche Verhinderung von Konflikten als einseitig risikoscheu und innovationsfeindlich. Sie würde die Gesellschaft in dieser Hinsicht ‚einfrieren'. *Zweitens* kann auch eine Orientierung von Technikentwicklung an gesellschaftlichen Werten nicht die spätere Technikakzeptanz verbürgen, denn Werte können sich ändern und die gesellschaftliche Bewertung einer vormals als akzeptabel oder sogar wünschenswert eingestuften Technik kann sich in das Gegenteil verkehren. *Drittens* ist das, was Akzeptanz findet, nicht automatisch ethisch legitimiert (Grunwald 2000a, Kap. 1.4). *Viertens* schließlich ist in einer moralisch heterogenen und pluralistischen Gesellschaft nicht so ohne weiteres feststellbar, was ‚sozialverträglich' bedeuten soll.

Aus all diesen Gründen hat eine Abkehr vom ursprünglichen Verständnis der Sozialverträglichkeit stattgefunden. Gegenwärtig wird vielmehr das als sozialverträglich angesehen, was sich in einem Entscheidungsverfahren *unter Beteiligung der Betroffenen* als Resultat einstellt (Simonis 1999), wobei dem Kriterium der Verfahrensgerechtigkeit eine entscheidende Rolle zukommt (Skorupinski/Ott 2000). Diese Entwicklung koppelt Sozialverträglichkeit mit dem Steuerungsproblem und schlägt die Brücke zur partizipativen Technikfolgenabschätzung (Kap. 4.2).

Technikgestaltung bedarf auf der einen Seite einer engen Kooperation mit Ingenieuren und Wissenschaftlern (z.B. van Merkerk 2007), auf der anderen Seite einer Beteiligung der späteren Nutzer der Technik und/oder von Betroffenen. In den Innovations- und Technikanalysen (ITA) werden die Präferenzen der Nutzer als Schlüssel zur Lösung aller (oder vieler) Technikkonflikte und Technikfolgenprobleme gesehen (vgl. Kap. 11.2). Sie dienen insbesondere dazu, den Innovationsprozess durch die Synchronisation von Bedarf und Angebot reibungsloser, risikoärmer (in Bezug auf Fehlinvestitionen) und schneller zu machen. Auch soll dadurch die Akzeptanz von Technik erhöht werden (Giesecke 2003). Wenn dann noch Betroffene jenseits der Nutzer involviert werden, scheint eine Konstellation möglich, so jedenfalls die Hoffnungen, in der mögliche Technikfolgenprobleme in den Spannungen zwischen Entscheidern und Betroffenen, zwischen nicht intendierten Technikfolgen und Innovationszielen präventiv vermieden werden könnten. Technikfolgenabschätzung wäre dann ein Medium, durch dass Innovationsprozesse reibungsloser gestaltet werden könnten.

Andere Konzepte fokussieren auf involvierte Machtfragen. Im Konzept des Social Shaping of Technology (SST) wird Technikentwicklung als sozialer Prozess verstanden, der mit politischen Implikationen, gesellschaftlichen Gruppen, ihren Strategien und Interessen verbunden ist (Yoshinaka et al. 2003). Dadurch wird eine neue Perspektive auf die *politische* Dimension von Entscheidungen über ganz konkrete Technik, nicht ihre Rahmenbedingungen, eröffnet, die mit der Einbeziehung und der Ausschließung von gesellschaftlichen Akteuren zu tun hat. Dabei sollen, je nach Ansatz, auch normative Vorstellungen in die Gestaltung einfließen, z.B. über die Forderungen nach einer nachhaltigen Technik. Ein aktuelles Schlagwort in diesem Kontext ist das der ‚Responsible Innovation' (Siune et al. 2009), nach der ethische Überlegungen, Folgenreflexion und die Beteiligung von Nutzern und Betroffenen den gesamten Prozess der Technikentwicklung von den frühen Phasen im Labor über Entwurf, Design und Produktion bis hin zum Einsatz begleitet werden sollen.

Gesellschaftliche Technikgestaltung wurde in den 1990er Jahren mit großer Emphase als neues Konzept der Technikfolgenabschätzung verfolgt, statt einer Orientierung auf die Folgen von Technik deren Entstehungsbedingungen in den Blick zu nehmen (vgl. Kap. 4.3). Grenzen dieses Anspruchs sind vielfach vor allem darin sichtbar geworden, dass Technik einerseits nur begrenzt intentional gestaltbar ist und andererseits eine stark prägende Kraft auf die Gesellschaft hat (Dolata/Werle 2007). Gleichwohl steht der Anspruch, dass Technikfolgenabschätzung, auf welchem Wege und mit welchen Unsicherheiten auch immer, zu einer ‚gesellschaftlich gewünschten' – selbst ein schwieriger Begriff – Technik gestaltend beitragen solle, weiterhin im Raum.

Teil II
Praxis und Theorie

Seit Ende der 1960er Jahre hat sich in Reaktion auf die in Teil I genannten Probleme eine Reihe von Ansätzen und Konzeptionen der Technikfolgenabschätzung herausgebildet. Einige sind Theorie geblieben, andere wenigstens zeit- oder teilweise in die praktische Umsetzung gelangt. Diese gut vierzig Jahre Geschichte sind für das Verständnis der Technikfolgenabschätzung wesentlich; sie geben Auskunft über zeitgeschichtliche Veränderungen im Verhältnis von Technik, Gesellschaft und ihrer Beratung durch Technikfolgenabschätzung. Dieses Buch enthält daher eine Darstellung der Geschichte der Technikfolgenabschätzung, die sich einerseits in Institutionen und Beratungskontexten zeigt (Kap. 3) und die andererseits zu einer ansehnlichen Vielfalt von teils theoretisch motivierten Konzeptionen in Forschung und Beratung geführt hat (Kap. 4).

3. Die Beratungspraxis der Technikfolgenabschätzung

Die Idee der Technikfolgenabschätzung (Technology Assessment) wurde in den USA als parlamentarische Politikberatung ‚erfunden' und wanderte von dort in den 1970er Jahren nach Europa. Dort kam es zu einer Reihe von konzeptionellen, methodischen und institutionellen Ausprägungen, zu Erweiterungen in die Exekutive und in die Wirtschaft hinein sowie als partizipativ ausgelegte Beratungsform.

3.1 Zur Entstehung der Technikfolgenabschätzung

Der Begriff des Technology Assessment wurde in der Mitte der 1960er Jahre im US-amerikanischen Kongress geprägt. Mit der Entstehung dieses Begriffs ist der Name des demokratischen Kongressabgeordneten E.Q. Daddario verbunden, welcher als Gründungsvater der Technikfolgenabschätzung gilt. Die prominenteste Persönlichkeit, die mit der Idee des Technology Assessment in den USA verbunden ist, war Senator Edward Kennedy.

Technikfolgenabschätzung ist damit in einer bestimmten historischen Situation entstanden. Ganz konkret war der Hintergrund eine Asymmetrie im Zugang zu relevanten Informationen zwischen der Legislative und der Exekutive in den USA. Während die Exekutive durch den ihr zur Verfügung stehenden behördlichen Apparat jederzeit auf neueste Informationen zurückgreifen konnte, hinkte das Parlament in diesen Fragen weit hinterher, so dass die Machtbalance in Technikentscheidungen (z.B. zu sehr teuren Experimentalflugzeugen) gefährdet erschien (dazu Kap. 3.2). Gleichzeitig geriet der Fortschrittsoptimismus in verstärkte Kritik. Vorbereitet durch die Kritische Theorie der Frankfurter Schule (vor allem durch Marcuse 1967) und durch ‚bürgerliche' Technikkritik wurden weite Teile der westlichen Gesellschaften durch die erstmalig thematisierten ‚Grenzen des Wachstums' (Meadows 1972), durch die gravierenden Umweltprobleme, welche der Technik und Technisierung angelastet wurden, und durch Diskussionen über militärtechnische Entwicklungen tiefgehend verunsichert. Die zunehmende Virulenz der Spannungsfelder und Ambivalenzen des wissenschaftlich-technischen Fortschritts (vgl. Kap. 1) führte ab den sechziger Jahren des vorigen Jahrhunderts zu einer Orientierungskrise im gesellschaftlichen Umgang mit Wissenschaft und Technik. Technikfolgenabschätzung entstand, kurz gesagt, als wissenschaftlicher Ansatz, um Gesellschaft und Politik in der Bewältigung dieser Spannungen durch Folgenreflexion in Bezug auf weiteren technischen Fortschritt zu unterstützen.

Historisch ist damit die Technikfolgenabschätzung durch Nachfrage des politischen Systems nach bestimmten Wissensformen entstanden, nicht ‚angebotsorientiert' durch wissenschaftliche Initiativen. Technikfolgenabschätzung ist damit nicht nur qua Selbstverständnis problemorientiert (vgl. Kap. 2), sondern auch durch die eigene Entstehung aufgrund einer gesellschaftlichen Nachfrage, in der mehrere konstitutive Elemente zusammenkommen:

Als erstes konstitutives Element der Entstehung kann ohne Zweifel der *Zusammenbruch des Fortschrittsoptimismus* angesichts der inhärenten Spannungsfelder ebendieses Fortschritts gelten. Die Technik- und Fortschrittskritik der sechziger und siebziger Jahre gehört zur Biographie der Technikfolgenabschätzung. Ohne die Krise des Fortschrittsoptimismus wäre sie wohl nie entstanden: warum sich mühsam über die gesellschaftlichen Möglichkeiten der Gestaltung von Technik Gedanken machen, wenn das Neue doch automatisch auch das Bessere wäre? Aufgabe der Technikfolgenabschätzung ist, mit wissenschaftlichen Mitteln Orientierung in diesen ambivalenten und teils dialektischen Situationen zu schaffen, ohne diese Situationen jedoch grundsätzlich beseitigen zu können.

Zweites konstitutives Element im Entstehen der Technikfolgenabschätzung ist die Notwendigkeit, in komplexer werdenden modernen Gesellschaften Entscheidungen unter teils *hohen Unsicherheiten* treffen zu müssen. Ob dies parlamentarische Entscheidungen sind, gesellschaftliche Meinungsbildungen in öffentlichen Arenen, strategische Entscheidungen in Konzernen oder ministerielle Entscheidungen, jeweils ist gefordert, das verfügbare Wissen zu mobilisieren, das Metawissen über die in diesem Wissen enthaltenen Unsicherheiten zu berücksichtigen und die involvierten normativen Prämissen sorgfältig zu reflektieren. Aufgabe der Technikfolgenabschätzung ist, derartige Meinungsbildungs- und Entscheidungsprozesse zu unterstützen.

Ein drittes Element ist der *demokratische Gestaltungsanspruch* im Umgang mit dem wissenschaftlich-technischen Fortschritt, sowohl vermöge der klassischen demokratischen Institutionen als auch verstärkt im Rahmen der Beteiligungsansprüche der Zivilgesellschaft, besonders vor dem Hintergrund der Divergenzen in Entscheider- und Betroffenenperspektiven (Kap. 1.5). Aufgabe der Technikfolgenabschätzung ist es, diese unterschiedlichen Perspektiven in ihren Analysen der Entscheidungsprobleme zu berücksichtigen und in entworfene und zu bewertende Handlungsoptionen einfließen zu lassen.

Auf diese Weise sind im Entstehen der Technikfolgenabschätzung und angesichts der Spannungsfelder des technischen Fortschritts, auf die sie reagieren muss, durchaus heterogene Elemente enthalten, die es erschweren, eine klare Definition zu geben (vgl. Büetschi et al. 2004). Konstitutive Charakteristika der Technikfolgenabschätzung jenseits klassischer wissenschaftlicher Entscheidungsunterstützung sind, so die Arbeitshypothese, die Wissenschaftlichkeit auch in Situationen mit hoher Unsicherheit, die systematische Berücksichtigung auch nicht intendierter Folgen und deren unterschiedliche Wahrnehmung durch Entscheider und Betroffene sowie die Handlungs- und Beratungsorientierung (vgl. Kap. 12.3).

In diesem Entstehungsprozess sind unterschiedliche Elemente zusammengeflossen, die im Verlauf der über vierzig Jahre Geschichte der Technikfolgenabschätzung in durchaus unterschiedliche Richtungen fortentwickelt wurden und die zu verschiedenen Metamorphosen geführt haben. Das Resultat ist gegenwärtig eine gewisse ‚Buntheit' der Technikfolgenabschätzung (Kap. 4.7), welche einer strukturierenden Theorie harrt (Kap. 12).

3.2 Das Office of Technology Assessment (OTA)

Das Office of Technology Assessment (OTA) wurde 1972 nach mehrjährigen Debatten im Kongress mit dem Ziel gegründet, den Kongress in Washington D.C. im Hinblick auf Forschungs- und Technikentscheidungen zu beraten. Es bestand bis 1995 und hatte zum Zeitpunkt seiner Schließung etwa 200 Mitarbeiter, davon etwa 130 Wissenschaftler, zu etwa gleichen Teilen aus den Natur- und Technikwissenschaften einerseits und den Sozial- und Wirtschaftswissenschaften andererseits. Das jährliche Budget betrug zu diesem Zeitpunkt etwa 22 Mio. US-$ (vgl. Bimber 1996). Das OTA war die erste explizite TA-Einrichtung überhaupt und gewann dadurch einen Vorbildcharakter für alle folgenden Institutionalisierungen, zumindest im parlamentarischen Bereich. Auch TA-Einrichtungen, die sich von diesem Vorbild absetzen wollten, nutzten das Konzept des OTA zur Profilierung ihres eigenen Ansatzes.

Es gab mehrere Gründe für die Einrichtung des OTA. Erstens ist ein stark gewachsener Beratungsbedarf in komplexen Entscheidungsprozessen über Technik zu nennen. Die weitergehende Eingriffstiefe des Staates in die Technikentwicklung, der immer größere Anteil des Haushaltsvolumens, der für Forschung und Technik ausgegeben werden musste, und die Anforderungen an eine weitsichtige Abschätzung der Folgen bestimmter Programme oder ihrer Unterlassung überforderten zusehends das politische System. Daraus ergab sich zweitens ein Problem mit dem Prinzip der Gewaltenteilung. Die Exekutive hat in der Regel erhebliche finanzielle und personelle Ressourcen zur Verfügung und vollen Zugriff auf das Know-how in den verschiedensten Institutionen. Sie war gegenüber einer immer mehr überforderten Legislative in einem ständig wachsenden Vorteil begriffen. Durch diese Asymmetrie in Bezug auf den Zugang zu und die entscheidungsbezogene Verarbeitung von Wissen drohte die in den USA sehr wichtige Machtbalance zwischen Legislative und Exekutive aus dem Gleichgewicht zu geraten. Drittens führten das Erstarken der Umweltbewegung und eine allmähliche Bewusstwerdung der Spannungsfelder moderner Technik und ihrer nicht intendierten Folgen (Kap. 1) zu der Überzeugung, dass in stärkerem Maße frühzeitige Folgenforschung zur Beratung von Entscheidungen über Forschung und Technik durchgeführt werden müsste. Viertens ist noch zu erwähnen, dass das Wissen, das den Parlamentariern zur Verfügung stand, oft genug widersprüchlich war, ohne dass erkennbar gewesen wäre, wie die Widersprüche zustande kommen oder sich beheben ließen (Expertendilemma, Kap. 6.3). Das ausgeprägte US-amerikanische Lobbywesen verwischte zusehends die Differenz zwischen unabhängiger, interessenneutraler Information und interessengeleiteten Empfehlungen z.B. einer Wirtschaftsbranche.

Das wichtigste Kriterium für die organisatorische Auslegung des OTA war die Sicherstellung von Neutralität (Bimber 1996). Es galt, auf jeden Fall zu vermeiden, dass das OTA von Teilen des US-Kongresses oder von externen Interessengruppen oder der Wirtschaft instrumentalisiert werden konnte.[1] Zu diesem Zweck wurde ein ausgeklügeltes System von Gremien eingerichtet, die sich gegenseitig kontrollieren und die Neutralität sichern sollten. In der Themenfindung galt der Primat der Politik. Das Lenkungsgremium (Technology Assessment Board) legte die Themen fest, berief den Direktor und regelte die Mittelvergabe für Gutachten. Es bestand aus jeweils sechs Mitgliedern des Senats und des Repräsentantenhauses sowie dem Direktor des OTA als nicht stimmberechtigtem Mitglied. Dieses Board wurde von Republikanern und Demokraten paritätisch besetzt, um eine Majorisierung durch die jeweilige Mehrheitsfraktion zu vermeiden. Langjähriger Vorsitzender des Board war der demokratische Senator Edward Kennedy.

Die Aufgaben des OTA lassen sich in folgenden Punkten zusammenfassen, ausgehend vom Einsetzungsbeschluss, dem Technology Assessment Act von 1972 (nach Büllingen 1999):

- Aufbau einer wissenschaftlichen Beratungskompetenz,
- Frühwarnung und Früherkennung,
- Bündelung von Informationen für politische Entscheidungsprozesse,
- Ausarbeitung von alternativen Lösungswegen und Abschätzung der jeweils damit verbundenen Konsequenzen,
- Einbeziehung von externem Sachverstand und
- Rückgewinnung des Vertrauens der Öffentlichkeit in die Legitimität politischer Entscheidungen durch partizipative Elemente.

---

1 Diese Anforderung gilt für (nicht nur) parlamentarische Technikfolgenabschätzung allgemein (vgl. Grunwald 2005).

Damit wurde zum ersten Mal eine dem Anspruch nach kohärente Institution zur Beantwortung der gesellschaftlichen und politischen Fragen im Umgang mit den Spannungsfeldern der Technik und Technikfolgen (Kap. 1) realisiert, und zwar inmitten des politischen Systems der USA. In diesem Sinne war das OTA, und das rechtfertigt seinen legendären Ruf, ein ‚großer Wurf' zur umfassenden Behandlung der Technikfolgenproblematik im politischen Raum.

Die genannte Aufgabenliste enthält Elemente, die für die weitere Entwicklung der Technikfolgenabschätzung und ihrer Institutionen von großer Bedeutung waren. Die ‚Bündelung von Informationen für politische Entscheidungsprozesse' ist bezogen auf die praktischen Probleme einer Verarbeitung vielfältiger, heterogener und teils widersprüchlicher Informationsbestandteile durch die Parlamentarier. Eine Bündelung von Informationen ist kein wertneutraler Prozess, sondern den Einschätzungen, welche Informationen relevant sind und welche nicht, oder welche vertrauenswürdiger sind als andere, liegen immer auch Bewertungen zugrunde. Parlamentarier, die diese Bewertungen aus ihrer eigenen Hand in die Kompetenz eines Beratungsinstituts geben, müssen sich der Vertrauenswürdigkeit und Interessenneutralität dieses Instituts sicher sein können. Auch die ‚Ausarbeitung von alternativen Lösungswegen' ist ein Element, das aus der Technikfolgenabschätzung nicht wegzudenken ist (dazu Kap. 6.3). Die ‚Einbeziehung von externem Sachverstand' bezieht sich auf den Umstand, dass auch eine noch so große TA-Einrichtung nicht in allen Feldern von der Gentechnik bis zur Abfallwirtschaft, der Raumfahrt bis hin zur Kommunikationstechnik, von der Fusionsenergie bis hin zur Präimplantationsdiagnostik in gleicher Weise kompetent sein kann – und auch nicht sein muss. Das resultierende Modell, in der TA-Einrichtung eine Kernkompetenz zu etablieren, die die methodischen und konzeptionellen Fragen der Technikfolgenabschätzung umfasst, die auf die Bedürfnisse der Nutzer eingehen kann und die anerkannter Ansprechpartner für Fachexperten aus den wissenschaftlichen Disziplinen ist, die die jeweils erforderliche Detailkompetenz einbringen, hatte weit reichenden Vorbildcharakter (Kap. 5.3.2). Schließlich findet sich bereits in der Aufgabenbeschreibung des OTA der Hinweis auf das Erfordernis partizipativer Elemente (Kap. 4.2). Nicht erst in den 1980er und 1990er Jahren in der Folge der ‚neuen sozialen Bewegungen', sondern bereits in jener Zeit, die aus der Rückschau gerne als expertokratisch und planungsoptimistisch beurteilt wird, findet sich in einem zentralen Dokument der Hinweis auf Partizipation.

Zwar hat die Umsetzung dieses Programms durch die konkrete Arbeit nicht in allen Facetten dem Anspruch standgehalten. Der Arbeitsstil, der sich nach den ersten Jahren des Experimentierens etablierte, hatte jedoch unzweifelhaft Vorbildcharakter. Informationsbeschaffung und Erstanalysen wurden auf externe Auftragnehmer verlagert, so dass das OTA sich auf die Bündelung, Integration und handlungsbezogene Bewertung des Wissens konzentrieren konnte. Dieser

Prozess wurde begleitet von mehreren Rückkopplungen in Form von Review-Prozessen, Hearings oder Work-shops, auch unter Beteiligung gesellschaftlicher Gruppen. Neben dem auf diese Weise entstehenden Schlussgutachten wurden, und auch dieses Beispiel machte Schule, Kurzfassungen zur besseren Vermittlung der Ergebnisse angefertigt. Ein vollständiger Prozess dieser Art dauerte etwa anderthalb bis zwei Jahre und kostete etwa eine halbe Mio. US-$.

In den dreiundzwanzig Jahren der Existenz des OTA wurden über 700 TA-Studien veröffentlicht,[2] neben einer Vielzahl von Hintergrundpapieren und Workshop-Dokumentationen. Der Einfluss des OTA in den parlamentarischen Entscheidungsprozessen war zeitweise erheblich (Bimber 1996, Büllingen 1999). Viele Gesetze gingen direkt auf OTA-Studien zurück, so zur Sicherung der Energieversorgung, zur Luftreinhaltung oder zur Lagerung radioaktiver Abfälle.

Das Ende des OTA im Jahre 1995 beruhte vor allem darauf, dass die Republikaner, die nach den Wahlen 1994 sowohl im Repräsentantenhaus als auch im Senat über die Mehrheit verfügten, mit großem Elan das Ziel der Zurückführung staatlicher Einrichtungen und staatlichen Einflusses verfolgten. Der große Einfluss des OTA und die Größe seines Budgets machten es zu einem geeigneten Ziel dieser Politik mit großer Symbolkraft. Die gute Arbeit des OTA wurde zwar auch von republikanischer Seite zugestanden, wenngleich die Affinität der Demokraten zum OTA zumeist größer war (Bimber 1996). Das OTA wurde jedoch als ein Luxus bezeichnet, den man sich nicht mehr leisten könne (Coates 1995; Bimber 1996). Die Idee einer zentralen, neutralen und trotzdem politiknahen Beratungsinstitution, die die verschiedenen Probleme und Herausforderungen wissenschaftlich-technischer Entwicklungen kohärent und unter einem Dach bearbeiten konnte, war damit in den USA vorläufig zerstört.

In der Folgezeit wurden einige Funktionen des OTA von privatwirtschaftlich organisierten, teils an Universitäten angelehnten Beratungseinrichtungen übernommen, die wiederum zu einem guten Teil von ehemaligen OTA-Mitarbeitern betrieben wurden. Andere Funktionen, teils auch unter der Bezeichnung ‚Technology Assessment' werden vom Rechnungshof des Kongresses (General Accounting Office) ausgefüllt. Mittlerweile gibt es Bestrebungen, das OTA wiederzugründen (Epstein 2009). Der Technology Assessment Act von 1972 ist immer noch in Kraft, so dass es ‚nur' eines Kongressbeschlusses über die Zuweisung eines Budgets bedürfte.

2 Die Berichte können sämtlich unter http://www.wws.princeton.edu/~ota/ns20/legacy_n.-html abgerufen werden.

3.3 Parlamentsberatung in Europa

Die Gründung des OTA führte rasch in einigen europäischen Ländern zu Debatten, ob und in welcher Form ähnliche Einrichtungen auch in Europa benötigt würden. Bereits 1973 fand im Deutschen Bundestag eine Diskussion darüber statt, in der die damalige Opposition (CDU) die Einführung eines ‚Amtes für Technikbewertung' forderte. Die Realisierung zog sich jedoch überall längere Zeit hin. Erst in der zweiten Hälfte der achtziger Jahre wurden in mehreren europäischen Ländern (meist kleine) Einrichtungen parlamentarischer Technikfolgenabschätzung gegründet (Peissl 1999). Seitdem wächst die Zahl entsprechender Einrichtungen langsam aber stetig.

In den europäischen Ländern wurden teils ganz verschiedene konzeptionelle und organisatorische Modelle parlamentarischer Technikfolgenabschätzung umgesetzt (Petermann/Scherz 2005; Cruz-Castro/Sanz-Menendez 2004; Vig/Paschen 1999). Sie unterscheiden sich nach verschiedenen Freiheits- und Unabhängigkeitsgraden in Relation zum Parlament, etwa was das Recht der Themensetzung betrifft, nach verschiedenen Graden der Wissenschaftlichkeit, nach verschiedenen Einstufungen der Bedeutung von Partizipation und Öffentlichkeitswirksamkeit; sie haben teils erheblich unterschiedliche Größe und Ausstattung und unterscheiden sich durch ihren jeweiligen Zugang zu den parlamentarischen Beratungsprozessen und ihre organisatorische Einbettung. Im Folgenden werden einige dieser TA-Einrichtungen exemplarisch kurz vorgestellt (vgl. Petermann/Scherz 2005; Cruz-Castro/Sanz-Menendez 2004.

Das *Scientific and Technological Options Assessment* (STOA) als TA-Einrichtung des Europa-Parlaments geht indirekt auf die Gründung des amerikanischen OTA zurück. Ein erster Anlauf zur Gründung eines ‚European Office of Technology Assessment' scheiterte 1975. In einem zweiten Anlauf wurde Ende der achtziger Jahre nach langwierigen Diskussionen der Probelauf für das STOA aufgenommen (Wennrich 1999). Nach positiver Evaluierung wurde STOA 1992 in die Verwaltungsstruktur des Europäischen Parlamentes eingebunden. Adressat der Arbeit des STOA ist ausschließlich das Europäische Parlament. Die Ziele sind die Verbesserung der Entscheidungsgrundlagen der parlamentarischen Arbeit durch die Analyse der Folgendimensionen und die Entwicklung und Bewertung von Handlungsoptionen. Das STOA-Panel, bestehend aus Parlamentariern, entscheidet über die Gesamtausrichtung, beschließt das jährliche Arbeitsprogramm, nimmt die Berichte ab und zieht gegebenenfalls politische Konsequenzen.

Bis zum Jahre 2004 wurden die Berichte an das Parlament zum großen Teil von Mitarbeitern der Administration und befristet eingestellten externen Mitarbeitern erstellt. Dieses Modell hat sich nicht bewährt, da aufgrund der hohen Zahl der Projekte und der hohen Fluktuation der Bearbeiter nur eine geringe Bearbeitungstiefe der Themen und fast gar keine Profilbildung für STOA möglich waren. Aus diesem Grund wurde das System 2005 auf ein Modell mit starker Einbindung externer Kompetenz umgestellt. Seitdem werden die STOA-Berichte von einem europäischen Netzwerk parlamentarischer Technikfolgenabschätzung (European Technology Assessment Group ETAG) und teils auch von weiteren wissenschaftlichen Einrichtungen angefertigt (vgl. Fiedeler et al. 2008). Die Schnittstelle zwischen STOA-Panel und ETAG wird von einer Einheit in der Administration des Parlaments unterstützt.

Das *Büro für Technikfolgen-Abschätzung beim Deutschen Bundestag* (TAB) wurde 1990 auf der Basis der Empfehlungen einer Enquête-Kommission eingerichtet (Bundestag 1987). Der Gründung vorausgegangen war eine parlamentarische Diskussion, die bis in das Jahr 1973 zurückreicht (Dierkes et al. 1986). Aufgabe des TAB ist es, Beiträge zur Verbesserung der Informationsgrundlagen insbesondere forschungs- und technologiebezogener parlamentarischer Beratungsprozesse zu leisten (Petermann/Grunwald 2005). Das TAB ist nach einer Probephase (1990–1993) zu einer ständigen Einrichtung des Deutschen Bundestages geworden. Es wird auf der Basis einer Ausschreibung für jeweils fünf Jahre an eine externe Forschungsinstitution vergeben. Seit 1990 wird das TAB vom Institut für Technikfolgenabschätzung und Systemanalyse (ITAS) des Forschungszentrums Karlsruhe (heute: Karlsruher Institut für Technologie KIT) betrieben, seit 2003 in institutionalisierter Zusammenarbeit mit dem Fraunhofer-Institut für System- und Innovationsforschung in Karlsruhe (ISI).

Direkter Auftraggeber ist der Ausschuss für Bildung, Forschung und Technikfolgenabschätzung. Er entscheidet über die Arbeitsschwerpunkte und Projekte des TAB, auch wenn sie sich aus Anforderungen anderer Fachausschüsse zur Durchführung von TA-Analysen ergeben. Die Bearbeitung der auf diese Weise vom Parlament vorgegebenen Themen erfolgt durch das TAB in wissenschaftlicher Unabhängigkeit (Grunwald 2005). Die Vielfalt der bestehenden Anfragen und Themensetzungen wird bearbeitet, indem zu jedem Thema eine Reihe von Gutachten an wissenschaftliche Einrichtungen vergeben werden (vgl. Kap. 5.3.2). Die Auswahl dieser externen Fachgutachter bedarf der Abstimmung mit dem Ausschuss. Die Expertisen werden vom TAB-Team ausgewertet, auf den parlamentarischen Beratungsbedarf fokussiert und in Form eines Berichtes an das Parlament zusammengeführt (vgl. Petermann 2005). Beispiele sind die Studien zum Weltraumtransport-System ‚Sänger' (Paschen et al. 1992a), zur Nanotechnologie (Paschen et al. 2004), zur Geothermie (Paschen et al. 2003), zur Veränderung politischer Kommunikation durch das Internet (Grunwald et al. 2006), zur Abscheidung und Lagerung von Kohlendioxid (Grünwald 2007), zum Gendoping (Gerlinger et al. 2008) sowie zur Hirnforschung (Hennen et al. 2007).

Das britische *Parliamentary Office of Science and Technology (POST)* entstand aus einer dem OTA sehr ähnlichen Motivation heraus: mangelnde Informiertheit der Parlamentarier in Fragen von Wissenschaft und Technik angesichts von anstehenden Projekten von großer, vor allem finanzieller Tragweite und von Fehlschlägen einiger technischer Projekte, die ohne Technikfolgenabschätzung verabschiedet worden waren. Das vor diesem Hintergrund 1979 eingerichtete ,Parliamentary and Scientific Committe' betrieb die Einrichtung eines TA-Büros, das mit privaten Spenden für eine Erprobungsphase 1989–1992 gegründet wurde. Daraufhin wurde POST in die parlamentarische Finanzierung übernommen. POST arbeitet, ähnlich wie das TAB, als ,Brücke' zwischen dem Parlament und der Expertise in Wissenschaft und Wirtschaft und bedient sich eines Netzwerks externer Expertise.

Das niederländische *Rathenau Institut* wurde 1986 als ,The Netherlands Office of Technology Assessment' (NOTA) gegründet (van Est/van Eijndhoven 1999). Es war von Anfang an nicht nur von den Gedanken der Frühwarnung und Früherkennung zum Zwecke der Entscheidungsvorbereitung und -optimierung, sondern ebenfalls von dem Ziel einer breiten gesellschaftlichen Diskussion über Technik und ihre Folgen getragen. Technikfolgenabschätzung wird nicht als einzelnes Ereignis im Sinne einer TA-Studie mit definierter Problematik und bestimmter Methodik verstanden, sondern als ein andauernder Prozess (van Eijndhoven 1997), der in seinen verschiedenen Phasen sowohl wissenschaftlich-analytische als auch kommunikative Elemente beinhaltet. Dementsprechend versucht das Rathenau-Institut, sowohl wissenschaftlichen Erfordernissen zu genügen als auch für Parlamentarier, Interessenvertreter und die Öffentlichkeit relevant zu sein.

Das Rathenau-Institut versteht sich dementsprechend als „an integral part of the wider process of social negotiation around science and technology" (van Est/van Eijndhoven 1999, S. 428). In methodischer Hinsicht greift das Rathenau-Institut einerseits auf die üblichen wissenschaftlichen Ansätze der Technikfolgenabschätzung zurück, welche dort als ,classical TA' bezeichnet werden. Andererseits nimmt es Ansätze der Partizipation in mehrfacher Weise auf: als interaktive Technikfolgenabschätzung (Grin et al. 1997) gemeinsam mit Experten und Interessenvertretern sowie als Bürger-TA als ein Meinungsbildungs- und Bewertungsprozess unter Laienbeteiligung. Öffentliche und Stakeholder-Partizipation werden als ein Mittel verstanden, die Legitimation der parlamentarischen Beratung durch Technikfolgenabschätzung zu erhöhen. In den letzten Jahren ist das Rathenau noch weiter in die Richtung gegangen, die Öffentlichkeit mit neuen Herausforderungen aus Wissenschaft und Technik zu konfrontieren, Bewusstsein für neue Probleme zu schaffen und den Dialog mit Bürgen zu suchen. Dabei werden ,kommunikative Methoden' (Decker/Ladikas 2004) verwendet, die auch die künstlerische Verarbeitung von Technikfolgenproblemen und den Einsatz massenmedialer Techniken umfassen.

Die parlamentarischen TA-Einrichtungen haben sich 1990 im *European Parliamentary Technology Assessment Network* (EPTA, www.eptanetwork.org)

zusammengeschlossen. Zu den Gründungsmitgliedern gehören das POST, das TAB, das Rathenau-Institut, das ‚Danish Board of Technology', das ‚Office Parlamentaire d'Evaluation des Choix Scientifiques et Technologiques' (OPECST, Frankreich) und das STOA. Mittlerweile wurden Finnland, Flandern (Belgien), Griechenland, Italien, Katalonien Norwegen, die Schweiz und Schweden als weitere Mitglieder aufgenommen. Österreich, Polen, der Wissenschaftsausschuss des Europarats und der Wissenschaftsausschuss des belgischen Staates sind assoziierte Mitglieder. Das EPTA wird vom EPTA-Council geleitet, das von den Leitern der TA-Einrichtungen und den parlamentarischen Verantwortlichen gebildet wird. Die herausragende Aktivität ist eine jährliche Konferenz, die von der TA-Einrichtung im Sitzland der jeweiligen Präsidentschaft ausgerichtet wird. Sie dient der gegenseitigen Information, der thematischen Absprache, der Festigung der Kooperationen und dem grenzüberschreitenden Erkennen neuer Entwicklungen.

In den letzten Jahren wurde die europäische Kooperation intensiviert. Traditionell ist parlamentarische Technikfolgenabschätzung an den nationalen Politiktraditionen und Kulturen orientiert, bis hin zur Verwendung der jeweiligen Landessprache, was die grenzüberschreitende Kooperation erschwert. Mittlerweile wurden jedoch mehrere gemeinsame Projekte unter vielen EPTA-Mitgliedern durchgeführt, um jenseits der nationalen Perspektiven auf Themen wie gentechnisch veränderte Pflanzen oder Schutz der Privatheit eine europäische Perspektive zu identifizieren, eine Datenbank wurde geschaffen, über die schnell zu recherchieren ist, was zu einem bestimmten Thema bereits von anderen EPTA-Mitgliedern bereits erarbeitet worden ist und auch erste extern geförderte Projekte wurden im Europäischen Forschungsrahmenprogramm durchgeführt (Joss/Belucci 2002; Decker/Ladikas 2004).

3.4 Regierungsberatung

Wissenschaftliche Regierungsberatung erfolgt zum einen unmittelbar, z.B. in Form von Beiräten oder Beratungsprojekten (3.4.1), aber auch in einer eher indirekten Weise durch Begleitforschung im Rahmen größerer, vorwiegend naturwissenschaftlich-technischer Forschungsprogramme (3.4.2).

3.4.1 Direkte Beratung der Exekutive

Wissenschaftliche Beratung von Regierungen, Ministerien und nachgeordneten Behörden gehört zum Standard in modernen politischen Administrationen (Weingart/Lentsch 2008). Sie ist in vielfältigen Formen realisiert, von Beiräten über Expertengruppen und Aufträge an wissenschaftliche Akademien bis hin zu beratungsorientierten Projekten. Technikfolgenabschätzung ist hier, anders als im parlamentarischen Bereich, nur eine Form unter vielen. So haben die Bundesministerien vielfach eigene wissenschaftliche Beiräte, zumeist mehrere für unterschiedliche Aufgaben. Oft haben sogar Forschungsprogramme eigene Beiräte, wie z.B. aktuell das Programm zum ‚Ambient Assisted Living' des Bundesministeriums für Bildung und Forschung (BMBF). Der Wissenschaftliche Beirat Globale Umweltveränderungen (WBGU) berät die Bundesregierung genauso wie das ‚Nationalkomitee Global Change Forschung' und der Sachverständigenrat für Umweltfragen (SRU). Technikfolgenfragen kommen hierbei immer wieder zur Sprache, aktuell vor allem im Kontext des Klimawandels und seiner in Techniknutzung wurzelnden Ursachen und möglichen technisch basierten Gegenstrategien.

Wissenschaftliche Politikberatung wurde in Deutschland früh von den Großforschungseinrichtungen, den heutigen Zentren der Helmholtz-Gemeinschaft (HGF), durch Institute und Abteilungen für Systemanalyse und Systemforschung geleistet. Insbesondere im Kontext der Risikoforschung in der Kernenergie wurden seit den sechziger Jahren Strukturen aufgebaut, die sowohl ingenieurwissenschaftliche Verfahren der Risikoforschung als auch sozialwissenschaftliche Forschung zu neuen Typen der System- und Technikforschung zum Zweck der Politikberatung verbanden (Brinckmann 2006). Von daher ist nicht verwunderlich, dass die Idee der Technikfolgenabschätzung, zunächst als Beratung des BMBF, in Deutschland ihren Beginn in einigen dieser Systemanalyse-Einrichtungen nahm, vor allem in den Helmholtz-Zentren Karlsruhe, Jülich und im Deutschen Zentrum für Luft- und Raumfahrt. In den 1980er und 1990er Jahren standen dabei Umweltthemen im Vordergrund (Stein 2003), während heute einerseits Potentiale und Risiken von Schlüsseltechnologien wie der Nanotechnologie (Grunwald 2008b) und andererseits Fragen der zukünftigen Energieversorgung im Mittelpunkt stehen. Aus einer dieser Einrichtungen heraus wurde später (1990) dann auch das Büro für Technikfolgenabschätzung beim Deutschen Bundestag (TAB, siehe oben) aufgebaut.

Aufgabe der Helmholtz-Gemeinschaft ist es, Lösungsbeiträge zu großen und drängenden Fragen der Gesellschaft zu liefern. Naturwissenschaftlich-technische Exzellenz ist hierfür *notwendige* Erfolgsbedingung, in vielen Fällen aber keine *hinreichende* Bedingung. Denn darüber, ob und welche Technologien Beiträge zur Lösung gesellschaftlicher Probleme leisten, entscheiden auch *nicht-technische* Aspekte wie politische und ökonomische Rahmenbedingungen, Akzeptanz in der Bevölkerung oder ethische Fragen. Dem ganzheitlichen Ansatz der Helmholtz-Gemeinschaft entspricht es, auch diese nicht-technischen Aspekte systematisch und umfassend zu erforschen. Im seit 2010 laufenden Programm „Technologien, Innovation und Gesellschaft“ werden entsprechende Forschungsarbeiten aus Innovations- und Risikoforschung, Technikfolgenabschätzung und Systemanalyse sowie Nachhaltigkeitsforschung durchgeführt und schwerpunktmäßig auf Themen aus den Bereichen ‚Schlüsseltechnologien' und ‚Energie' fokussiert.

Das BMBF bedient sich seit den 1980er Jahren teils explizit, teils implizit, auch der Technikfolgenabschätzung zur Beratung seiner Forschungs- und Förderpolitik. Dies geschieht vor allem durch die Berücksichtigung von TA-Fragestellungen in den Ausschreibungen von Forschungsprogrammen, z.B. zur Nanotechnologie oder zur Synthetischen Biologie, oder durch die direkte Formulierung von Beratungsbedarf des Ministeriums in entsprechenden Ausschreibungen. Einige dieser Beratungsaufgaben lassen sich eindeutig der Technikfolgenabschätzung zuordnen (vgl. z.B. das SAPHIR-Projekt, DLR 1993). Andere haben einen eher lockeren TA-Bezug, wie Untersuchungen zur Innovationsforschung und zur Gestaltung des Innovationsstandorts Deutschland oder zur technologischen Leistungsfähigkeit Deutschlands. In diesem Kontext hat das Fraunhofer-Institut für System- und Innovationsforschung (ISI) eine besondere Position. Andere Beratungsprojekte sind methodisch und von ihren Zielen her eher dem ‚Technology Foresight' zuzurechnen, dessen Abgrenzung zur Technikfolgenabschätzung freilich oft schwer fällt:

Das Projekt ‚Roadmap Umwelttechnologien 2020' (Schippl et al. 2009) diente der Erforschung von mittel- bis langfristigen Entwicklungspfaden in relevanten Feldern der Umwelttechnologie unter dem Hauptziel, strategische Optionen für die Forschungsförderung des BMBF und für die Unterstützung des Transfers in die Umsetzung zu erarbeiten. Durch die von Beginn an enthaltene Dualität von *Forschungsförderung* einerseits (wo besteht Wissens- und Entwicklungsbedarf zu Umwelttechnologien?) und *Umsetzung in die Praxis* andererseits (wo liegen die kritischen Bedingungen, unter denen vorhandenes Wissen und bestehende Technik Eingang in die Praxis und Markterfolg haben?) zielte das Projekt sowohl auf ein thematisches Foresight zur Orientierung der Förderpolitik des BMBF als auch auf die Analyse der praktischen Prozesse der Umsetzung. Die Untersuchungen im Rahmen dieses Projekts erfolgten politiknah vor dem Hintergrund der HighTech-Strategie der Bundesregierung und des ‚Masterplans Umwelttechnologien'.

Das BMBF hat sich weiterhin durch eine zehnjährige Anschubfinanzierung an der *Gründung* einer Einrichtung der Technikfolgenabschätzung beteiligt und damit auch institutionelle Zeichen gesetzt. 1996 wurde die Europäische Akademie zur Erforschung von Folgen wissenschaftlicher Entwicklungen GmbH in Bad

Neuenahr-Ahrweiler im Zusammenwirken des BMBF mit dem Land Rheinland-Pfalz und dem Deutschen Zentrum für Luft- und Raumfahrt gegründet. Sie hat mit der Rationalen Technikfolgenbeurteilung ein eigenes TA-Konzept entwickelt und praktiziert dieses (Kap. 4.6) im organisatorischen Rahmen von Expertengruppen (Kap. 5.3.1).

Der Schwerpunkt der Akademie-Tätigkeit liegt in der Untersuchung und Beurteilung von Folgen absehbarer mittel- und langfristiger Prozesse, die von den Entwicklungen in Natur- und Ingenieurwissenschaften sowie den medizinischen Disziplinen ausgehen. Ihr Ziel ist es, zum rationalen Umgang der Gesellschaft mit Folgen wissenschaftlich-technischer Entwicklungen beizutragen und insbesondere die Instrumente für eine langfristige und verlässliche Forschungs- und Entwicklungspolitik zu verbessern. Die Akademie will Zukunftsthemen in wissenschaftlicher Unabhängigkeit diskutieren und eine Stätte des Dialogs von Wissenschaft, Kultur, Politik und Gesellschaft sein (Gethmann/Langenbach 1999).

Zurzeit ist Technikfolgenabschätzung an zwei Orten im BMBF zu finden. Zum einen ist dies das Referat 113, das unter anderem für das ITA-Konzept (Innovations- und Technikanalysen, vgl. Kap. 11.2) des BMBF querschnittlich und damit in der vollen thematischen Breite verantwortlich ist. Zum anderen wird von den Fachreferaten Technikfolgenabschätzung eingesetzt, wo dies für ihre Belange sinnvoll erscheint (vgl. das obige Beispiel der Roadmap Umwelttechnologien 2020).

Dieser Dualismus zwischen einer querschnittlichen Bündelung der TA an einem institutionellen Ort und ihrer Verteilung auf die Fachthemen ist auch in anderen Organisationen zu finden und stellt gelegentlich ein Problem ihrer institutionellen Aufstellung dar. So gibt es im Forschungsrahmenprogramm der Europäischen Union einerseits ein Querschnittsprogramm ‚Science in Society', das einige TA-Aspekte abdeckt. Andererseits findet sich in den Ausschreibungen der thematischen Fachprogramme häufig ein Hinweis auf die Notwendigkeit der Berücksichtigung der gesellschaftlichen Folgen der entsprechenden technik- oder naturwissenschaftlichen Forschung. Im MASIS-Report (Siune et al. 2009) wird die Rolle der Technikfolgenabschätzung in diesem Feld als sehr bedeutsam erachtet, wird sie gar als ein Element eines ‚European Model' im Verhältnis von Wissenschaft und Gesellschaft bezeichnet.

Eine verwandte Art der Regierungsberatung ist die Gesetzesfolgenabschätzung. Sie dient dem Ziel, die Qualität der Rechtsvorschriften zu verbessern und die Regelungsdichte zu verringern, um auf diese Weise die Akzeptanz und Wirksamkeit von Recht zu erhöhen. Sie soll helfen,

> „die wahrscheinlichen Folgen und Nebenwirkungen rechtförmiger Regelungsvorhaben zu ermitteln und zu beurteilen. ... Sie muss Zukunftsperspektiven und Entwicklungen berücksichtigen und in die Folgenabschätzung einbeziehen." (Böhret/Konzendorf 2000, S. 7)

In Deutschland hat die Bundesregierung im Jahr 2000 die Gesetzesfolgenabschätzung (GFA) in die neu beschlossene gemeinsame Geschäftsordnung der Bundesministerien (GGO) aufgenommen.

Damit verwandt ist das Impact Assessment der EU-Kommission (Mitteilung KOM (2002) 276) zurückgeht. Ziel ist die Verbesserung sowohl der Qualität und Kohärenz der Politikgestaltung als auch der Kommunikation und Information innerhalb der Kommission (Arbter 2005). Prüfungsgegenstand sind sämtliche als relevant eingestufte legislative und andere Vorschläge und Initiativen (incl. Weißbücher) der Kommission im Rahmen der jährlichen Strategieplanung. Sie werden anhand einer rund 30 Kriterien umfassenden Checkliste, die in weitere Indikatoren untergliedert und Teil eines detaillierten Leitfadens für die Praxis ist, untersucht. In Nachhaltigkeitsfragen wird das analoge Instrument des Sustainability Impact Assessment eingesetzt. Das ursprüngliche Entstehungsmotiv bestand darin, im Vorfeld der WTO (World Trade Organization) Verhandlungsrunde in Seattle 1999 zum einen ein geeignetes Instrument zur Bewertung der Folgen der Handelspolitik und Handelsvereinbarungen der EU im Rahmen der WTO und in anderen Kontexten zu entwickeln, um die Debatte um die Folgen und Gestaltung der Globalisierung stärker mit der Nachhaltigkeitsdebatte zu verbinden können (Grunwald/Kopfmüller 2007).

3.4.2 Begleitforschung

Der Begriff der Begleitforschung (die folgenden Ausführungen stützen sich wesentlich auf Fiedeler/Nentwich 2009) wird häufig im forschungspolitischen Kontext verwendet. Es handelt sich hierbei nicht ausschließlich um Technikfolgenabschätzung im engeren Sinne, es gibt aber beträchtliche Überschneidungen zwischen verschiedenen TA-Konzeptionen und der Begleitforschung, und teils wird Technikfolgenabschätzung *als* Begleitforschung verstanden. Begleitforschung ist jedenfalls breiter angelegt: „Unter Begleitforschung sind alle gesellschaftlich geforderten Forschungsaktivitäten zu verstehen, die nicht der unmittelbaren Technologieentwicklung dienen sollen" (Fiedeler/Nentwich 2009, S. 94). Häufig dienen sie dem Zweck, und daher sind sie an dieser Stelle aufgeführt, Ministerien oder Behörden über gesellschaftliche Folgen und Implikationen von Wissenschaft und Technik zu informieren. Dazu gehören vor allem folgende Felder:[3]

---

3 Hier sind nur diejenigen Teile der Begleitforschung aufgeführt, die wirklich ‚Forschung' darstellen, nicht aber die ‚Begleitmaßnahmen', welche z.B. die Kommunikation mit der

(1) Forschungen zu EHS-Themen (environment, health, safety), also betreffend Umwelt, Gesundheit, Sicherheit wie etwa durch human- und ökotoxikologische Studien.
(2) Forschungen zu ELSI-Themen (ethical, legal, social implications), also zu ethischen, rechtlichen und gesellschaftlichen Aspekten bzw. Folgen. Diese reichen von Akzeptanzuntersuchungen über ethische Reflexionen und Fragen der zukünftigen Regulierung bis hin zur Technologievorausschau (Foresight) und Marktpotenzialanalysen und umfassen auch sozial- und kulturwissenschaftliche Aspekte.
(3) Untersuchungen der *Risikowahrnehmung* und *Risikokommunikation* durch kommunikationswissenschaftliche, soziologische oder politikwissenschaftliche Forschung (Renn et al. 2008).

Diese Forschungsarbeiten finden in der Regel parallel bzw. (aus praktischen Gründen) zeitlich ein wenig nachgelagert zu der Technik entwickelnden Forschung statt, die sie begleiten soll und aus der sie ihren Gegenstand und die Fragestellung beziehen. Die Diskussion ethischer Fragestellungen individualisierter Medizin wäre ohne die konkreten Perspektiven medizinischer Forschung in diesem Feld gegenstandslos, genauso wie arbeitsmedizinische Forschung zu Nanopartikeln erst sinnvoll wird, wenn am Arbeitsplatz Nanomaterialien eingesetzt werden oder ihr Einsatz bevorsteht. Begleitforschung kann einerseits direkt mit einem konkreten naturwissenschaftlichen oder technologischen Projekt verknüpft sein bzw. sogar als ein Teilprojekt eines solchen stattfinden. Sie kann aber auch unabhängig von konkreten Forschungs- und Entwicklungsprojekten sein und in diesem Sinne die Forschung gleichsam indirekt begleiten.

Im Rahmen einiger EU-Projekte ist eine enge Form der Begleitforschung erprobt worden, in dem z.B. nanotechnologische Forschung mit ethischer Reflexion direkt als ‚ethical parallel research' verbunden wurde. Auch das ‚Real Time Technology Assessment' (Guston/Sarewitz 2002) zielt auf eine derartig enge Verbindung von Technikentwicklung und Begleitforschung. Während Hoffnungen darauf gesetzt werden, dass auf diese Weise Ergebnisse ethischer Reflexion oder anderer Formen der Begleitforschung direkt ihren Weg in die Labors und dann in die technischen Produkte finden, also unmittelbar technikgestaltend wirken (Kap. 2.5), bezieht sich Kritik auf eine möglicherweise zu große Nähe der begleitenden Forschung zu den Entwicklern mit der Folge des Verlustes der Unabhängigkeit. Eine Technikfolgenabschätzung als enge Begleitforschung wäre Teil eines Entwicklungsprojekts, nicht mehr unabhängiger externer Beobachter und Berater – mit den entsprechenden Vor- und Nachteilen.

Öffentlichkeit, die Vernetzung der Wissenschaften oder Ausbildungsfragen betreffen (Fiedeler/Nentwich 2009).

3.5 Bürgerberatung

Die seit Beginn der Technikfolgenabschätzung immer wieder erhobene, anfangs jedoch kaum eingelöste Forderung nach Partizipation von Betroffenen, Stakeholdern oder Bürgern erfolgte zunächst vor dem Hintergrund der Bewertungsproblematik (Kap. 6.2). Bewertungen sollten weder den wissenschaftlichen Experten noch den politischen Entscheidern allein überlassen werden. Stattdessen ging es je nach Konzept darum, auch gesellschaftliche Gruppen, Interessenvertreter, betroffene Bürger oder auch ganz allgemein die Öffentlichkeit in den Bewertungsprozess einzubeziehen. Auf diese Weise sollen partizipative Verfahren der Technikfolgenabschätzung durch Beteiligung von Personen und Gruppen außerhalb von Wissenschaft und Politik die sachliche und politische Legitimation von Technikentscheidungen verbessern (Renn/Webler 1998) und ein Stück weit die erwartete Demokratisierung von Technik einlösen (Kap. 4.2).

Die Forderung nach Partizipation der Betroffenen an Technikentscheidungen wird seit den achtziger Jahren verstärkt erhoben und umgesetzt, ausgehend vor allem von den diskursiv geprägten kleineren west- und nordeuropäischen Ländern wie Dänemark und die Niederlande und in der Folge der basisdemokratisch orientierten ‚neuen sozialen Bewegungen' wie z.B. der Friedensbewegung. Komplexe und öffentlichkeitswirksame Standortdiskussionen wie zur Startbahn West des Frankfurter Flughafens, zu Mülldeponien, zu chemischen Produktionsanlagen, zu einem Endlager für radioaktive Abfälle (vgl. Kap. 10.3) schienen (und scheinen) ohne eine geeignete Einbeziehung der Betroffenen unmöglich. Und schließlich wuchsen Sorgen um die Akzeptanz und Lebendigkeit der Demokratie, die zu Forderungen nach neuen Formen des bürgerlichen Engagements (Barber 1984, Offe 2003) und zu einer normativen Theorie deliberativer Demokratie führte (Habermas 1992), vor deren Hintergrund Partizipation auch als Mittel zur Bekämpfung der Politikverdrossenheit gesehen wurde (Renn/Webler 1998).

Besonders bekannt und bis heute relevant ist die Geschichte der Konsensuskonferenzen, die – nach Vorbildern aus den USA – Mitte der 1980er Jahre in Dänemark entwickelt und dort zuerst eingesetzt wurden (Kap. 7.4.1). Dieses Modell fand auf vielerlei Weise Anklang, so z.B. im partizipativen ‚PubliForum' der Schweizer TA-Einrichtung TA-Swiss, aber auch im Rahmen des an der Akademie für Technikfolgenabschätzung in Stuttgart entwickelten ‚Kooperativen Diskurses' (Kap. 7.4.2).

Die Akademie für Technikfolgenabschätzung des Landes Baden-Württemberg mit Sitz in Stuttgart wurde 1992 gegründet. Ihr Zweck war, Technikfolgen zu erforschen, diese Folgen zu bewerten und den öffentlichen Diskurs über die Technikfolgen zu initiieren und zu koordinieren (Rohr 1999). Mit ihren Forschungsthemen ‚Bedingungen einer nachhaltigen Entwicklung', ‚Innovationen für Wirtschaft, Arbeit und Beschäftigung', ‚Lebensqualität durch Infrastrukturentwicklung in den Bereichen Abfall, Energie und Verkehr', ‚Umweltqualität durch Reduktion und Vermeidung von Schadstoffemissionen' sowie dem Querschnittsbereich ‚Kommunikation und diskursive Verständigung' war sie zeitweise die größte und thematisch am breitesten aufgestellte TA-Einrichtung in Deutschland. Ihr Markenzeichen war es, in dem nicht gerade in partizipativer Tradition stehenden politischen System in Deutschland Technikfolgenabschätzung mit partizipativen Methoden zu betreiben. Die Akademie wurde 2002 offiziell aus Haushaltsgründen geschlossen.

Gegenwärtig ist es fast schon eine Selbstverständlichkeit, dass Beratungen über zukünftige Technik – einschließlich der Identifikation der Themen zur öffentlichen Förderung von Forschung und Entwicklung neuer Technologien – unter größtmöglicher Beteiligung der Öffentlichkeit bzw. relevanter gesellschaftlicher Gruppen erfolgen müssten. Technikfolgenabschätzung und Technologievorausschau werden häufig unter Beteiligung von organisierten gesellschaftlichen Gruppen wie Industrieverbänden, Umweltschutzgruppen oder Bürgerinitiativen oder von nichtorganisierten Bürgern durchgeführt. Das Spektrum der Ansätze reicht von Schlichtung oder Mediation in Konfliktfällen, meist auf regionaler oder lokaler Ebene, über Beteiligungselemente in Planungsverfahren wie der Umweltverträglichkeitsprüfung bis hin zu ambitionierten diskursethischen Verfahren (vgl. Kap. 7.4).

Gemessen an den ursprünglich weit reichenden demokratietheoretischen Erwartungen ist jedoch Ernüchterung eingekehrt. Viele prinzipielle Fragen sind ungeklärt, z.B. das Verhältnis von partizipativen Verfahren und den formalen Verfahren demokratischer Entscheidungsprozesse (vgl. Kap. 4.2.2). Viele der aktuellen Beteiligungsverfahren sind in ihren Zielsetzungen unklar und in der Methodik diffus. Häufig ist eher entscheidend, dass Partizipation überhaupt geschieht, als dass ihre Funktion geklärt wäre. Dies wiederum wird von Kritikern zum Anlass genommen, eher eine Simulation von Partizipation zu welchen Zwecken auch immer zu vermuten, z.B. zu einer Beruhigung von zivilgesellschaftlichen Beteiligungswünschen, ohne sie aber wirklich ernst zu nehmen. Die Situation erscheint paradox: Partizipation ist demokratietheoretisch erwünscht und wird häufiger denn je praktiziert, aber Antworten auf die Fragen nach ihrer Rolle und Funktion in Entscheidungsprozessen und in der öffentlichen Debatte bleiben diffus.

3.6 Wirtschaftsberatung

Technikfolgenabschätzung ist als Politikberatung entstanden (Kap. 2.2). Die Gestaltung von Technik in der Form der Herstellung technischer Produkte oder Anlagen findet allerdings unbestritten hauptsächlich in der Wirtschaft statt. Unbestritten ist die hohe Relevanz von technischen Innovationen für die Wettbewerbsfähigkeit von Unternehmen und Standorten. Dementsprechend ist die für Innovation erforderliche Forschung nur zu einem kleineren Teil *öffentliche* Forschung, zum größeren Teil – in den westlichen Staaten zu 60% bis 80% – jedoch Industrieforschung und damit in der Verantwortung der Wirtschaft. Die Frage, ob deswegen Adressat der Technikfolgenabschätzung auch oder sogar vor allem die Wirtschaft sei, begleitet die TA-Diskussion von Anfang an (z.B. Ropohl 1996; TADN 2001, vor allem aber Malanowski et al. 2003). Darauf besonders hingewiesen wurde z.B. in der Diskussion zur Technikbewertung im Umfeld der VDI-Richtlinie 3780 (Kap. 4.5) und im Constructive Technology Assessment (Kap. 4.3).

Früherkennung ist selbstverständlicher Bestandteil von Technikbewertungen in der Wirtschaft. Stets sind Unternehmen auf der Suche nach neuen Technologien, die sich in wettbewerbsfähige Produkte oder in Effizienzsteigerungen in Produktionsverfahren umsetzen lassen. Aber auch die Frühwarnung vor Risiken hat in der Wirtschaft einen Platz, und zwar in zweierlei Hinsicht. Zum einen müssen die technischen Produkte und Systeme funktionieren, um keine Probleme mit der Produkthaftung, mit teuren Rückrufaktionen oder mit negativer Berichterstattung zu riskieren. Zum anderen entscheiden über die für den Unternehmenserfolg zentrale Akzeptanz auf dem Markt nicht nur Kosten/Nutzen-Aspekte oder das Design, sondern auch gesellschaftliche Werte. Die Krise derjenigen Lebensmittelkonzerne, die einseitig auf gentechnisch veränderte Nahrungsmittel gesetzt haben, zeigt, dass hier Aspekte der gesellschaftlichen Akzeptanz außer Acht gelassen wurden. Eine ‚Frühwarnung' in Bezug auf mangelnde Akzeptanz oder gesellschaftliche Konflikte kann die Unternehmen möglicherweise vor Fehleinschätzungen dieser Art bewahren.

Die Wirtschaft hat sich an der allgemeinen TA-Diskussion durch Stellungnahmen von Verbänden und das Engagement einzelner Unternehmen und Personen beteiligt (BDI 1986; Detzer 1995). Darüber hinaus hat sie, da Technikbewertung zu den Aufgaben ihres strategischen Managements gehört, auch entsprechende Methoden und Konzepte entwickelt. Im Gegensatz zu der allgemeinen Meinung, dass die Wirtschaft generell Vorbehalte der Technikfolgenabschätzung gegenüber habe, weil diese zu sehr auf nicht intendierte Technikfolgen konzentriert sei und damit möglicherweise geschäftsschädigend sei (dazu Kap. 13.1), sind von Wirtschaftsverbänden und einzelnen Konzernen eine ganze Reihe konstruktiver Positionspapiere vorgelegt worden. Dass dabei der Sicherung der Wettbewerbsfähigkeit in der globalisierten Ökonomie eine große Bedeutung zugemessen wird, kann nicht überraschen. Der Bundesverband der Deutschen Industrie (BDI) hat in einer umfangreichen Stellungnahme (BDI 1986) denn auch die prinzipielle Ambivalenz des technischen Fortschritts nicht bestritten, allerdings aber auf die Notwendigkeit der Wahrnehmung seiner Chancen hingewiesen (ähnlich auch VCI 1994): „Neben dem Schutz der Umwelt gehört deshalb auch die konsequente Nutzung des technischen Fortschritts zu einer verantwortungsvollen Zukunftsvorsorge“ (S. 8). Er betont die Notwendigkeit von Technikfolgenabschätzung: es kann „trotz der theoretisch-methodischen Probleme *nicht auf die Nutzung von TA verzichtet werden*“ (S. 16, Hervorhebung im Original):

> „Wenn sich die Chancen des technischen Fortschritts entfalten und gleichzeitig die Risiken beherrschbar bleiben sollen, müssen Wissenschaft, Wirtschaft und Politik im permanenten TA-Prozess konstruktiv zusammenarbeiten. ... Die Wirtschaft wird bereits im Forschungs- und Entwicklungsstadium die begleitende TA-Analyse verstärkt nutzen und die absehbaren positiven wie negativen Auswirkungen offen diskutieren ...“ (Ebd., S. 18).

Technikfolgenabschätzung in der oder für die Wirtschaft muss konzeptionell und institutionell anders eingebettet sein als Politikberatung (Minx/Meyer 2001). Dies betrifft insbesondere die Spannung zwischen der Transparenzverpflichtung von Politikberatung und den Geheimhaltungsanforderungen an privates Wissen unter Wettbewerbsbedingungen. Dieses Problem kann durch eine hervorgehobene Rolle von Verbänden oder Branchen gemildert werden: „Technikfolgenabschätzung ist ganz überwiegend keine firmenspezifische Aufgabe, sondern wäre eine Branchenaufgabe“ (Klumpp 1996, S. 32). Gemeinsam sind der Technikfolgenabschätzung als Politikberatung und der Technikbewertung in Unternehmen aber auch eine ganze Reihe von Eigenschaften, wie die Anerkennung der Wertabhängigkeit von Technik, die Interdisziplinarität, methodische Probleme von Zukunftsbetrachtungen und integrativen Bewertungen sowie die Umsetzungsproblematik (Minx/Meyer 2001, S. 43).

Im Rahmen der Tätigkeit der ‚Forschungsgruppe Berlin', die dann zur Querschnittsfunktion ‚Technik und Gesellschaft' der Daimler-Benz AG wurde, wurde das Instrument der Produktfolgenabschätzung entwickelt. Es grenzt sich als ein Verfahren zur Unterstützung *betrieblicher* Entscheidungsprozesse explizit von der Technikfolgenabschätzung ab (Minx/Meyer 1999). Gesellschaftliche Wertkategorien sollen über die Erforschung der Kundenpräferenzen im Sinne einer reinen Marktforschung hinaus in betrieblichen Entscheidungen berücksichtigt werden; die üblichen Ansätze zur Erfassung betrieblicher Vorgänge sollen um nichtmonetäre, qualitative, ökologische und gesellschaftsbezogene Folgenanalysen von Produkten und Prozessen erweitert werden. Für Unternehmen wird dies vor dem Hintergrund einer Verschärfung des Haftungsrechts, sich ständig ändernder Rahmenbedingungen und der sich ausweitenden Zeitbedarfe für technische Innovationen zunehmend von Bedeutung. Auch die Möglichkeit, durch vorausschauende Folgenanalysen staatliche Regulierungsmaßnahmen mitzugestalten, gewinnt an Bedeutung. Technikfolgenabschätzung in der Wirtschaft erweitert die übliche Marktforschung um TA-spezifische Fragestellungen wie mögliche gesellschaftliche Konflikte, Risikowahrnehmungen oder die Änderung der gesellschaftlichen Rahmenbedingungen. Es liegt im Interesse der Wirtschaft, von diesen Entwicklungen frühzeitig zu erfahren, um Produkte und Dienstleistungen darauf abstellen zu können.

Ab den 1990er Jahren hat die Idee der Nachhaltigkeit (Grunwald/Kopfmüller 2006) auch die Wirtschaft beeinflusst und das Thema der Technikfolgenabschätzung dort weitgehend absorbiert (vgl. Kap. 9). Viele Unternehmen haben sich dem Leitbild der Nachhaltigkeit verpflichtet und es zum Teil der Unternehmenskultur gemacht: „Die zukünftige Entwicklung muss so gestaltet werden, dass ökonomische, ökologische und gesellschaftliche Zielsetzungen gleichrangig angestrebt werden“ (VCI 1994; vgl. auch Fussler 1999; Detzer et al. 1999). Die Gründung des World Business Council on Sustainable Development (WBCSD) und die Einführung eines Sustainability Dow Jones verdeutlichen, dass es hier nicht nur um Schritte einzelner Unternehmen geht, sondern dass man durchaus von einer ‚Bewegung' sprechen kann.

Als Beispiel: Der Chemiekonzern BASF ist Mitglied des WBCSD und der Global Compact Initiative der Vereinten Nationen. Die Prämisse dieses Engagements ist, dass nachhaltige Entwicklung langfristig nur mit wirtschaftlichem Erfolg der Unternehmen zu realisieren ist: „Nachhaltigkeit lässt sich aber nur mit wirtschaftlichem Erfolg erreichen. Dazu müssen Unternehmen wettbewerbsfähig sein“ (Becks/Gelbke 2001, S. 35). Verantwortung für Nachhaltigkeit wird nicht in staatlichen Maßnahmen, sondern in der Produktgestaltung der Unternehmen gesehen. Um diesem Anspruch zu entsprechen, hat BASF das Instrument der Öko-Effizienz-Analyse entwickelt, um Ökonomie und Ökologie gemeinsam zu betrachten (vgl. Becks/Gelbke 2001, S. 37ff.).

Zur Realisierung von Nachhaltigkeit in Unternehmen bedarf es geeigneter Berichts- und Managementsysteme. Unter den Stichworten *Corporate Governance* oder *Corporate Sustainability* werden unterschiedliche Konzepte und Methoden für unternehmensinternes Nachhaltigkeitsmanagement angewendet (vgl. z.B. Bieker et al. 2001). Zu nennen sind hier die umweltbezogenen Zertifizierungssysteme EMAS und ISO 14001, auf soziale Aspekte fokussierte Systeme wie *Social Accountability 8000* aus den USA (Lohrie 2001), vor allem aber integrierte

Systeme wie das *Corporate Social Responsibility* (CSR) (Loew et al. 2004), das von den Vereinten Nationen entwickelte Global Compact (www.unglobalcompact.org) oder der vom deutschen Forschungsministerium initiierte Ansatz der *Sustainability Balanced Scorecard* (SBSC) (Bieker et al. 2001). Diese Managementsysteme enthalten Kriterien bzw. Indikatoren vor allem aus den Bereichen Menschenrechte, Arbeitsstandards, Humankapital und Umwelt, die in Nachhaltigkeitsberichten dokumentiert und gegebenenfalls veröffentlicht werden können und mit denen eine Art Nachhaltigkeits-Controlling ermöglicht werden soll. Technik und Technikfolgen spielen hierbei hauptsächlich in den Produktionsprozessen, teils auch in Bezug auf die Ausgestaltung der Produkte, eine Rolle.

Eine Brücke zwischen den politikberatenden Formen der Technikfolgenabschätzung und ihren Ausprägungen in der Wirtschaft versucht seit 2001 das Konzept der Innovations- und Technikanalyse (ITA) des Bundesministeriums für Bildung und Forschung (BMBF). Es nimmt die Tradition der Technikfolgenabschätzung auf und zielt darauf ab, ihre Nutzung in Unternehmen zu verstärken (Malanowski et al. 2003), letztlich um damit Innovationen und Wettbewerbsfähigkeit zu fördern (BMBF 2008). Im Rahmen unterschiedlicher Forschungsprogramme und weiterer Maßnahmen werden Foren geschaffen, um zu einem diesbezüglichen Erfahrungsaustausch und Wissenstransfer beizutragen, so z.B. das jährliche ITAFORUM (vgl. Kap. 11.2).

3.7 Beratung im Gesundheitssystem

Zu einem hohen Teil unabhängig von den bislang geschilderten Beratungsverhältnissen hat sich auch im Gesundheitswesen eine TA-Form etabliert: das ‚Health Technology Assessment' (HTA). HTA bezeichnet die Bewertung medizinischer Technologien unter Berücksichtigung ihrer Sicherheit, klinischen Wirksamkeit, Kosten und Kosten-Wirksamkeit, Lebensqualität sowie ihrer rechtlichen, ethischen und sozialen Auswirkungen. Ziel von HTA ist es, entscheidungsrelevante Informationen auf verschiedenen Ebenen der Steuerung des Gesundheitswesens bereitzustellen. Hierzu zählen beispielsweise Investitionsentscheidungen, Kostenübernahmeentscheidungen und die Gestaltung des Leistungskataloges (Banta/Luce 1993). HTA ist damit eine kontextbezogene Methode der evidenzbasierten Entscheidungsunterstützung im Gesundheitswesen (Perleth/Wild 2001). HTA wird in zahlreichen Ländern bereits seit langem und mit zum Teil ansehnlichen Budgets eingesetzt, um den konkreten Informationsbedarf von Entscheidungsträgern in folgenden Bereichen zu decken:

- Regulierung von Arzneimitteln und Medizinprodukten;
- Steuerung der Anzahl und Standorte von medizinischen Leistungen;
- Kostenübernahme von Leistungen;

- Qualitätssicherung;
- Aus- und Weiterbildung der Anbieter;
- Konsumenteninformation.

Anlass für HTA ist häufig die zunehmende Nutzung von neuen medizinischen Technologien, ohne dass Genaueres über den Nutzen, z.B. hinsichtlich der Verbesserung der Lebensqualität der Patienten oder Senkung der Mortalität bekannt ist. Der Mehrwert eines HTA gegenüber Kosten-Nutzen-Analysen oder der Suche nach und Bewertung von ‚Evidenz' in klinischen Studien ist die Einbettung der medizinischen Anwendung in das reale organisatorische Umfeld sowie die Vielfalt der betrachteten Aspekte, die in die Analyse einfließen (Perleth/Wild 2001). In einem typischen ‚Assessment' folgt nach einer systematischen Literaturauswertung zur medizinischen Effektivität die Gegenüberstellung mit bestehenden Anwendungen im realen Umfeld, eine Bedarfsanalyse basierend auf epidemiologischen Daten, eine Kosten-Analyse im Vergleich zu herkömmlichen Verfahren, die Analyse der Einbettung in Institutionen und Organisationen und arbeitsorganisatorischer Fragen zu Arbeitsablauf, Kompetenzen, Ausbildungsstand, Auswirkungen auf Qualität der Versorgung sowie die mutmaßliche Aufnahme bei den Anwendern und die rechtliche Lage. Nationale und internationale Vergleiche gleicher oder alternativer Anwendungen, aber auch von Politikansätzen sind regulärer Bestandteil von HTA.

Health Technology Assessment ist eine internationale Bewegung. Über medizinische Interventionen wird selten nur national nachgedacht. In zahlreichen Ländern wurden eigene HTA-Institutionen geschaffen, die Health Technology Assessments fast ausschließlich für die nationale Gesundheitspolitik als Planungs- und Steuerungsunterlagen erarbeiten und dabei auf internationale HTA zurückgreifen. In Europa, aber auch in Kanada und Australien stehen die meisten HTA-Institutionen den Gesundheitsministerien nahe. In der Schweiz, Deutschland und den Niederlanden wird das Instrument der HTA von den Gremien der gemeinsamen Selbstverwaltung von Ärzten und Krankenkassen herangezogen, um Kostenübernahmeentscheidungen zu treffen.

Die meisten HTA-Einrichtungen sind in der International Association of Health Technology Assessment (INAHTA) zusammengeschlossen. Diese gibt eine internationale Zeitschrift heraus und veranstaltet regelmäßige internationale Konferenzen. Damit ist dieser hoch spezialisierte Bereich der Technikfolgenabschätzung international besser institutionalisiert als die oben beschriebenen anderen Bereiche. Es fällt auf, wie gering der Austausch in konzeptioneller Hinsicht zwischen HTA und den anderen TA-Formen ist.

4. Forschungs- und Beratungskonzeptionen

In den etwa vierzig Jahren der Geschichte der Technikfolgenabschätzung sind eine Reihe teils sich ergänzender, teils konkurrierender Konzeptionen entwickelt worden. Besonders seit Ende der achtziger Jahre ist eine thematische und konzeptionelle Ausdifferenzierung zu beobachten (Petermann 1999). Die unterschiedlichen Konzeptionen gehen von teils abweichenden Diagnosen im Verhältnis von Technik und Gesellschaft aus und setzen jeweils bestimmte Akzente, auf welche der Erwartungen an Technikfolgenabschätzung (Kap. 2) sie fokussieren. Die Geschichte der Technikfolgenabschätzung lässt sich als ein Lernprozess interpretieren, bei dem jeder Neuansatz bestimmte Unzulänglichkeiten der jeweils kritisierten Ansätze zu vermeiden beansprucht, dabei jedoch neue Fragen aufwirft.

4.1 Das ‚klassische' Konzept

Seit über dreißig Jahren wird in der TA-Literatur das ‚klassische Konzept der Technikfolgenabschätzung' erwähnt. Das Wort ‚klassisch' verweist einerseits auf die historischen Ursprünge der Technikfolgenabschätzung und auf gewisse damit verbundene Standards (analog etwa zur Sonatenform der Klassischen Musik). Es dient andererseits aber als Folie, vor deren Hintergrund die jeweiligen Neuerungen platziert werden können: das Klassische ist immer auch das Vergangene, das durch Neues abgelöst werden soll. Eine Anerkennung von etwas als ‚klassisch' ist gleichzeitig eine Deklarierung als traditionell oder ‚vergangen'.

Das klassische Konzept der Technikfolgenabschätzung ist in der Weise, wie heute darüber geredet wird (eine ausgezeichnete Aufarbeitung findet sich bei Gottschalk/Elstner 1997), nie praktiziert worden. Es ist vielmehr ein Konstrukt *ex post*, das zwar Aspekte der Art und Weise aufnimmt, wie Technikfolgenabschätzung in ihrer ‚klassischen Zeit', den siebziger Jahren, im OTA als der damals führenden TA-Einrichtung praktiziert und von vielen Autoren theoretisch eingeordnet worden ist. Ein reines ‚klassisches' Konzept, worüber in Bezug auf Theorie und Praxis ein Konsens bestanden hätte, hat es jedoch nie gegeben. Trotzdem ist es nützlich, die Elemente des klassischen Konzeptes zu vergegenwärtigen, vor allem weil vor diesem Hintergrund Abgrenzungen davon besser verstanden werden können. Es enthält durchaus Elemente der frühen Technikfolgenabschätzung, die heute mit Recht kritisiert werden, andererseits aber auch Anteile, die nach wie vor Teil funktionierender TA-Praxis sind. Auch wenn man also nicht annehmen darf, dass das klassische Konzept in seiner Reinform irgendwo umgesetzt gewesen wäre, kann die Geschichte der Technikfolgenabschätzung als eine Lerngeschichte der teilweisen Entfernung von diesem Konzept erzählt werden. Folgende Elemente machen dieses Konzept aus:[1]

(1) *Technikfolgenabschätzung* als *Politikberatung für einen starken Staat:* Im klassischen Konzept wird Technikfolgenabschätzung ausschließlich als Politikberatung aufgefasst. Weder Bürger oder Öffentlichkeit noch die Wirtschaft kommen als mögliche Adressaten vor. Dahinter steht die Annahme, dass der Staat die wesentlichen Kompetenzen für eine Steuerung der Gesellschaft habe: er könne das erforderliche Steuerungswissen an zentraler Stelle versammeln, er vertrete die Präferenzen und Interessen der Bürger und könne dadurch das *Gemeinwohl* definieren, und er sei zentrale Planungsinstanz, die gesellschaftliche Steuerungsintentionen und -programme umsetzen könne, z.B. durch Regulierung oder gezielte Förderung.

(2) *Dezisionismus*: Im Vordergrund steht Faktenwissen über die mutmaßlichen Technikfolgen (United States Senate 1972). Wertungen sind nicht vorgesehen, sondern bleiben Politikern vorbehalten: Das OTA gibt „keine Empfehlungen, was getan werden sollte, sondern ... Informationen darüber, was getan werden könnte“ (Gibbons 1991, S. 27). Diese ‚positivistische Zögerlichkeit‘ der Technikfolgenabschätzung (Petermann 1992, S. 285), die Haltung, „that OTA never takes a stand“ (Williamson 1994, S. 212), nimmt Max Webers Postulat von der Werturteilsfreiheit auf, nach der die Wissenschaft nur werturteilsfreies Wissen bereitstellen, jedoch nicht mit Rationalitätsanspruch Wertungen treffen könnten. Wertungen und Entscheidungen seien vielmehr zunächst subjektiv und sodann dem politischen System vorbehalten (Schmitt 1934). Die klassische Konzeption der Technikfolgenabschätzung übernimmt damit das Bild einer *dezisionistischen Arbeitsteilung* zwischen Wissenschaft und Politik: Technikfolgenabschätzung als Wissenschaft stellt das werturteilsfreie Wissen zur Verfügung, das politische System nimmt auf dieser Basis Wertungen vor und trifft Entscheidungen.

(3) *Experten-TA*: Entgegen den verschiedenen Modellen partizipativer Technikfolgenabschätzung (Kap. 4.2) gilt die klassische Technikfolgenabschätzung als expertenbezogen. TA-Experten seien diejenigen, die – gegebenenfalls in Kooperation mit Fachwissenschaftlern – die Politik beratenden Studien anfertigten.

(4) *Systemblick*: In frühen TA-Konzeptionen wurde die Systemanalyse als *das* Paradigma für Technikfolgenabschätzung herangezogen (Jochem 1975; Paschen

---

1 Gelegentlich ist zu lesen, dass das klassische Konzept einseitig auf technische *Risiken* fokussiert gewesen sei, die *Chancen* aber nicht oder kaum in den Blick genommen habe. Da dieser Vorwurf nach Literaturkenntnis des Autors nicht zutrifft, sei er hier auch nicht weiter verbreitet.

et al. 1978). Dies liegt darin begründet, dass nicht intendierte Folgen von Technik oftmals infolge systemisch vernetzter Prozesse mit nichtlinearen Ursache/ Wirkungs-Beziehungen und schwer zu erkennenden Rückkopplungen auftreten, was eine systembezogene Herangehensweise nahe legt. Technikfolgenabschätzung soll ganze Systeme von Technik, Techniknutzern, der Umwelt und anderen betroffenen Bereichen betrachten statt sich auf isolierte Bereiche oder einzelne Folgedimensionen zu beschränken (sozio-technische Systeme nach Ropohl 1979).

(5) *Szientismus*: In einer ganzen Reihe früher Stellungnahmen zur Technikfolgenabschätzung finden sich Erwartungen, prospektive Aussagen über noch nicht eingetretene Technikfolgen mit sozial-, natur- und technikwissenschaftlichen Mitteln im Sinne ‚sicherer' Aussagen machen zu können. Es bestand teils ein Optimismus, Technikfolgen, auch nicht intendierte, quasi ‚ausrechnen' zu können (so z.B. Bullinger 1991), wenngleich erhebliche Probleme zugestanden wurden.[2] Der szientistische Blick auf Technikfolgenabschätzung umfasste einen *Vollständigkeitsanspruch* hinsichtlich der zu erforschenden Technikfolgen (Paschen/Petermann 1992, vgl. dazu auch Kap. 6.5) unter dem Idealbild der möglichst vollständigen Quantifizierung aller Variablen und Technikfolgen (vgl. dazu Kap. 6.4).

(6) *Technikdeterminismus*: Die Ausrichtung auf die *Prognose* der Folgen von Technik im klassischen Konzept unterstellt implizit oder explizit einen Technikdeterminismus (Ropohl 1982), also die Vorstellung, dass die Technikentwicklung eigenen und gar nicht oder nur begrenzt von außen zu steuernden Gesetzen folge. Aufgabe des Staates sei, Anpassungs- oder Kompensationsleistungen an die Technikfolgen vorzunehmen – und genau dazu brauche er möglichst genaue Prognosen der Technikfolgen. Technik*gestaltung* (Kap. 2.5) liegt außerhalb des klassischen Konzepts.

Zusammenfassend gesagt, gilt Technikfolgenabschätzung im klassischen Konzept als wertfrei, staatsorientiert, systemisch, expertenbezogen, szientistisch und technikdeterministisch – genügend Attribute, anhand derer sich die Vielzahl der seit den achtziger Jahren entwickelten Konzeptionen davon absetzen konnte. Demzufolge enthält die Darstellung aller weiteren TA-Konzepte in den folgenden Kapiteln jeweils explizite oder implizite Kritikpunkte am klassischen Konzept. Mit der Vorstellung neuerer TA-Konzeptionen wird damit auch die Geschichte ihrer Abgrenzungen vom klassischen Konzept ‚erzählt'. An dieser Stelle seien daher nur ganz kurz die wesentlichen Kritikpunkte am klassischen Konzept erwähnt.

---

2 Vgl. zum ‚Prognose-Optimismus' des klassischen Konzepts und der Kritik daran Grunwald (2003) sowie Kap. 6.1.

(1) *Technikfolgenabschätzung* als *Politikberatung für einen starken Staat:* Die Vorstellung eines starken und die Geschicke der Gesellschaft steuernden (nationalen) Staates prägte die zwei Jahrzehnte nach dem Zweiten Weltkrieg, geriet aber ab Ende der 1960er Jahre in die Kritik (z.B. Tenbruck 1972). Von der bis heute andauernden Steuerungsdebatte (vgl. Kap. 2.2) ist Technikfolgenabschätzung stark betroffen. Neuere Vorstellungen von Technology Governance (Aichholzer et al. 2010) in einem dezentralisierten Staat und unter normativen Vorstellungen deliberativer Demokratie haben Formen partizipativer Technikfolgenabschätzung (Kap. 4.2) motiviert. Teils wurde eine Abkehr der Technikfolgenabschätzung von Politikberatung zugunsten einer direkten Tätigkeit für Technikgestaltung gemeinsam mit der oder in der Wirtschaft propagiert (Kap. 4.3, Kap. 4.5).

(2) *Dezisionismus*: Die positivistische Vorstellung einer Trennung von Wissen und Werten hat sich als nicht durchhaltbar erwiesen. Die Vermittlung zwischen Experten und Politik (Habermas 1968a) umfasst sowohl die kognitive als auch die normative Dimension. Rationalitätsansprüche erstrecken sich nicht nur auf wissenschaftliches Wissen, sondern auch auf die Ebene des Normativen, was zur zunehmenden Involvierung der Ethik in der Technikfolgenabschätzung führt (Kap. 4.6).

(3) *Experten-TA*: Dass für Technikfolgenabschätzung Experten nötig sind, wird nicht bezweifelt, aber vielfach als nicht hinreichend angesehen, um Demokratisierungsansprüche (Kap. 2.4) einzulösen. Die partizipative Öffnung der Experten-TA ist vor allem deswegen erforderlich, um die Betroffenenperspektiven (Kap. 1.5) ‚wirklich' und nicht nur als eine aus Beobachterperspektiven vorgestellte oder modellierte Perspektive ‚aus zweiter Hand' in den Prozess hineinzuholen (Kap. 4.2, Kap. 4.3).

(4) *Systemblick*: Dass der systemische Blick auf Technikfolgen und Technikgestaltung notwendig ist, wird in keinem der neueren TA-Konzepte bestritten. Insbesondere in der Nachhaltigkeitsforschung wird seine Notwendigkeit betont (Kap. 9).

(5) *Szientismus*: Die im Rahmen eines szientistischen Blicks vorgenommene Modellierung der Gesellschaft als einer Art komplexer Maschine, deren Funktionieren sich mit wissenschaftlichen Mitteln vollständig aufklären und für Prognosezwecke nutzen lassen, hat sich nicht als adäquat erweisen lassen. Epistemologisch gesehen ist Technikfolgenabschätzung keine rein außen stehende Beobachtung, sondern immer auch Intervention, was zu Paradoxien wie dem der ‚self-fulfilling prophecy' führt. Szientistische Modelle der Gesellschaft sind regelmäßig an den Unsicherheiten und den im Vergleich zu naturwissenschaftlichen Prozessen irregulären Verläufen gesellschaftlicher Entwicklung gescheitert. Die Theorie der Technikentwicklung als Ko-Evolution (Kap. 4.3) trägt diesem Umstand Rechnung.

(6) *Technikdeterminismus*: Dieser wurde durch sozialwissenschaftliche Technikforschung zu einem guten Teil als falsch erwiesen. Technik entsteht durch eine komplexe Reihung von Entscheidungsprozessen und ist damit Resultat eines sozialen Prozesses (Weingart 1989). Zwar gibt es eigendynamische Anteile (zuletzt Dolata/Werle 2007), aber Gestaltungsmöglichkeiten sind vorhanden (z.B. Kap. 4.3).

4.2 Partizipative Technikfolgenabschätzung

Partizipative Technikfolgenabschätzung erfolgt unter Beteiligung von Personen und Gruppen außerhalb von Wissenschaft und Politik. Die partizipative Wende der Technikfolgenabschätzung seit den 1980er Jahren stellt die konzeptionell tiefgreifendste Herausforderung an Technikfolgenabschätzung dar und ist in fast alle neueren Konzeptionen hineingewandert (bis auf 4.6), konfrontiert mit einer Fülle von Erwartungen genauso wie mit erheblichen Problemen.

4.2.1 Erwartungen und Zielsetzungen

Bereits seit den Anfängen der Technikfolgenabschätzung wird eine partizipative Ausrichtung immer wieder gefordert und als unverzichtbar eingeschätzt (Paschen 1975). Hinter dieser anfangs jedoch kaum eingelösten Forderung stand vor allem die Bewertungsproblematik, welche weder den wissenschaftlichen Experten (Technokratie) noch den politischen Entscheidern (Dezisionismus) allein überlassen werden sollte. Stattdessen geht es je nach Konzept darum, auch gesellschaftliche Gruppen, Interessenvertreter, betroffene Bürger und Laien oder auch ganz allgemein die Öffentlichkeit in den Bewertungsprozess einzubeziehen, um die sachliche und politische Legitimation von Entscheidungen zu verbessern (Paschen et al. 1978, S. 72).

Das Spektrum der Ansätze reicht von Schlichtungs- oder Mediationsangeboten in Konfliktfällen, meist auf regionaler oder lokaler Ebene, bis hin zu ambitionierten Verfahren auf der Basis diskursethischer Konzeptionen, die die Teilnehmer unter „‚Argumentationszwang' setzen (Skorupinski/Ott 2000). Gemeinsam ist ihnen das Vertrauen in *geregelte Verfahren* der Kommunikation, Information und Beratung in der Hoffnung, dass das „Zusammenspiel und Gegeneinander der Akteure eine gewisse Rationalität im Ergebnis" produzieren werde" (Gottschalk/Elstner 1997, S. 172). Diese Hoffnungen erstrecken sich auf wenigstens folgende Aspekte:

(1) *Verbreiterung der Wissensbasis*: Die Beteiligung von Bürgern und Betroffenen soll die Wissensbasis für Meinungsbildungsprozesse und Entscheidungen

verbreitern. Das ‚lokale Wissen', das den ‚fernen' Experten und Entscheidungsträgern unbekannt ist, soll zur Entscheidungsunterstützung hinzugezogen werden. Dies ist besonders relevant in lokalen und regionalen Technikproblemen, insbesondere für Standortfragen. Partizipation soll dadurch zu ‚robusteren' und dem jeweiligen Kontext besser angepassten Entscheidungen führen.

(2) *Verbreiterung der Wertebasis*: Durch eine möglichst breite Beteiligung sollen Interessen und Werte von vielen Beteiligten und Betroffenen im Entscheidungsprozeß berücksichtigt werden, um das Risiko der Manipulation und der Bevorzugung partikulärer Interessen zu verringern (Paschen 1975). Partizipation soll das ‚Wertberücksichtigungspotenzial' der Technikfolgenabschätzung erhöhen (Bora/van den Daele 1997), Technikentscheidungen anschlussfähig für einen größeren Bereich normativ möglicherweise divergierender Überzeugungen machen und auch dadurch letztlich die ‚Robustheit' dieser Entscheidungen vergrößern.

(3) *Akzeptanzschaffung durch Information*: Der Wissensstand über neue Technologien ist in der Bevölkerung häufig zunächst gering, so z.B. zur Nanotechnologie. Gelegentlich wird, trotz skeptisch stimmender empirischer Befunde, angenommen, dass Technikkonflikte und Technikskepsis zumindest teilweise auf geringem Wissen über Technik und daraus resultierendem Misstrauen beruhen. Partizipative Technikfolgenabschätzung *als Information des Bürgers* über Wissenschaft und Technik zielt vor diesem Hintergrund – analog zu Bemühungen um ein ‚Public Understanding of Science' – auf eine *direkte* Verbesserung der Technikakzeptanz.

(4) *Akzeptanzschaffung durch Beteiligung*: Angesichts von gesellschaftlichen Technikkonflikten (Kap. 2.3) setzt partizipative Technikfolgenabschätzung darauf, durch Beteiligung der Betroffenen *am Prozess* der Entscheidungsfindung die Sozialverträglichkeit der resultierenden Entscheidungen und damit *indirekt* ihre Akzeptanz zu verbessern. Die Hoffnung ist, dass, wenn die Betroffenen Gelegenheit hatten, ihre Bedenken vorzutragen, wenn sie unter Begründungszwang gestellt wurden und ihre eigenen Begründungen an den Begründungen ihrer Gegner messen mussten, entsprechende Entscheidungen als legitim anerkannt und dann auch akzeptiert werden sollten (Simonis 1999).

(5) *Akzeptanzschaffung durch Nutzerintegration*: Beteiligungsverfahren können auch eingesetzt werden, um mögliche spätere Nutzer von Technologien frühzeitig an Entscheidungsprozessen über deren Auslegung zu beteiligen und so ihre Bedürfnisse und Erwartungen in den Prozess der Technikgestaltung direkt einfließen zu lassen. Auf diese Weise wird, ähnlich wie von der Marktforschung, erwartet, dass die so entstehenden Produkte bessere Akzeptanz auf dem Markt finden (Giesecke 2003).

(6) *Konfliktvermeidung und -bewältigung*: Mit der Sozialverträglichkeit hängt das Ziel der (präventiven) Konfliktvermeidung oder der Bewältigung von bereits eingetretenen Konflikten zusammen: diskursive Gesprächsformen unter Stakeholder- oder Bürgerbeteiligung sollen in Technikkonflikten zu sachlichen Lösungen führen und Konflikte deeskalieren bzw. Eskalationen vermeiden helfen (vgl. als Überblick Köberle et al. 1997; auch Renn/Webler 1998).

(7) *Gemeinwohlorientierung:* Angesichts eines abnehmenden Vertrauens in den repräsentativ-demokratischen Staat, neutraler Sachwalter des Gemeinwohls zu sein, wird von manchen die Verantwortung hierfür stärker den Bürgern zugeschrieben. Die gegenseitige Korrektur der Teilnehmer an einer partizipativen Technikfolgenabschätzung wird als ein Mechanismus begriffen, der mäßigend und gemeinwohlorientierend wirkt:

> „Wegen der sich im Gruppenprozess zunehmend einstellenden Gemeinwohlorientierung können sich Vertreter einseitiger Interessenspositionen so kaum durchsetzen“ (Müller et al. 1996, S. 118).

(8) *Stärkung der Demokratie*: Angesichts vielfach beklagter Phänomene der Demokratiemüdigkeit und der Politikverdrossenheit in den modernen Mediengesellschaften werden Verfahren direkter Bürgerbeteiligung (nicht nur im Technikbereich) immer wieder als geeignetes Mittel angesehen, zu einer Stärkung, wenn nicht gar zu einer Erneuerung der Demokratie beizutragen (Barber 1984; Renn/Webler 1998; von Schomberg 1999,Offe 2003).

Der Begriff der Partizipation wird in diesen Erwartungen und auch in den Konzepten sehr unterschiedlich und häufig diffus verwendet. Insbesondere werden oft die Beteiligung von *Nutzern* im Rahmen von Marktprozessen und die Beteiligung von *Bürgern* an demokratischen Technikentscheidungen vermischt. Die Verschiedenheiten von demokratischer Willensbildung und der Intervention in Marktprozesse müssen jedoch klar benannt werden. Einerseits geht es um demokratietheoretische Argumente, andererseits um effizientere Innovationsprozesse. Demokratische Partizipation ist etwas anderes als die Mitwirkung an einer Produktgestaltung, nämlich die Beteiligung an Meinungsbildungs- und Entscheidungsprozessen, die das Gemeinwesen betreffen, die allgemeinverbindlich sind und Probleme *mit Gewinnern und Verlierern* und einer entsprechenden Legitimationsproblematik bewältigen müssen. Nutzerbeteiligungen im Rahmen von Produktgestaltung sind demgegenüber partikular, idealer Weise win-win-Situationen, die sowohl dem Entwickler als auch dem späteren Kunden Vorteile versprechen. Während am Markt die faktische *Akzeptanz* zählt, sind demokratische Entscheidungen auf *Akzeptabilität* – zugemutete bzw. erwartete Akzeptanz – angewiesen, welche in pluralistischen Gesellschaften teils nur schwer zu erzielen ist (vgl. Kap. 10.1).

Die Erwartungen an Beteiligungsverfahren in beiden Ausprägungen sind hoch und bedürfen unterschiedlichster Verfahren der Umsetzung. Diese akzentuieren die genannten Erwartungen und Zielsetzungen in je unterschiedlicher Weise (vgl. als Überblick: Renn/Webler 1998; Joss/Belucci 2002; Decker/Ladikas 2004). Sie lassen sich unterscheiden (1) nach *‚Stakeholder-TA'* und *‚Bürger-TA'* und (2) in Bezug auf die angestrebte *Konsens*erreichung und ihre Grenzen.

(1) Unter dem in der deutschen Sprache mittlerweile eingebürgerten Begriff der ‚Stakeholder' werden Interessenvertreter verstanden, die von einer bestimmten Technikentwicklung oder -nutzung betroffen sind oder sein können. Diese sind z.B. einschlägige Industrieunternehmen, Gewerkschaften, Umweltschutzinitiativen, Verbänden, Bürgerinitiativen, betroffene kommunale, regionale oder nationale Behörden, auch einzelne betroffene Bürger oder die Kirchen. Der Regelfall ist, dass ‚Stakeholder' in irgendeiner Form *organisiert* sind, ihre Interessen artikulieren können und in die entsprechenden Meinungsbildungsprozesse einbringen. In der deutschen Sprache kommt diesem Begriff die Bezeichnung ‚gesellschaftliche Akteure' am nächsten. ‚Stakeholder-TA' meint die Beteiligung derartiger Interessenvertreter an Projekten der Technikfolgenabschätzung. Demgegenüber wird in ‚Bürger-TA' die Beteiligung gerade der *nicht organisierten* Bürger angestrebt, die in dem betreffenden Technikfeld also nicht durch eigene Interessen geleitet sind, sondern die als unabhängige Sachwalter des ‚Gemeinwohls' agieren könnten. Im Gegensatz zur Stakeholder-TA, die im Wesentlichen ein Austarieren der unterschiedlichen *Interessen* versucht, steht in der Bürger-TA die von den Interessen der Teilnehmer abgelöste Argumentation im Vordergrund. Hierin spiegelt sich das auf diskursethischen Konzepten beruhende Ideal einer Zivilgesellschaft bzw. einer deliberativen Demokratie wieder (Renn/Webler 1998, Skorupinski/Ott 2000).

(2) Es ist umstritten, inwieweit in den partizipativen Verfahren ein Konsens angestrebt werden soll. War dies angesichts der aufkommenden Technikkonflikte zunächst durchaus ein klar benanntes Ziel partizipativer Technikfolgenabschätzung und begründete z.B. den Namen der ‚Konsensuskonferenz' (vgl. Kap. 7.4), so ist dieses Ziel in der letzten Zeit vermehrt in die Kritik geraten. Der Hauptvorwurf ist, dass ein substanzieller Konsens in einer zusehends pluralistischen Gesellschaft nicht mehr zu erreichen sei, sondern dass Konsense höchstens in Leerformeln münden würden wie z.B. im Wunsch nach mehr Nachhaltigkeit, sicherer Technik und guter Umwelt. Statt einer Konsenserreichung sei es wichtiger, ein vernünftiges ‚Dissensmanagement' zu betreiben (Hubig 1999), d.h. die Möglichkeiten für ein gemeinsames Fortschreiten zu ermöglichen, ohne einen vollständigen Konsens zu haben. Dahinter steht die Überzeugung, dass Dissense nicht von sich aus kontraproduktiv seien. Nur *destruktive*, in funda-

mentalistische Handlungsblockaden führende Dissense und Konflikte müssten verhindert werden. Dissensmanagement bzw. Strategien der Konfliktbewältigung durch partizipative Technikfolgenabschätzung sollen ermöglichen, genau dies zu vermeiden, auch ohne einen vollständigen Konsens bemühen zu müssen.

4.2.2 Schwierigkeiten partizipativer Ansätze

Die mit der partizipativen Technikfolgenabschätzung verbundenen weit reichenden demokratietheoretischen Hoffnungen und Zielsetzungen sind in die Kritik geraten. Sie werden, zum Teil aufgrund ambivalenter oder sogar negativer Erfahrungen teils als nicht einlösbar, überzogen oder naiv gegenüber gesellschaftlichen Machtverhältnissen eingeschätzt oder gar als missbrauchbar kritisiert (Martinsen 2000). Als zentrale Probleme in demokratietheoretischer Hinsicht haben sich die Fragen herausgestellt, (1) ob und mit welchem Recht das Ergebnis partizipativer TA-Verfahren externe Anerkennung theoretisch beanspruchen und Umsetzung praktisch finden kann und (2), in welchem Verhältnis Beteiligungsverfahren zu den ‚offiziellen', demokratisch eingesetzten Entscheidungsverfahren stehen (Abels/Bora 2004).

(1) Selbstverständlich muss jedes partizipative TA-Verfahren beanspruchen, dass die Ergebnisse auch von den Nicht-Teilnehmern am Verfahren anerkannt werden. Partizipation erfolgt im Modus der Vertretung der (sehr vielen) Nicht-Teilnehmenden durch die (wenigen) Teilnehmer. Ob ihre Ziele erreicht werden können, hängt entscheidend davon ab, dass die intern erzielten Ergebnisse extern anerkannt werden. Diese Anerkennung wiederum hängt an den Bedingungen, unter denen die Ergebnisse erzielt wurden. Es lassen sich wenigstens drei Typen von Eingangsvoraussetzungen unterscheiden, deren Erfülltheit im Einzelfall schwierig nachzuweisen ist:

Verfahrensregeln: Zu den Voraussetzungen erfolgreicher Partizipation gehören sicher die Vereinbarung und Einhaltung von Verfahrensregeln. Diese werden in der Regel auf Prinzipien der Verfahrensgerechtigkeit, insbesondere auf Fairness- und Symmetriepostulaten begründet und für die Zwecke von Diskurs- oder Dialogverfahren operationalisiert (Renn/Webler 1998; Skorupinski/Ott 2000). Hiervon betroffen sind z.B. die Möglichkeiten der Einbringung von Beiträgen, die Beurteilungen der Qualität von Argumenten und die Rollen von Mediatoren oder Moderatoren. Von den Teilnehmern wird die Bereitschaft erwartet, dieses immanente Regelwerk anzuerkennen und zu befolgen. Die Bereitschaft zum Lernen, die Disposition zur Anerkennung der Diskursresultate auch in dem Falle, dass sie nicht willkommen sind, weil sie z.B. den eigenen Interessen zuwiderlaufen, die Bereitschaft, das ‚Diskursrisiko' eines nicht vorhersehbaren Ausganges zu übernehmen – alle diese Voraussetzungen sind wesentlich für das Zustandekommen eines von allen anerkannten Resultates. Die für die externe Zustimmung entscheidende Frage ist, ob (a) der Sinn dieser ‚prozeduralen' Vorleistungen auch von den Nichtteilnehmern geteilt wird und ob (b) die Einhaltung der Regeln anerkannt wird. Die Moderation eines Beteiligungsverfahrens (Kap. 7.4) muss dafür Sorge tragen, den strategischen Missbrauch des vermeintlich herrschaftsfreien Raumes ‚Diskurs' durch gewitzte Teilnehmer zu verhindern (Wiedemann/Claus 1994). Es ist von außen leicht möglich, im Fall unpassender Ergebnisse den Verdacht zu äußern, dass die Regeln der Kommunikation nicht eingehalten wurden,„um den Resultaten die Legitimation absprechen und wie zurückweisen zu können.

Gruppenzusammensetzung: Die externe Anerkennung von Resultaten partizipativer Technikfolgenabschätzung hängt von der Zusammensetzung der Teilnehmer ab. Externe Zweifel fallen leicht, wenn die Zusammensetzung der Teilnehmergruppe kritisiert werden kann. Wichtig ist, dass die externe Welt sich durch die teilnehmenden Akteure ‚gut' vertreten fühlt und Vertrauen in die Zusammensetzung aufbringt: dass die wesentlichen Kriterien und Positionen erfasst sind und dass hinreichend plurale Meinungen vertreten sind. Das Stichwort der *Repräsentativität* dient als Oberbegriff für Anforderungen an die Gruppenzusammensetzung. Ihre Realisierung unterliegt zwei Kriterien: die Erfassung der unter den betroffenen gesellschaftlichen Gruppen verbreiteten Präferenzen und Positionen soll (1) möglichst *vollständig* und (2) *in transparenter Weise* erfolgen. Allerdings weiß man ex ante nicht, welche Präferenzen und Positionen unter den Ausgeschlossenen vorhanden sind. Es gibt keine Möglichkeit einer unbezweifelbaren Kontrolle der Erfüllung des ersten Kriteriums. Das zweite Kriterium wird meist durch Auswahl nach dem Zufallsprinzip realisiert. Diese Transparenz kann jedoch durch eine sehr unterschiedlich verteilte Bereitschaft der auf diese Weise Angesprochenen zunichte gemacht werden, tatsächlich an dem Verfahren teilzunehmen. Repräsentativität durch Zufallsauswahl kann daher unterlaufen werden – ihre Realisierung ist schwer nachzuweisen.

Ausgangsbasis: In jedem Beteiligungsverfahren sind bestimmte inhaltliche Vorentscheidungen bereits getroffen. Nicht alles ist verhandelbar, sondern durch Vorentscheidungen vorbestimmt. So ist auch in der partizipativen Technikfolgenabschätzung stets *eine bestimmte* Fragestellung zu behandeln, und zwar unter zumindest teilweise bereits *vorab festgelegten* Randbedingungen. Ist etwa der Standort einer Müllverbrennungsanlage das Thema einer partizipativen Aktion, so steht bereits fest, dass überhaupt eine solche gebaut werden soll. Standortauswahlverfahren setzen analytisch voraus, *dass* ein Standort *für etwas* gesucht werden soll.

Ein aktuelles Beispiel bildet die Diskussion über die Endlagerung radioaktiver Abfälle in Deutschland (vgl. Kap. 10.3). Hier werden nach dem Scheitern bisheriger, vorwiegend expertenorientierter Ansätze, neue Prozesse der Entscheidungsfindung über ein Endlager unter Bürgerbeteiligung diskutiert (Hocke-Bergler/Grunwald 2006). In der Empfehlung des Arbeitskreises Auswahlverfahren Endlagerstandorte (AkEnd 2002) wurden als Randbedingungen für partizipative Suchverfahren festgelegt, dass es sich erstens um eine *Endlagerung* handeln solle (denkbar wären auch Konzepte unter Verwendung von Zwischenlagern), dass zweitens ein *nationales* Endlager gesucht werden solle (es sind auch europäische oder internationale Lösungen vorstellbar), und dass drittens dieses nationale Endlager in einer *tiefen geologischen Formation* liegen solle (möglich wären auch technisch gesicherte Endlager). Wenn in einem möglichen partizipativen Suchverfahren diese inhaltlichen Eingangsvoraussetzungen extern nicht akzeptiert würden, z.B. weil sie nicht diskursiv erzeugt, sondern politisch vorgegeben wurden, würden auch mögliche aus dem Verfahren entstehende Standortempfehlungen keine Akzeptanz finden.

(2) *Verhältnis von partizipativen und politischen Entscheidungsprozessen*: Das Verhältnis von partizipativen Prozessen und den demokratisch legitimierten und gesetzlich vorgeschriebenen Entscheidungsverfahren, z.B. in Standortauswahl- und Planfeststellungsverfahren ist ungeklärt. Das Problem ist, „dass die gesellschaftlichen Kommunikationsprozesse von den politischen Entscheidungsprozessen ... weitgehend abgekoppelt bleiben“ (Martinsen 2000, S. 56). Wenn partizipative Diskurse neben den legitimen Verfahren in einem ungeklärten Status existieren, ist dies für beide Seiten gefährlich:

- in der Betonung der Notwendigkeit der partizipativen Diskurse werden die demokratisch legitimierten Verfahren als unzureichend, expertokratisch, vielleicht gar als unfähig, jedenfalls als bürgerfern bezeichnet, verbunden mit der Diagnose, dass sie zur Politikverdrossenheit führen (Renn/Webler 1998);
- durch die prozedural-legitimen Verfahren können die partizipativen Ansätze als Papiertiger erscheinen, die letztlich nichts bewirken, weil sie kein politisches Mandat haben. Entschieden werde schließlich auf prozedural-legitimem Weg.

Also gilt, dass sich prozedural-legitime und partizipative Verfahren in dieser Situation gegenseitig entwerten. Um die Vorteile partizipativer Verfahren nutzen zu können, jedenfalls wenn es um Entscheidungen geht, ist es daher erforderlich, sie in legitime Verfahren explizit einzubetten, mit geklärten Zuständigkeiten und einem Prozedere, was mit ihren Ergebnissen geschehen soll. Die Hoffnung, politische Entscheidungsträger zu einer Selbstverpflichtung zu bringen, „die im Diskurs gefundenen Empfehlungen zur Kenntnis zu nehmen und sie offen und wohlwollend zu prüfen“ (Renn/Webler 1998, S. 42), reicht nicht. Denn erstens können Selbstverpflichtungen bei entsprechenden Konstellationen wieder zurückgenommen oder bei veränderten personellen oder politischen Konstellationen obsolet werden. Und zweitens ist die Verpflichtung auf eine ‚offene und wohlwollende’ Prüfung nicht in transparenter Weise operationalisierbar. Bürger werden das Partizipationsinteresse verlieren, wenn sie nicht erfahren, dass ihre Meinung nachvollziehbar und nicht abhängig vom Wohlwollen einzelner Politiker in Entscheidungsprozesse eingeht.

Weitere Probleme partizipativer Verfahren, die allerdings nicht den prinzipiellen, die Grundlagen ihrer Möglichkeit in Zweifel ziehenden Charakter haben, bestehen zum einen in den bisherigen Grenzen ihrer Anwendungsmöglichkeiten, sowohl in thematischer als auch in räumlicher Hinsicht. Thematische Beispiele für gelingende Partizipation kommen häufig aus dem Bereich der Standort- und Planungsverfahren, sind also regional und lokal stark eingegrenzt und haben es mit tatsächlichen Betroffenheiten zu tun. Dagegen sind Fälle wie die Technikfolgenabschätzung zum Raumtransportsystem Sänger (Paschen et al. 1992a) oder zur Setzung von Rahmenbedingungen für die Entwicklung neuer Materialien nach bisherigem Stand kaum für partizipative Lösungen geeignet. Zum anderen bringt Partizipation Verzögerungseffekte mit sich und benötigt Ressourcen. Die Erzielung argumentativer Lösungen in Entscheidungssituationen der pluralistischen Gesellschaft ist oft entweder nicht schnell genug oder gar nicht möglich:

> „Die Begrenzung verfügbarer Zeit, die Knappheit der Ressourcen und Probleme der sachlichen Kompetenz grenzen die Rationalität der Partizipation ein. ... Gerade bei Entscheidungen über die Zukunft können sich partizipative Verfahren eher dysfunktional auf die Lösung von Problemen auswirken.“ (Bechmann 1996, S. 7)

Angesichts von Entscheidungsdruck und Handlungszwängen muss jedoch auch dann entschieden und gehandelt werden, wenn eine partizipativ zufrieden stellende Lösung nicht oder noch nicht vorliegt.

Für die marktbezogenen Partizipationsverfahren, die sich durch Nutzerintegration in Technikentwicklung eine bessere Akzeptanz (Giesecke 2003) und damit glatter verlaufende Innovationsprozesse erwarten, stellen sich aufgrund der völlig anderen Zielsetzungen auch ganz andere Erwartungen und Erfolgsbedingungen. Kriterien wie Repräsentativität und Transparenz spielen eine nur geringe Rolle, während die Stabilität der Erwartungen der Teilnehmer an Technik über den Entwicklungsprozess entscheidend für die Einlösung der Erwartungen ist. Inwieweit und unter welchen Bedingungen dies der Fall ist, ist noch kaum bekannt.

Die Schwierigkeiten partizipativer Ansätze waren bislang stets Anreize zur Entwicklung neuer Verfahren und neuer Deutungsmuster zu Rolle und Funktionen von Beteiligungsverfahren, kaum jemals Anlass, sie prinzipiell in Frage zu stellen. In den letzten Jahren sind Deutungen aufgebracht worden, in den partizipativen Arenen weder Instrumente der Marktforschung und Akzeptanzbeschaffung noch Medien demokratischer Teilhabe an politischer Macht zu sehen, sondern sie als Labors gesellschaftlicher Erprobung deliberativ-demokratischer Verhaltensmuster (Felt et al. 2009) oder als Orte wissenschaftlicher Experimente (Bogner 2010) anzusehen.

4.3 Folgenorientierte Technikgestaltung

Ausgangspunkt von verschiedenen Ansätzen einer Technikgestaltung (Kap. 2.5), die unter Ansehung möglicher Folgen operiert, ist die Diagnose, dass es effektiver sei, den Prozess der *Entstehung* einer Technik konstruktiv zu begleiten und auf diese Weise technikgestaltend zu wirken (Rip et al. 1995, Dierkes et al. 1992, Ropohl 1996).

4.3.1 Das ‚Constructive Technology Assessment' (CTA)

Das Constructive Technology Assessment (CTA) ist in den Niederlanden entwickelt, aber auch in anderen europäischen Ländern diskutiert und praktiziert worden (Smits 1992, Rip et al. 1995). CTA beruht auf der Vorstellung, dass die Entwicklung einer Technologie ein nahtloses Gewebe (‚seamless web') von hochgradig heterogenen sozialen, kulturellen, ökonomischen, technischen und naturwissenschaftlichen Faktoren darstellt, in dem permanent Weichenstellungen stattfinden (Schwarz 1992). Eine ebenfalls permanente Technikfolgenabschätzung solle diesen quasi-naturwüchsigen Prozess begleiten, informieren, reflektieren und dadurch bewusster gestalten. Ziel der CTA ist es, „ein Bild des sozialen Prozesses innerhalb der Technikentwicklung [zu bilden], das prinzipiell zahlreiche Möglichkeiten und die richtigen Zeitpunkte anzeigte, um auf der Basis gesellschaftlicher Ziele Einfluss nehmen zu können" (Boxsel 1991, S. 143). In diesem Sinne ist CTA vor allem als „aktives Management der Prozesse des technologischen Wandels" (Schot 1992, S. 36) zu verstehen; das Ziel ist es „to achieve better technology in a better society" (Schot/Rip 1997).

Der theoretische Hintergrund dieses Konzeptes liegt in der sozialkonstruktivistischen Technikforschung begründet, wie sie ebenfalls in den Niederlanden entwickelt und im SCOT-Programm (Social Construction of Technology) in einer Fülle von Fallstudien geprüft wurde (Bijker et al. 1987; Rip et al. 1995). In genauer Entgegensetzung zu jedweder Form eines technologischen Determinismus wird hier die Technikentwicklung als Resultat gesellschaftlicher Meinungsbildungs- und Aushandlungsprozesse sowie von Entscheidungen verstanden. Technik werde durch diese Schritte gesellschaftlich ‚konstruiert'. Dies äußert sich in prominenten Buchtiteln wie ‚Shaping Technology – Building Society' (Bijker/Law 1994) oder ‚Managing Technology in Society' (Rip et al. 1995). Aufgrund der Probleme mit einer staatlichen Techniksteuerung (Kap. 2.2) hat sich CTA früh für eine breite Einbeziehung von gesellschaftlichen Akteuren, insbesondere auch der Wirtschaft, und für die Ausprägung einer lernenden und mit Technik experimentierenden Gesellschaft ausgesprochen. Um die mit CTA verfolgten Ziele zu erreichen, wurden mehrere Prozesse identifiziert (vgl. Schot/Rip 1997, S. 257f.):

(1) *Technology Forcing*: Die Beeinflussung des technischen Wandels durch Forschungs- und Technologieförderung sowie durch Regulierung stellt anerkanntermaßen eine der staatlichen Eingriffsmöglichkeiten in Technik dar (Kap. 2.2). Diese Eingriffsmöglichkeiten sind jedoch begrenzt. CTA wendet sich daher auch an andere Akteure (Banken, Versicherungen, Normierungs- und Verbraucherorganisationen). Diese haben durch ihre Unternehmens- und Organisationspolitik die Chance, direkt in bestimmte technische Entwicklungen einzugreifen, z.B. durch Verzicht auf Chlorchemie, durch Investition in umweltfreundliche Produktionstechnologie oder durch Sozialstandards auch bei Konzernfilialen in Entwicklungsländern. Dieses Argument findet man in der deutschen Diskussion auch im Ansatz der ‚Innovations- und Technikanalyse' (BMBF 2008; vgl. Kap. 11.2).

(2) *Strategic Niche Management*: Staatliche Förderungen des technischen Wandels sollten sich in diesem Ansatz auf die Besetzung von Nischen im Technikrepertoire beziehen, in die hinein staatlich unterstützte Technologie entwickelt werden kann. In dieser durch Subvention geschützten Nische kann sie sich dann entwickeln, Akzeptanz gewinnen und Erfahrungen machen und schließlich, so die Hoffnung, auch im freien Wettbewerb ohne die staatliche Unterstützung bestehen. Dieser Ansatz einer marktnahen Techniksteuerung durch den Staat (vgl. dazu auch Edler 2007) bedarf erheblicher Lernprozesse und einer sorgfältigen Beobachtung der Entwicklungen, um die Nischentechnologie weder zu früh dem Wettbewerb auszusetzen und dadurch ihr Wachstum zu gefährden, noch sie zu lange zu subventionieren und damit womöglich den Zeitpunkt ihrer Marktfähigkeit zu verpassen. In beiden Fällen droht ein erhebliches Risiko:

> „Die Interessen der Benutzer und anderer Betroffener, die ständige Verbesserung der Technologie während ihrer Markteinführung und die Entwicklung eines unterstützenden organisatorischen und politischen Rahmens sollen im Rahmen eines gegenseitigen Lern- und Anpassungsprozesses koordiniert werden." (Weber/Dorda 1999, S. 23)

Dieses staatliche Verhalten steht z.B. bei der Subventionierung regenerativer Energieträger Pate, z. B. durch das Erneuerbare-Energien-Gesetz (EEG). Aus Gründen der Nachhaltigkeit und der langfristigen Lösung der Abhängigkeit von fossilen Energieträgern werden erneuerbare Energien (Windenergie, Sonnenenergie, Energie aus Biomasse, Wasserkraft) durch über dem Marktpreis liegende garantierte Einspeisevergütungen gefördert, obwohl sie gegenwärtig noch nicht konkurrenzfähig sind. Die Erwartung ist, dass, wenn sie lange genug gefördert werden und dadurch ihre Einsatzfähigkeit beweisen, wenn durch ihren breiteren Einsatz auch die Produktions- und Betriebskosten der entsprechenden Anlagen sinken, und wenn mittelfristig die Weltenergiepreise aufgrund der erwartbaren Verknappung steigen werden – dass dann erneuerbare Energien fossile Energieträger in großem Umfang ersetzen können.

(3) *Orte für einen Technikdialog*: Es gelte, Gelegenheiten und Strukturen für einen kritischen und offenen Dialog über Technik zu schaffen. Dabei sind die Grenzen wissenschaftlicher Diskurse und von Expertenworkshops zu überschreiten und Wirtschaft und Bevölkerung partizipativ einzubeziehen, sowohl für das Technology Forcing als auch für das Niche Management. Nur im Zusammenklang dieser Elemente sei ein erfolgreiches ‚Managing Technology in Society' (Rip et al. 1995) möglich.

CTA hat den Blick auf die vielfältigen Einflussmöglichkeiten gesellschaftlicher Gruppen auf den Prozess der Technikgestaltung gerichtet, umgekehrt nicht den Blick vor Einflüssen der Technik auf Gesellschaft verschlossen und für das Wechselspiel den Begriff der ‚Ko-Evolution' von Technik und Gesellschaft geprägt (Rip 2007). Positiv ist ebenfalls zu werten, dass eine *frühzeitige* reflexive Begleitung von Technikentwicklung vorgesehen wird. Auch in frühen Phasen der Technikgenese kann allerdings die Beurteilung einer Technik nur im Hinblick auf ihre mit Gründen *erwartbaren*, intendierten wie nicht intendierten Folgen erfolgen. Von grundlegenden methodischen Problemen der Technikfolgenabschätzung (vgl. Kap. 6) ist das CTA daher genauso wie andere Konzeptionen betroffen.

4.3.2 Leitbild Assessment und Technikgeneseforschung

In Deutschland wurde das Konzept der *empirischen Technikgeneseforschung* parallel zur Entwicklung des CTA seit den achtziger Jahren ausgearbeitet (Dierkes et al. 1992; Dierkes 1997; Weyer et al. 1997). Vorrangiges Ziel ist wie im CTA, statt der Folgenbetrachtung die *Entstehungsprozesse* über Technik und ihrer ‚Aneignung' durch die Gesellschaft zu untersuchen. In der Analyse der Entscheidungsprozesse von der Entwicklung bis zur Markteinführung neuer Technologien und Produkte werden organisatorische und institutionelle Einflussfaktoren und die Orientierungen des strategischen Handelns der beteiligten Akteure (Leitbilder) untersucht.. Die Entstehung von Technik wird auf soziale Prozesse zurückgeführt. Der Erfolg von Technik ist danach daran gebunden, dass es gelingt, stabile soziale Netzwerke zur Erzeugung und Verwendung dieser Technik zu etablieren (Weyer et al. 1997). Der Kommunikation über Technik zwischen den Akteuren kommt dabei entscheidende Bedeutung zu. In diesem Zusammenhang wird Begriffen wie *Metapher* (Mambrey et al. 1995) und *Leitbild* (Dierkes et al. 1992) als Kristallisationspunkte kollektiver Handlungen in der Technikgestaltung besondere Bedeutung zugesprochen.

Die Leitbildforschung hat einen expliziten Anspruch an ihre Einsetzbarkeit in der Techniksteuerung und -gestaltung angemeldet (Dierkes et al. 1992). Sie hat in vielfältiger Weise deutlich gemacht, dass Technikentwicklung oftmals so modelliert werden kann, als folge sie nichttechnischen Leitbildern (Mambrey et al. 1995). Darunter werden leitende Ideen verstanden, oft gekleidet in Metaphern, die unter den Akteuren der betreffenden Technikentwicklung implizit oder explizit geteilt werden. Beispiele solcher Leitbilder sind das ‚papierlose Büro', ‚unblutige Kriegsführung' oder die ‚autogerechte Stadt'. Die Leitbildforschung hat im Detail empirisch und hermeneutisch Mechanismen dieser Entwicklung erforscht (Mambrey et al. 1995).

Mit den Ergebnissen wird ein Gestaltungsanspruch erhoben: „Die Technikgeneseforschung war mit dem dezidierten Anspruch angetreten, durch eine soziologische Analyse des Innovationsprozesses einen Beitrag zur praktischen Politik zu leisten" (Weyer 1997a, S. 23). Die dem spezifischen Leitbildansatz entsprechende Form des beanspruchten Beitrags zur Technikgestaltung ist das ‚Leitbild Assessment'. Es nimmt die Ergebnisse der sozialwissenschaftlichen Leitbildforschung auf und ‚dreht sie um': wenn es gelänge, die Leitbilder der Technik gesellschaftlich zu gestalten, dann würde die Technikentwicklung diesen Leitbildern folgen und damit in die gewünschte Richtung laufen. Aufgabe sei also die gesellschaftliche ‚Arbeit' an den Leitbildern. Ihre Umsetzung in Technik erfolge dann nach den erforschten Mechanismen.

Technikfolgenabschätzung besteht danach in einer Erforschung der sozialen Prozesse, die indirekt über die Leitbildentwicklung zur Technikgestaltung beitragen, unter Analyse der ‚Stellschrauben' für Eingriffe in diese Prozesse und in der Informierung der Entscheidungsträger darüber:

> „In dem Bemühen, sozusagen den archimedischen Punkt zu treffen, an dem der Hebel einer effizienten Technikgestaltung anzusetzen hätte, richtete sich die Aufmerksamkeit der Forschung in den vergangenen Jahren zunehmend sowohl auf jene Faktoren, die den Prozess der Technikentwicklung bestimmen, als auch auf die Bedingungen, die zu der konkreten Gestalt einer Technik führen, mit dem

Ziel, hier Einflussmöglichkeiten auf die Technikgestaltung zu finden." (Dierkes et al. 1992, S. 8/9)

Von den Technikfolgen selbst ist dabei (fast) keine Rede mehr; die Hoffnung ist, dass durch eine Verbesserung der Technikgenese die nicht intendierten Folgen ganz oder weitgehend vermieden werden könnten (Weyer 1997c, S. 345). Negative Technikfolgen sollen auf diese Weise bereits präventiv im Entstehungsprozess der Technik vermieden werden. Statt einer Analyse nicht intendierter Folgen von Technik solle Technikfolgenabschätzung zu einer ‚guten Technik' möglichst ohne solche Folgen beitragen.

4.3.3 Ko-Evolution als Steuerungsinstrument?

Mit dem für CTA charakteristischen Begriff der *Ko-Evolution* von Technik und Gesellschaft (Bijker et al. 1987, Rip 2007) ist gemeint, dass Technik und Gesellschaft sich aneinander weiterentwickeln und dass weder die Gesellschaft mit ihren inhärenten Vorstellungen die Technik einseitig dominieren könne – sondern eben auch von Technik beeinflusst werde – noch dass umgekehrt Technik sich unabhängig von der Gesellschaft entwickele und dann die Gesellschaft einseitig dominieren könne. Ihre größte Überzeugungskraft bezieht sie daher, dass sie die vorhandenen gegenseitigen Abhängigkeiten von Gesellschaft und Technik weder ignoriert noch vorzeitig hinwegreduziert, sondern *thematisiert* und sich dann dieser komplexen Situation stellt. Akzeptiert man diese These, so wird es z.B. unmöglich, Technik über gesellschaftliche Werte zu steuern, weil Technik den normativen Grund mit beeinflusst, von dem aus sie zu bewerten wäre. So wird der Wunsch nach sozialverträglicher Technikgestaltung im älteren Sinne als nicht einlösbar erwiesen, weil dort die Gesellschaft mit ihren Werten und den Kriterien für Sozialverträglichkeit als statisch gegenüber einer sich dynamisch entwickelnden Technik vorgestellt wurde (Alemann/Schatz 1987, Alemann et al. 1992). Wenn, wie die Ko-Evolutionsthese behauptet, beide Seiten sich dynamisch entwickeln, kann ein derartiges Modell nicht mehr funktionieren.

Damit wird es generell problematisch, dem im CTA und in der Leitbildforschung erhobenen Gestaltungsanspruch nachzukommen. Für Gestaltungsfragen sind normative Orientierungen unabdingbar (Grunwald 2003). Wenn aber das, womit man normativ gestalten will, seien dies Leitbilder, Visionen oder Werte, immer bereits von der Technik mit beeinflusst wird, gerät die Argumentation in einen Zirkel: von welchem Grund aus kann legitimiert und argumentativ nachvollziehbar Technikgestaltung betrieben werden, wenn hier eine vollständige Interdependenz herrscht? Wenn das Verhältnis von Technik und Gesellschaft also als Ko-Evolution beschrieben wird, ist es schwer, von Technikgestaltung zu sprechen. Hier verbirgt sich ein inhärenter Widerspruch in dem CTA und der

Leitbildforschung zugrunde liegenden sozialkonstruktivistischen Konzept. Während aus der *Beschreibung* der Technikentwicklung *als Ko-Evolution*, wie generell aus evolutionstheoretischen Ansätzen, eine eher skeptische Haltung gegenüber Gestaltung folgt, wird Gestaltung explizit als Ziel des CTA und der Leitbildforschung genannt. Dieses ist ein generelles Problem, das mit der Schwierigkeit der Übertragung erklärender Aussagen, die in einer Beobachterperspektive entstanden sind, in die Teilnehmerperspektive der Handelnden zu tun hat (Grunwald 2000a, Kap. 2.5). Der unmittelbare Schluss von Aussagen aus der ‚externen' Beobachterposition auf die ‚interne' Gestaltungssicht schlägt fehl. Die Ko-Evolutionsthese ist zwar in gewisser Weise ‚richtig', sie hilft aber in Gestaltungsfragen nicht unmittelbar weiter.

Dieses Problem kann überwunden werden, wenn stärker differenziert wird. Auch im Kontext der Ko-Evolutionsthese bleiben gewisse normative Rahmenbedingungen wenigstens kontextuell und zeitweise im Sinne einer ‚morale provisoire' (Hubig 1999) für Technikbeurteilungen tragfähig (Grunwald 2000a, Kap. 4.4) – selbstverständlich immer unter dem Risiko einer Veränderung. Ist die Ko-Evolutionsthese zwar im Prinzip zutreffend, unterschlägt sie aber doch die Differenz in der zeitlichen Dynamik von technischer Innovation und den gesellschaftlichen Beurteilungsgrundlagen, welche teilweise weit in die Vergangenheit reichen und durchaus vielfach relativ stabil sind. Veränderungen in den normativen Grundlagen der Gesellschaft vollziehen sich in der Regel erheblich langsamer als der Wechsel auf der Ebene technischer Produkte stattfindet. Der Vorwurf an die Adresse der Reflexion von der ‚Trägheit der Vernunft' angesichts der ‚Dynamik der Technik' (Ropohl 1995) lässt sich hier umkehren: die Trägheit kann sich als Vorteil erweisen, denn ohne Stabilität und Kontinuität gäbe es keine Möglichkeit, der technischen Innovationsmaschine reflexiv und gestaltend zu begegnen. In den letzten Jahren ist denn auch zu beobachten, dass sich CTA stärker ethischer Reflexion öffnet (z.B. Rip/Swierstra 2007) und damit eine Lücke im Konzept zu schließen beginnt. In diesem Kontext ist auch das forschungspolitische Konzept der ‚Responsible Innovation' zu erwähnen (Siune et al. 2009), in dem Elemente des CTA mit ethischer Reflexion verbunden werden.

4.4 Vision Assessment

Technikbasierte Visionen haben in der Technikgeschichte in verschiedenen Formen eine wichtige Rolle gespielt, so z.B. in der bemannten Raumfahrt (vgl. Weyer 1999). Seit einigen Jahren werden solche Visionen verstärkt diskutiert, bis hinein in die Feuilletons von Tageszeitungen. Vor allem im Umfeld der Nanotechnologie und ihrer Schnittstellen zu Informationstechnologie, Biotechnologie und den Neurowissenschaften hat sich eine rege Kommunikation über teils recht spekulative und weit in die Zukunft reichende Visionen eingestellt (vgl. Coenen 2006; Grunwald 2006a). Technikfolgenabschätzung steht angesichts der weit in die Zukunft reichenden Visionen (bzw. Befürchtungen) und der damit involvierten erheblichen Unsicherheiten des Folgenwissens vor methodischen Problemen. Wenn häufig noch nicht einmal konkrete Produktlinien und Systementwicklungen absehbar sind, macht es wenig Sinn, z.B. eine Lebenszyklusanalyse (vgl. Kap. 7.1) aller auf dem Lebensweg der Technik von Produktion über Nutzung bis zur Entsorgung anfallender Folgen zu versuchen.

Es ist kein Ausweg, hier auf die bloß spekulative Natur dieser Visionen zu verweisen und die Gesellschaft damit sich selbst zu überlassen. Denn diese Visionen entfalten trotz aller Spekulativität über die Massenmedien und politische Kommunikation eine erhebliche faktische Kraft. Sie können auf dem Umweg über die öffentliche und politische Kommunikation und deren Folgen erheblichen Einfluss auf die Forschungsförderung, auf Risikodebatten und damit auf Erfolg, Langlebigkeit und Durchsetzungskraft von Forschungsrichtungen haben. Wissenschaftlich-technische Visionen sind daher auch von politischer Bedeutung, und es ist Aufgabe der Technikfolgenabschätzung, auch in diesem Gebiet zu operieren. Denn wenn Visionen faktische Bedeutung haben und damit faktisch zukunftsprägend sind, darf die Debatte darüber nicht expertokratischen Zirkeln vorbehalten sein, sondern muss in der Mitte einer demokratischen Öffentlichkeit erfolgen. Dies wiederum bedarf einer angemessenen Politik- und Gesellschaftsberatung.

Dies gilt verstärkt angesichts tief greifender Ambivalenzen in der gesellschaftlichen Kommunikation über und mit technikbasierten Visionen. Technikbasierte Visionen sind zunächst ein Medium der Selbstverständigung von Wissenschaftler und Ingenieuren. Häufig werden konkurrierende Zukunftserwartungen aus den verschiedenen Disziplinen und ‚Schulen' heraus intern kommuniziert und debattiert. In diesen Prozessen kristallisieren sich häufig längerfristige Visionen heraus, welche als Leitbild für eine ganze Forschungsrichtung dienen können. Sie drücken die Motivationen mancher Wissenschaftler und ihre Vorstellungen von zukünftiger Wissenschaft und Technik (und teils von zukünftiger Gesellschaft) aus. Weit reichende Visionen können so – auf dem Umweg über die öffentliche und politische Kommunikation und ihre Folgen dort – erheblichen Einfluss auf Erfolg, Langlebigkeit und Durchsetzungskraft von Forschungsrichtungen haben.

Angesichts der Tatsache, dass diese Kommunikation in Politik und Öffentlichkeit jedoch mit vielen anderen Themen um die begrenzte Ressource „Aufmerksamkeit" konkurrieren muss, kommt es dabei gelegentlich zu Überstrapazierungen. Es erscheint dann scheinbar manchmal notwendig, emphatisch die Neuerungen, das Revolutionäre und das ‚ganz Andere' neuer Forschungsrichtungen hervorzuheben, gemessen an dem ‚normalen Fortschritt': Revolution statt inkrementelle Evolution. Allerdings ist dieser Kommunikationsmechanismus hochgradig ambivalent und weist Gefahren erheblicher Rückschläge auf (Grunwald 2008a, S. 76ff.):

(1) *Ambivalenzen des visionären Pathos:* In futuristischen Visionen wird das ganz Neue in den Vordergrund gestellt, denn nur damit lässt sich Aufmerksamkeit in der öffentlichen und politischen Wahrnehmung realisieren. Das Revolutionäre und das ,wirklich' Neue sind jedoch keineswegs nur faszinierend, sondern erwecken auch Angst, Sorgen und Ablehnung. Das Neue passt per definitionem nicht zu den etablierten Wahrnehmungsmustern, sondern ist zunächst fremd in der vertrauten Welt (Groys 1997). Es entzieht sich den üblichen selbstverständlichen Beurteilungskriterien und stellt sie vielleicht gar in Frage. Revolutionen erzeugen nicht nur Begeisterung, sondern auch Angst. Denn Revolutionen haben Gewinner und Verlierer zur Folge, die Lebensumstände werden sich radikal ändern, Werte geraten in Gefahr und traditionelle Strukturen werden zerbrechen. Die Metaphern des radikal und revolutionär Neuen in der Form wissenschaftlich-technischer Visionen zu verwenden, kann in sein Gegenteil umschlagen: der Versuch, durch positive Utopien zu faszinieren und zu motivieren, kann gerade zu Ablehnung und Widerspruch führen.

(2) *Die Gefahr der Frustration:* Aber auch wenn die positiven Visionen als primär positiv wahrgenommen werden, können sich Ambivalenzen in der Kommunikation zwischen Wissenschaft und Öffentlichkeit einstellen. Denn die durch Visionen hoch gespannten Erwartungen können selbst in zweierlei Hinsicht zu einem Risiko werden: (a) wenn sie nämlich nicht oder nicht in absehbarer Zeit erreicht werden können, oder (b) sogar, wenn sie wirklich erreicht werden.

(a) Je größer die Erwartungen und Visionen, umso größer auch das Risiko der Enttäuschung. Enttäuschte Erwartungen jedoch können in das Gegenteil umschlagen und z.B. das Interesse der Politik und die Bereitschaft zur Forschungsförderung in diesem Bereich vermindern. Ein Beispiel bildete die industrielle Nutzung der Mikrosystemtechnik, von der in den neunziger Jahren weit reichende Technologiedurchbrüche erwartet wurden (Bender 2006), und die bei weitem nicht erfüllt wurden. Frustrationen dieser Art können den zum Erfolg einer Entwicklungslinie erforderlichen langen Atem verhindern.
(b) Aber auch wenn technische Visionen Realität werden, besteht die Gefahr der Frustration. Die Vision der menschlichen Mondexpedition wurde 1969 Realität. Allerdings kam es nach den ersten, euphorisch begrüßten Apollomissionen, zu einer dramatischen Phase der Ernüchterung, welche rasch zum vorzeitigen Abbruch des Apollo-Programms führte. Es wurde allzu offenkundig, dass die Probleme der Welt nach der Mondlandung die gleichen

waren wie vorher und dass weitere Mondmissionen zu deren Lösung nicht beitragen würden. Auch diese Beobachtung stellt eine Form der Frustration dar.

Ein ‚Vision Assessment' (Grunwald 2009b) zu dem Zweck, jenseits dieser kommunikativen Fallen eine ‚rationale' Verständigung zu erlauben oder zu befördern, würde technikbasierte Visionen in ihren kognitiven und evaluativen Gehalten und in Bezug auf ihre Folgen untersuchen, um die demokratische Debatte aufzuklären. Zentrale Aufgabe ist eine epistemologische ‚Dekonstruktion' dieser Zukünfte zur Ermöglichung eines offenen, kognitiv informierten und normativ orientierten Dialoges, z.B. zwischen Experten und Öffentlichkeit oder zwischen Technologie, Ethik, Forschungsförderung und Regulierung. Das ‚Vision Assessment' umfasst verschiedene Schritte:

(1) *Zukunftskritik*: Zunächst geht es in *analytischer* Hinsicht darum, die kognitiven Gehalte der Visionen aufzudecken und ihren Realitäts- und Realisierbarkeitsgrad epistemologisch zu beurteilen, selbstverständlich auf der Basis des heutigen Wissens in der Immanenz der Gegenwart. Sodann ist ein wichtiger Aspekt, die Bedingungen der Realisierbarkeit und die dabei involvierten Zeiträume zu untersuchen. Weiterhin sind auch die normativen Gehalte der Visionen analytisch zu rekonstruieren: die Bilder zukünftiger Gesellschaft oder der Entwicklung des Menschen sowie eventuelle Diagnosen jetzt aktueller Probleme, zu deren Lösung die visionären Entwicklungen beitragen sollen.

(2) *Zukunftsbeurteilung*: Das Vision Assessment enthält weiterhin *beurteilende* Elemente. Dabei geht es zum einen um die Einstufung der Wissens- und Nichtwissensanteile nach Geltung, Plausibilität und Evidenz. Zum anderen sind die evaluativen Anteile in Bezug auf ihre Rechtfertigungsstrukturen und Präsuppositionen zu beurteilen, z.B. relativ zu faktischen Wertstrukturen oder zu ethischen Prinzipien. Hierzu kann zum auf etablierte Bewertungsverfahren der Technikfolgenabschätzung zurückgegriffen werden, die häufig eine partizipative Komponente enthalten (Skorupinski/Ott 2000; Decker/Ladikas 2004; Pereira et al. 2007), aber auch auf philosophische Reflexion (vgl. z.B. Habermas 2001).

(3) *Zukunftsprozessierung:* Die Visionskommunikation ist auch in *strategischer* Hinsicht zu untersuchen: welche Akteure sind beteiligt, wie sind Interessenlagen und Machtverhältnisse verteilt, wie lässt sich der bisherige Debattenverlauf rekonstruieren und welche Lösungsvorschläge sind vorgebracht worden. Dies dient der Beantwortung der Frage, wie Öffentlichkeit, Medien, Politik und Wissenschaft im Hinblick auf eine rationale Verwendung von Zukünften beraten werden können.

Damit ist es Aufgabe eines ‚Vision Assessment', in allen diesen Phasen die verschiedenen und teils divergierenden Zukunftsbilder wie Visionen, Hoffnungen, Befürchtungen, Szenarien und Prognosen direkt miteinander zu konfrontieren. Dies kann einerseits durch analytische Arbeit erfolgen, andererseits sollten aber auch die Vertreter divergierender Zukünfte in Workshops direkt ihre unterschiedlichen Einschätzungen mit- und gegeneinander diskutieren, um die jeweiligen Prämissen und Annahmen herauszupräparieren. In unterschiedlichen Ansätzen wurden Verfahren entwickelt, um derartige Beurteilungen zwischen Experten verschiedener Provenienz oder zwischen Experten und Laien durchzuführen (z.B. Fleischer et al. 2010; Pereira et al.2007). Vision Assessment ist jedoch ein noch junges Konzept, das erst allmählich in die TA-Praxis Eingang findet, so z.B. im Energiebereich und zur Synthetischen Biologie.

4.5 Technikbewertung und Ingenieursethik

Ingenieure haben sich früh mit den Möglichkeiten von Technikbewertung auch unter nichttechnischen Aspekten befasst. Teils geschah dies durch individuelle Wissenschaftler im Hinblick auf die Verantwortung des Ingenieurs (z.B. Sachsse 1972), teils, und dies weist deutliche Parallelen zur Technikfolgenabschätzung auf, mit der Zielrichtung, gesellschaftliche Technikbewertung mit Ingenieursethik zu verbinden und zu institutionalisieren (VDI 1991; Ropohl 1996).

Der Verein Deutscher Ingenieure (VDI) ist die Fachvereinigung der Ingenieure in Deutschland. Die Diskussion um eine gesellschaftliche Technikbewertung hat im VDI eine lange Tradition. Entsprechende Arbeitsgruppen des VDI sind keineswegs nur mit Ingenieuren, sondern je nach Thematik interdisziplinär besetzt. Technikphilosophen, Ethiker, Sozialwissenschaftler, Betriebswirte und Juristen gehören zu den Mitgliedern.

Ein zentrales Ergebnis der Befassung des VDI mit dem Verhältnis von Gesellschaft und Technik stellt die VDI-Richtlinie 3780 zur Technikbewertung dar, deren Anfänge bis in die siebziger Jahre zurückreichen.[3] Sie wurde 1991 publiziert und gehört zu den am weitesten verbreiteten Dokumenten der Technikfolgenabschätzung (VDI 1991; eine erste Bestandsaufnahme der Arbeit mit dieser Richtlinie findet sich in Rapp 1999). Technik im Sinne der Richtlinie bezieht sich nicht nur auf Technik im Sinne dinghafter Artefakte, sondern auch auf die damit verbundenen menschlichen Handlungskontexte der Technikentstehung (Forschung, Entwurf, Entwicklung, Produktion), der Techniknutzung und der Entsorgung nutzlos gewordener Technik. Unter Technikbewertung wird „das planmäßige, systematische, organisierte Vorgehen verstanden,

3 Ein jüngeres Produkt dieser Befassung ist die Verpflichtung der Mitglieder des VDI auf einen Ethik-Kodex (vgl. Hubig/Reidel 2004).

- das den Stand einer Technik und ihre Entwicklungsmöglichkeiten analysiert,
- unmittelbare und mittelbare technische, wirtschaftliche, gesundheitliche, ökologische, humane, soziale und andere Folgen dieser Technik und möglicher Alternativen abschätzt,
- aufgrund definierter Ziele und Werte diese Folgen beurteilt oder auch weitere wünschenswerte Entwicklungen fordert,
- Handlungs- und Gestaltungsmöglichkeiten daraus herleitet und ausarbeitet" (nach Rapp 1999, S. 222f.).

Angesichts der Tatsache, dass Technikbewertung von Ingenieuren und in der Industrie immer betrieben wird, wenn z.B. eine Techniklinie als aussichtsreich, eine andere als Sackgasse bewertet wird, wenn zukünftige Produktchancen bewertet werden oder ein neues Produktionsverfahren im Betrieb eingeführt werden soll, sieht der VDI das Neue an dieser Richtlinie zum einen in der *Breite des Bewertungshorizontes*, in dem über technische und wirtschaftliche Faktoren hinaus weitere Folgendimensionen zu berücksichtigen sind, und zum anderen in der *gesellschaftlichen Organisation* der Bewertungsprozesse, die netzwerkartig über die engeren Bereiche der Ingenieure und des Managements hinaus gehen sollen. Dies sieht der VDI nur im Rahmen eines die Technikentwicklung ständig begleitenden Prozesses als möglich an.

In der Unterteilung der Schritte einer Technikbewertung (vgl. hierzu Kap. 5) in die Phasen der Definition und Strukturierung des Problems, der Folgenabschätzung, der Bewertung und der Entscheidung (Rapp 1999, S. 242) wird als Kern die Befassung mit dem Bewertungsproblem angesehen (hierzu Kap. 6.2). Besondere Beachtung verdient dies, weil Technik lange Zeit gerade von vielen Ingenieuren und der Industrie als *wertneutral* bezeichnet wurde. Die Wertneutralitätsthese besagt, dass Technik ausschließlich Mittelcharakter besitze und für sich genommen moralisch neutral sei; Technik könne zu guten oder schlechten Zwecken eingesetzt werden und Probleme könne erst ihr *Gebrauch* aufwerfen (dazu Ott 1996, S. 659f.). Dann wäre auch die *Herstellung* von Technik moralisch neutral; alle Folgenprobleme könnten dem Technik*verwender* angelastet werden. Wissenschaftler, Techniker, Hersteller oder Ingenieure wären von Verantwortung freigesprochen. Technik ist wertneutral jedoch bestenfalls in ihrer bloßen Werkzeugfunktion (hier trifft das vielfach verwendete Beispiel des Brotmessers zu), nicht jedoch als Maschine oder gar als komplexes technisches System (Hubig 1993). Werte gehen bereits in die Entwicklung von Technik ein, nicht erst in ihre Nutzung – und daher kommt Ingenieuren in der Technikbewertung auch eine klare Rolle und entsprechende Verantwortung zu. In die VDI-Richtlinie ist entsprechend auch Gedankengut aus der Ingenieursethik eingegangen, die sich mit den Verantwortlichkeiten und Möglichkeiten *individuellen* Ingenieurhandelns befasst (Beispiele in Lenk/Ropohl 1993), verbunden mit Vorstellungen eines *gesellschaftlichen* Bewertungsprozesses (Ropohl 1996).

Die Bewertung soll im VDI-Modell nach gesellschaftlich anerkannten Werten erfolgen. Acht zentrale Werte wurden identifiziert, die das mittlerweile bekannte „Werte-Oktogon“ des VDI bilden: Funktionsfähigkeit, Wirtschaftlichkeit, Wohlstand, Sicherheit, Gesundheit, Umweltqualität, Persönlichkeitsentfaltung und Gesellschaftsqualität. Diese Werte sollen das technische Handeln prägen und stehen unter der Prämisse (VDI 1991, S. 7): „ Das Ziel allen technischen Handelns soll es sein, die menschlichen Lebensmöglichkeiten ... zu sichern und zu verbessern“. Den Anschluss an die Technikentwicklung gewinnen sie, indem sie von den Ingenieuren in ihrer Praxis beachtet, d.h. in die Technik quasi *eingebaut* werden. Zwischen diesen Werten werden Beziehungen hergestellt, vor allem Instrumental- und Konkurrenzbeziehungen. Wertekonflikte sind häufig unvermeidlich, etwa zwischen den Werten Wohlstand und Sicherheit oder zwischen Wirtschaftlichkeit und Umweltqualität. Es wird anerkannt, „dass zwischen *jedem* der selbstverständlichen Grundwerte und den anderen Werten Konfliktbeziehungen bestehen und darüber hinaus auch erhebliche Konfliktpotenziale innerhalb der jeweiligen Wertvorstellungen enthalten bzw. verborgen sind“ (Hubig 1993, S. 136; vgl. auch Duddeck 2001). Ingenieure bzw. Wissenschaftler sollen aufgrund ihres Wissens und Könnens die Technikentwicklung durch die Beachtung dieser Werte in die ‚richtige' Richtung lenken und Fehlentwicklungen vermeiden. Technik soll so entwickelt werden, dass sie in Einklang mit diesen Werten steht (vgl. die Bemerkungen zur Sozialverträglichkeit in Kap. 2.5 und Kap. 10.1). Spezifisch an diesem Ansatz ist der Bezug auf die Ingenieure als Adressaten und damit auf ihren häufigsten Wirkungsort, die Wirtschaft sowie der Bezug auf gesellschaftlich akzeptierte Werte.

Der VDI hat sich ebenfalls Gedanken um die Voraussetzungen in Bezug auf die notwendige Qualifikation der Ingenieure gemacht, um diesen Erwartungen entsprechen zu können. Dies hat zu Forderungen nach einer Umgestaltung des Ingenieurstudiums geführt:

> „Der VDI empfiehlt, die viergliedrige Inhaltsstruktur der Ingenieurausbildung mit 30% mathematisch-naturwissenschaftlichen Grundlagen, 20% exemplarischer Vertiefung in einem Anwendungsgebiet und 20% nichttechnischen Inhalten zu gewährleisten, die Einzeldisziplinen untereinander zu verzahnen und kontinuierlich an die technische und gesellschaftliche Entwicklung anzupassen.“ (VDI 1997)

In diesen nichttechnischen Inhalten sollen auch Elemente der Technikbewertung und Ingenieurethik gelehrt werden.

Kritik am VDI-Konzept bezieht sich einerseits auf die normative Basis. Wenn sich Technikbewertung lediglich auf lebensweltlich erschlossene oder empirisch ausgemittelte, als gesellschaftlich anerkannt unterstellte ‚Werte' bzw.

,Wertefelder' zurückzieht, gerät sie, so die Kritik aus der philosophischen Ethik, in einen *naturalistischen Fehlschluss*, indem sie nämlich das faktisch Akzeptierte als die nicht hinterfragte normative Basis für das Zukünftige ausgibt (Grunwald 2000a, S. 32ff.). Die Bedeutung der angegebenen Werte wird durch *Wertkonflikte* in Frage gestellt (Duddeck 2001), zu deren Bewältigung die Werte selbst nicht ausreichen können. Es müssen *zusätzliche* Kriterien in Anschlag gebracht werden. So hat Hubig zu diesem Zweck Priorisierungsregeln vorgeschlagen (Hubig 1993), die gleichwohl die normative Ebene des Werte-Oktogons überschreiten und dieses dadurch in gewisser Weise entwerten, da es die wirklich schwierigen Fragen – Werte- und Zielkonflikte – nicht bewältigen helfen kann.

Andererseits stellt sich die Frage, ob die Rolle von Ingenieuren im Rahmen einer gesellschaftlichen Technikgestaltung im VDI-Konzept nicht möglicherweise überzogen wird (Grunwald 2000b). Die implizite Hoffnung, dass, wenn jeder Ingenieur umfassend die Folgen des eigenen Handelns einschätzen, diese verantwortlich beurteilen und entsprechend handeln würde, negative, nicht intendierte Technikfolgen weitgehend oder komplett vermieden werden könnten, wie sie z.B. die oben genannten Empfehlungen zur Ausbildung durchzieht, könnte aus mehreren Gründen trügerisch sein (Grunwald 1999c):

(1) Zur Behandlung komplexer Technikfolgenprobleme und ihrer wenigstens annähernden Lösung sind zumindest *inter-*, wenn nicht *transdisziplinäre* Herangehensweisen unverzichtbar. Ingenieure sind Experten für die direkten Technikfolgen wie z.B. Emissionen von Kraftwerken – sie sind aber in der Regel nicht kompetent für die sekundären, daran anschließenden Technikfolgen für Umwelt und Gesellschaft.

(2) In Bewertungsfragen ist das Problem der Legitimation zu bedenken. Entscheidungen über die gesamte Gesellschaft betreffende Technik und Technikfolgen können daher nicht einer Berufsgruppe überlassen werden, dies würde deren Mandat übersteigen.

(3) Selbst wenn jeder Ingenieur seine eigenen Folgenabschätzungen in der intendierten Weise übernehmen und die Folgen gemäß dem Werte-Oktogon bewerten würde, wäre es keineswegs impliziert, dass die Aggregation der Handlungen auf der Basis individueller Folgeneinschätzungen und -beurteilungen auf der gesellschaftlichen Ebene zu einem positiven Gesamtergebnis führt (hierzu VDI 2000).

Zwar vermeidet das VDI-Konzept die Übertreibungen, Ingenieure als ,moralische Helden' zu konzipieren (Alpern 1993). Gleichwohl kann angesichts der komplexen Arbeitsteilung in der Technikentwicklung die Fokussierung auf Handlungsfelder der Ingenieure nur einen Teil der Fragen der Technikfolgenabschätzung abdecken.

4.6 Rationale Technikfolgenbeurteilung

Die Konzeption der *Rationalen Wissenschafts- und Technikfolgenbeurteilung* wurde von der Europäischen Akademie Bad Neuenahr-Ahrweiler entwickelt (vgl. Gethmann 1999). Sie beansprucht, neben den epistemologischen Fragen der Wissenschafts- und Technikfolgen auch und gerade ihre ethischen Aspekte unter dem Anspruch wissenschaftlicher Rationalität zu bearbeiten. Das Attribut *‚rational'* verweist auf die Begründungspflichtigkeit von Aussagen und die Rechtfertigungsbedürftigkeit von Handlungen. Die Reflexion der Folgen von Wissenschaft und Technik umfasst daher auch die wissenschaftstheoretische Rekonstruktion und Kritik der Geltungsbedingungen ihrer Resultate und der kritischen Hinterfragung von verwendeten wissenschaftlichen Fachsprachen und Begriffen. Der Anspruch und die Hoffnung sind, auf diese Weise zur Verbesserung interdisziplinärer Technikfolgenabschätzung beitragen zu können (Decker 2007b).

Der diesem Ansatz zugrunde liegende *Technikbegriff* ist vor allem prozedural ausgerichtet. Er macht deutlich, dass es in der Technikfolgendiskussion nicht nur um die Artefakte als Endprodukte eines über Jahre oder gar Jahrzehnte sich erstreckenden Forschungs- und Entwicklungsprozesses gehen darf, sondern dass vor allem die zugrunde liegenden technischen und wissenschaftlichen *Verfahren* betrachtet werden müssen. Technikfolgenbeurteilung ist daher immer auch eine Wissenschaftsfolgenbeurteilung und umgekehrt. Daraus ergibt sich, dass eine Unterscheidung zwischen Wissenschaftsethik und Technikfolgenabschätzung nicht durchzuhalten ist (Gethmann 1999).

Unter *‚Beurteilung'* wird ein rationaler, d.h. regelgeleiteter Klärungsprozess verstanden. Im Gegensatz zum Begriff der Technikbewertung wird vor diskursethischem Hintergrund (Gethmann/Sander 1999) das prozedurale Element des Beurteilungs*verfahrens* in den Blick gerückt, nicht die Orientierung an wie auch immer formulierten und begründeten substanziellen Werten. Rationalitätsbeurteilungen orientieren sich nicht an der faktischen Akzeptanz von Werten bei Entscheidungsträgern oder Betroffenen, sondern an normativer Akzeptabilität von Entscheidungen, die wiederum an ethischen Prinzipien ausgerichtet wird. Spezifisches Interesse wird nicht der Frage gewidmet, welche Technik und welche Risiken akzeptiert werden, sondern der Frage, inwieweit es unter Gemeinwohlaspekten vertretbar ist, bestimmten Personen und Gruppen *zuzumuten*, eine technische Entwicklung bzw. mögliche Risiken zu akzeptieren (Gethmann/Sander 1999). Dabei spielt die Verteilungsgerechtigkeit in Bezug auf Chancen und Risiken von Technik eine besondere Rolle (Gethmann 2000).

Pragmatischer Ausgangspunkt sind *Konflikte* um den gesellschaftlichen Umgang mit Folgen wissenschaftlich-technischer Entwicklungen. In Konflikten um Wissenschaft oder Technik und ihre Folgen konkurrieren die wesentlichen

Zukunftsmodelle der Gesellschaft. Technikkonflikte und diesbezügliche Entscheidungsunsicherheiten werden nach Diagnose der Rationalen Technikfolgenbeurteilung wesentlich durch verschiedene Moralvorstellungen der Betroffenen erzeugt. Unterschiedliche Moralen sollen mit den Mitteln der *praktischen Rationalität* aufgearbeitet werden, um über Wünschbarkeit oder Akzeptabilität von Wissenschafts- und Technikfolgen zu urteilen. Die Adressaten der Beratung durch Rationale Technikfolgenbeurteilung sind:

- politische Instanzen und Institutionen, die entweder die Rahmenbedingungen regulierende, durch Fördermaßnahmen lenkende oder durch staatliche Technikbeschlüsse direkt eingreifende Entscheidungen über den Fortgang der Wissenschafts- und Technikentwicklung treffen;
- Berufsgruppen und Individuen, die in der Ausübung ihrer Tätigkeiten mit der Gestaltung wissenschaftlich-technischer Entwicklungen befasst sind. Dies betrifft insbesondere die Selbststeuerung des Wissenschaftssystems;
- die allgemeine Öffentlichkeit, vermittelt über Multiplikatoren und Medien.

Die Beschäftigung mit langfristigen Orientierungen in der Gestaltung des wissenschaftlichen-technischen Fortschritts führt dazu, dass die Rationale Technikfolgenbeurteilung – anders als etwa die Beratungsleistungen parlamentarischer TA-Einrichtungen – weniger auf die *direkte* Umsetzung in konkrete Entscheidungen angelegt ist. Stattdessen soll sie perspektivische Beurteilungen der Möglichkeitsräume erlauben, in denen sich wissenschaftlich-technische Entwicklungen ereignen. Sie widmet sich auf diese Weise häufig Grundlagenfragen der Technikfolgenabschätzung (vgl. z.B. Schröder et al. 2002 zum Vorsorgeprinzip in der Klmafrage) und operiert eher im Vorfeld konkreter Beratungsprojekte.

Das Konzept wird konkret in thematisch arbeitenden Projektgruppen zu Technikfolgenproblemen umgesetzt wie z.B. zur Nanotechnologie (Schmid et al. 2006), zur Robotik (Christaller et al. 2001) und zu Klimavorhersage und -vorsorge (Schröder et al. 2002). Die Rationale Technikfolgenbeurteilung ist damit explizit expertenorientiert und sieht keine Partizipation vor (Gethmann 2001), was ein häufig genannter Kritikpunkt ist. Es gibt allerdings Überlegungen, wie bestimmte Ziele, die mit Partizipation verknüpft werden, wenigstens teilweise auch durch die interdisziplinäre Zusammensetzung der Projektgruppen erreicht werden können (hierzu Decker/Grunwald 2001; detaillierte methodologische Reflexion dieses Prinzips bei Decker 2007b; vgl. auch Kap. 5.3.2). Ein weiterer Kritikpunkt besteht in der häufig geringen Berücksichtigung realer Machtverhältnisse und Governance-Strukturen.

4.7 ‚Buntheit' und Einheit der Technikfolgenabschätzung

Die erwähnten Konzeptionen der Technikfolgenabschätzung beziehen sich auf verschiedene Adressaten, verschiedene Anforderungen an Beratungswissen und sogar verschiedene Gegenstandsbereiche und auf jeweils verschiedene *Aspekte* der technischen Produkte oder Systeme:

- die konzeptionellen Ziele sind einerseits Beiträge zur Gestaltung der gesellschaftlich-politischen *Rahmenbedingungen* für Technikentwicklung (vor allem klassisches Konzept), andererseits Beiträge zur direkten Gestaltung technischer Produkte oder Systeme (vor allem CTA, Leitbild Assessment und Technikbewertung), andere zielen auf analytisch-aufklärende Arbeit zur Vorbereitung demokratischer Deliberation (wie Vision Assessment);
- die Adressaten der Technikfolgenabschätzung sind teils politische Institutionen (vor allem klassisches Konzept, partizipative TA und Rationale TA), die Öffentlichkeit (partizipative TA) und die Wirtschaft (vor allem CTA, Leitbild Assessment und Technikbewertung);
- die normative Basis für erforderliche Beurteilungen sind teils gesellschaftliche Werte (Technikbewertung), teils faktische Ergebnisse der Partizipation (auch im CTA) oder ethische Prinzipien (Rationale TA)
- die Akteure der TA sind teils spezielle TA-Experten (klassisches Konzept, CTA), Fachwissenschaftler (Rationale TA), Bürger (partizipative TA, CTA), Ingenieure und Manager (Technikbewertung).

Mit dieser Beschreibung einer Pluralität von Konzeptionen, mit je verschiedenen Adressaten, Gegenstandsbereichen, Zielsetzungen, strategischen Kontexten etc. könnte es nun sein Bewenden haben. Eine Diskussion um Konzeptionen, Methoden und Prämissen von Technikfolgenabschätzung jedenfalls wäre mit einer Anerkennung der Pluralität erledigt und überflüssig: die ‚Buntheit' der Technikfolgenabschätzung wäre gleichsam ein Wert für sich selbst. Die Pluralität der Ansätze, Adressaten und Gegenstandsbereiche ist jedoch nicht Ausdruck von Beliebigkeit, sondern Reaktion auf die unterschiedlichen Konstellationen, Fragestellungen, Kontexte und Zielsetzungen für Technikfolgenabschätzung. Die Vielfalt auf der Ebene der Konzepte reflektiert die Vielfalt auf der Seite der Zwecke und Randbedingungen: Eignung, Anwendungsbedingungen und Qualitätsansprüche sind abhängig vom Anforderungsprofil und den Randbedingungen im Einzelfall.

Das vorgestellte Portfolio von TA-Konzeptionen stellt jedoch keinen Satz an Konzepten dar, die *in beliebiger Weise* eingesetzt werden könnten. Sind Ziele und Randbedingungen gegeben, so sind auch die Kriterien verfügbar, nach denen zu beurteilen ist – und auch beurteilt werden kann –, welcher Ansatz und welche Methodik geeignet zur Problemlösung ist und welche nicht oder weniger. Konzeptionelle Diskussionen dienen der Klärung der Leistungsfähigkeit und Anwendungsbedingungen der verschiedenen konzeptionellen Elemente von Technikfolgenabschätzung und damit zur Reflexion und Verbesserung der eigenen Leistungsfähigkeit. In konkreten Kontexten stellt sich sehr wohl die Frage, welches Konzept unter welchen Kriterien geeignet ist, welche Adressatenkreise angesprochen werden sollen und welche Gegenstandsbereiche bearbeitet werden sollen, um dem jeweiligen Beratungsziel zu entsprechen. Dies führt zu einem *arbeitsteiligen Verständnis* von Technikfolgenabschätzung, die von *allen* an der Technikgestaltung beteiligten Gruppen betrieben werden sollte, je nach Maßgabe ihrer Mitwirkung in diesem Prozess, relativ zu den mehr oder weniger starken Anforderungen an Wissen, Transparenz, Legitimation und Partizipation im Einzelfall (Grunwald 2001). Die Einheit in der Buntheit und Vielfalt wäre von einer *Theorie* der Technikfolgenabschätzung zu sichern (Kap. 12).

Der Ausgangspunkt für Theoriearbeit muss eine Beschreibung dessen sein, was als Praxis der Technikfolgenabschätzung angesehen, die sodann Gegenstand der Theoriebildung werden soll (Decker 2007a). Diese Praxis, auf die eine Theorie reflektieren müsste, findet in Institutionen statt, die den Begriff der Technikfolgenabschätzung oder verwandte Begriffe im Namen tragen (vgl. Kap. 3), die in Kontexten wissenschaftlicher Politik- oder Gesellschaftsberatung stehen, in denen Technikfolgenabschätzung eine Rolle spielt, besteht in Projekten, in denen dieser Begriff oder die begrifflichen Nachbarn vorkommen, findet sich in Personen, die ihre Arbeit auf TA-Konferenzen vorstellen oder die in Zeitschriften wie der ‚Technikfolgenabschätzung. Theorie und Praxis' publizieren. Das ganze Feld der verschiedenen und teils konkurrierenden TA-Konzeptionen gehört ebenfalls in diesen Kontext (Kap. 4). Eine derartige Charakterisierung arbeitet mit der Selbstzuschreibung durch Personen und Institutionen, Nachfrager, Förderer und Anbieter von TA-Wissen und TA-Können, die sich selbst und ihre Arbeit mit dem Begriff der Technikfolgenabschätzung wenigstens in bestimmten Hinsichten identifizieren und die an der ‚TA-Debatte' teilnehmen.

Die Tatsache, dass es sich im auf diese Weise über Praxisformen bestimmten Begriff der ‚Technikfolgenabschätzung' um eine Sammelbezeichnung für in sich nicht einheitliche Ansätze und Aktivitäten handelt, zeigt einerseits ihre ‚Buntheit' (siehe oben), macht es aber andererseits schwierig, das Verbindende – die ‚Einheit' – in dieser Buntheit zu bestimmen. Es ist nicht so ohne weiteres klar, worin das Gemeinsame der so heterogenen Bemühungen zu Technikfolgenprognosen, zur Risikokommunikation, zu Legitimationsproblemen, zur Innovationsförderung etc. liegen soll. Diesem Definitionsproblem liegt eine Unklarheit über die für eine Definition konstitutiven Merkmale der Technikfolgenabschätzung zugrunde. Im Rahmen der vorliegenden Einführung ist es selbstverständlich nicht opportun, die Definition zu eng zu fassen. Als Technikfolgenabschätzung wird alles in die Betrachtung einbezogen, was Aufgaben und Funktionen erfüllen soll, die zur Bewältigung der im Kapitel 1 genannten Herausforderungen durch die Spannungsfelder im wissenschaftlich-technischen Fortschritt beitragen. Der Versuch einer derart breiten Definition mündete in einem europäischen Projekt zu Methoden der Technikfolgenabschätzung in den Satz:

> „Technology Assessment (TA) is a scientific, interactive, and communicative process which aims to contribute to the formation of public and political opinion on societal aspects of science and technology. " (Büetschi et al. 2004).

In dieser Definition sind zwei wesentliche Unterscheidungen enthalten. Zum einen geht es um *Beiträge* zur Lösung von Problemen, nicht um die Lösung selbst. Technikfolgenabschätzung stellt Wissen, Orientierungen oder Verfahren bereit, wie technikbezogene Probleme (Kap. 1) gesellschaftlich bewältigt werden können; Technikfolgenabschätzung ist aber weder in der Lage noch legitimiert dazu, diese Probleme selbst zu lösen. Dies kann nur die Gesellschaft mittels ihrer Institutionen und Entscheidungsprozesse. Es besteht also eine *Differenz zwischen Beratung und Entscheidung*: Technikfolgenabschätzung trifft nicht Entscheidungen über Technik und ihre Rahmenbedingungen, sondern stellt Wissen und Orientierung zur Beratung der Entscheidungsträger bei.

Weiterhin wird in der Definition unterschieden zwischen der wissenschaftlichen, der partizipativen und der kommunikativen Seite der Technikfolgenabschätzung. Einerseits geht es, und hier liegen die Anfänge der Technikfolgenabschätzung, um die Bereitstellung von Wissen über Technikfolgen, Implementationsbedingungen und Mechanismen der Technikgestaltung. Andererseits ist das gesellschaftliche Verhältnis zur Technik durch Legitimationsprobleme, Konflikte und Vertrauensverlust gekennzeichnet. Hier werden von der Technikfolgenabschätzung sowohl partizipative Leitungen mit deliberativem Charakter erwartet, etwa zur Risikobewertung oder in Standortfragen (vgl. Kap. 4.2), als auch kommunikative Aktivitäten zur Schärfung der gesellschaftlichen Sensibilität in Technik- und Innovationsfragen und zur Verbesserung des Wissensstandes.

Der Bezug auf die ‚societal aspects' schließt die alltäglichen Überlegungen zur Technikbewertung aus, die lebensweltlich dauernd angestellt werden. Käufer und Nutzer von technischen Produkten oder Anlagen machen auf ihre subjektive Weise Technikbewertung, vergleichen verschiedene Produkte nach Preis und Leistungsmerkmalen etc. Dies ist in der Technikfolgenabschätzung nicht das Thema, genauso wenig wie spezifische innerbetriebliche Technikfragen, z.B. zur Ermöglichung einer effizienteren betrieblichen Ablaufstruktur. Technikfolgenabschätzung bezieht sich auf Technikaspekte *von gesellschaftlicher Tragweite*. Insofern sie auf Politikberatung zielt, fokussiert sie auf die ‚politikpflichtigen' Technikaspekte wie z.B. Sicherheits- und Umweltstandards, den Schutz der Bürger vor Eingriffen in Bürgerrechte z.B. im Datenschutz, Prioritätensetzung in der Innovations- und Forschungspolitik, die Gestaltung von Rahmenbedingungen für Innovation etc. Wenn hingegen Technikfolgenabschätzung direkt als Produktgestaltung verstanden wird (Kap. 2.5), liefert dieser Definitionsanteil ein Kriterium, um die reine Marktforschung von einer Technikfolgenabschätzung abzugrenzen, die versucht, gesellschaftlich relevante Kriterien und nicht intendierte Folgen in die Produktgestaltung einzubringen.

Die Erfahrung teils dialektischer Spannungsfelder im wissenschaftlich-technischen Fortschritt mit gravierenden gesellschaftlichen Auswirkungen, die Herausforderung, ob und wie Wissen um wahrscheinliche oder mögliche Folgen bereits in Entscheidungsprozesse integriert werden kann, das Problem des Umgangs mit den dabei unweigerlich auftretenden Unsicherheiten des Wissens sowie markante gesellschaftliche Technikkonflikte bezeichnen das Feld, in dem Technikfolgenabschätzung operieren und Antworten geben soll (Kap. 2). So etwa findet sich dies jedenfalls in der TA-Literatur verbreitet wieder (z.B. Petermann 1992; Grin et al. 1997; Rip et al. 1995; Bröchler et al. 1999; Decker/ Ladikas 2004). Hieraus wurden drei konstitutive Merkmale der Technikfolgenabschätzung bestimmt (Grunwald 2007a):

(1) *Folgenorientierung:* Der primäre Gegenstandsbereich von Technikfolgenabschätzung sind *Folgen.* Wenn wir von Technikfolgen sprechen, meinen wir dabei nicht unbedingt Folgen von Technik selbst, denn begrifflich hat Technik keine Folgen, sondern *Folgen von menschlichen Entscheidungen und Handlungen im Zusammenhang mit Technik.* Zur Besonderheit der Technikfolgenabschätzung gehört der Fokus auf die Unterscheidung intendierter und nicht intendierter Folgen und die Anerkennung der gewachsenen gesellschaftlichen Bedeutung der nicht intendierten Folgen (Gloede 2007) – dies wiederum mit der Konsequenz, dass nicht intendierte Folgen mit in das Entscheidungskalkül aufgenommen werden müssen, einschließlich der damit verbundenen Unsicherheiten (Bechmann 2007). Ohne die Erfahrung weit reichender, teils nicht intendierter Folgen in Bezug auf Wissenschaft und Technik, ist Technikfolgenabschätzung, so die durch Verweis auf die TA-Literatur gestützte Prämisse, nicht vorstellbar. Auch die Betrachtung der Technik*genese* dient schließlich primär dem Ziel, unliebsame nicht intendierte Folgen durch eine gezielte Gestaltung der einschlägigen Prozesse zu vermeiden (z.B. Dierkes et al. 1992; Weyer 1997).

(2) *Wissenschaftlichkeit:* Folgen von Handlungen und Entscheidungen moderner Technik als Gegenstand der Technikfolgenabschätzung sind mit lebensweltlichen Erfahrungen zu Handlungsfolgen nicht analysierbar. Häufig geht es um ‚prospektive' und damit hypothetische Folgenüberlegungen zu innovativen Technologien, zu denen es genau wegen dieser Innovativität noch kein Erfahrungswissen gibt, oder nur Wissen, das unter starken Prämissen auf die betreffende Situation übertragen werden darf. Hinzu kommt die systemische Komple-

xität von Folgen in einer ‚komplexen Welt' (Bechmann et al. 2007). Der Umgang mit dem Gegenstandsbereich ‚Folgen' muss daher in der Technikfolgenabschätzung auf *wissenschaftliche Weise* erfolgen. Der wissenschaftliche Blick auf folgenorientierte Entscheidungsprobleme fügt etwas Spezifisches hinzu: Die Distanz des (wissenschaftlichen) *Beobachters* der erhofften oder befürchteten, intendierten oder nicht intendierten, wahrscheinlichen oder unwahrscheinlichen Folgen einer Entscheidung führt – so die Erwartung – zu neuen Erkenntnissen für Entscheider oder Betroffene. Zur Stützung dieser Prämisse gibt es erstens eine Fülle von Hinweisen aus der TA-Literatur. Zweitens wird immer wieder auch seitens der gesellschaftlichen Nachfrager nach Technikfolgenabschätzung auf die Notwendigkeit der *wissenschaftlichen* Befassung mit der Folgenproblematik hingewiesen (Burchardt 2007). Technikfolgenabschätzung ist als Folgenforschung *Teil des Wissenschaftssystems* und muss sich den dort geltenden Anforderungen und Kriterien stellen.

(3) *Beratungsbezug:* Die Bereitstellung von Folgenwissen in der Technikfolgenabschätzung ist kein Selbstzweck und nicht nur erkenntnisgeleitet, sondern geschieht mit Blick auf ‚gesellschaftlichen Bedarf'. Resultate der Technikfolgenabschätzung sind spezifische Transferleistungen des Wissenschaftssystems an außerwissenschaftliche Adressaten. Hier geht es u.a. darum, verschiedene soziale Perspektiven auf die Folgenproblematik zu berücksichtigen, Entscheider wie Betroffene (Bechmann 2007). Damit operiert Technikfolgenabschätzung in einer *öffentlichen politischen Arena* und ist mit dem Transfer wissenschaftlichen Wissens in außerwissenschaftliche Teilsysteme der Gesellschaft befasst, was eine nichttriviale Angelegenheit ist (Luhmann 1984).

Diese drei Bestimmungen ersetzen keine ‚Theorie' der Technikfolgenabschätzung (vgl. Kap. 12). Gleichwohl beanspruchen sie Plausibilität, die sich durch den Verweis auf die Praxis der Technikfolgenabschätzung (Kap. 3), ihre Konzeptionen (Kap. 4) und die TA-Literatur erweisen lässt (dazu auch Decker 2007a), wodurch die Anschlussfähigkeit an die TA-Debatte sichergestellt wird.

Teil III
Das Handwerk der Technikfolgen-abschätzung

Das ‚Handwerk' der Technikfolgenabschätzung vollzieht sich sowohl als Forschung wie auch als Beratung in Projekten und Prozeduren, unter Nutzung von Methoden und Verfahren. Diesem ‚Handwerkszeug' ist der dritte Teil der vorliegenden Einführung gewidmet. Der Festlegung der *Auslegung* von TA-Projekten in Bezug auf Problemdefinition, Systemgrenzen und der Methodik kommt besondere Bedeutung zu (Kap. 5). Bevor die am häufigsten verwendeten *Methoden* der Technikfolgenabschätzung vorgestellt werden (Kap. 7), erfolgt eine Sensibilisierung hinsichtlich ihrer wesentlichen methodologischen *Probleme*, die sich vor allem als Herausforderungen in Bezug auf die Generierung von Zukunftswissen, auf die Verallgemeinerbarkeit von Bewertungen, auf die Problematik divergierender Expertenmeinungen, auf weit reichende Erwartungen an Quantifizierung und Vollständigkeit sowie auf das ‚Collingridge-Dilemma' beziehen (Kap. 6). Schließlich werden die Beiträge der wissenschaftlichen Disziplinen zur Technikfolgenabschätzung und zu ihrer Methodik kurz beschrieben (Kap. 8).

5. Projektstrukturen und Arbeitsprozesse

Technikfolgenabschätzung ist grundsätzlich projektförmig organisiert, wobei diese Projekte auch als ‚Prozesse' verstanden werden können (van Est/van Eijndhoven 1999), die die Technikentwicklung und ihre gesellschaftliche Einbettung ein Stück weit begleiten. Gemeinsam ist diesen Projekten und Prozessen eine (möglichst) klare Zielstellung, in der Regel ausgerichtet auf einen Adressaten, z.B. ein Parlament, ein definierter Anfang und ein definiertes Ende, eine spezifische Methodik, ein Arbeitsplan, gegebenenfalls mit Meilensteinen sowie verfügbare Ressourcen. Dieses Kapitel befasst sich mit Entscheidungen über diese Elemente, wie sie im Rahmen der Konzeptualisierung eines TA-Projekts getroffen werden müssen und mit den Kriterien für diese Entscheidungen.

5.1 Struktur und Merkmale von TA-Projekten

Aufgrund der Kontextabhängigkeit von TA-Projekten, je nach Thema, Adressat, Zielen etc., gibt es keine allseits anerkannte generelle Struktur für TA-Projekte. Jede TA-Untersuchung muss ihre eigene Struktur und die verwendete Methodik festlegen und begründen, angepasst an Fragestellungen, Anforderungen, Adressaten und Gegenstandsbereich. Vor Beginn eines TA-Projekts muss eine Situationsanalyse vorgenommen werden, um das Projekt diesen Kontexten gemäß zu konzeptualisieren (Decker 2007b; ‚situation appreciation' nach Decker/Ladikas 2004; vgl. Abb. 5-1).

Generelle und kontextübergreifende Überlegungen zur Strukturierung von TA-Projekten sind dennoch sinnvoll, weil sie als Orientierung dienen können, ohne im Einzelfall Verbindlichkeit zu beanspruchen. Sie stellen sozusagen methodisch geordnete Checklisten bereit, leiten die Qualitätssicherung an und tragen zu einer Vergleichbarkeit verschiedener TA-Studien bei. In der Geschichte der Technikfolgenabschätzung wurden immer wieder idealtypische Strukturierungen für TA-Projekte und -Untersuchungen vorgeschlagen. Bislang haben sich derartige Strukturstandards nur in Teilbereichen durchgesetzt, z.B. indem einige TA-Institutionen für ihre eigenen Arbeiten derartige Vorgaben machen. In der gesamten Breite der Technikfolgenabschätzung gilt dies nicht. Die einfachste Struktur besteht in einer Vierteilung (VDI 1991), wonach Technikfolgenabschätzung in die Phasen

- Definitionsphase,
- Folgenabschätzung,
- Bewertung und
- Entscheidung

zerfällt. Im Rahmen eines klassischen Auftraggeber/Auftragnehmer-Verhältnisses fallen die erste und die letzte Phase ganz oder teilweise in den Einflussbereich des Auftraggebers, während nur die beiden mittleren Phasen der Auftrag nehmenden TA-Institution zufallen. Diese einfache Struktur ist jedoch oft nicht hilfreich, weil sie erstens die entscheidende Definitionsphase nicht weiter differenziert und ‚dezisionistisch' dem Auftraggeber zuweist (vgl. hierzu die Problematisierung gerade dieses Schrittes in Kap. 5.2) und weil sie zweitens die Phase der eigentlichen Technikfolgenabschätzung nur sehr grob und dazu noch unkritisch positivistisch in die Teile der Folgenforschung und der Bewertung ihrer Ergebnisse aufteilt.

Dem in der frühen Technikfolgenabschätzung vielfach als Idealmodell zitierten Strukturmodell der US-amerikanischen Beratungsagentur MITRE folgend (nach Schuchardt/Wolf 1990, S. 20ff.), wurde folgende detailliertere Aufteilung entwickelt (Kornwachs 1991b):

- *Konzeptionsphase:* Themenfestlegung, Präzisierung der Aufgabenstellung, Bestimmung des Untersuchungsumfanges und der Vorgehensweise sowie Bestimmung des Teams und der zu beteiligenden Personen oder Gruppen;
- *Systemdefinition*: Bestandsaufnahme der Ist-Situation, Informationsbeschaffung, Beschreibung der Steuerungsgrößen, der gestaltbaren Parameter und der relevanten Rahmenbedingungen, Systemabgrenzung, Systembeschreibung und Modellbildung;
- *Potenzialabschätzung:* Stand von Forschung und Entwicklung, absehbare technologische Entwicklungen und ihre Potenziale, Einschätzung der Anwendungsreife, der Anwendungsfelder und der Marktdurchdringung sowie die Betrachtung alternativer oder konkurrierender Technikfelder;
- *Szenariobildung:* Festlegung des Szenarientyps, Beschreibung von Entwicklungsmöglichkeiten und ihre Bündelung zu in sich konsistenten ‚möglichen Zukünften' (Kap. 7.2) und Analyse der Konsequenzen und Implikationen, die sich aus den Szenarien ergeben;
- *Folgenabschätzung:* Bestimmung der relevanten Folgendimensionen, Untersuchung der Folgen in diesen Dimensionen, Beschreibung daraus sich ergebender möglicher gesellschaftlicher Konfliktfelder oder Akzeptanzprobleme;
- *Bewertung:* Auswahl der Bewertungskriterien, Bewertung der Folgen und Erarbeitung von Handlungsalternativen auf der Basis dieser Bewertungen.

Diese Strukturierung differenziert stärker die Definitionsphase der Technikfolgenabschätzung. Außerdem macht sie deutlich, dass die Folgenabschätzung keine eindimensionale Angelegenheit ist, sondern auf vorgängigen Untersuchungen und Entscheidungen über Relevanzen beruht, wie das hier durch die Potenzialanalyse und die Szenariobildung erfasst ist.

Der wohl am weitesten ausgefeilte Vorschlag wurde von Skorupinski/Ott (2000, S. 176ff.) in Form einer modularen Struktur vorgelegt, die zwölf teils obligatorische, teils fakultative Elemente enthält, die jeweils angepasst an eine konkrete Anforderungssituation herangezogen und zusammengestellt werden müssen. Diese Module sind in erster Linie auf partizipative Technikfolgenabschätzung (Kap. 4.2) bezogen, was sich zum einen in der Art der Modularisierung und zum anderen in ihrer Beschreibung äußert. Die Module sind: Themenfindung, Problembeschreibung, Technikfolgenforschung, Expertendiskurs, Meinungsumfragen, Repräsentantendiskurs, Laienbeteiligung (gehört in diesem Ansatz zu den obligatorischen Modulen), Argumentationsraum, Szenarienbildung, Argumentationslage, Ergebnisfindung und Präsentation der Ergebnisse. Quer zu diesen Modulen werden die Beachtung des Zeitfensters, die Verfahrensgerechtigkeit und die Rolle der Moderation angesiedelt.

Eine derart detaillierte Aufstellung ist nur dann pragmatisch sinnvoll, wenn die Menge der identifizierten TA-Module als ein angebotsorientiertes Menu verstanden wird, aus dem für den konkreten Einzelfall zielorientiert und kontextabhängig ausgewählt werden kann. Die Module dienen dann als eine Checkliste für den methodisch sorgfältigen TA-Analytiker. Ihr Wert liegt neben der sorgfältigen Ausdifferenzierung der verschiedenen Arbeitsschritte einer TA-Untersuchung darin, dass die normativen Anteile an diesen Schritten und die zu treffenden bewertenden Entscheidungen im Forschungsprozess jeweils deutlich markiert wurden. Damit wird also in einem erheblichen Maße die Transparenz gefördert, eine der Hauptanforderungen an Technikfolgenabschätzung (Kap. 5.4). Außerdem betont diese Modularisierung, dass in der Technikfolgenabschätzung Wissensbereitstellung und Bewertung nicht streng voneinander getrennt werden können (vgl. Grunwald 2000a, Kap. 4).

Für die Auslegung konkreter TA-Projekte liefern diese Strukturvorschläge zumindest Hinweise darauf, welche konzeptionellen Fragen zu Beginn zu beantworten und welche Entscheidungen getroffen werden müssen. Darüber hinaus geben sie, indem sie die Argumente für bestimmte ‚Module' und ihre Notwendigkeit diskutieren, auch Anhaltspunkte, wie die dann gewählte Strukturierung begründet und transparent dargestellt werden kann.

Im TAMI-Projekt (Technology Assessment – Method and Impact, vgl. Decker/Ladikas 2004) wurde mit Recht darauf hingewiesen, dass der geschilderte Prozess der Strukturierung eines TA-Projekts und die folgenden substantiellen Entscheidungen über das Projektdesign nicht nur einmalig vor Beginn eines Projekts stattfinden dürfen, sondern dass eine ‚situation appreciation' das Projekt begleiten soll. Denn während der Laufzeit können sich im Kontext wesentliche Parameter ändern und den Erfolg des Projekts gefährden, wenn sie nicht erkannt und durch Modifikationen im Projekt berücksichtigt werden. Aufgrund der Dynamik gesellschaftlicher Debatten ist eine ‚adaptive Projektgestaltung' erforderlich (Abb. 5-1).

Abb. 5-1: Situationsanalyse und Projektdesign

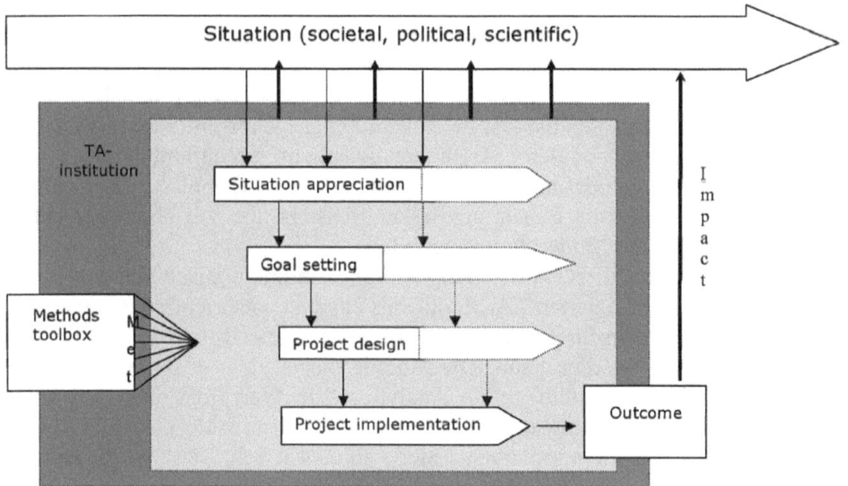

(Decker/Ladikas 2004)

5.2 Projektdesign

Bereits im klassischen Wissenschaftsbetrieb sind die Formulierung von Forschungsfragen und die Ausgestaltung von Projekten anspruchsvolle Aufgaben. Ein ganz erhebliches Maß an Überblickswissen ist erforderlich: es muss berücksichtigt werden, was alles bereits im betreffenden Kontext erforscht wurde, wie die Ergebnisse ausgefallen sind, worin Defizite bisheriger Forschung bestehen, wo die Herausforderungen weiterer Forschung liegen und in welche Richtungen in thematisch ähnlichen Projektteams und Instituten bereits geforscht wird. In der Technikfolgenabschätzung stellen sich diese Probleme in verschärfter Form. Nicht nur die innerwissenschaftlichen Fragen nach Wissenslücken und Forschungsdefiziten, sondern auch gesellschaftliche Fragen eines Problemlösebedarfs, aktueller und absehbarer gesellschaftlicher Entwicklungen, konkurrierender Technologieentwicklungen und ihrer Chancen und Probleme sowie ökonomische, soziale und politische Entwicklungen sind zu berücksichtigen.

Im Design eines TA-Projektes wird darüber entschieden, welche möglichen Untersuchungsaspekte, welche Wechselwirkungen oder welche Teile des Gegenstandsbereiches für die gesuchte Analyse oder Problemlösung relevant sind und welche nicht.[1] Zu diesen Relevanzentscheidungen gehören wesentlich:

- die genaue Definition des zu untersuchenden Problems, die Wahl von Schlüsselbegriffen und Klassifikationen des Forschungsfeldes (Kap. 5.2.1),
- die Festlegung der Grenzen des betrachteten Systems, der berücksichtigten Wechselwirkungen und die Wahl zentraler Modellierungskonzepte (Kap. 5.2.2),
- die Festlegung von Vorgehensweise, Methodik und Zeitplan einschließlich der Vorentscheidungen über zu beteiligende wissenschaftliche Disziplinen und gesellschaftliche Gruppen (Kap. 5.2.3).

Bereits am Anfang wird also darüber befunden, welche Antworten durch das TA-Projekt gegeben werden können. Häufig werden daher vor den eigentlichen TA-Untersuchungen so genannte *Vorstudien* zur Auslegung von Projekten durchgeführt (Kap. 5.2.4).

5.2.1 Klärung der Fragestellung

TA-Themen ergeben sich nicht ‚von selbst', weder auf der Ebene abstrakter Themen noch in Bezug auf die konkrete Ausrichtung. Viele Fragen an Technik und Technisierung können in verschiedener Weise gestellt werden. Sie können z.B. unter ökonomischen oder sozialen, kulturellen oder politischen, umweltbezogenen oder psychologischen Aspekten gestellt werden (vgl. Decker 2007b). Ob die Stammzellenforschung unter medizinischen Aspekten der Heilung der Alzheimer-Krankheit oder unter dem Aspekt moralischer Dammbrüche thematisiert wird, ob die Gentherapie als therapeutisches Instrumentarium oder als Weg in eine neue Eugenik angesehen wird, jeweils eröffnen sich ganz andere Horizonte der Bearbeitung und der möglichen Antworten. Die Formulierung einer Frage *als* TA-Problem fokussiert auf jeweils spezifische Aspekte und Wahrnehmungen, die umstritten sein oder sich ändern können. Die konkrete Problemformulierung kann eine Eigendynamik in Form eines ‚self-fulfilling'-Mechanismus auslösen: wenn ein Problem als ‚x-Problem' beschrieben und dann auch als x-Problem behandelt wird, wird es ‚wirklich', d.h. in der gesellschaftlichen Wahrnehmung, zu einem x-Problem, obwohl man es vorher auch als y-Problem hätte

---

1 Hier liegt eine häufige Quelle für Expertendilemmata (Kap. 6.3). Durch verschiedene Auslegungen von TA-Projekten zu gleichen Themen und verschiedene verwendete Prämissen können widersprechende Resultate generiert werden: Gutachten und Gegengutachten. Die Transparenzverpflichtung der Technikfolgenabschätzung erstreckt sich daher gerade auf die im Design von TA-Projekten zu treffenden Entscheidungen (z.B. Grunwald 2005).

beschreiben können. Die Möglichkeiten der alternativen Formulierung als y-Problem sind damit vergeben oder müssen später mühsam rekonstruiert werden.

So wurde der Transrapid zunächst als mögliches neues Transportmittel im deutschen Personenverkehr, später dann als möglicher Exportschlager thematisiert. Im ersteren Fall war die Kompatibilität mit anderen Personenbeförderungssystemen in Deutschland und die Einbettung in eine übergreifende Verkehrspolitik entscheidend. Der Transrapid hätte sich gegen alternative Optionen wie Kurzstreckenflüge oder Hochgeschwindigkeitszüge durchsetzen müssen. Im zweiten Fall hingegen spielt die Einbindung in das deutsche Personentransportsystem keine Rolle. Eine ‚stand-alone' Strecke sollte der Demonstration der technischen Machbarkeit und der Funktionsfähigkeit im operativen Dauerbetrieb dienen, um dies möglichen Interessenten zeigen zu können. Der argumentative Rahmen ist dann nicht die Verkehrs-, sondern die Wirtschaftspolitik.

Diese Bedeutung von Problemsetzungen führen zu einer hohen Transparenzverpflichtung an Technikfolgenabschätzung und zur Frage nach den Akteuren dieser Problembestimmung. Die Antwort ergibt sich nicht bereits aus der Themenkonstellation, hier bleibt vielmehr die Frage offen, *wer* das Problem definiert, *welche* Personen, Gruppen und gesellschaftlichen Teilsysteme beteiligt sind, *welche* Interessen diese damit verfolgen und *auf welche Weise* diese Problemwahrnehmung und Problemkonstruktion erfolgt ist bzw. erfolgen sollte.

Vielfach erfolgt die Themensetzung in Aushandlungsprozessen zwischen politischen Adressaten als TA-Auftraggebern und den beauftragten TA-Einrichtungen (vgl. z.B. Petermann 2005 für den Fall des TAB). Die Berücksichtigung der spezifischen Problemwahrnehmung der zu beratenen Instanz ist entscheidend in Bezug auf die Chancen auf die spätere Umsetzung der Resultate (Kap. 13). Häufig ist auch eine Beteiligung von Betroffenen und Stakeholdern an der Problemdefinition, der Problembeschreibung und der Problemstrukturierung zu erwägen (Skorupinski/Ott 2000) oder gar unumgänglich, einerseits, um nicht Antworten auf gar nicht gestellte Fragen zu geben und andererseits, um von Beginn an unterschiedliche Perspektiven auf das zu behandelnde Problem (Kap. 1.5) zu integrieren.

Angesichts der unvermeidbaren politisch und gesellschaftlich relevanten Anteile in der Problemformulierung besteht eine Aufgabe der Technikfolgenabschätzung auch darin, sich kritisch gegenüber etablierten politischen oder gesellschaftlichen Problemdarstellungen und Formulierungen zu verhalten, statt sie blind zu übernehmen. Hier steht Technikfolgenabschätzung in der Spannung zwischen der Orientierung an ‚Kundenwünschen' in Bezug auf Beratungsinteressen und der eigenen, unabhängigen Problemwahrnehmung.

5.2.2 Eingrenzung des Gegenstandsbereiches

Da es unmöglich ist, das Spektrum der Technikfolgen bzw. der Folgen und Implikationen einer technikbezogenen Entscheidung *vollständig* zu erforschen (Kap. 6.5), muss der Gegenstandsbereich eines konkreten TA-Projektes jeweils im Einzelnen festgelegt werden. Es ist vor Beginn einer TA-Studie zu entscheiden, was im Erkenntnisinteresse liegt und was außen vor bleiben kann. Am Beispiel der Ökobilanz (Kap. 7.1) lässt sich die Bedeutung dieses Eingrenzens erkennen. Schon bei einem einfachen technischen Produkt kann die Kette der Vorprodukte und -prozesse ganz erhebliche Ausmaße annehmen, viel mehr noch bei komplexeren Produkten wie etwa einer Waschmaschine oder eines Automobils. Angesichts der Begrenzungen der zeitlichen und finanziellen Ressourcen müssen Entscheidungen getroffen werden, wie weit die Prozessketten für Stoffe und Energie zurückverfolgt werden soll und welche Prozesse oder Stoffströme als nicht relevant vernachlässigt werden dürfen. Die Eingrenzung des Gegenstandsbereiches als Festlegung der Systemgrenzen umfasst zumindest folgende Aspekte:

- Welche Technikbereiche oder Technologien sollen in die Folgenbetrachtung und in die Formulierung alternativer Handlungsoptionen einbezogen werden? Gehören auch Technikverzichte, Nulloptionen oder Vermeidungsstrategien dazu?
- Welche Dimensionen von Folgen, Implikationen und Rahmenbedingungen sollen berücksichtigt werden (ökologische, ökonomische, technische, soziale, rechtliche, ethische, politische, kulturelle etc.)?
- Welche Effekte und Wechselwirkungen zwischen Technik und Gesellschaft in Entwicklung, Produktion, Nutzung und Entsorgung von Technik innerhalb dieser Dimensionen sollen berücksichtigt werden und welche nicht?
- Welche zeitliche und räumliche Reichweite von Folgen und Implikationen der Technik soll für die Untersuchung zugrunde gelegt werden?
- Welche gesellschaftlichen Akteure (Personen und Gruppen) sollen hinzugezogen werden? Wo werden die Grenzen des ‚Betroffenwerdens' gesehen?
- Welche wissenschaftlichen Disziplinen, Positionen, Meinungen und Expertisen sollen einbezogen werden? Welche Wissensbestände sind für die Bearbeitung der gestellten Aufgabe erforderlich?

Diesen Eingrenzungen liegen jeweils Relevanzeinschätzungen zugrunde. In der Anfangsphase von TA-Projekten wird ein Einvernehmen darüber hergestellt, welche Untersuchungsfelder und -fragen für den betreffenden Zweck und seinen Kontext als relevant angesehen werden. Es ist nicht übertrieben zu sagen, dass diese Vorentscheidungen zu den größten Herausforderungen in der Technikfolgenabschätzung gehören. Falsche Weichenstellungen auf dieser Relevanzebene können durch noch so gute spätere Arbeit kaum mehr ausgeglichen werden.

Eine begleitende ‚situation appreciation' (Decker/Ladikas 2004) kann diesen Effekt zwar abmildern und frühzeitige Hinweise auf irreführende Relevanzentscheidungen geben, ändert aber nichts daran, dass ein spätes Umsteuern in der Regel nur unter großem Aufwand möglich ist.

Technikfolgenabschätzung muss die implizit oder explizit getroffenen Relevanzentscheidungen transparent aufdecken und selbst einer kritischen Prüfung unterziehen, insbesondere da jede Relevanzentscheidung Risiken des Ausschließens von Aspekten beinhaltet, die sich später doch als relevant herausstellen könnten (Kap. 6.5). Des Weiteren müssen die betroffenen gesellschaftlichen Gruppen oder zumindest der Auftraggeber Gelegenheit haben, sich zu diesen Relevanzkriterien und -entscheidungen frühzeitig zu äußern und gegebenenfalls Korrekturen anzubringen oder ergänzende Aspekte einzubringen.

Im Projekt ‚Roadmap Umwelttechnologien 2020' (Schippl et al. 2009) für das BMBF stand die zukünftige Entwicklung von Umwelttechnologien in Forschung und Praxis im Blick. Da dies ein Projekt mit starkem Beratungsbezug war, kam den Absprachen mit dem Auftraggeber besondere Bedeutung zu. In Absprache mit dem BMBF wurde der Zeitraum des Foresight auf 2020 beschränkt, verbunden jedoch mit einem perspektivischen Blick darüber hinaus. Aus dem Spektrum der Technologien wurde die Energiebereitstellung ausgeschlossen, da diese in anderen Bereichen des BMBF behandelt wird. Die Strukturierung des Feldes wurde vom wissenschaftlichen Bearbeiter vorgeschlagen und dann mit dem BMBF gemeinsam beraten. Das Ergebnis war die thematische Aufteilung in Klimaschutz, Luftreinhaltung, Wasserschutz, Bodenschutz, Schonung endlicher Ressourcen, Abfallwirtschaft und den Erhalt von Natur und Biodiversität.

Der Vollständigkeit halber ist zu erwähnen, dass nicht nur theoretische und praktische Relevanzargumente für die Eingrenzung des Gegenstandsbereiches eine Rolle spielen, sondern auch ressourcenökonomische Gründe und Aspekte der verfügbaren Kompetenz. Der Umfang eines TA-Projektes hängt stark von den verfügbaren Ressourcen ab: vom Budget des Projektes, von der Kompetenz der einsetzbaren Personen oder Institutionen, von der Möglichkeit der Vergabe von Aufträgen an Externe zur Kompensation von Kompetenzdefiziten und sicher auch vom Stand des Wissens.

5.2.3 Wahl der Vorgehensweise und Methodik

Ist die Problemdefinition geklärt und der Gegenstandsbereich eingegrenzt, stellt sich die Frage nach der Art und Weise der Bearbeitung, insbesondere nach Vorgehensweise und Methodenwahl:

(1) Erstens sind *Zweck/Mittel-Überlegungen* hinsichtlich der Vorgehensweise und Methodik selbst anzustellen, denn nicht jede Methode ist für jeden Zweck und jede Aufgabenstellung geeignet. Zunächst ist der Typus des betreffenden TA-Projektes zu klären. Handelt es sich um eine so genannte ‚Experten-TA' oder um ein partizipatives Projekt, geht es um *Technik*folgen oder um Entscheidungsfolgen in einem eher losen Zusammenhang mit Technik, geht es um die Lösung gesellschaftlicher Probleme und Herausforderungen durch Technik, um eine Frühwarnung vor technikbedingten Risiken oder um direkte Technikgestaltung? Handelt es sich eher um generelle Überlegungen zur gesellschaftlichen Meinungsbildung oder stehen harte Entscheidungen in einer Institution an? Bestehen Partizipationspflichten (Skorupinski/Ott 2000) oder ist das Thema für Partizipation zumindest geeignet? Nach der Antwort auf diese Fragen richtet sich die Wahl einer bestimmten TA-Konzeption: partizipative Technikfolgenabschätzung, Technikbewertung, Leitbild Assessment oder andere (Kap. 4). In einem weiteren Schritt ist über die Heranziehung bestimmter Methoden und Verfahren zu entscheiden (Decker/Ladikas 2004). So ist in partizipativen Konzeptionen darüber zu befinden, welche Gruppen und Personen beteiligt werden sollen, wie über die Teilnahme entschieden wird (Zufallsprinzip, Repräsentativität, Interessengruppen etc.), ob es sich um Diskurs, Mediation oder Schlichtung handeln soll und wie die Regeln der partizipativen Verfahren ausgelegt werden sollen (Kap. 4.2.1). Forschungsmethodisch ist zu bestimmen, welche Verfahren der Datenerhebung, der Quantifizierung, der Modellierung und Simulation einschließlich der Interpretation der Ergebnisse, der Prognose, der Bewertung und schließlich der Erarbeitung von Handlungsoptionen eingesetzt werden sollen.

(2) Zweitens ist nach der Anwendbarkeit von Methoden und nach der Erfülltheit der Voraussetzungen für ihre Anwendung zu fragen. Methoden haben einen *Anwendungsbereich*, der für die Anwendbarkeit der Methode und die Interpretation der Ergebnisse wesentlich ist. Falls z.B. eine Modellierung verwendet wird, muss über die Festlegung grundlegender Modelltypen (z.B. Gleichgewichts- oder Nichtgleichgewichtsmodelle, Bilanzierungs- versus dynamische Modelle) und damit eventuell zusammenhängende theoretische Grundannahmen als Ausgangspunkt des Modellierens entschieden werden. Denn auch hierdurch können wesentliche Vorentscheidungen über die späteren Resultate getroffen werden.

(3) Drittens stellt sich ein *Kompatibilitätsproblem*: es muss auf die ‚pragmatische Kompatibilität' der disziplinären Konzepte, Modelle und Methoden geachtet werden (Grunwald 2000a, Kap. 4.2). Die verschiedenen Abgrenzungen, Methoden und Verfahren müssen in ihrer Gesamtheit zusammenpassen, um gemeinsam das Ziel der TA-Studie zu erreichen. Die Wahl von Systemgrenzen, Modellen und Methoden in den verschiedenen beteiligten Disziplinen darf we-

der in beliebiger Freiheit (Jaeger/Scheringer 1998) noch in ausschließlich disziplinärer Perspektive vorgenommen werden. Inkompatibilitäten können den Erfolg gefährden und im schlimmsten Falle eine Beliebigkeit der Resultate zur Folge haben.

5.2.4 Vorprojekte

Die Situation, dass Entscheidungen zu Beginn eines TA-Projektes eine ganz erhebliche und für die Art der Ergebnisse häufig vorentscheidende Rolle spielen, hat zu einem für die Technikfolgenabschätzung spezifischen Vorgehen geführt. Häufig werden vor den eigentlichen TA-Untersuchungen so genannte *Vorstudien oder Vorprojekte* durchgeführt, deren Zweck in der transparenten, nachvollziehbaren und zielführenden Untersuchung der möglichen Forschungsdesigns, Fragestellungen, Zielrichtungen etc. besteht (Decker/Grunwald 2001; zum Fallbeispiel ‚Robotik' vgl. Decker 2007b). Die vorigen Teilkapitel zusammenfassend lässt sich sagen, dass die Vorentscheidungen vor Beginn eines TA-Projektes folgende Aspekte des betreffenden TA-Prozesses entweder ganz oder wenigstens teilweise determinieren:

- durch die Fragestellung wird darüber entschieden, auf welche Problemlage die TA-Studie eine Antwort geben soll;
- durch die Festlegung des Gegenstandsbereichs wird festgelegt, welche Folgedimensionen und gesellschaftlichen Bereiche die spätere TA-Untersuchung erfassen bzw. berücksichtigen kann;
- durch die Auswahl der beteiligten wissenschaftlichen Disziplinen und gesellschaftlichen Gruppen wird entschieden, welche Wissensbereiche, Wertebereiche und Interessen berücksichtigt werden können;
- durch die Vorgehensweise und Methodik wird entschieden, ob und in welcher Weise Partizipation vorgesehen und welcher wissenschaftliche Zugang gewählt wird.

In der Summe bedeutet dies nichts anderes, als dass bereits in der Vorphase wesentliche Bedingungen für einen späteren Erfolg oder Misserfolg festgelegt werden. Insbesondere für die Frage der Umsetzbarkeit der Ergebnisse und ihrer Passfähigkeit zu dem gesellschaftlichen Bedarf an Technikfolgenabschätzung finden hier entscheidende Festlegungen statt. TA-Projekte können zwar auch nach ihrem Start neuen Erkenntnissen angepasst und entsprechend modifiziert werden und sind sicher auch während der Laufzeit lernfähig (Decker/Ladikas 2004). Aber das Umsteuern wird mit fortgeschrittenem Bearbeitungsstand ganz erheblich schwieriger. Sobald z.B. eine TA-Institution mit einem TA-Projekt beauftragt wurde und es zu einem Vertragsverhältnis gekommen ist, gibt es schon rechtliche Schwierigkeiten mit Veränderungen. Sobald ein Team die Arbeit aufgenommen hat, ist die Zusammensetzung des Teams nicht mehr so einfach zu ändern. Änderungen während der Bearbeitung sind jedenfalls schwierig und in der Regel auch teuer.

Im TAB (Petermann/Grunwald 2005) dienen Vorprojekte vor allem der Klärung der Fragestellung und der Eingrenzung des Themenbereichs. Durch Literaturanalysen, eine Bestandsaufnahme des Standes der Technik, die Auflistung offener Fragen und die Ausarbeitung möglicher Fragerichtungen für die eigentliche TA-Studie wird das Spektrum für parlamentarische Technikfolgenabschätzung in dem betreffenden Bereich erfasst. Dieses wird in der Regel in Form mehrerer Optionen gebündelt, den Parlamentariern zur weiteren Meinungsbildung und Entscheidungsfindung über das eigentliche TA-Projekt zugeleitet und nach erfolgter Abnahme auch publiziert (z.B. Hennen et al. 2007). Inhaltlich dient das Vorprojekt dazu, durch eine thematisch weit gespannte, aber nicht stark in die Tiefe gehende Analyse die ‚regions of interest' herauszufinden, die unter TA-Aspekten sich für genauere Untersuchungen eignen oder ihrer bedürfen.

Weiterhin kann es eine Aufgabe der Vorstudie sein, das kommende TA-Projekt in Bezug auf die *Umsetzung der Ergebnisse* vorzubereiten. Denn bereits in der Anfangsphase wird über die Aussichten auf eine spätere Umsetzung der Ergebnisse mit entschieden. Neben den üblichen Maßnahmen im Forschungsbetrieb, die Publikationsmöglichkeiten frühzeitig zu erkunden (wichtige Konferenzen, Fachzeitschriften, Buchpublikationen etc.), stellt sich in der Technikfolgenabschätzung das besondere Problem, die Kommunikation mit den zu beratenen Institutionen und Personen zu organisieren.

Da sich während der Laufzeit von TA-Projekten Fragestellungen verschieben bzw. Interesselagen, Kontexte und Bedarfe sich verändern können, ist es auch erforderlich, sich frühzeitig über eine *begleitende* ‚situation appreciation' (Decker/Ladikas 2004), ein Monitoring der relevanten Kontexte, Gedanken zu machen und eventuell bereits im Vorprojekt entsprechende Verfahren der Beobachtung und der Auswertung zu bedenken. Es ist damit auch Teil von Vorstudien, eine Kommunikationsstrategie zu entwickeln, mit deren Hilfe die Bedingungen für eine optimale Umsetzung der Ergebnisse geschaffen werden sollen.

5.3 Wissensorganisation in TA-Prozessen

Technikfolgenabschätzung hat unterschiedliche Verfahren entwickelt, Wissen und Orientierung zusammenzuführen und zu aggregieren. Beispielhaft werden im Folgenden das Expertengruppenprinzip, das Gutachtermodell und interdisziplinäre Projektteams beschrieben.

5.3.1 Das Expertengruppenprinzip

Im Expertenmodell wird davon ausgegangen, dass die Zusammenführung des für eine TA-Studie erforderlichen Wissens am besten durch disziplinäre Experten erfolgen kann. Dieses Modell ist die charakteristische Arbeitsweise der Europäischen Akademie Bad Neuenahr-Ahrweiler (vgl. Schröder et al. 2002 und Schmid et al. 2006 als Beispiele); es findet sich in abgewandelten und weniger stark strukturierten Formen, aber auch in vielen Expertenkommissionen wissenschaftlicher Politikberatung.

Der erste Schritt besteht in der Auswahl der für die Themenstellung relevanten Disziplinen (vgl. Decker 2007b; dort wird das Expertengruppenprinzip am Beispiel einer Studie zur Robotik detailliert erläutert). Einerseits sollen alle relevanten wissenschaftlichen Disziplinen beteiligt werden, um eine umfassende Analyse, aber auch Legitimation für die erarbeiteten Ergebnisse zu erreichen. Andererseits macht die Intensität einer interdisziplinären Diskussion die Beschränkung der Gesamtteilnehmerzahl auf ca. zehn erforderlich. Die Experten müssen in ihren Disziplinen fachlich anerkannt sein, diese in einer hinreichenden Breite vertreten können und bewiesen haben, dass sie interdisziplinär arbeiten können. Dies erfordert eine besondere Offenheit gegenüber außerdisziplinären Fragestellungen und die Bereitschaft, die einer Disziplin zugrunde liegenden Prämissen offen zu legen und gegebenenfalls bezüglich ihrer Adäquatheit im interdisziplinären Kontext zu hinterfragen.

Zunächst werden die unterschiedlichen disziplinären Perspektiven auf die im Fragestellung (die idealerweise durch ein Vorprojekt vorbereitet wurden, vgl. Kap. 5.2.4) präzisiert. Ziel ist es, das Arbeitsprogramm gegebenenfalls zu modifizieren und abschließend festzulegen. Dabei kommt typischerweise heraus, dass Schlüsselbegriffe (wie z.B. Risiko, Autonomie, Vorsorge) unterschiedlich verwendet werden, was interdisziplinäre Bemühungen um eine gemeinsame Sprache nach sich zieht. Aus den disziplinären Perspektiven wird vor dem Hintergrund der Aufgabenstellung eine gemeinsame interdisziplinäre, teils auch eher eine multidisziplinäre Perspektive entwickelt.

Die eigentliche Arbeit erfolgt dann in der Form, dass von den Experten ‚Saattexte' zu zunächst disziplinär ausgerichteten Teilthemen geschrieben und in der Gruppe zur Diskussion gestellt werden. Durch die interdisziplinäre Diskussion werden die Texte aus verschiedenen Perspektiven hinterfragt und an die anderen anschlussfähig gemacht. Auf diese Weise entstehen Kapitel für den Bericht, die jeweils einen disziplinären Kern haben, aber interdisziplinär in das Gesamtprojekt eingebunden sind.

Schließlich werden daraus Handlungsempfehlungen entwickelt. Die in der interdisziplinären Diskussion aufgebrachten Argumente müssen in eine zusammenhängende Argumentationskette gebracht werden, die als Begründung für eine konkrete Handlungsempfehlung dienen kann. Es gilt, in der Argumentationskette auf das vorherige Argument, welches möglicherweise aus einer anderen Disziplin stammt, Bezug zu nehmen und sein eigenes Argument so aufzubauen, dass es seinerseits interdisziplinär anschlussfähig wird. Aus der Sicht der TA-Einrichtung gilt es dabei folgende Ziele zu erreichen (Decker 2007b, Kap. 3.4):

- Die Bestandteile der Argumentation sollen disziplinären Standards genügen.
- Zwischen disziplinären Perspektiven werden die Anschlüsse transparent herausgearbeitet, so dass Leser die gesamte disziplinübergreifende Argumentationskette nachzuvollziehen können.
- Die Handlungsempfehlungen sollen adressatengerecht und vergleichsweise knapp formuliert sein und Hinweise auf den Gang der Argumentation geben, die zu ihnen geführt hat.

Auf diese Weise entsteht idealerweise ein Resultat, das von allen Mitgliedern der Expertengruppe mitgetragen wird, was durch eine gemeinsame Autorschaft dokumentiert wird (z.B. Christaller et al. 2001).

5.3.2 Arbeiten mit externen Gutachten

Parlamentarische TA-Einrichtungen integrieren häufig fachwissenschaftliche Kompetenz durch Vergabe externer Gutachten, so auch das Büro für Technikfolgen-Abschätzung beim Deutschen Bundestag (TAB).[2] Am Anfang der Projektarbeit stehen TAB-interne Recherchen zu den Forschungsfragen, zu wissenschaftlichen Kontroversen, zu Positionen von Interessengruppen sowie zum Stand der öffentlichen Diskussion und Meinungsbildung. Resultat ist ein Projektkonzept, das den Stand der Diskussionen und der Forschung widerspiegelt und den Forschungsbedarf identifiziert.

Die Bearbeitung fachspezifischer Fragestellungen in den TA-Vorhaben erfolgt in Form von Gutachten durch kompetente externe Personen und Einrichtungen. Hierzu werden zu genau definierten Fragestellungen innerhalb des Projekt- und Vorhabenskonzepts Leistungsbeschreibungen angefertigt und im Internet veröffentlicht. Unter den Kriterien der wissenschaftlichen Kompetenz und des Preis/Leitungsverhältnisses wird einer der Anbieter ausgewählt. Parallel- und Kommentargutachten zu einer Thematik dienen dazu, die Perspektiven verschiedener wissenschaftlicher Disziplinen, verschiedene methodische Ansätze, divergierende Experteneinschätzungen (vgl. Kap. 6.3) sowie das Spektrum gesellschaftlicher Meinungsbilder einzubeziehen. Das TAB dokumentiert und begründet die Auswahl des Auftragnehmers. Die Zuständigkeit für die Gutachtenauswahl liegt jedoch in letzter Instanz beim Parlament.

---

2 Die folgende Darstellung ist angelehnt an Petermann (2005; vgl. auch den Erfahrungsbericht des Forschungsausschusses des Bundestages [Bundestag 2002]).

Während der Erstellung der Gutachten steht das Projektteam des TAB in engem Kontakt mit den Gutachtern. Dadurch soll sichergestellt werden, dass sich die Gutachter auf die für den Beratungsbedarf des Deutschen Bundestages relevanten Fragestellungen konzentrieren und dass ihre Arbeiten mit den Analysen und Recherchen des TAB koordiniert sind. Zu Zwischenergebnissen der Projektarbeit oder zu den Ergebnissen einzelner oder mehrerer Gutachten führt das TAB Workshops und Fachgespräche unter Beteiligung von Gutachtern, weiterer wissenschaftlicher Experten und Abgeordneter durch. Häufig werden auch Vertreter gesellschaftlicher Gruppen einbezogen. Solche Veranstaltungen dienen der weiteren Klärung wissenschaftlicher Streitfragen, der Einbeziehung unterschiedlicher gesellschaftlicher Problemwahrnehmungen, der Herausarbeitung politischer Handlungsoptionen und der Rückkopplung mit dem Auftraggeber. Resultat sind immer wieder Präzisierungen am ursprünglichen Konzept. Zugleich sollen Präsentationen und Veranstaltungen den Abgeordneten einen unmittelbaren Zugang zu hochrangigem Sachverstand sowie einen Einblick in den Stand der Arbeiten im Projekt ermöglichen.

Die durch Recherchen, Expertengespräche und eigene Analysen sowie insbesondere durch die Gutachten erarbeiteten Informationen werden durch das TAB in einem Bericht an den Bundestag verdichtet und strukturiert. Zur Qualitätssicherung wird in der Regel eine Entwurfsfassung des Berichtes den am Projekt beteiligten Gutachtern zur Kommentierung zugesandt. Fallweise werden darüber hinaus Kommentargutachten an bislang nicht involvierte Experten vergeben. Der sich aus diesem Prozess ergebende Abschlussbericht dokumentiert und analysiert Stand und die Perspektiven der zu untersuchenden wissenschaftlich-technischen Entwicklung, die Einsatzfelder, mögliche Chancen und Risiken sowie die gesellschaftlichen Diskussionen zum Thema. Darüber hinausgehendes und wesentliches Element der Berichterstattung durch das TAB ist die Herausarbeitung politischer Handlungsnotwendigkeiten und -optionen, die sich für den Deutschen Bundestag in Bezug auf den Umgang mit dem wissenschaftlich-technischen Fortschritt ergeben.

5.3.3 Interdisziplinäre Projektarbeit

In den Institutionen der Technikfolgenabschätzung, die sich als Forschungseinrichtungen verstehen, werden TA-Projekte in der Regel in Form interdisziplinärer Projekte durchgeführt, entweder innerhalb der eigenen Mitarbeiterschaft oder in Kooperation mit weiteren Einrichtungen. Umfassende Analysen gesellschaftlicher Problemlagen und technischer Systeme erfordern die Kombination mehrerer Analyseverfahren und disziplinärer Erfahrungshintergründe, z.B. aus den Bereichen

- Prozessketten-, Stoffstrom-, und Lebenszyklusanalysen und darauf aufbauender multikriterieller Bewertungsverfahren wie z.B. Life Cycle Assessment (Kap. 7.1);
- Methoden der qualitativen und quantitativen Sozialforschung wie Medienanalysen, Diskursanalysen und Delphi-Verfahren (Kap. 7.2, 7.3);
- Reflexionsverfahren in normativer Hinsicht wie Verfahren und Kriterien der Angewandte Ethik oder der nachhaltigen Entwicklung (Kap. 9.2) sowie
- partizipative Verfahren zu unterschiedlichen Zwecken (Kap. 7.4).

Dabei ist Kompetenz im Bereich inter- und transdisziplinärer Forschung, insbesondere in der Übersetzung von gesellschaftlichen Problemdiagnosen in wissenschaftliche Möglichkeiten der Bearbeitung und der adressatengerechten Aufarbeitung und Darstellung der Problemkonstellationen und der Ergebnisse zur Problemlösung erforderlich. Häufig wird diese Kompetenz auch eingesetzt, um TA-Aspekte als Begleitforschung (Kap. 3.4.2) in natur- oder technikwissenschaftliche Programme oder Projekte zu integrieren.

Des Weiteren finden viele TA-Projekte in diesem Feld in Kooperation mit außerwissenschaftlichen Akteuren statt, z.B. mit Wirtschafts- oder Umweltverbänden. Kompetenzen dieser Art bedürfen der Einübung im Rahmen einer funktionierenden Praxis und finden sich daher vor allem in den wissenschaftlichen TA-Instituten.

Die Projekte im Rahmen der Innovations- und Technikanalysen (ITA) des BMBF werden in der Regel in diesem Format durchgeführt (vgl. Giesecke 2003; Kap. 11.2 in diesem Band). So war Ziel des Projektes ‚Pervasive Computing in der medizinischen Versorgung' (PerCoMed) eine Analyse von Chancen und Risiken, die sich aus der Nutzung von Technologien des Pervasive Computing in der integrierten medizinischen Versorgung für verschiedene Anwendungs- und Interessengruppen ergeben (vgl. Orwat et al. 2008). Handlungsoptionen und -bedarfe wurden für die Anbieter von Dienstleistungen im Gesundheitssystem sowie für politisch-regulative Entscheidungsträger aufgezeigt. Hierbei waren Sozial- und Wirtschaftswissenschaft sowie Informatik interdisziplinär kombiniert. Diese wissenschaftliche Konstellation wurde im Rahmen zweier Fallstudien mit medizinischen Kliniken um Praxisbereiche transdisziplinär erweitert.

Organisatorisch ist diese Form der Technikfolgenabschätzung ‚normale' Projektarbeit nach den üblichen Maßstäben und Verfahren des wissenschaftlichen Projektmanagements. Eine besondere Herausforderung birgt jedoch die genannte Notwendigkeit der Integration verschiedenster Disziplinen und Kompetenzen, deren Bewältigung selbst eine Art ‚Meta-Kompetenz' der einschlägigen TA-Einrichtungen ausmacht.

5.4 Qualitätskriterien

Der Qualitätssicherung der Technikfolgenabschätzung kommt eine entscheidende Bedeutung zu, weil sie auf praktischen Einsatz in gesellschaftlich relevanten Entscheidungen ausgelegt und damit – im Gegensatz zu vielen anderen wissenschaftlichen Aktivitäten – alles andere als gesellschaftlich folgenlos ist. Wenn Technikfolgenabschätzung als eine Kombination aus problemorientierter *Forschung* und technikbezogener gesellschaftlicher *Beratung* verstanden wird (Kap. 4.7), so ergeben sich zwei Typen von Anforderungen an ihre Qualität: (1) *wissenschaftliche Qualität* und (2) *relevante Beratungsleistungen* zu den gesellschaftlichen Technikfragen (vgl. auch Decker 2007b):

(1) Die wissenschaftliche Qualität der Technikfolgenabschätzung zerfällt in zwei Teile, die ihrem interdisziplinären Charakter geschuldet ist, nämlich in die Qualität der *disziplinären* Anteile und die Qualität im *interdisziplinären* Integrationsprozess des disziplinären Wissens. Die Qualität der disziplinären Beiträge bemisst sich nach den üblichen Kriterien wissenschaftlicher Arbeit wie intersubjektive Nachvollziehbarkeit, Geltung und methodische Absicherung. Sie ist notwendige, aber nicht hinreichende Bedingung für die Qualität von Technikfolgenabschätzung. Es muss eine Qualitätssicherung auf der interdisziplinären Ebene hinzukommen, in der der Bezug der Forschungsarbeiten zu dem vorgegebenen Problem reflektiert wird. Es ist zu prüfen, ob Technikfolgenabschätzung Antworten auf die richtigen Fragen gibt, wie mit unterschiedlichen Qualitäten der disziplinären Beiträge umgegangen werden soll oder ob vor-empirische Setzungen, Konventionen und Vereinbarungen hinreichend reflektiert sind (ausführlich dazu Grunwald 2000a, Kap. 4).

(2) Auch wenn die *wissenschaftliche* Qualität gesichert ist, ist nicht garantiert, dass TA-Resultate ihre Adressaten erreichen und dort zu einem ‚Impact' führen (Decker/Ladikas 2004). Die Einbringung wissenschaftlicher Ergebnisse der Technikfolgenabschätzung als Beratungsleistungen in gesellschaftliche und politische Kontexte bedarf entsprechender Verfahren zur Organisation gesellschaftlicher Kommunikationsprozesse und des Wissenstransfers, wie etwa Mediationsverfahren und Konsensuskonferenzen (vgl. Kap. 7.4). Diese Felder der Technikfolgenabschätzung generieren keine eigenen Resultate, sondern beanspruchen, die Bedingungen zu verbessern, unter denen gesellschaftliche Kommunikation über Technik und Technikfolgen zu konstruktiven Ergebnissen führt.

Aus den Diskussionen zu Qualitätskriterien inter- und transdisziplinärer Forschung, zu Beratungsverfahren, speziell der Politikberatung (Weingart/Lentsch 2008) und zur Technikfolgenabschätzung im Besonderen lassen sich folgende Postulate an Technikfolgenabschätzung ableiten:

(1) Inter- und Transsubjektivität,
(2) wissenschaftliche Unabhängigkeit,
(3) Transparenz,
(4) pragmatische Kompatibilität,
(5) Problemlösekapazität und
(6) Nutzerfreundlichkeit:

(1) *Inter- und Transsubjektivität:* Da Technikfolgenabschätzung Wissen bereitstellen soll, muss sich dieses Wissen von bloßem Meinen unterscheiden lassen. Das Technikfolgenwissen muss sich als intersubjektiv nachvollziehbar und trans-subjektiv gültig erweisen lassen, z.B. durch argumentative Herleitung aus anerkannten Prämissen oder durch empirische Forschungsergebnisse. Nicht gemeint ist damit, dass Wissen eine *absolute* Gültigkeit besitzen könne oder gar müsse, um als Wissen anerkannt zu werden. Im Gegenteil hat die wissenschaftstheoretische Literatur seit Popper gezeigt, dass voraussetzungsfreies Wissen nicht möglich ist. Wissen hat immer die Struktur von Wenn/Dann-Aussagen (Grunwald 1998). Entscheidend ist, dass sich die Wenn/Dann-Verknüpfungen als intersubjektiv plausibel und nachvollziehbar erweisen lassen. Die subjektive Meinung eines TA-Forschers ist nicht als solche gefragt, sondern bedarf einer ‚Objektivierung' durch Verfahren. Der Wert von Technikfolgenabschätzung als Beratung zeigt sich im Maß der trans- oder intersubjektiven Übertragbarkeit von Erkenntnissen und Bewertungen. Dieses wissenschaftsübliche Postulat gerät in der Technikfolgenabschätzung an wenigstens zwei Stellen in Bedrängnis: in der Bereitstellung von Zukunftswissen angesichts der unvermeidbaren Unsicherheiten (dazu Kap. 6.1) und in Bewertungsfragen angesichts der Probleme der Verallgemeinerbarkeit (dazu Kap. 6.2). Beide bilden methodische Kernprobleme der TA und Anlass für vielfältige Methodenentwicklung (Kap. 7.2 und 7.3).

(2) *Wissenschaftliche Unabhängigkeit:* Die Forderung nach wissenschaftlicher Unabhängigkeit der Technikfolgenabschätzung begleitet ihre Geschichte von Anfang an. Bereits in den Anfängen des Office of Technology Assessment (OTA) am US-amerikanischen Kongress (Kap. 3.2) war die Sicherstellung wissenschaftlicher Unabhängigkeit ein wichtiges Kriterium für die organisatorische Auslegung. Dies gilt generell für parlamentarische Einrichtungen zur wissenschaftlichen Politikberatung:

> „What is specific about POTAs [parliamentary offices of technology assessment, A.G.], as part of its identity, are the neutral, independent and non-partisan values of the information and policy analysis produced, values built on traditional Mertonian scientific exceptionalism" (Cruz-Castro/Sanz-Menendez 2004),

aber auch für Politikberatung generell (Weingart/Lentsch 2008). Als Kriterien für wissenschaftliche Unabhängigkeit wurden die Begriffe der Unvoreingenommenheit bzw. Ergebnisoffenheit, der Unabhängigkeit von externer Einflussnahme und der Ausgewogenheit in thematischer Hinsicht bestimmt (Grunwald 2005).

Die Unvoreingenommenheit stellt primär eine Disposition für den *Start* von TA-Projekten dar, während Unabhängigkeit und Ausgewogenheit in erster Linie gewünschte Eigenschaften ihrer *Durchführung* bilden – in der Erwartung, dass sich auf diese Weise Inter- und Transsubjektivität (siehe oben) als erwünschte Eigenschaft der *Ergebnisse* einstellt. Angesichts der häufig hohen Politisierung der Gegenstandsbereiche der Technikfolgenabschätzung und der Unmöglichkeit, Fakten und Werte strikt zu trennen, ist wissenschaftliche Unabhängigkeit einerseits besonders wichtig, andererseits aber auch schwierig umsetzbar (Grunwald 2005).

(3) *Transparenz:* Die Abhängigkeit von TA-Ergebnissen von Vorentscheidungen, die auf dem Weg dorthin ganz unweigerlich getroffen wurden (Kap. 5.2), verdeutlichen die zentrale Relevanz des Postulats der Transparenz. Wenn die Gesellschaft bzw. die beratene Institution das von der Technikfolgenabschätzung bereitgestellte Wissen akzeptieren und in Entscheidungsprozessen berücksichtigen soll, muss sie sich jederzeit von der gesamten Begründungskette überzeugen können, die zu den Resultaten hinführt. Hierfür ist es erforderlich, alle Schritte auf diesem Weg kompromisslos aufzudecken, insbesondere wenn es sich um Relevanzentscheidungen auf Basis normativer Kriterien handelt wie im Falle der nachhaltigen Entwicklung (Kap. 9). Die Erzeugung von Vertrauen in Technikfolgenabschätzung beruht wesentlich auf der Erfüllung dieser Anforderung, während kaschierte normative Vorentscheidungen ganz erhebliche negative Konsequenzen haben könnten.

(4) *Pragmatische Kompatibilität*: Die Wahl von Systemgrenzen, Modellen und Methoden in den an einem TA-Projekt beteiligten Disziplinen darf weder in beliebiger Freiheit noch in ausschließlich disziplinärer Perspektive vorgenommen werden. Entscheidend für die konkreten Anforderungen an Kompatibilität ist die Orientierung am zu bearbeitenden Technikfolgenproblem. Um die Qualität von Technikfolgenabschätzung als Beitrag zu einer gesellschaftlichen Problemlösung zu sichern, mag ein gewisses Maß an Heterogenität und Widersprüchlichkeit im Einzelfall durchaus tolerierbar sein. Insgesamt ist jedoch zu beachten, dass nicht durch inkompatible Annahmen über Szenarien der weiteren Entwicklung, durch Inkonsistenzen in den zugrunde gelegten Basisdaten, in der Wahl von Systemgrenzen und in Relevanzentscheidungen nicht mehr sinnvoll interpretierbare Resultate entstehen könnten.

(5) *Problemlösekapazität:* Wesentliche Anforderung an Technikfolgenabschätzung ist der erwartbare Beitrag zur Lösung eines gesellschaftlichen Technikgestaltungs- oder Technikfolgenproblems (Kap. 2). Es geht nicht nur darum, Probleme zu erkennen und zu analysieren, sondern es sollen Wege zum Umgang mit diesem Problem erarbeitet und Handlungsoptionen eröffnet werden. Technikfolgenabschätzung kann selbst nicht garantieren, dass ihre Ergebnisse zu

Problemlösungen beitragen, da dies auch von Faktoren außerhalb ihres Einflusses abhängt. Sie muss aber dafür sorgen, dass sie alle Bedingungen erfüllt, um entsprechende ‚Impacts' (Decker/Ladikas 2004) zu erreichen.

(6) *Nutzerfreundlichkeit*: Es ist eine berechtigte Forderung, dass TA-Resultate ‚nutzerfreundlich' und verständlich sein sollen, allerdings ohne die wissenschaftliche Qualität und Differenziertheit zu verlieren. Hierzu sind in der Technikfolgenabschätzung eine Reihe von Kommunikations- und Darstellungsformen erarbeitet und erprobt worden. Wesentlich dabei ist die Forderung nach Ergebnis- statt Methodenorientierung. Außerwissenschaftliche Entscheidungsträger interessieren sich für die wissenschaftlichen Methoden in der Regel wenig; sie müssen sich allerdings darauf verlassen können, dass nach wissenschaftlichen Qualitätskriterien ordentlich gearbeitet wurde (siehe oben). Defizite in diesem Bereich aufzudecken, stünde in der Regel nicht in der Kompetenz des Beratenen, sondern müsste von der wissenschaftlichen Kritik geleistet werden. Es ist also darauf zu achten, dass die Kommunikation der TA-Resultate in zwei Richtungen erfolgt: ergebnisorientiert in Richtung auf die Beratenen, methodenorientiert in Richtung auf die wissenschaftliche Gemeinschaft.

6. Methodische Herausforderungen

Die Technikfolgenabschätzung ist mit einer ganzen Reihe von methodischen Schwierigkeiten konfrontiert. Da von der methodischen Sorgfalt letztlich die Qualität der Resultate abhängt, und da eine hohe Qualität Vorbedingung – allerdings nicht Garantie – der praktischen Wirksamkeit ist, werden im Folgenden diese methodischen Probleme erläutert. Zunächst werden Herausforderungen in Bezug auf die Gewinnung von Zukunftswissen (6.1) und die Möglichkeit wissenschaftlicher Bewertungen dargestellt (6.2), die die beiden Hauptzweige der Methodendiskussion zur Technikfolgenabschätzung bilden (Zimmerli 1982). Sodann folgen Diskussionen zum Problem divergierender Expertenmeinungen (6.3), zu Möglichkeiten und Grenzen quantitativer Technikfolgenabschätzung (Kap. 6.4), zur Realisierbarkeit des vielfach vorgebrachten Vollständigkeitsideals (6.5) und zum viel diskutierten Collingridge-Dilemma (6.6).

6.1 Zum Umgang mit unsicheren Zukünften

In der Technikfolgenabschätzung geht es um Technikfolgen, die noch nicht eingetreten sind. Daher muss sie sich auf die bekannten Unsicherheiten und Paradoxien einlassen, die mit Zukunftswissen verbunden sind. Diese seien hier in wesentlichen Teilen dargestellt (zur TA-Methodik in diesem Feld vgl. Kap. 7.2).

6.1.1 Zum Verhältnis von Gestaltung, Prognose und Evolution

In der Technikfolgenabschätzung werden unterschiedlichste Begriffe im Zusammenhang mit der Erkennung und Beurteilung von zukünftigen Techniken und Technikfolgen verwendet, wie z.B. Prognosen, Szenarien, Visionen und Erwartungen. Im Groben lassen sich darin drei unterschiedliche Konzeptualisierungen der Zukunft bestimmen:

(1) eine prognostische,
(2) eine gestalterische und
(3) eine evolutive (Grunwald 2003).

(1) Prognostische Sicht auf Zukunft

Die prognostische Sicht versteht unter Zukunft eine Menge von Ereignissen und Verläufen, die ‚im Prinzip' bereits heute vorhersehbar sind. Technikfolgenabschätzung hat in ihren Anfängen hohe Erwartungen an die exakte Prognostizierbarkeit von Technikfolgen geweckt bzw. wurde mit solchen Erwartungen konfrontiert (Grunwald 1994). So wurde das System Technik/Gesellschaft kybernetisch analog zu natürlichen Systemen, nämlich als quasi-naturgesetzlich ablaufendes und von außen beobachtbares Geschehen betrachtet, analog zum Wettergeschehen (Bullinger 1991). Für ein solches kybernetisches System könne eine ‚Messtheorie' für Technikfolgen entwickelt werden, mit der eine möglichst quantitative Erfassung dieser Folgen erreicht werden könnte. Auf der Basis von Verlaufsgesetzen seien dann auch mehr oder weniger exakte Prognosen möglich. Die Sicht auf Zukunft als ein wenigstens im Prinzip vorhersehbarer Raum beinhaltet die Zuversicht, auch im Bereich der Technikfolgen über das Hempel-Oppenheim-Schema (Hempel 1965) logisch deduktive Prognose auf der Basis von kausalem Gesetzeswissen erstellen zu können:

> „Viele technische, ökonomische und soziale Folgeerscheinungen zeigen klare Regelmäßigkeiten, wenn man sie auf einem hoch aggregierten Niveau betrachtet." (Renn 1999a, S. 611)

Probleme der Realisierung dieses Idealprogramms wurden zwar anerkannt, aber der Komplexität gesellschaftlicher Zusammenhänge, der unzureichenden Datenbasis und der im Vergleich mit den Naturwissenschaften bislang geringen Gesetzeskenntnis angelastet (Renn 1996).

(2) Gestalterische Sicht auf Zukunft

In der gestalterischen Sicht ist Zukunft ein offener Raum. Vom jeweiligen Gegenwartspunkt, den aktuellen Handlungen und Entscheidungen aus gesehen, stellt die Zukunft in dieser Sichtweise pragmatisch eine einzige Gestaltungsaufgabe dar. Wie die Zukunft wird, hängt danach von unseren Handlungen und Entscheidungen ab. Nach der frühen, stark prognostisch ausgerichteten Phase der Technikfolgenabschätzung wurde Technik ab den 1990er Jahren stärker als Gegenstand der Gestaltung entdeckt – vielleicht nirgends deutlicher formuliert als in dem Buchtitel ‚Shaping technology – building society' (Bijker/Law 1994). Von Technikgeneseforschung und Constructive Technology Assessment (Kap. 4.3) wurde Technikentwicklung als offener Prozess betrachtet, in dem viele Entscheidungen über die letztendliche Ausprägung der technischen Produkte und Systeme mitbestimmen. Die Entwicklung von Technik erscheint unter diesem Blickwinkel nicht als vorgegeben und eigendynamisch, sondern an vielen Stellen im Prozess von Forschung und Entwicklung beeinflussbar. Bemühungen um eine gezielte Gestaltung von Technik, z.B. im Hinblick auf Umwelt- und Sozialverträglichkeit, folgen diesem Ansatz (Kap. 2.5). An die Diskussion um Technikgestaltung in diesem ‚konstruktiven' Sinne knüpft z.B. die Debatte um eine Gestaltung von Technik unter Nachhaltigkeitsaspekten an (Kap. 9).

(3) Der evolutive Blick auf Zukunft

Die an Evolutionstheorien angelehnte Zukunftssicht nimmt an, dass sich die Zukunft evolutionär, also allmählich aus dem Wechselspiel von ‚Mutation' und ‚Selektion' ergibt. In diesem Bild ist evolutionäre Technikentwicklung ergebnisoffen, nicht determiniert, nicht gestaltbar und nicht prognostizierbar (Basalla 1988; Grunwald 2000a, Kap. 2). Zukunft wird als ein offener Raum betrachtet, der nicht determiniert ist, sondern durch die Selektionsereignisse in der Gegenwart beeinflusst wird, ohne dass damit allerdings eine intentionale Gestaltbarkeit verbunden sei (z.B. Kowol/Krohn 1995, S. 93). Evolutionstheoretische Ansätze erlauben keine Prognosen darüber, welche Entwicklungslinien den ‚Hauptstamm der Evolution' weitertreiben und welche in evolutionäre Sackgassen führen. Der Gang der Evolution ist prinzipiell nur *ex post* zu beobachten und zu interpretieren; der antizipierende Blick auf die Zukunft ist verbaut:

> „Auch die Evolution der Technik ist ein blinder Suchprozess, der sich allen Versuchen entzieht, durch Rationalisierung des Innovationsprozesses oder durch Optimierung der Prognosefähigkeiten unter Kontrolle gebracht zu werden." (Halfmann 1996, S. 105)

Technikgestaltung erscheint in dieser Perspektiv als vergebliches Unterfangen. Was möglich bleibt, ist ein Nachdenken über die den ‚blinden Suchprozess' und das evolutionäre ‚Überleben' bestimmter Technologien beeinflussenden Selektionsbedingungen in Form gesellschaftlicher, auf Technik und Innovation einwirkender Rahmenbedingungen.

*

Angesichts der unübersehbaren Lücke zwischen dem hohen Anspruch und der davon weit entfernten Realität der Prognostik (Leutzbach 2000) ist der Prognose-Optimismus (1) deutlich geschwunden. Objektive Verlaufsgesetze analog zu den Naturwissenschaften lassen sich nicht begründen (Schwemmer 1976). Ihre Stelle nehmen Modellbildung und Simulation unter Zuhilfenahme statistischer Verfahren mit den entsprechenden Unsicherheiten ein. Teils wird sogar im Rahmen eines *Prognose-Skeptizismus*, nach dem eine Antizipation der Zukunft nicht möglich sei, die Ansicht vertreten, dass der Umgang mit Zukunftsaspekten der gesellschaftlichen Technikgestaltung nur in einem ‚Prozessieren von Nichtwissen' bestehen könne (Bechmann 1994). Folgenreich ist diese Haltung für verantwortungsethische Reflexion: sie wird als unmöglich erachtet, wenn Technikfolgen aufgrund der mangelnden Prognostizierbarkeit als gänzlich oder weitgehend unbekannt angesehen werden müssten (Bechmann 1993).

Wenn nach (3) die Antizipation von Zukunft in *keiner* Weise möglich wäre, weder prognostisch noch gestalterisch oder planend, könnten sich Entscheidungen nicht an erwartbaren zukünftigen Entscheidungsfolgen orientieren, diese also nicht in das Entscheidungskalkül rational einbeziehen oder ethisch reflektieren. Dann bliebe nur ein zielloses Ausprobieren nach dem Prinzip von Versuch und Irrtum, bestenfalls auf einer gesinnungsethischen Basis. Die reine Gestaltbarkeit nach (2) erscheint angesichts bestehender eigendynamischer Tendenzen der Technik (Dolata/Werle 2007), der Komplexität des Entstehens von Technikfolgen und der schlechten Erfahrungen mit dem Planungsoptimismus (Tenbruck 1972; Camhis 1979) häufig naiv. Keine der drei Konzeptualisierungen von Zukunft ist daher in Reinform geeignet, um Technikfolgenprobleme zu behandeln.

Prognostische und gestalterische Ansätze stehen in einem latenten Spannungsverhältnis: „Wer sich die Zukunft prophezeien lässt, hat es aufgegeben, sie aktiv gestalten zu wollen" (Urban 1973, S. 168). Wenn Technikentwicklung und Technikfolgen als vorhersehbar angesehen werden, so beruht dies auf einem *deterministischen* Geschichtsverständnis. Nur in den Anteilen, in denen die Zukunft heute schon feststeht, kann man überhaupt versuchen, sie vorherzusehen. Es ist dann sinnlos, die *Technik* gestalten zu wollen. Gestaltung kann sich aber immer noch auf die Art und Weise der *Anpassung* an Technik erstrecken. Nicht die Technik selbst wäre gestaltbar, sondern nur die Reaktionen der Gesellschaft. Technikfolgenprognosen können, wie dies die frühe Technikfolgenabschätzung sah, Politik und Gesellschaft bei dieser Anpassung unterstützen. Z.B. könnte die Gesellschaft auf negative Prognosen über unangenehme Technikfolgen für den Arbeitsmarkt oder die natürliche Umwelt durch sozial- oder umweltpolitische Kompensationsstrategien reagieren.

Die erste Konsequenz aus diesen Überlegungen besteht daher in der Forderung nach einer größeren Differenzierung. Es ist zu oberflächlich, Technik als entweder gestaltbar, prognostizierbar oder evolutiv anzusehen. Stattdessen ist genauer zu konkretisieren, was denn jetzt als das Gestaltbare und was als das Eigendynamische angesehen wird und warum diese Einschätzung so ausfällt. Auch wenn wir überzeugt sind, dass, als Beispiel, die weitere Digitalisierung der Gesellschaft unvermeidlich kommt und die Gesellschaft in der Frage ja/nein keine Entscheidungsmöglichkeit mehr hat, so gibt es dennoch eine Vielzahl von Maßnahmen hinsichtlich der konkreten Ausprägung dieser Gesellschaft, über welche sehr wohl entschieden werden kann. Es ist daher transparent zu klären, auf welcher Ebene von Gestaltung und Gestaltbarkeit gesprochen wird. Die Unterscheidung zwischen dem Gestaltbaren und dem Nicht-Gestaltbaren gehört zu den wesentlichen Weichenstellungen zu Beginn einer Technikfolgenabschätzung. Dies wird z.B. vor allem durch Szenarienbildungen versucht, in denen die zu vereinbarenden Rahmenbedingungen das als eigendynamisch eingestufte Feld abstecken, innerhalb dessen dann Handlungsoptionen als Gestaltungselemente entwickelt werden können (vgl. Kap. 7.2; für das Feld der Nachhaltigkeit Coenen/Grunwald 2003). Szenarien sind komplexe Konstellationen aus Einschätzungen der Gestaltbarkeit bestimmter Entwicklungen, der Nicht-Gestaltbarkeit anderer, die sich einfach ‚entwickeln' sollen, und von Prognosen, die häufig im Sinne von Megatrends den Rahmen abgeben (wie z.B. zu demographischen Entwicklungen).

Die zweite Konsequenz ist, dass das leitende Zukunftsverständnis transparent offen gelegt werden muss. Versteckte Determinismen können das Erkennen vorhandener Handlungsspielräume be- oder verhindern, eilfertig optimistische Annahmen über eine Gestaltbarkeit können den Blick für die vorhandenen Eigendynamiken und Zwänge trüben, evolutionstheoretische Konzepte können Zugänge zu Gestaltungsfragen zugunsten eines bloßen ‚trial and error'-Ansatzes verbauen, in dem Rationalitätspotenziale ungenutzt bleiben. Die Klärung des Zukunftsverständnisses ist essentiell in der Auslegung von TA-Projekten.

6.1.2 Zukünfte als Konstruktionen

Zukunft ‚gibt' es nicht als empirischen Untersuchungsgegenstand, jedenfalls wenn unter ‚Zukunft' etwas verstanden wird, was in einer zukünftigen Gegenwart einmal gegenwärtig sein wird. Alles, was zukünftige Gegenwarten betrifft, ist nicht empirisch zugänglich, sondern befindet sich in unseren Gedanken, in den Debatten, in Texten oder in Diagrammen. Zukunft besteht grundsätzlich aus unseren *gegenwärtigen* Erwägungen über Zukünftiges. Empirisch zugänglich sind nur die Bilder, die wir uns auf verschiedenste Weise von der Zukunft machen, nicht aber die Zukunft selbst, wie sie einmal Gegenwart sein wird. Auf diese Weise wäre es konsequent, von Zukunft nur im Plural zu sprechen (Grunwald 2009a).

Wir machen futurische Aussagen und Prognosen, simulieren zeitliche Entwicklungen und bilden Szenarien, formulieren Erwartungen und Befürchtungen, setzen Ziele und denken über Pläne zu ihrer Realisierung nach. Dies alles geschieht im Medium der Sprache (Kamlah 1973) und damit je *gegenwärtig*. Zukunft kann aufgrund des unlösbaren Bezuges auf die sprachlichen Mittel, mit denen wir über Zukunft reden, immer nur das sein, von dem jeweils ‚heute' *erwartet wird*, dass es sich ereignen wird oder kann (Grunwald 2007b). Wenn wir z.B. über den Energiemix im Jahre 2050 reden, reden wir nicht darüber, wie dieser Energiemix dann ‚wirklich' sein wird, sondern darüber, wie wir ihn uns *heute vorstellen*, und diese Vorstellungen gehen teils weit auseinander. Zukünfte sind damit *etwas je Gegenwärtiges* und verändern sich mit den Veränderungen der jeweiligen Gegenwarten. Als Beispiel: die Energiezukünfte der 60er Jahre für das Jahr 2000 sahen anders aus als die Energiezukünfte nach den beiden Ölkrisen der 70er Jahre. Energiezukünfte für Deutschland sahen nach dem Ausstiegsbeschluss aus der Kernenergie anders aus als vorher. *Zukunft ist also nichts außerhalb der Gegenwart, sondern ein spezifischer Teil der jeweiligen Gegenwart.*

Auch Prognostiker und Modellierer können nicht aus der Gegenwart ausbrechen, sondern machen ihre Prognosen und Simulation immer auf der Basis *gegenwärtigen* Wissens und *gegenwärtiger* Relevanzeinschätzungen (Grunwald 2000a, Kap. 3.3.3). Das Vorliegen zukünftiger Sachverhalte oder Verläufe lässt sich aus gegenwärtigem Wissen weder *logisch ableiten* (Goodman 1954) noch *empirisch erforschen*. Daher können wir über *mögliche* Zukünfte reden, über alternative Möglichkeiten, wie wir uns die zukünftige Gegenwart vorstellen, und darüber, mit welcher Berechtigung wir etwas in der Zukunft erwarten dürfen. Dies sind immer *gegenwärtige Zukünfte* und keine zukünftigen Gegenwarten (Picht 1971; Bechmann 1994).

Zukünfte ‚gibt' es nicht von sich aus, und sie entstehen nicht von selbst. Sondern Zukünfte werden ‚gemacht' und sprachlich, oder sprachlich explizierbar, z.B. im Falle von mathematischen Formeln oder Diagrammen, *konstruiert*, auf mehr oder weniger komplexe Weise. Das Entwerfen von Zukünften ist ein Handeln unter Zwecken, vor allem zur Schaffung von Orientierung im Sinne des entscheidungstheoretischen Kreisgangs (Abb. 2-1) und vor dem Hintergrund spezifischer Randbedingungen. Zukünfte, seien dies Prognosen, Szenarien, Pläne, Programme, spekulative Befürchtungen oder Erwartungen werden ‚verfertigt' unter Verwendung einer ganzen Reihe von Zutaten wie Wissensbeständen, Werturteilen oder Annahmen. Dieser Konstruktcharakter von Zukünften, ihr Charakter als Resultate eines Konstruktionsprozesses trifft besonders sichtbar auf *Szenarien* zu und wird in der gängigen Rede von einem ‚scenario-building' deutlich.

Auch in der Technikfolgenabschätzung werden Zukünfte ‚konstruiert': Folgenüberlegungen, Simulationen, Prognosen und Szenarien. Vielfach werden Zukünfte anderer Akteure analysiert, vor allem im Vision Assessment (Kap. 4.4). Dort geht es gerade darum, den Konstruktcharakter dieser Zukünfte aufzudecken und sie zu ‚dekonstruieren', um eine transparente Debatte über ihre kognitiven und normativen Anteile zu ermöglichen oder zu erleichtern. Zur Kern-Expertise der Technikfolgenabschätzung gehört es, unterschiedliche Zukünfte zu vergleichen und sie einem ‚Assessment' zu unterziehen (Pereira et al. 2007).

6.1.3 Zur vergleichenden Bewertung von Zukünften

Es geht in der Technikfolgenabschätzung nicht darum, ‚richtige Prognosen' zu erstellen, da dieser Begriff nicht operationalisierbar ist. Ob eine Prognose ‚richtig' ist, kann nur durch Abwarten herausbekommen werden. Dieses Abwarten ist jedoch gemessen an den Zielen der Technikfolgenabschätzung sinnlos, weil die technikbezogene Entscheidung *vor dem Eintreten der Folgen* getroffen werden muss. Reflektierte Entscheidungen über Zukünftiges sind nicht auf ihre ‚sichere' Antizipation angewiesen, sondern auch möglich durch Bezug auf intersubjektiv gesetzte Ziele, das jeweils verfügbare Handlungswissen sowie begründetes Zukunftswissen, auch inmitten von Unsicherheiten.

So können gegenwärtig durchaus ‚vernünftige' Entscheidungen über die weitere Förderung der Kernfusionsforschung getroffen werden, obwohl selbstverständlich verlässliche Prognosen darüber, ob es jemals Kernfusionsreaktoren zur Energiegewinnung geben wird, wie viel der Fusionsstrom dann kosten wird, ob er wettbewerbsfähig sein wird oder ob Fusionsenergie ‚nachhaltig' ist, heute nicht gegeben werden können. Dafür müsste ein Zeitraum von mehreren Jahrzehnten überbrückt werden, was angesichts der Prognoseprobleme im gesellschaftlichen Bereich absurd wäre. Dennoch kann heute überlegt werden, welchen Stellenwert die Eröffnung der Option ‚Kernfusion' hat, wie viel die Gesellschaft bereit ist dafür zu investieren, welche Beurteilungskriterien und Evaluierungsverfahren angewendet werden sollten und welches die nächsten wissenschaftlichen und technologischen Schritte sein sollen (Grunwald et al. 2002).

Allerdings ist es angesichts der unendlichen Fülle möglicher Zukünfte erforderlich, zwischen diesen nach Rationalitätskriterien, nachvollziehbar und transparent abzuwägen, um dem Vorwurf der Beliebigkeit inmitten des entscheidungstheoretischen Kreisgangs (Abb. 2-1) zu entgehen. Hierzu bedarf die Technikfolgenabschätzung geeigneter Ansätze und Bewertungsverfahren (vgl. z.B. Pereira et al. 2007).

Konstruktionen von Zukunft erfolgen nach Maßgabe verfügbaren Wissens, aber auch unter der Bezugnahme auf Relevanzeinschätzungen, Werturteile und Interessen, oft im Rahmen von Aufträgen durch Entscheider in Politik und Wirtschaft. Der Konstruktcharakter von Zukünften kann daher von Vertretern gesellschaftlicher Positionen, substantieller Werte und spezifischer Interessen genutzt werden, um die ihren Interessen entsprechenden Zukunftsbilder zu produzieren und diese in Auseinandersetzungen zur Durchsetzung ihrer partikularen Positionen einzusetzen (Brown et al. 2000). Hier stellt sich die Frage, ob und inwieweit der Vereinnahmung und Instrumentalisierung von Technikzukünften entgegengearbeitet werden kann, indem mit Mitteln wissenschaftlicher Rationalität diese Zukünfte unter Objektivierbarkeitsstandards vergleichend bewertet werden, um Einseitigkeiten, Schieflagen und krude Instrumentalisierungen aufdecken zu können – auch dies ein Stück Aufklärungsarbeit durch Technikfolgenabschätzung.

Entscheidungen in Technik- und Wissenschaftspolitik bedürfen zur Orientierung begründeter und damit *nicht beliebiger* Zukunftsbilder, z.B. zu Technikfolgen. Es ist also ein Verfahren der Bewertung von Zukünften gefragt, in dem ihre ‚Rationalität', also ihre inter- und transsubjektive argumentative Qualität analysiert und letztlich geprüft werden könnte. Über die Geltung von Aussagen wird nach üblichem Verständnis *diskursiv* entschieden (z.B. Gethmann 1979; Habermas 1988). Ein Diskurs, der zwischen Opponenten und Proponenten unter Einhaltung von Diskursregeln erfolgt, ist das Verfahren, in dem auch die Qualität von Technik- und Technikfolgenzukünften beurteilt werden müsste, nach Maßgabe ihrer größeren ‚argumentativen Härte' in diesem Diskurs. Diese ‚Härte' ist nicht gleichbedeutend mit der, wie dies oft verstanden wird, späteren Eintrittswahrscheinlichkeit. Was *mit Geltung* gesagt werden kann, sind nicht Behauptungen über das Eintreffen von Zukünften, sondern nur die *Erwartbarkeit* ihres Eintreffens auf der Basis des *gegenwärtigen* Wissens und *gegenwärtiger* Relevanzeinschätzungen (Lorenzen 1987; Knapp 1978). Diese Erwartbarkeit nun hängt entscheidend von den Elementen ab, die zur Konstruktion der Zukünfte herangezogen wurden. Dazu muss eine Abstufung der Wissensbestandteile, die in die Zukunftsaussage eingeflossen sind, und der jeweiligen Prämissen nach Geltungsaspekten vorgenommen werden. Dies entspricht einer *Dekonstruktion* der zu analysierenden Zukünfte, einer Zerlegung in ihre sprachlichen und epistemologisch relevanten Bestandteile. In einer groben Annäherung kann zunächst folgende Abstufung der Wissens- und Nichtwissensbestandteile vorgenommen werden (Grunwald 2007b):

- *gegenwärtiges Wissen*, das nach anerkannten (z.B. disziplinären) Kriterien *als* Wissen erwiesen ist (z.B. je nach Fragestellung aus Geologie, Wirtschaftswissenschaften, Technikwissenschaften, ...);
- *Einschätzungen* zukünftiger Entwicklungen, die kein gegenwärtiges Wissen darstellen, sich aber durch gegenwärtiges Wissen begründen lassen (z.B. demografischer Wandel, Energiebedarf, ...);
- *ceteris-paribus-Bedingungen*, indem bestimmte Kontinuitäten, ein ‚business as usual' in bestimmten Hinsichten oder die Abwesenheit disruptiver Veränderungen als Rahmen für die prospektiven Aussagen angenommen werden;
- *ad-hoc-Annahmen*, die nicht durch Wissen begründet sind, sondern die ‚gesetzt' werden (wie z.B. die auch zukünftige Gültigkeit des deutschen Kernenergieausstiegs, das Nichteintreten eines katastrophalen Kometeneinschlags auf der Erde, ...).

Für den Vergleich von Zukunftsaussagen unter Geltungsaspekten ist demnach die Qualität des enthaltenen Wissens, der Einschätzungen und der ad-hoc- und der ceteris-paribus-Annahmen und ihrer Zusammenstellung zu hinterfragen, genauso wie die diskursive Haltbarkeit der oben genannten Relevanzentscheidungen und der Anteile des Nichtwissens. Ein Diskurs um Qualitäts- und Geltungsfragen von Zukunftsaussagen wird dadurch zu einem Diskurs über die – jeweils gegenwärtig gemachten – Wissensbestandteile und Voraussetzungen, aber auch über ihre methodische Zusammenfügung z.B. in einem Modell, die zu der Zukunftsaussage geführt haben. Die ‚Geltung' von Zukunftsaussagen hängt nicht davon ab, ob die vorausgesagten Ereignisse zukünftig eintreffen, sondern liegt an den *gegenwärtig* angeführten Argumenten. Auf diese Weise wird zumindest programmatisch ein Weg aufgezeigt, um der vielfach vermuteten Ideologieanfälligkeit der Zukünfte mit wissenschaftlichen Mitteln entgegen zu treten.

Eine derartige Dekonstruktion führt vermutlich dennoch nicht zu einer digitalen Sortierung der divergierenden Zukünfte in objektive und subjektive, in neutrale und ideologische oder in wertende und wertfreie Zukünfte. Dazu dürften die Anteile des Nichtwissens und bewertender Vorentscheidungen in der Konstruktion der Zukünfte vielfach deutlich zu hoch sein. Aber was zumindest erwartbar ist, ist die Schaffung eines höheren Maßes an *Transparenz* (Kap. 5.4): in Bezug auf die Wissensbestände und deren Grenzen, in Bezug auf involvierte Unsicherheiten, die in einer solchen Dekonstruktion expliziert werden müssten, während sie sonst im Dunkeln bleiben können, und in Bezug auf die Aufdeckung der involvierten Werte, Normen und auch Interessen. Diese von einer ‚unbarmherzigen' erkenntnistheoretischen Dekonstruktion zu erwartenden Leistungen sind es, die die Mühe einer solchen Anstrengung rechtfertigen, auch in Ansehung der verbleibenden Unsicherheiten.

6.2 Bewertungen

Dass die Gestaltung von Technik, ihrer Rahmenbedingungen oder von Anpassungs- oder Kompensationsmaßnahmen an Technikfolgen normativer Orientierungen bedürfen und dass zu einer wissenschaftlichen Beratung über Technik die Analyse normativer Fragen und damit ethische Reflexion hinzugehören, ist heute in Absetzung von früheren ‚positivistischen' TA-Konzeptionen kaum noch umstritten (Gethmann 1994; Grunwald 2008a, b). Methodische Schwierigkeiten und Kontroversen über geeignete Wege verbleiben jedoch.

6.2.1 Bewertungsbegriff

Bewertungen sind *Zuschreibungen*: bestimmten Ereignissen oder Objekten (Gütern, Artefakten, Dienstleistungen, Entwicklungen, Verläufen, Situationen etc.) wird von einer Person in einer bestimmten Situation ein Wert zugeschrieben. Die Funktion von Bewertungen besteht in erster Linie in der Handlungs- und Entscheidungsorientierung. Denn von Bewertungen – der aktuellen Situation, der Eignung von Maßnahmen, des Gefährdungspotenzials, der Handlungsmöglichkeiten etc. – hängen sowohl Entscheidungen über Zielsetzungen für Technik als auch die Empfehlungen für Maßnahmen und Strategien zum Umgang mit dem wissenschaftlich-technischen Fortschritt ab.

Werturteile können technischer, ökonomischer, moralischer oder anderer Art sein. Zur Strukturierung von methodischen Herausforderungen und Problemen in der Bewertung von Technikfolgen dient die vierstellige Rekonstruktion des Bewertungsbegriffs: *Jemand bewertet etwas relativ zu einem Kriterienkatalog und relativ zum Stand des Wissens.* Dies führt auf vier Elemente einer Wertaussage:

- *Subjekt* der Bewertung: Wer bewertet?
- *Objekt* der Bewertung: Was wird bewertet?
- *Kriterien*: Wozu wird bewertet? Nach welchen Kriterien wird bewertet? Welche Ziele werden dabei verfolgt?
- *Wissen*: Welcher Stand des Wissens wird dabei zugrunde gelegt (Stand der wissenschaftlich-technischen Entwicklung, Wissen über natürliche Systeme)?

Die Resultate von Bewertungen sind konditionale Sätze: Wenn bestimmte Kriterien zugrunde gelegt werden und wenn ein bestimmter Wissensstand angenommen wird, dann sind bestimmte Bewertungsresultate die Folge. Hieraus und aus der obigen Rekonstruktion ergeben sich sofort die zentralen Aspekte und Schwierigkeiten des Bewertens:

- In kollektiv relevanten und verbindlichen Entscheidungen stellt sich das Problem der *Verallgemeinerbarkeit* von Bewertungen (Kap. 6.2.2). Dies hängt mit der Frage zusammen, *wer* bewertet bzw. wer legitimiert bewerten darf. Das Expertendilemma (Kap. 6.3) problematisiert die Rolle von Experten in Bewertungsfragen und ein Misstrauen gegenüber technokratischen Bewertungen. Partizipative TA-Konzepte versuchen, das ‚Wertberücksichtigungspotential' von Entscheidungsprozessen zu erhöhen (Kap. 4.2).
- Die Resultate von Bewertungen sind sowohl von normativen Bewertungskriterien als auch vom Stand des Wissens abhängig. Bewertungen führen Werte und Wissen zusammen. Wertungen sind auf diese Weise mit der Problematik des Wissens unter Bedingungen der Ungewissheit und Unvollständigkeit verbunden. Neues Wissen kann zu veränderten Bewertungen von Technik führen. So hat sich die Bewertung der Eignung von Asbest als Baumaterial drastisch geändert, sobald die krebserzeugende Wirkung bekannt wurde (Gee/Greenberg 2002).
- Wertungen sind aber auch abhängig von Wandlungen im normativen gesellschaftlichen Rahmen (Wertewandel). Die Bewertung von Technikfolgen kann sich ändern, wenn andere Kriterien herangezogen werden. So hat die Aufnahme der Umweltverträglichkeit seit den 1970er Jahren als neues Kriterium zu veränderten Bewertungen und zu teils veränderter Technik geführt.

6.2.2 Methodische Probleme

Technikfolgenabschätzung als problemorientierte Forschung kommt, wie beschrieben, nicht um Bewertungen herum. Es stellen sich aufgrund des praxisrelevanten und gestaltungsnahen Arbeitens der Technikfolgenabschätzung Fragen nach dem Umgang mit diesen Bewertungen angesichts des Primates der Politik, dem Anspruch wissenschaftlicher Rationalität und der Beteiligungswünsche der Betroffenen. Zur Frage der Möglichkeit wissenschaftlich begründeter Bewertungen gibt es eine Reihe von Teilproblemen:

(1) die Verallgemeinerbarkeit von Bewertungen,
(2) die Herkunft der Bewertungskriterien,
(3) die Herausforderung *integrativer* Bewertungen angesichts von Zielkonflikten und
(4) die *gegenseitige* Beeinflussung von Technik und den normativen Orientierungen einer Gesellschaft.

(1) Das Problem der Verallgemeinerbarkeit

Wenn gilt: „Die Ergebnisse von TA-Analysen sind in hohem Maße von den subjektiven Einschätzungen der TA-Analytiker und ihrer Auftraggeber abhängig ...“ (Paschen/Petermann 1992, S. 29; in gleichem Sinne Jochem 1975, S. 61), dann stellt sich die Frage, ob, inwieweit und unter welchen Bedingungen Bewertungen verallgemeinerbar und wissenschaftszugänglich sind: Kann Technikfolgenabschätzung *als Wissenschaft* Bewertungen vornehmen, und auf welche methodisch gesicherte Weise kann sie dies tun?

Technikfolgenabschätzung kann sicher nicht normative Postulate oder gesellschaftliche Werte als gültig einsetzen, gar als verbindlich erklären, um von dort aus abzuleiten, ob Entwicklung und Einsatz einer Technik akzeptabel, wünschenswert oder gar verpflichtend seien. Technikfolgenabschätzung kann sich nur *konditional* auf diese normativen Ausgangspunkte beziehen. Sie kann Wenn/Dann-Aussagen der folgenden Struktur anbieten: „Wenn man bestimmte normative Ausgangspunkte verwendet, hat dies folgende Konsequenzen oder Implikationen: ...“. Diese *konditional-normative* Struktur von Bewertungen ermöglicht die wissenschaftliche Behandlung von Bewertungsproblemen. Dadurch wird keineswegs eine politische oder gesellschaftliche Bewertung vorweggenommen oder gar ersetzt; es bleibt die Aufgabe politischer oder anderer gesellschaftlicher Meinungsbildungs- und Aushandlungsprozesse, über die ‚Wenn'-Anteile zu entscheiden. Die Umformulierung von (konditionalen) Wenn/Dann-Sätzen in kategorische Empfehlungen ist an Bedingungen über die Akzeptanz der Wenn-Prämisse gebunden. Wenn es hierfür Anhaltspunkte gibt (z.B. durch Verweise auf gesellschaftlich akzeptierte oder politisch legitimierte Zielsetzungen), so können die konditionalen Wenn/Dann-Sätze entsprechend ‚verschärft' werden.

Beispielsweise können sich solche Empfehlungen auf international verpflichtende Dokumente oder auf verabschiedete nationale politische Zielsetzungen beziehen. So werden häufig die Dokumente des Rio-Prozesses in der Nachhaltigkeitsdiskussion als normative Grundlage verwendet, um entsprechende Empfehlungen zur Operationalisierung zu geben (Kopfmüller et al. 2001, Kap. 2; vgl. auch Kap. 9.2 in diesem Buch).

Auf diese Weise kann Technikfolgenabschätzung dazu beitragen, die Entwicklung der normativen Anteile der Bewertungsgrundlagen nicht dem Zufall zu überlassen – z.B. zufälligen Konstellationen von Akteuren oder faktischen Machtverhältnissen –, sondern durch systematische Aufarbeitungen und durch Konsistenz- und Kohärenzbeurteilungen die Nachvollziehbarkeit und Transparenz von gesellschaftlich relevanten Bewertungen zu verbessern.

(2) Herkunft der Bewertungskriterien

In der Frage, woher die Bewertungskriterien kommen und wie sie gerechtfertigt werden sollen, besteht eine prinzipielle Kontroverse zwischen dem normativen Ansatz der philosophischen Ethik und dem empirischen Zugang der sozialwissenschaftlichen Wertforschung (Kap. 12.3). Während die Ethik die Möglichkeiten der Verallgemeinerbarkeit moralischer Aussagen untersucht und die Differenz von Sein und Sollen betont (Gethmann/Sander 1999), operiert die Wertforschung mit sozialwissenschaftlichen Methoden, durch die die aktuell in der Gesellschaft mehrheitlich vertretenen Werte empirisch, z.B. durch repräsentative Umfragen oder Medienanalysen ermittelt werden. Wenn empirische Ergebnisse als normative Basis herangezogen werden, um Technikbewertung im Einklang mit den Werten der Bürger zu betreiben, wird dies seitens der philosophischen Ethik als naturalistischer Fehlschluss kritisiert (ebd.). Diese sehr grundsätzliche Kontroverse geht geistesgeschichtlich bis auf den Positivismus- und Werturteilsstreit zurück (Albert/Topitsch 1971, Adorno et al. 1972). In der Technikfolgenabschätzung schlägt sie sich am deutlichsten in der Frage nieder, wie mit Akzeptanzkonflikten umzugehen sei (vgl. Kap. 10.1).

(3) Inkommensurable Kriterien und Zielkonflikte

Technikentscheidungen erfolgen unter Berücksichtigung von Kriterien und Bewertungen aus ganz verschiedenen Bereichen, die teils inkommensurabel sind, aber auch teilweise nichts miteinander zu tun haben oder die sich widersprechen können. So geht z.B. jeder Gesetzgebung eine integrative Bewertung in vielen Dimensionen, z.B. in sozialer, ökonomischer und rechtlicher Hinsicht, voraus. Konflikte auf diesen Ebenen, z.B. zwischen ökonomischen und ethischen Ansätzen oder zwischen ökonomischen und ökologischen Überlegungen, oder divergierende Annahmen über Gewinner und Verlierer einer Technikeinführung führen zu Problemen einer integrativen Bewertung. Zielkonflikte spielen hier eine besonders wichtige Rolle (Dusseldorp 2007). Hier besteht ein Aggregations- und Integrationsproblem von erheblicher Komplexität, dessen Lösung in modernen Gesellschaften nur durch entsprechende Bewertungs*verfahren* möglich ist.

Das Integrationsproblem stellt sich am deutlichsten in der Nachhaltigkeitsfrage (Kap. 9). Diagnosen und Bewertungen des gegenwärtigen Zustandes oder beobachteter Entwicklungen unter Nachhaltigkeitsaspekten müssen *alle relevanten* Bewertungskriterien in den verschiedenen Dimensionen berücksichtigen (Kopfmüller et al. 2001). So unterschiedliche Aspekte wie die Ressourcenproduktivität, die Gerechtigkeit in der Verteilung von Nutzen und Kosten in der heutigen und mit den zukünftigen Generationen und der Erhalt kulturellen Erbes und der kulturellen Funktionen der Natur müssen zusammengebracht werden. Gelegentlich wird dies wegen der besseren Kommunizierbarkeit an Konsumenten und Bürger durch eine Kennzeichnung von Produkten mit Nachhaltigkeits- oder Umweltgütesiegeln versucht, was jedoch methodisch zu ernsthaften Problemen führt.

Multikriterielle Verfahren versuchen, Probleme dieser Art durch Quantifizierungen, Rankings oder Fuzzy Logic in den Griff zu bekommen (Ludwig 2001). Andere Ansätze gehen davon aus, dass die Möglichkeiten einer wissenschaftlichen Lösung dieses Problems eher gering sind und versuchen, gesellschaftliche Bewertungsprozesse zu organisieren, was in die Richtung der Partizipation führt (Kap. 4.2). Hierbei handelt es sich jedenfalls um ein Feld, in dem es keine abschließenden Lösungen gibt und wohl auch nicht geben kann, weil die Art und Weise, wie diese Integrationen vorgenommen werden, mit gesellschaftlichen und politischen Meinungsbildungs- und Entscheidungsprozessen verbunden sind, die von Kultur und Tradition einer Gesellschaft abhängen und nicht einfach durch Rechenalgorithmen ersetzt werden können.

(4) Ko-Evolution von Technik und normativen Orientierungen

Mit dem Begriff der *Ko-Evolution* von Technik und Gesellschaft (Bijker et al. 1987) ist gemeint, dass Technik und Gesellschaft sich aneinander weiterentwickeln und dass weder Gesellschaft mit ihren inhärenten Vorstellungen die Technik einseitig dominieren könne – sondern eben auch von Technik beeinflusst werde – noch dass umgekehrt Technik sich unabhängig von der Gesellschaft entwickele und dann die Gesellschaft einseitig dominieren könne (vgl. Kap. 4.3). Die normativen Anteile der Entscheidungsgrundlagen wie rechtliche Bestimmungen, ethische Grundsätze, nicht kodifizierte Verhaltensstandards, Moralvorstellungen etc. sind danach nicht einfach feste Randbedingungen für die Technikentwicklung, sondern werden durch neue Technik herausgefordert und in Frage gestellt, wie dies in Fragen moderner Medizin, der Gentechnik oder globaler Umweltveränderungen häufig der Fall ist und entwickeln sich dadurch weiter.

Im moralisch besonders sensiblen Feld der Reproduktionsmedizin ist zu beobachten, dass die heftige Ablehnung bestimmten Entwicklungen gegenüber dann einer (vorsichtigen) Akzeptanz weicht, wenn die Neuentwicklung ,gute Dienste' leistet. Die Empörung über das erste Retortenbaby ist heute kaum noch zu verstehen, auch wenn ethische Probleme verbleiben, und vielleicht geht es auch einmal der Empörung über die Möglichkeit des Klonens von Menschen ähnlich. Entscheidend für die wachsende Akzeptanz trotz einer prima facie Ablehnung ist, dass damit anerkannte Zwecke erreicht werden können. Dann wächst die Bereitschaft, zugunsten dieser Zweckrealisierungen auch Risiken in Kauf zu nehmen und die harte ja/nein-Diskussion kann in eine Abwägung zwischen Chancen und Risiken überführt werden.

In Bezug auf Bewertungsfragen besagt die These von der Ko-Evolution von Technik und Gesellschaft, dass Technik den normativen Grund mit beeinflusst, von dem aus sie zu bewerten wäre. Wenn das, womit man normativ gestalten will (seien dies Leitbilder, Visionen oder Werte), immer bereits von der Technik mit beeinflusst wird, gerät die Argumentation in einen Zirkel: von welchem normativen Grund aus kann dann noch legitimiert und argumentativ nachvollziehbar Technikgestaltung betrieben werden? Hieraus folgt eine skeptische Haltung gegenüber der Möglichkeit von Technikgestaltung, weil die Normativität, die zum Gestalten unverzichtbar ist, nicht ,festgehalten' werden kann. Wenn sie sich einfach mit entwickeln würde, könnte sie nicht als Basis für Technikgestaltung herangezogen werden (vgl. Kap. 4.3.3). Es verbleibt die Frage nach dem normativen Grund, von dem aus Bewertungen nachvollziehbar und verallgemeinerbar unternommen werden könnten.

6.3 Das Experten-Dilemma

Das Expertendilemma (Nennen/Garbe 1996) besteht in der bekannten Problematik, dass Expertengutachten zu unterschiedlichen, teils sich komplett widersprechenden Urteilen kommen können (6.3.1). Es führt zu besonderen Schwierigkeiten, insofern aus Wissen etwas für das Handeln gefolgert werden soll (6.3.2).

6.3.1 Gutachten und Gegengutachten

Es ist bekannt, dass Experten keineswegs einer Meinung sein müssen, auch dann nicht, wenn ihre Expertise sich auf den gleichen Bereich bezieht. Die Gutachten/Gegengutachten-Problematik hat zu ernsthaftem Vertrauensverlust in Wissenschaftssystem und Expertenwesen geführt, insbesondere weil auf diese Weise der Eindruck entsteht, dass jeder Politiker oder jeder Konzern Experten finden wird, die ein genehmes Gutachten in wissenschaftlichem Stil verfassen. Wissenschaft erscheint als parteilich und vielleicht sogar käuflich statt als objektiv und neutral.

Ein gutes Beispiel für diese Expertendilemmata mit dazu noch weit reichenden Auswirkungen stellt die Risikobewertung der Kernenergie in den siebziger und achtziger Jahren dar. Dass die Akzeptanz der Kernenergie deutlich nachließ, war vor allem ‚alternativen' Risikoeinschätzungen geschuldet. So wurden die Gefahren eines Störfalls, Flugzeugabstürze auf Kernenergie-Anlagen und terroristische Anschläge von den Gegnern der Kernenergie mit entsprechender wissenschaftlicher Unterstützung anders bewertet als durch die offizielle Reaktorsicherheitskommission. Gutachten stand hier gegen Gutachten. Auf der Seite der Reaktorsicherheitskommission wurde ein quantitatives und damit vermeintlich objektives Bild der Risiken gezeichnet; die Öffentlichkeit ließ sich aber durch noch so detaillierte (und kleine) Zahlenwerte für Eintrittswahrscheinlichkeiten von Störfällen nicht beeindrucken. Ein bestimmtes Wissenschaftsverständnis, naturwissenschaftlich-technisch geprägt, scheiterte daran, dass die Risikowahrnehmung der Öffentlichkeit nach anderen Mustern funktionierte als die ingenieurmäßige Behandlung es annehmen musste.

Hintergrund für dieses Expertendilemma ist die Unvermeidbarkeit von Bewertungen in Gutachten. Wissen allein reicht in der Regel nicht, um z.B. zu Aussagen über die Eignung bestimmter Materialien, über die Sicherheit eines Staudammes oder über die Umweltverträglichkeit von Nanopartikeln zu kommen. Stets müssen in Expertenurteilen Wissensbestände und Beurteilungskriterien zusammengeführt werden: die Expertenrolle erschöpft sich nicht darin, Wissen bereitzustellen, sondern beinhaltet auch eine problembezogene *Urteilskraft*. Dann stellt sich die Frage nach den Kriterien für diese Bewertungen und nach ihrer allgemeinen Akzeptierbarkeit. Hier besteht die kaum zu vermeidende Gefahr, dass Experten ihre Rollen als neutrale Gutachter und als engagierte Bürger oder Interessenvertreter nicht klar trennen, sondern auch Bewertungen auf der Basis eigener Überzeugungen vornehmen, die durch ihre Expertise nicht gedeckt sind.

Epistemologischer Hintergrund des Expertendilemmas ist, dass sich zu Fragen gesellschaftlichen Handelns Wissen und Werte nicht strikt trennen lassen. Die Trennung in eine deskriptive (wertfreie) Phase des ‚Erkennens' von Technikfolgen und eine darauf folgende Phase der gesellschaftlichen Bewertung (VDI 1991) ist eine Fiktion: das, was erkannt werden kann, hängt von vorgängigen bewertenden Entscheidungen ab. Hierzu gehören die genaue Definition des zu untersuchenden Problems, die Wahl von Schlüsselbegriffen, Klassifikationen des Forschungsfeldes, die Definition der Grenzen des betrachteten Systems, Relevanzüberlegungen hinsichtlich der Berücksichtigung von Wechselwirkungen und die Wahl zentraler Modellierungskonzepte (Kap. 5).

In Bezug auf wissenschaftliche Experten gilt verstärkt, dass Wissenschaftler zu den Gebieten, zu denen sie als Experten gehört werden, eine eigene Affinität besitzen, da sie in der Regel vom Sinn der eigenen Arbeit überzeugt sind. In diesem Sinne sind Wissenschaftler in den sie selbst betreffenden Fragen selbstverständlich nie nur neutrale Experten, sondern auch Interessenvertreter in eigener Sache.

In einer Studie des Büros für Technikfolgenabschätzung zur Kernfusion (Grunwald et al. 2002) wurde es als schwierig erachtet, *unabhängige* Expertisen in diesem Feld zu erhalten, da nahezu alle Experten für Kernfusion durch ihre Tätigkeiten dort auch eigene Interessen haben. In Felder mit intensiven Technikkonflikten wie der Kernenergie haben sich über die Zeit eigene ‚Gegenexperten' herausgebildet, die dann auch herausgehobene Positionen wie z.B. den Vorsitz der Reaktorsicherheitskommission eingenommen und sich teils auch den Respekt der ‚eigentlichen' Experten erworben haben.

Sich widersprechende Expertenurteile führen für Politiker und Öffentlichkeit, zu einer Überforderungssituation. Es fehlen in der Regel die Kompetenzen, sich inmitten von Expertendilemmata eine eigene Meinung zu bilden und sich mit guten Gründen für eine der divergierenden Expertisen zu entscheiden. Aus demokratischer Perspektive ist hier einerseits wesentlich, dass durch Expertengutachten nicht ‚unter der Hand' die demokratische Willensbildung und Entscheidung beeinflusst oder gar determiniert werden darf. Andererseits darf es nicht dazu kommen, dass Entscheidungsträger sich die zu ihren Vormeinungen oder politischen Positionen am besten passenden Gutachten heraussuchen und diese zur bloßen Legitimationsbeschaffung ihrer eigenen Positionen nutzen, Gutachten mit anderen Ergebnissen aber ignorieren.

Eine Herausforderung an Technikfolgenabschätzung ist vor diesem Hintergrund, nicht einfach die sowieso schon vorhandene Vielfalt der Expertisen durch eine weitere zu bereichern, sondern die vorhandenen Expertisen aufzunehmen, sie kritisch zu analysieren und den Gründen für abweichende Urteile nachzugehen. Technikfolgenabschätzung beginnt daher häufig mit einer Sichtung der vorhandenen Expertisen und Positionen und versucht, hierzu eine reflektierend-distanzierte Position einzunehmen. Durch wissenschaftstheoretische Reflexion auf die jeweiligen Prämissen und Schlussweisen wird versucht, mehr Transparenz in die argumentative Gemengelage zu bringen (Gutmann/Hanekamp 1999). Das Ziel ist, die Möglichkeiten der argumentativen Rationalität so weit wie möglich auszunutzen und zumindest eine ‚Prämissendeutlichkeit' (Lübbe 1997) zu erreichen und möglichst transparent die Voraussetzungen und Prämissen der Expertenurteile aufzudecken. Auf diese Weise kann eine analytische Trennung der deskriptiven Expertenaussagen von den implizit enthaltenen normativen moralischen, evaluativen oder politischen Beurteilungen vorgenommen werden. Das Konfliktfeld wird dadurch geklärt und transparenter gemacht; normative Konflikte können präzisiert, aber nicht unbedingt gelöst werden (vgl. auch Grunwald 2008a). Divergierende Urteile werden auf unvereinbare Prämissen und normative Vorentscheidungen zurückgeführt, um eine demokratische Auseinandersetzung zu erleichtern bzw. zu ermöglichen. Es geht um eine ‚Reinigung' der Expertisen von Bewertungen, die durch die Expertise selbst nicht abgedeckt sind, und um eine ‚Neutralisierung der Experten' (Bora/van den Daele 1997).

Expertendilemmata haben erheblich zum Vertrauensverlust in wissenschaftliche Expertisen beigetragen. Dabei stehen zu einem großen Teil unrealistische Erwartungen von Öffentlichkeit und Politik im Hintergrund, nach denen Wissenschaft ‚die eine' Wahrheit verkünden solle und sich verdächtig macht, wenn es mehrere Wahrheiten zu geben scheint. Unrealistisch sind diese Erwartungen in den meisten Feldern gesellschaftlichen Handelns, weil dort die unvermeidbaren hohen Unsicherheiten verhindern, dass sich ein wissenschaftlicher Konsens herausbildet, den man als ‚wahr' bezeichnen könnte. Es ist gerade umgekehrt: in der Art und Weise, wie Wissenschaftler und Experten mit diesen Unsicherheiten umgehen, zeigen sich auch außerwissenschaftliche Einstellungen, Vormeinungen oder Positionen. Auch Experten sind Teil der Gesellschaft, haben ihre eigenen weltanschaulichen Vorstellungen und persönlichen Dispositionen, etwa zur Frage der Risikobereitschaft. Daher spielt die Pluralität gesellschaftlicher Positionen, Dispositionen und Wahrnehmungen auch in die Art und Weise hinein, wie Experten mit den dialektischen Spannungsfeldern des wissenschaftlich-technischen Fortschritts umgehen.

6.3.2 Handlungsoptionen und Empfehlungen

Zu den klassischen Aufgaben der Technikfolgenabschätzung gehört die Erarbeitung von alternativen Handlungsoptionen für zumeist politische Entscheidungsträger einschließlich der Darstellung der jeweiligen Folgen und Implikationen der

Wahl einer dieser Optionen. Hier werden das aufgearbeitete Wissen, möglicherweise entwickelte Szenarien und die vorgenommenen Bewertungen handlungsorientiert zusammengeführt. Für die Entwicklung von Handlungsoptionen ist keine anerkannte Methodik verfügbar; dies ist kein klassisches Betätigungsfeld für Wissenschaftler. Oft ist dort nicht einmal ein Problembewusstsein für das Zustandekommen dieser Art von Ergebnissen wissenschaftlicher Tätigkeit vorhanden.

Eine strukturierte Methodik existiert also nicht. Stattdessen werden Handlungsoptionen meist unter Plausibilitätserwägungen und in Abstimmung mit den Entscheidungsträgern pragmatisch und einzelfallgebunden entwickelt (z.B. Paschen et al. 1992a). Die allgemeine Kontextabhängigkeit von Technikfolgenabschätzung dürfte sich an dieser Stelle am radikalsten zeigen, so dass methodische, im Sinne von verallgemeinernde, die konkrete Situation übersteigende Verfahren kaum zur Anwendung kommen können. Als Ausweg bleibt, um den Qualitätsanforderungen an Technikfolgenabschätzung (Kap. 5.4) zu entsprechen, die Formulierung von allgemeinen Kriterien, an denen sich die Erarbeitung von Handlungsoptionen orientieren soll. Über die Anwendbarkeit und das Gewicht der im Folgenden genannten Kriterien kann nur im Einzelfall und innerhalb einer transparenten Offenlegung befunden werden:

- *Unterscheidung gestaltbarer und unbeeinflussbarer Elemente*: Vor der Erarbeitung von Handlungsstrategien muss geklärt werden, welche Elemente einer zukünftigen Entwicklung überhaupt als einer Gestaltung durch den zu beratenen Entscheidungsträger zugänglich angesehen werden und welche nicht, bzw. in welchem Rahmen und in welchen Zeitdimensionen eine Gestaltung als möglich erscheint. Ob es um die Beeinflussung des weiteren Vormarsches digitaler Technologien, den Weg zu einer elektronischen Gesellschaft, um ordnungsrechtliche Instrumente in der Abfallbehandlung, um neue Raumfahrtprogramme oder um die Bevölkerungsentwicklung geht, werden Antworten jeweils völlig anders ausfallen.
- *Abdeckung des Handlungsspektrums*: Die erarbeiteten Handlungsstrategien sollten das Feld der Möglichkeiten gut abdecken bzw. strukturieren, um Einseitigkeiten und Einflussnahme auf den Entscheidungsträger zu vermeiden. Dieses Postulat kann sich an polarkonträren Attributen von Handlungsoptionen orientieren wie z.B. risikobereit/risikoscheu, konservativ/progressiv, proaktiv/reaktiv, defensiv/offensiv etc.[1]
- *Unterscheidbarkeit*: Die Handlungsoptionen sollen voneinander gut unterscheidbar sein, d.h. sie sollen die Vielfalt der Möglichkeiten illustrieren und nicht zu dicht beieinander liegen.

---

1 Vgl. hierzu einschlägige Beispiele wie die Sänger-Studie, Paschen et al. 1992a, oder die TAB-Studie zur Kernfusion, Grunwald et al. 2002.

- *Anschlussfähigkeit*: Die Handlungsoptionen sollen an die gesellschaftliche oder politische Diskussionslage anschlussfähig sein. D.h. Entscheidungsträger und Interessenvertreter sollen ihre Positionen und Präferenzen in einer oder mehrerer Optionen wiederfinden. Auf diese Weise können die Bedingungen für eine Umsetzung in praktische Politik gefördert und die Möglichkeiten einer transparenten demokratischen Debatte darüber verbessert werden.
- *Modularität*: Handlungsoptionen bestehen in der Regel aus einem Bündel von Maßnahmen. Gegebenenfalls können Teile verschiedener Handlungsoptionen zu weiteren Optionen kombiniert werden. Hierzu ist es erforderlich, den modularen Aufbau der Optionen deutlich zu machen. Damit sollte es möglich sein, innovative Kombinationen aus bekannten Einzelteilen von Handlungsstrategien zu entwickeln, welche möglicherweise auf eine höhere Akzeptanz stoßen oder eine Verbesserung der Zielerreichung ermöglichen.

In der TAB-Studie zum Raumtransportsystem ‚Sänger' (Paschen et al. 1992a) wurde demonstriert, wie die Entwicklung von Handlungsoptionen in Abstimmung mit den auftraggebenden Parlamentariern sogar dazu führte, Einvernehmen zwischen den Fraktionen über die zu wählende Option herzustellen (Catenhusen 1994).

Eine weitergehende Frage ist, ob Technikfolgenabschätzung *substanzielle Empfehlungen* zugunsten bestimmter Entscheidungen geben könne oder solle. Ist dies in der Regel in parlamentarischen TA-Institutionen nicht vorgesehen (Kap. 3.2 und 3.3), so haben Forschungseinrichtungen oftmals größere Spielräume. Handlungsempfehlungen sind z.B. fester Bestandteil der Projektberichte der Europäischen Akademie (Kap. 5.3.2; vgl. z.B. Christaller et al. 2001). Sie umfassen die Benennung von Forschungsbedarf und die Markierung von Wissenslücken, geben Hinweise auf mangelnde oder überflüssige Regulierungen und beurteilen Handlungsoptionen und Strategien auf ihre Eignung (Schröder et al. 2002 für die Klimapolitik).

Die methodische Frage ist, inwieweit dies noch wissenschaftlich begründbar ist, oder ob die entsprechenden Bearbeiter – hier: disziplinäre Experten – nicht eher als betroffene Bürger oder als Interessenvertreter der Wissenschaft auftreten. Substanzielle Handlungsempfehlungen lassen sich wissenschaftlich begründen, wenn sie *konditional* und nicht kategorisch verstanden werden. Die Wissenschaftlichkeit von Empfehlungen kann – genau wie bei Bewertungen, siehe oben – nur dadurch gewährleistet werden, dass sie sowohl in ihren deskriptiven Annahmen, also über die Faktenlage, den Stand der Forschung etc., als auch in ihren normativen Bestandteilen in Ketten von Wenn/Dann-Aussagen bestehen (Grunwald 1998). Die Qualität der Empfehlungen wird durch die Qualität der angeführten Begründungen, d.h. durch die argumentative Haltbarkeit der Wenn/Dann-Verknüpfungen, bestimmt. Bis hierher und nicht weiter reicht das Mandat von wissenschaftlich betriebener Technikfolgenabschätzung in Bezug auf Empfehlungen.

Inwieweit die konditionalen wissenschaftlichen Empfehlungen Eingang in die gesellschaftliche Praxis finden, ob also eine Überführung der konditionalen Empfehlungen in Entscheidungen möglich ist, hängt dann stark davon ab, inwieweit die gewählten normativen Prämissen in den ‚Wenn-Anteilen' in der Gesellschaft anschlussfähig sind oder geteilt werden. Dies festzustellen ist Aufgabe der Gesellschaft in ihren dafür legitimierten Institutionen und Verfahren.

6.4 Quantitative oder qualitative Technikfolgenabschätzung?

Forderungen nach quantitativen Verfahren in der Technikfolgenabschätzung werden immer wieder erhoben. Teilweise wird die Quantifizierung bis in die Definition hinein aufgenommen:

> „Die Technikfolgen-Abschätzung und -Bewertung ist ein systematischer Prozess der Identifizierung, Quantifizierung und Bewertung wesentlicher Auswirkungen auf die Gesellschaft, die sich bei Einführung, Ausweitung oder Veränderung einer Technologie einstellen können." (Jochem 1975, S. 58)

Schwierigkeiten der Quantifizierung werden durchaus zugestanden. Trotzdem findet sich das Beharren auf dem Ideal einer *weitestgehenden* Quantifizierung in Teilen der TA-Gemeinschaft, z.B. durch den Ansatz, mit Hilfe der Systemtheorie Qualitatives quantitativ zu erfassen:

> „Wir meinen ... eine Systemtheorie, die dazu tendiert, auch qualitative Zusammenhänge eines Tages quantitativ formulieren zu können. Es ... wird auch ... eine präzise, auf der Sprache der Mathematik basierende Grundlage für solche Zusammenhänge geschaffen." (Bullinger 1991, S. 108)

Es ist weitgehend unklar, in welchem Umfang Quantifizierung für Technikfolgenabschätzung möglich oder notwendig ist; auch bestehen Dissense in der Frage, wie quantitative und qualitative Anteile zueinander in Beziehung gesetzt werden sollen.

Quantitative Analysen beruhen auf Messverfahren, in denen bestimmten Parametern Zahlenwerte zugeordnet werden. Sie erlauben Aussagen über zeitliche Entwicklungen von beobachteten Größen, über das Maß der Abweichung empirisch bestimmter Parameterwerte von festgelegten Zielwerten, über die Konsistenz von Detailergebnissen in einem größeren Zusammenhang und über den dominanten Effekt im Falle konkurrierender Wechselwirkungen. Insbesondere in komplexen Fragen und in systemischen Rückkopplungsprozessen, die sich einer qualitativen argumentativen Abwägung entziehen, sind quantitative Modellierungen von besonderer Bedeutung.

Dies betrifft z.B. Fragen der Wechselwirkung zwischen Technikeinsatz und Emissionen in die Atmosphäre, etwa im Zusammenhang mit dem Klimaschutz oder in Bezug auf die Analyse der räumlichen Verteilung von PKW-Emissionen in Ballungsräumen. Durch quantitative Modellierung der Emissionsquellen und der Transportvorgänge können entsprechende Ausbreitungsrechnungen vorgenommen werden, auf deren Basis z.B. Warnungen vor dem Überschreiten von Grenzwerten erfolgen können. Sie können aber auch genutzt werden, um verschiedene Optionen der Verkehrsgestaltung auf die Folgen für die Schadstoffausbreitung zu vergleichen (Halbritter et al. 1999).

Zu den Quantifizierungen der Technikfolgenabschätzung gehören auf einer sehr techniknahen Ebene Daten über Emissionen von technischen Produkten oder Systemen, oder als über den Lebenszyklus aggregierte Daten im Rahmen eines ‚Life Cycle Assessment' (Kap. 7.1). In Bewertungsfragen gehören vor allem ökonomische (monetäre) Quantifizierungen von erwarteten Nutzen oder Schäden sowie in der quantitativen Fassung des Risikobegriffes die Eintrittswahrscheinlichkeit eines möglichen Schadens zu den häufig quantifizierten Größen. Aber auch Zustimmungs- oder Ablehnungswerte von Technologien in der Bevölkerung oder andere Ergebnisse repräsentativer Umfragen werden quantifiziert. Schließlich wird in der Innovationsforschung versucht, quantitative Kenngrößen für die Reife einer Technologie und ihre weiteren Entwicklungsmöglichkeiten zu bestimmen (Grupp 1997).

Quantitativen Analysen sind allerdings Grenzen gesetzt, z.B. weil die erforderlichen Daten nicht verfügbar sind oder wenn quantifizierende Maße umstritten sind. Beides ist häufig der Fall und zwar nicht nur für Erfassungen und Bewertungen von sozialen oder kulturellen Technikfolgen. Bereits Quantifizierungen der Folgen von Technik für die natürliche Umwelt, z.B. in Form monetärer Werte für geschädigtes Naturkapital, sind umstritten, weil die Bewertung des Nutzens solcher *externer Effekte* nicht mittels eines marktförmigen Angebots/Nachfrage-Mechanismus erfolgt, sondern nur durch normative Setzung des Quantifizierungsmechanismus vorgenommen werden kann.

Beispiele für diese Problematik sind Fragen nach dem Geldwert einer seltenen Krötenart oder eines Singvogels im Vergleich zu dem erwarteten wirtschaftlichen Nutzen des Baus einer Straße durch ihren Lebensraum. Auch der Wert von subjektivem Wohlbefinden als Technikfolge über erhöhten Komfort oder eines Verlustes von ästhetisch ansprechender Landschaft durch Ansiedlung eines Gewerbegebietes lässt sich erkennbar kaum quantifizieren.

Es ist eine Reihe von Bewertungsverfahren entwickelt worden, die mit Hilfe von teilweise trickreichen Ersatzüberlegungen zu Quantifizierungen gelangen. Hierzu gehört vor allem die Erkundung der *Zahlungsbereitschaft* von betroffenen Personen (willing-ness-to-pay). Betroffene Personen werden, z.B. angesichts des möglichen Verlustes einer ästhetisch wertvollen Landschaft, befragt, wie viel sie bereit wären zu zahlen, um diese Landschaft zu erhalten. Durch diese Methode werden persönliche Präferenzen von Betroffenen in monetäre Nutzen- oder Schadenwerte überführt. Eine andere Methode arbeitet auf statistische Weise mit Gesundheitsrisiken durch Technik, um dann z.B. verschiedene Energieträger nach der Zahl der mutmaßlich verlorenen Lebensjahre zu vergleichen (Voss 2000).

Alle Methoden dieses Typs sind, anders als zumeist die Messverfahren in Physik oder Chemie, umstritten. Die Zuweisung eines Geldwertes zu einer Technikfolge (Nutzen oder Schaden) ist nicht unabhängig von politischen und ethischen Fragen. Quantifizierungen in gesellschaftlichen Bereichen sind in der Regel abhängig von bewertenden Vorentscheidungen, welche in die Methode der Quantifizierung eingehen. Und deswegen bleiben Quantifizierungen im Technikfolgenbereich auch häufig kontrovers und liefern nicht einfach die erhofften ‚objektiven' Tatbestände.

Besonders drastisch wird dies, wenn z.B. in der ökonomischen Modellierung der Auswirkungen des Klimawandels Menschenleben in Geldeinheiten gemessen werden, die Kalkulationen in der Versicherungswirtschaft entnommen sind. Die quantitative Bewertung des Wertes von Menschenleben und Lebensqualität stößt erkennbar auf ethische Probleme.

Eine weitere Schwierigkeit liegt darin, dass gerade in komplexen Fragen von Technikfolgen und ihrer Bewertung verschiedene und inkommensurable Dimensionen zu beachten sind (Kap. 6.2). Soziale, ökonomische und umweltbezogene Folgen müssen in Beziehung zueinander gesetzt werden. Es ist wohl eine Illusion, dies über die Projektion auf eine einheitliche quantitative Skala erreichen zu wollen, um dann das Problem z.B. als ein Nutzenmaximierungsproblem quantitativ behandeln zu können. Auf diese Weise würden Technikkonflikte, Legitimationsprobleme und die enthaltenen normativen Probleme nur in den zugrunde liegenden Quantifizierungsverfahren versteckt. Statt die Probleme der Lösung näher zu bringen, tragen undurchschaubare Quantifizierungen oft eher zur Verschleierung von Problemen hinter einer ‚Scheinobjektivität' der Zahlenwerte bei.

Diese Einschränkungen machen Quantifizierungen in der Technikfolgenabschätzung nicht obsolet. In vielen Fällen sind quantitative Zugänge unbedingt erforderlich, um überhaupt zu belastbaren Aussagen zu kommen. In der Ökobilanzierung und ihren Erweiterungen in Richtung auf ökonomische Größen werden Quantifizierungen durchgeführt (Kap. 7.1). Wie sollte man sonst etwa vergleichen, ob die Einweg- oder die Mehrwegverpackung ökologisch sinnvoller ist? Quantifizierungen werden also vielfach mit Gewinn trotz der genannten Probleme durchgeführt. Die methodischen Probleme schlagen allerdings zurück. So wird der alte Streit um Einweg- oder Mehrwegverpackungen auch durch quantitative Analysen nicht abschließend entschieden: der Streit wird vielmehr verlagert auf die Ebene, wie angemessen zu quantifizieren sei bzw. wie die Systemgrenzen zu wählen seien. Dies führt auf die Anforderung, die bewertenden Anteile von Quantifizierungsmethoden transparent zu machen. Nur wenn dies erfolgt, können die Ergebnisse quantitativer Verfahren angemessen interpretiert und mit qualitativen Anteilen verbunden werden.

Es zeigt sich also, dass Quantifizierungen einerseits ein häufig sinnvolles, teilweise auch unverzichtbares Hilfsmittel der Technikfolgenabschätzung sind. Andererseits sind Quantifizierungen im Technikfolgenbereich auch problematisch, zumindest aber interpretationsbedürftig. Wenn die Ergebnisse einer quantitativen Untersuchung einer Partei in einem Technikkonflikt nicht genehm sind, ist es häufig nicht schwierig, die Quantifizierungsregeln und andere Prämissen anzugreifen. Quantitative Ergebnisse stehen nicht ‚objektiv' für sich selbst, sondern hängen von der Art und Weise der Quantifizierung ab. Sie müssen daher in einen transparenten *qualitativen Interpretationsrahmen* eingebunden werden. Dann und nur dann können sie ein wertvoller Beitrag zur Technikfolgenabschätzung sein.

6.5 Zwischen Vollständigkeitsanspruch und Selektivität

Wenn Technikfolgen ex ante, d.h. *vor* der Einführung einer Technik, erforscht werden sollen, stellt sich die Frage, *in welchem Umfang* dies geschehen soll. Insofern es darum gehen soll, vor technikbedingten Risiken frühzeitig zu warnen oder mögliche Technikkonflikte im Vorhinein zu erkennen (Kap. 2), ist es zunächst nahe liegend, einen *Vollständigkeitsanspruch* zu erheben. Denn ansonsten bliebe ja das Risiko unvorhergesehener Problemsituationen mit Technikfolgen erhalten: Wenn Technikfolgen nur unvollständig bekannt wären, könnten die unbekannten gerade diejenigen Probleme verursachen, zu deren Vermeidung Technikfolgenabschätzung beitragen soll. Die Erfahrung hat gezeigt, dass oftmals technische Entwicklungen mit guten Gründen aus einem beschränkten Bereich zugelassen oder gefördert wurden. Dann traten Technikfolgen jedoch in ganz anderen Bereichen auf, an die vorher niemand gedacht hatte und die zu ernsthaften Problemen führten (vgl. Kap. 1). Diese Fälle werfen die Frage auf, ob und in welcher Weise es möglich ist, im Vorhinein nichts unbedacht zu lassen und die Technikfolgen *vollständig* ex ante zu erforschen, um auf diese Weise alle Risiken auszuschalten bzw. die Gesellschaft auf die nicht eliminierbaren vorzubereiten. Dieser als Ideal intendierte Umfassendheitsanspruch bezieht sich dabei sowohl auf die Gesamtheit der Folgen in räumlicher und zeitlicher Hinsicht wie auch auf die verschiedenen Bereiche, in denen sie sich manifestieren.

So wurde gefordert, dass Technikfolgenabschätzung „das Spektrum der Auswirkungen, die zu identifizieren, abzuschätzen und zu bewerten sind, umfassend anlegen" soll (Paschen/Petermann 1992, S. 26ff.).[2] Ein anderes Beispiel zeigt ganz ähnliche Erwartungen des politischen Systems an Technikfolgenabschätzung:

> „Der Gesamtzusammenhang von technischem und gesellschaftlichem Wandel soll als komplexes System von sich gegenseitig bedingenden Ursachen und Wirkungen systematisch erfasst und bewertet werden." (Bundestag 1987)

Die Hoffnung ist also in der Tat häufig, dass durch eine vollständige Erfassung von Technikfolgen unliebsame Überraschungen in Technikeinführungen und Technisierungsprozessen vermieden werden können.

Diese Vollständigkeitsansprüche entstammen letztlich einem planungsoptimistischen Grundverständnis, das geschichtsphilosophisch und gesellschaftstheoretisch weit reichende Erwartungen an Planbarkeit unterstellte (Camhis 1979). Der Vollständigkeitsanspruch erstreckt sich dabei auf die Berücksichtigung aller möglichen *Optionen* und die Berücksichtigung des *kompletten* Folgenspektrums jeder der Optionen. Vollständigkeitsansprüche werden auch in anderen Hinsichten genannt: in Bezug auf die Beteiligung *aller Betroffenen* an einem partizipativen technikbezogenen Beratungsprozess (Kap. 4.2) und die Forderung nach Berücksichtigung *aller Expertenpositionen* in Konsensuskonferenzen (Kap. 7.4).

Ohne große theoretische Erörterungen ist sofort zu erkennen, dass eine derart beanspruchte Vollständigkeit grundsätzlich nicht einlösbar ist. Ist zwar die Sorge vor einem ‚Vergessen' von Technikfolgen durchaus berechtigt, so ist ihre nachweisbar vollständige Erfassung im Vorhinein aus ökonomischen Gründen der Finanzierbarkeit von Forschung, aus praktischen Gründen der Datenverfügbarkeit und aus prinzipiellen wissenschaftstheoretischen Gründen grundsätzlich nicht möglich (Grunwald 2000a, S. 217ff.). Stattdessen kommt Technikfolgenabschätzung nicht darum herum, über *Relevanzentscheidungen* eine Reduktion der in Betracht zu ziehenden Parameter, Folgedimensionen und Handlungsoptionen zu erreichen. Es müssen zu Beginn einer TA-Studie Entscheidungen dar-

2 Die Autoren relativieren dies später allerdings als Idealmodell, in dem die Umfassendheitsansprüche nicht wirklich eingelöst werden sollen.

über getroffen werden, welche Optionenbereiche, welche Folgenbereiche und welche Gruppen von Betroffenen berücksichtigt werden sollen (Kap. 5.2). Dies freilich erfolgt unter *normativen* Bewertungskriterien der Unterscheidung von wichtig und unwichtig und unter den Bedingungen von Unsicherheit und Nichtwissen. Diese Relevanzentscheidungen sind also grundsätzlich in sich riskant: es könnte sich im Nachhinein herausstellen, dass doch, aller Sorgfalt zum Trotz, wichtige Dinge ‚vergessen' worden sind.

Die Erreichung von Vollständigkeit muss demnach *pragmatisch* verstanden werden: Vollständigkeit relativ zu den Anforderungen des zu bearbeitenden Problems. Ein *pragmatisches* Vollständigkeitsprinzip, nach dem man nichts als relevant Eingeschätztes außer acht lassen darf, um nicht das Ganze zu gefährden, ist durchaus eine regulative Idee der Technikfolgenabschätzung. In diesem Sinne ist die Verpflichtung der dänischen Konsensus-Konferenzen auf „vollständige Erfassung aller relevanten Experten" (nach Skorupinski/Ott 2000, S. 103) durch das Wörtchen ‚relevant' eine geradezu weise Formulierung. Es hat jedoch keinen Sinn, nach *absoluter* Vollständigkeit in irgendeiner Hinsicht zu streben.

6.6 Zwischen zu früh und zu spät: Das Collingridge-Dilemma

Eines der zentralen Probleme der Technikfolgenabschätzung zeigt sich in dem nach seinem Autor benannten Collingridge-Dilemma (Collingridge 1980), auch als Steuerungs- oder Kontrolldilemma bekannt (Wagner-Döbler 1989). Dieses Dilemma spielt mit der Spannung zwischen realen Gestaltungsmöglichkeiten und der Verfügbarkeit verlässlichen Folgenwissens.

Die Aussichten auf sicheres Folgenwissens werden umso besser, je weiter entwickelt eine Technik ist, je besser die Produktionsbedingungen, Nutzungskontexte und Entsorgungsverfahren bekannt sind. Am besten lassen sich Technikfolgen ‚messen', wenn sie bereits Realität sind. Nur: dann besteht keinerlei Möglichkeit mehr, die Technik oder die Technikfolgen gestaltend zu beeinflussen, denn dann ist die Entwicklung bereits abgeschlossen oder wenigstens so weit fortgeschritten, dass aus ökonomischen Gründen ein Umsteuern kaum noch oder nicht mehr möglich ist. Der Schluss hier ist: wenn man (einigermaßen) sicheres Folgenwissen haben will, hat man keine Gestaltungsmöglichkeiten mehr.

Die nahe liegende Schlussfolgerung daraus ist, dass Technikfolgenabschätzung, insofern sie etwas bewirken und nicht nur beobachten will, sich mit den frühen Phasen der Entwicklung befassen müsse. Denn zu Beginn der Entwicklungen sind, im Einklang mit den Ergebnissen der Technikgeneseforschung (Kap. 4.3), die Einfluss- und Gestaltungsmöglichkeiten am größten. Technik ist noch nicht auf bestimmte Entwicklungspfade oder Produktlinien bzw. deren Details festgelegt, sondern zu einem guten Teil offen. Technikfolgenabschätzung befasst sich dann mit technischen Entwicklungen und ihren Folgen, die es noch gar nicht gibt und die es teils vielleicht sogar niemals geben wird. Die damit notwendigerweise verbundene Unsicherheit des Folgenwissens (Kap. 6.1) führt nach Collingridge jedoch nur auf die andere Seite des Dilemmas: in den frühen Phasen sei die Unsicherheit des Wissens so groß, dass Folgenwissen aufgrund der Gefahr der Beliebigkeit nicht zu Gestaltungszwecken eingesetzt werden könne. In Kürze lautet damit das Collingridge-Dilemma: entweder beginnt Technikfolgenabschätzung frühzeitig und kann sich dann nur auf eine unzureichende Informationsbasis oder auf Spekulationen stützen, oder sie wartet, bis genügend Informationen zur Verfügung stehen – dann jedoch sind bereits in der Regel die Folgen eingetreten, Probleme entstanden und die ökonomischen Zwänge groß mit der Folge sehr begrenzter Gestaltungsmöglichkeiten.

In der ethischen Debatte zur Nanotechnologie wird in der aktuellen Debatte der zweite Ast des Dilemmas betont. Der Vorwurf ist, Nano-Ethik befasse sich zu sehr mit spekulativen und visionären Aussichten der Nanotechnologie, so dass auch nur einigermaßen belastbare Folgenaussagen nicht möglich seien (Nordmann 2007). Dadurch würde die ethische Debatte zu einem bloßen ‚Geschwätz', das weder Hand noch Fuß habe, noch irgendetwas zu real anstehenden politischen Vorgängen beitragen könne (DEEPEN 2009). Stattdessen könnten dadurch, so die Befürchtung, zur Behandlung der ‚wirklich' relevanten ethischen Fragen entscheidende Ressourcen fehlen.

Ein konstruktiver Umgang mit diesem Dilemma wird möglich, wenn man sich klar macht, dass es auf übertriebenen Zuspitzungen in zwei Richtungen beruht:

(1) In erkenntnistheoretischer Hinsicht wird der falsche Eindruck einer Dichotomie zwischen reiner Spekulation und sicherem Wissen erweckt – stattdessen besteht hier jedoch ein fließender Übergang. So trifft es keineswegs zu, dass prospektiv nichts Belastbares über Technikfolgen ausgesagt werden könne: Ziele und Zwecke sind per definitionem im Vorhinein zu diskutieren, zum Mitteleinsatz in Forschung, Entwicklung und Produktion ist ein häufig weit entwickeltes Wissen verfügbar, und auch über Technikfolgen lässt sich ex ante etwas sagen, sicher unter Unsicherheit und mit je unterschiedlicher Belastbarkeit. In den frühen Phasen einer Technikentwicklung kann man zwar nicht alles, aber doch ‚etwas' über Technikfolgen sagen. Dieses ‚etwas' unterscheidet sich stark in den frühen und späten Phasen von Technikentwicklung, und der Unterschied ist relevant für die Auslegung von Technikfolgenabschätzung.

(2) In handlungspraktischer Hinsicht wird ein ebenso falscher Eindruck einer Dichotomie zwischen vorhandenen und nicht vorhandenen Gestaltungsmöglich-

keiten erzeugt – jedoch ist die Frage nach der Gestaltbarkeit von Technik nicht mit ja oder nein zu beantworten (Grunwald 2007c), sondern es gibt viel Raum ‚dazwischen'. Geht es in frühen Phasen der Entwicklung eher darum, die gesellschaftliche Wahrnehmung zu schärfen und vielleicht die Agenda der Forschung zu beeinflussen, so geht es in späteren Phasen der Entwicklung um die konkrete Ausgestaltung von Systemen und Produkten. Wenn diese entwickelt sind, verschiebt sich die Gestaltbarkeit auf Fragen ihrer gesellschaftlichen ‚Einbettung', also z.B. nach dem Umgang mit Risiken, und auf Fragen der Weiterentwicklung, ohne dass Gestaltbarkeit gänzlich verschwindet.

Statt also zu fragen, ob Technikfolgenabschätzung möglichst früh oder eher spät, prospektiv oder erst nach Vorliegen belastbaren Folgenwissens einsetzen sollte, geht es um *Differenzierungen* je nach Entwicklungsphase, Problemstellung und Validität des verfügbaren Folgenwissens. Technikfolgenabschätzung fällt konzeptionell und methodisch anders aus, ob sie nun angesichts empirisch *messbarer* oder nur *vorgestellter* Technikfolgen erfolgt.

Technikfolgenabschätzung ist danach als *begleitend im Entwicklungsprozess* zu konzeptualisieren. Je nach Entwicklungsphase stehen andere Fragen, andere Zwecke, andere Methoden, andere Kontexte und andere Problemlösungsmöglichkeiten im Mittelpunkt. Sind in sehr frühen Entwicklungsstufen zunächst nur eher abstrahierte Überlegungen zu technischen Entwicklungslinien oder zu den involvierten Visionen, Erwartungen und Befürchtungen möglich, so können gegebenenfalls aber auch bereits wertvolle Hinweise für den weiteren Entwicklungsweg gegeben werden, z.B. durch frühzeitige Hinweise auf mögliche Technikkonflikte und auf im weiteren Prozess zu berücksichtigende Aspekte. Im Verlauf der fortwährenden Konkretisierung der Anwendungsmöglichkeiten und mit entsprechend verbessertem Folgenwissen ist es dann möglich, die zunächst abstrakten Analysen durch das jeweils neu verfügbare Wissen weiter zu konkretisieren. Damit profitieren bereits frühe Phasen von Technikentwicklung von Folgenbetrachtungen, und Technikfolgenabschätzung entkommt dem Vorwurf der ‚Trägheit der Vernunft' (Ropohl 1995).

7. Methoden und Verfahren

Methoden sind das zentrale Handwerkszeug der Wissenschaften, so auch der Technikfolgenabschätzung als problemorientierter Forschung. Die konkreten TA-Methoden werden zielgerichtet und kontextabhängig in den Projekten der Technikfolgenabschätzung eingesetzt, häufig im Rahmen komplexerer Prozesse der Wissensintegration (vgl. Kap. 5.3). Die konkreten Methoden sind ‚Tools' und damit Teile der TA-Prozesse. Beispielsweise kann eine Lebenszyklusanalyse Teil eines Gutachtens in der Arbeit für den Bundestag sein (5.3.2), aber auch durch ein Mitglied einer Expertengruppe eingebracht werden (5.3.1) oder in einem interdisziplinären Projekt Verwendung finden (5.3.3). TA-Methoden stehen damit nicht für sich, sondern müssen in komplexere Prozesse der Wissensintegration und des ‚Assessment' eingebunden werden.

Die Rolle von Methoden in der Technikfolgenabschätzung unterscheidet sich in einer Hinsicht von ihrer Rolle in den klassischen Wissenschaften, aus denen sie in der Regel entlehnt sind. Die mit Methoden erzielten Ergebnisse mögen zwar in demselben Sinne objektiv sein wie dort – nämlich dass jedermann, der die gleiche Methodik verfolgt, auch zum selben Ergebnis geführt wird. Der Unterschied ist aber, dass hier, oft mehr als die Ergebnisse, die *Bedingungen* im Mittelpunkt stehen, unter denen sie erzeugt wurden. Auch methodisch einwandfrei erzeugte wissenschaftliche Resultate sind Aussagen mit einer Wenn/Dann-Struktur, und in Auseinandersetzungen um gesellschaftliche Zukunft werden häufig das ‚Wenn' und seine Berechtigung problematisiert. Insbesondere geraten die Prämissen und Anwendbarkeitsbedingungen der Methoden in die Mitte der Auseinandersetzung, sobald die damit gewonnenen Ergebnisse nicht den externen Erwartungen entsprechen.

Aus diesem Grund ist Methodeneinsatz in der Technikfolgenabschätzung einerseits zentral, wird aber andererseits relativiert. Auch methodisch korrekt erzeugte Ergebnisse sind nicht sakrosankt. Das Interesse verlagert sich von den Ergebnissen hin zu den Anwendungsbedingungen und den normativen Prämissen der Methoden selbst. Aus diesem Grund wird in der folgenden Darstellung jede ‚objektivistische' Hoffnung vermieden. Stattdessen soll die Sensibilität dafür geweckt werden, dass die Auswahl und Anwendung von TA-Methoden sowie die Interpretation ihrer Ergebnisse besonderer Sorgfalt bedarf. Es geht in der Nutzung der Elemente der ‚TA-Toolbox' zumeist nicht um die Generierung eines absolut ‚objektiven' TA-Wissens, sondern um die Gewinnung von voraussetzungsabhängigem Wissen, dessen reflexive und interpretierende Durchdringung die unverzichtbare Anschlussaufgabe ist. Eine Risikoanalyse, eine Ökobilanz oder eine Delphi-Befragung für sich genommen sind immer nur *Elemente* einer Technikfolgenabschätzung; zur Erreichung der Ziele der Technikfolgenabschätzung kommt auf ihre Einbettung in das entsprechende Konflikt-, Entscheidungs- oder Meinungsbildungsfeld an.

Die üblicherweise genannten Methoden der Technikfolgenabschätzung dienen verschiedenen Teilaufgaben. An dieser Stelle seien unterschieden: systemanalytische Verfahren zur Gewinnung von Systemverständnis (7.1), prospektive Verfahren zur Erzeugung von Zukunftswissen (7.2), diskursanalytische Verfahren zur Erfassung der Argumentationsstruktur in einem Konfliktfeld (7.3), Beteiligungsverfahren als Elemente partizipativer Technikfolgenabschätzung (7.4) und kommunikative Verfahren der Sensibilisierung der allgemeinen Öffentlichkeit (7.5).

7.1 Systemanalytische Verfahren

Zur Technikfolgenabschätzung gehört untrennbar die Gewinnung eines hinreichenden Verständnisses über die komplexen Wechselwirkungen zwischen Technikentwicklung, Techniknutzung, Technikfolgen, natürlicher Umwelt, gesellschaftlichen Rahmenbedingungen und ethischen Bewertungen hinzu. Die Komplexität moderner Technik hat hierzu die Entwicklung spezifischer Methoden zur Planung, Entwicklung, Qualitätskontrolle und umfassenden Bewertung nach sich gezogen, die unter dem Oberbegriff der Systemanalyse zusammengefasst werden (vgl. z.B. Schneeweiß 1991) und die eine große Rolle in der Technikfolgenabschätzung spielen.

7.1.1 Stoffstromanalyse

Produktion, Nutzung und Entsorgung von Technik führen zu Stoffströmen unterschiedlichster Art.[1] Auf der Inputseite von Technik werden Rohstoffe und Energieträger benötigt und müssen gewonnen werden, z.B. durch Bergbau oder durch Rezyklierungsmaßnahmen im Rahmen einer Kreislaufwirtschaft. Auf der Outputseite werden Emissionen erzeugt und in die Umweltmedien abgegeben. Aufgrund der in globalem Maßstab weiter steigenden Stoffumsätze durch Wirtschaft und Gesellschaft gewinnt die Analyse der damit verbundenen Stoffströme immer mehr an Bedeutung (vgl. Brunner/Rechberger 2004, Enquête-Kommission 1994), vor allem im Kontext der nachhaltigen Entwicklung (Grunwald/ Kopfmüller 2006). Durch Stoffstromanalysen sollen Beiträge zur effizienteren Ressourcennutzung und eine wissenschaftliche Basis zur Bewertung und Steue-

1 Diese Beschreibung verdanke ich den ITAS-Kollegen *Dr. Matthias Achternbosch* und *Klaus-Rainer Bräutigam* (vgl. zur Stoffstromanalyse auch die Beiträge in TATuP [2007]).

rung von Stoffströmen im Sinne eines nachhaltigen Stoffstrommanagements erarbeitet werden.

Stoffstromanalysen haben das Ziel, den Stoff- und Energieeintrag wie auch den Verbleib der ein- bzw. umgesetzten Stoffe in einem definierten Untersuchungssystem zu identifizieren, zu qualifizieren und im Weiteren zu quantifizieren. Hierbei sind innerhalb der Bilanzgrenzen sämtliche wesentliche Verzweigungen und Umwandlungen im Stoffstrom zu identifizieren. Das Untersuchungssystem kann die Herstellung, Nutzung und Entsorgung einzelner Produkte, aber auch bestimmte technische Verfahren oder Technologien, einzelne Betriebe oder Regionen umfassen (Baccini/Bader 1996; Bräutigam et al. 2008; Achternbosch et al. 2009).

In einem ersten Schritt der Stoffstromanalyse wird der Bilanzierungsraum entsprechend der Intention der Untersuchung abgegrenzt. Für bestimmte Aussagen kann die Betrachtung eines einzelnen Teilprozesses ausreichen, z.B. wenn zwei Prozesse verglichen werden sollen, die sich nur in diesem Teilprozess unterscheiden. In anderen Fällen kann es notwendig sein, auch die Betrachtung von Vorprodukten, die dafür notwendigen Rohstoffe, die Nutzung des Produktes und auch die Entsorgung mit einzuschließen. Die Untersuchungstiefe (Grad der Differenzierung in einzelne Untersuchungsschritte) der Analyse hängt aber neben der Fragestellung auch entscheidend von der zur Verfügung stehenden Zeit und der vorhandenen Datenlage ab.

Die Herstellung des Massenbaustoffs Zement ist sehr energieintensiv. Der Einsatz von Sekundärbrennstoffen, die aus brennbaren Abfällen mit einem hohen biogenen Anteil gewinnt in der Zementindustrie aus Klimaschutzgründen immer mehr an Bedeutung. Dies liegt u.a. daran, dass die mit der Verbrennung dieser Sekundärbrennstoffe verbundenen CO_2-Emissionen biogenen Ursprungs in den CO_2-Bilanzen der Zementindustrie nicht berücksichtigt werden müssen. Da die Verfügbarkeit geeigneter Sekundärbrennstoffe jedoch begrenzt ist, treten die Zementanlagen zunehmend in Konkurrenz zu anderen, ebenfalls für den Einsatz von Sekundärbrennstoffen geeigneten Anlagen, wie Stahlwerken und mit Ersatzbrennstoffen befeuerten Kraftwerken. Darüber hinaus ist ungeklärt, welche Auswirkungen ein mit dem Einsatz von Sekundärbrennstoffen verbundener Schadstoffeintrag in den Zementklinker auf dessen Umweltverträglichkeit hat. Schließlich können Schadstoffe aus Abfällen auf diese Weise über den Zement in Bauwerke geraten. Durch Stoffstromanalysen für verschiedene Szenarien des Einsatzes von Sekundärbrennstoffen bei der Zementherstellung können Grenzen und Potenziale des Sekundärbrennstoffeinsatzes erforscht und bewertet werden (Achternbosch et al. 2003).

Bei Stoffstromanalysen kommt der Verfügbarkeit relevanter Daten zu Stoff- und Energieinputs und Stoff- und Energieoutputs große Bedeutung zu. Dies beinhaltet spezifische Angaben zu allen wesentlichen Input- und Outputströmen für einen identifizierten Verzweigungspunkt wie z.B. Angaben zu Art und Menge von allen Ausgangsstoffen, Hilfsstoffen, Haupt- und Nebenprodukten, Abfällen, Abwässern, Abwasserinhaltsstoffen, Emissionen in die Atmosphäre etc. Im Allgemeinen stehen diese Daten jedoch im Voraus nicht zur Verfügung. Sie müssen erst aufwändig erhoben und zusammengestellt werden. Datenquellen sind dabei zunächst die Literatur, in aller Regel sind intensive Kontakte zu Herstellern, Betrieben, Verbänden, u.a.m. erforderlich. Für die Fragestellung geeignete Datensätze liegen aber in der Regel auch der Industrie nur im begrenzen Umfang vor. Bestehende Datenlücken müssen somit durch Modellannahmen, durch Plausibilitätsbetrachtungen oder aber auch durch Beschreibung der Abläufe/des Prozesses und physikalisch/chemisches Wissen über die darin ablaufenden Vorgänge geschlossen werden. Die Erhebung, Auswertung und Bewertung der Daten ist häufig ein Prozess, der mehrere Iterationsschritte durchläuft. Die Qualität und die Vollständigkeit der Daten haben großen Einfluss auf die Aussagekraft der Stoffstromanalysen. Deshalb ist die Datenqualität in Bezug auf die Intention der Untersuchung zu evaluieren und ihr Einfluss auf die Güte der Aussage abzuschätzen.

Stoffstromanalysen können abhängig von der Fragestellung eigenständige Untersuchungen oder Teil anderer Untersuchungsmethoden sein, wie z.B. Teil von Ökobilanzen (siehe unten) oder von systemanalytischen Untersuchungen mit erweiterten Untersuchungsgrößen, z.B. unter Berücksichtigung ökonomischer Aspekte und von Innovationsfragen.

7.1.2 Lebenszyklusanalyse und Ökobilanzierung[2]

In der Beurteilung z.B. der Umwelt- oder Sozialverträglichkeit von technischen Produkten hat sich gezeigt, dass eine ausschließliche Berücksichtigung der Nutzungsphase nicht hinreichend ist bzw. irreführende Ergebnisse mit sich bringt. Denn wenn ein Produkt, z.B. ein Autoreifen, verwendet werden soll, muss er zuvor hergestellt worden sein. Dafür ist ein entsprechender Energie- sowie Materialaufwand erforderlich, genauso wie eine entsprechende Produktionsanlage mit den Menschen, die sie bedienen können. Weiter in der Kette rückwärts gefragt, muss die benötigte Energie bereitgestellt und zum Produktionsort der Autoreifen transportiert worden sein, was wiederum den Einsatz von Technik (z.B. in Form von Kraftwerken und Überlandleitungen) und menschlichem Know-

2 Wesentliche Anteile dieser Beschreibung verdanke ich dem ITAS-Kollegen *Dr. Andreas Patyk* (vgl. auch die Beiträge in TATuP [2007b]).

how erfordert. Die Bereitstellung der Rohstoffe muss ebenfalls durch Technik geleistet werden, z.B. Gewinnung, Transport und Verarbeitung von Erdöl. Es zeigt sich also, dass, wenn die Umweltbilanz eines Autoreifens erstellt und bewertet werden soll, die gesamte Kette aller Prozesse von den Lagerstätten der Rohstoffe und der Bereitstellung der Energie bis hin zur Nutzungsphase im Auto berücksichtigt werden muss. Jedes technische Produkt führt die ökologischen Belastungen mit sich, die auf dem *gesamten Weg* seiner Herstellung angefallen sind. Und auch in der anderen Richtung müssen entsprechende Belastungen berücksichtigt werden: *nach* der Nutzung fallen ökologische, aber oft auch wirtschaftliche Belastungen durch die Entsorgung an. Diese Zusammenhänge sind der Grund, dass nur durch eine *Lebenszyklus*analyse die ‚wahren' Umweltwirkungen eines technischen Produkts erfasst werden können. Dies betrifft auch die sozialen Aspekte einer Technikbewertung, wenn z.B. auf dem Herstellungsweg eines technischen Produkts und seiner Vorprodukte in sozialer Hinsicht nicht hinnehmbare Prozesse wie Kinderarbeit oder unzumutbare Zustände im Rohstoffabbau auftreten.

Die Ökobilanzierung stellt eine Operationalisierung der Lebenszyklusanalyse dar. Sie soll die durch Produkte, Prozesse, Verfahren, Anlagen oder Dienstleistungen entlang ihrer gesamten Lebenszyklen – Rohstoffförderung und Materialproduktion, Herstellung des interessierenden Produktes, Nutzung und Entsorgung – verursachten Umweltbelastungen in möglichst objektivierter Weise erfassen. Ökobilanzen dienen der Einschätzung ex ante der Umweltverträglichkeit von z.B. Produkten oder Anlagen. Sie ermöglichen Vergleiche zwischen verschiedenen Alternativen und die Bestimmung einer unter Umweltaspekten optimalen Lösung. Letzteres bezieht sich auch auf die Identifizierung von ökologischen Schwachpunkten in einer Prozesskette und die Ableitung von Prioritäten für notwendige Veränderungen. In den inzwischen bereits novellierten Normen DIN EN ISO 14040 ‚Umweltmanagement – Ökobilanz – Grundsätze und Rahmenbedingungen' und 14044 ‚Umweltmanagement – Ökobilanz – Anforderungen und Anleitungen' existiert ein weltweit gültiger Standard für den prozeduralen Rahmen von Ökobilanzen. Aus dem Bereich der Umweltpolitik und der Umweltbewertung von Produkten, Verfahren usw. ist die Ökobilanz heute, trotz weiter bestehender methodischer Schwierigkeiten, nicht mehr wegzudenken.

Unter dem Begriff ‚Deepening and Broadening' werden international die verschiedensten Weiterentwicklungen der LCA diskutiert. Sie zielen alle darauf ab, durch eine verbesserte Methodik nachhaltigkeitsbezogene Entscheidungsprozesse zu verbessern.[3] Aus der Liste der Ansatzpunkte sind besonders hervorzuheben die Integration von ökonomischen und sozialen Aspekten (‚Life Cycle Costing', ‚social LCA') sowie die Verknüpfung einzelner Produktlinien mit

3 Ein wichtiges Forum dafür ist das EU-Projekt CALCAS (vgl. Schepelmann et al. 2009).

ökonomischen Mechanismen unter dem Stichwort ‚consequential LCA'. Erfasst werden damit nicht nur direkte Substitutionseffekte, sondern auch mittelbare Effekte neuer Produktlinien, etwa dadurch, dass einer etablierten Linie mit völlig anderer Funktion die Rohstoffbasis entzogen wird (siehe dazu z.B. Bauer/Poganietz 2007).

Eine Norm-Ökobilanz besteht aus vier Phasen:

- Festlegung des Ziels und des Untersuchungsrahmens,
- Sachbilanz,
- Wirkungsabschätzung und
- Auswertung (DIN EN ISO 2006; Klöpfer/Grahl 2009).

Ziel- und Rahmenfestlegung definieren Zweck und Hintergrund, aber zum Teil auch Methoden und Parameter. In der Sachbilanz werden stoffliche und energetische In- und Outputflüsse (Rohstoffe, Werk- und Hilfsstoffe, Energieträger bzw. Produkte, Abfälle, Emissionen usw.) der einzelnen Prozesse des Lebenszyklus ermittelt und zu lebenszyklusbezogenen Bilanzen aggregiert. In der Wirkungsabschätzung werden die entlang des Lebenszyklus' mit der Umwelt ausgetauschten Stoffe und Energien auf Umweltwirkungen (Wirkungskategorien) bezogen und danach gegebenenfalls gewichtet. In der Auswertung schließlich werden die Ergebnisse von Sachbilanz und Wirkungsabschätzung auf ökologische Schwachstellen innerhalb der Lebenszyklen analysiert und die Ergebnisse für verschiedene Produkte, die natürlich die gleiche Funktion haben müssen, vergleichend bewertet. Auf dieser Basis können für die Untersuchungsgegenstände wie für ihre Anwendungsfelder und Systemintegration Handlungs- oder Entscheidungsempfehlungen gegeben werden.

In einer Untersuchung des Büros für Technikfolgenabschätzung des Deutschen Bundestages zur Brennstoffzellentechnologie wurden in der Zieldefinition folgende Wirkungskategorien festgelegt (Oertel/Fleischer 2001, S. 67ff.): Verbrauch erschöpflicher Energieressourcen, Treibhauseffekt, Versauerung, Ozonabbau, Eutrophierung, Human- und Ökotoxizität und Sommersmog. Diesen Kategorien werden Sachbilanzparameter zugeordnet (zumeist die Emissionen von Stoffen mit Schadwirkung). Für die quantitative Auswertung werden aus den Emissionsmengen von Stoffen mit gleicher qualitativer Wirkung so genannte Wirkungsäquivalente bestimmt (Beispiel Treibhauseffekt: CO_2-, Methan-, N_2O-Emissionen zu CO_2-Äquivalenten; Beispiel Versauerung („Saurer Regen"): SO_2, NO_X, NH_3 zu SO_2-Äquivalenten). Um ein Defizit der Ökobilanz – die Beschränkung auf die Emissions- und Vernachlässigung der Immissionsseite, siehe unten – zu kompensieren, werden zur räumlichen Differenzierung der Wirkungen die Emissionen in der Sachbilanz Ortsklassen mit verschiedener Bevölkerungsdichte zugeordnet (ebd., S. 71ff.). Die Bilanzbewertung erfolgt anhand des Kriteriums der ökologischen Gefährdung (ebd., S. 74ff.), die für verschiedene Wirkungskategorien, basierend auf verschiedenen Unterkriterien wie Schadensschwere, zeitlich und räumliche Ausdehnung usw., unterschiedlich eingeschätzt wird. Damit werden dann Brennstoffzellentechnologien in den Bereichen Stationäre Anwendungen, Mobile Anwendungen und Mini-Brennstoffzellen bewertet.

Ökobilanzen erlauben nicht, eine *absolute* Umweltverträglichkeit festzustellen, sondern lediglich Vergleiche durchzuführen. Dabei müssen sich die Vergleiche auf den jeweils gleichen Zweck eines Produktes beziehen: man kann verschiedene Waschmittel miteinander vergleichen oder verschiedene Verpackungsarten, etwa Einweg- oder Mehrwegverpackungen. In Standard-LCAs sind die Ergebnisse aggregierte Aussagen, d.h. sie sagen nichts über reale Umweltauswirkungen an bestimmten Orten zu einer bestimmten Zeit, sondern über summierte potenzielle Umweltwirkungen über den gesamten Lebenszyklus. Damit diese Ergebnisse in Entscheidungsfindungen akzeptiert werden, müssen die Ökobilanzen den üblichen methodischen Anforderungen genügen: Nachvollziehbarkeit, Transparenz und Konsistenz. Wenn Ergebnisse angezweifelt werden, muss es möglich sein, sie zurückzuverfolgen bis zu den Eingabeinformationen, angenommenen funktionalen Abhängigkeiten oder Prämissen. Über diese muss dann zunächst eine Einigung erzielt werden.

7.1.3 Input-Output-Analysen

Die Bewertung alternativer Produkte oder Technologien erfolgt durch die Betrachtung der Vorleistungskette von der Rohstoffentnahme bis zur Fertigware bzw. zur letztendlichen Nutzung im Rahmen von Lebenszyklusanalysen (siehe oben).[4] Auf Prozesskettenanalysen aufbauende Ökobilanzen liefern die erforderlichen detaillierten Informationen. Die Methodik ist jedoch aufgrund der naturgemäß erforderlichen sehr detaillierten Eingangsdaten wenig geeignet, einen Überblick über größere Bereiche (z.B. über sämtliche Güterkäufe der privaten Haushalte) oder gar die gesamte Volkswirtschaft zu geben. An dieser Stelle setzen die Input-Output-Analysen an. Es ist nahe liegend, Input-Output-Analysen komplementär zu Prozesskettenanalysen einzusetzen.

Methoden der Input-Output-Analyse wurden mit dem Ziel konzipiert, bestimmte Beziehungen zwischen Technologien (Produktion), dem ökonomischen Geschehen und ökologischen Indikatoren unmittelbar zugänglich zu machen. Als grundlegende Daten dienen Input-Output-Tabellen und die konzeptionell

4 Diese Darstellung folgt den Einführungen in die Input/Output-Analyse bei Klann/Schulz 2002 und übernimmt einige Textpassagen.

hierauf abgestimmten Material- und Energieflussrechnungen, die als Teil der Volkswirtschaftlichen Gesamtrechnungen bzw. der Umweltökonomischen Gesamtrechnungen vom Statistischen Bundesamt veröffentlicht werden. Umweltökonomische Gesamtrechnungen sind als geschlossene Bilanzsysteme konzipiert, in denen sämtliche Ströme und die dazugehörigen Bestandsänderungen konsistent und vollständig erfasst werden können. Hierzu gibt es internationale Vereinbarungen, in denen auch die Schnittstellen zwischen den Staaten definiert sind. Die vollständige Verbuchung der Ströme impliziert dann, dass für alle Produktionsbereiche sämtliche Inputs nach Herkunft und sämtliche Outputs nach Nutzern abgebildet sind. In Verbindung mit entsprechend gegliederten Daten zu Entnahmen aus und Abgaben an die Natur können für ganz Deutschland flächendeckend bzw. für großflächige Teilbereiche entsprechende Werte errechnet werden. Hierbei gilt das Augenmerk in den letzten Jahren vor allem den CO_2-Emissionen.

Der Detaillierungsgrad ist selbstverständlich beschränkt. In den Ausweisungen werden 58 Gütergruppen und Produktionsbereiche unterschieden, und die Umweltdaten beschränken sich auf quantitativ bedeutsame Größen. Aufgrund der vollständigen aber großmaßstäblichen Erfassung ist die Input-Output-Analyse besonders gut geeignet, relative Größenordnungen und auffällige Muster zu identifizieren. Auch die entsprechenden zeitlichen Entwicklungen können gut analysiert werden, da die meisten Daten zur Umweltökonomischen Gesamtrechnung seit Anfang der achtziger Jahre in einer vergleichbaren Systematik erhoben werden.

7.1.4 Risikoanalyse

Viele der nicht intendierten Folgen von Technik (Kap. 1.1) lassen sich als Risiken beschreiben, mit den strukturellen Merkmalen der häufig räumlichen und zeitlichen Reichweite, und der oft nicht oder nur diffus bekannten Ursache-Wirkungsketten. Die moderne Gesellschaft kann insgesamt als eine Risikogesellschaft beschrieben werden (Beck 1986). Umstritten ist, ob Risiken – wie die Wahrnehmung vieler Menschen und ein großer Teil der medialen Berichterstattung nahe legen – in der Moderne zugenommen haben oder ob nicht das Sicherheitsbedürfnis in einer gesättigten Wohlstandsgesellschaft derart gesteigert ist, dass den verbleibenden ‚Restrisiken' ein immer größerer Stellenwert beigemessen wird.

Risiken stellen mögliche zukünftige Schäden dar, die mehr oder weniger wahrscheinlich sein können. In Abgrenzung zu Gefahren, deren Eintreten *unbeeinflussbaren* Ereignissen in der Umwelt zugeschrieben wird, werden Risiken als Folgen menschlichen Handelns verstanden (Luhmann 1988, S. 269). Von einem Risiko wird gesprochen, wenn die Möglichkeit der Entscheidung zwischen verschiedenen Alternativen besteht. Je nach Entscheidung fallen die Risiken in Ausprägung und Größe anders aus. Technikentscheidungen sind darum auch Entscheidungen über Risiken und damit abhängig von der Einschätzung ex ante dieser Risiken und der Risikobereitschaft. Dass wir also heute über die Risiken und damit die Lebensbedingungen in der Zukunft entscheiden, macht die ganz erhebliche Relevanz dieses Themas deutlich und erklärt die gesellschaftliche Sensibilität. Unter Risikoforschung werden Arbeiten zu folgenden Teilthemen verstanden (Banse/Bechmann 1998; Renn et al. 2008):

- Bestimmung von Risiken in konkreten Fällen, z.B. im Betrieb technischer Anlagen, in Form von Schadensszenarien und Eintrittswahrscheinlichkeiten und unter Nutzung von Fehlerbaumanalysen zur Erstellung von Typologien möglicher Schadensfälle und Sicherheitsrisiken,
- Bewertung von Risiken und möglicher Schäden, einerseits durch Vergleiche von Risiken (risk impact analysis), andererseits durch die Betroffenen,
- Bemühungen zur Kontrolle und Regulierung von Risiken (Risikomanagement, heute auch unter Einbeziehung partizipativer Verfahren als ‚Risk Governance' bezeichnet, vgl. z.B. Renn/Roco 2006),
- psychologische und sozialwissenschaftliche Untersuchungen zur Risikowahrnehmung, Risikoakzeptanz und zum Konfliktverhalten bei Risiken.

Der Umgang mit technischen Risiken gehörte immer schon zur Technikentwicklung selbst. So ist auch der Ansatz der Risikoanalyse aus der *technischen* Sicherheitsforschung hervorgegangen (Fritzsche 1986). Um Sicherheitsstandards zu erfüllen und z.B. staatliche Zulassungen zu erreichen, mussten bestimmte Nachweise geführt werden, zu deren Zweck technische Verfahren der Risikoerfassung und -bewertung entwickelt wurden. Risiko, mathematisch-ökonomisch aufgefasst als Produkt aus Schadenswahrscheinlichkeit (z.B. Eintrittswahrscheinlichkeit eines Störfalls) und der Schadenshöhe (ausgedrückt in der Regel in Geldeinheiten), sollte quantitativ zugänglich gemacht und auf diese Weise ‚objektiviert' werden. Auf diese Weise konnten Risiko/Nutzen-Abwägungen durchgeführt und für Entscheidungszwecke brauchbar gemacht werden. Die klassische, auf Wahrscheinlichkeitsrechnungen beruhende Risikoanalyse, wurde zusammen mit dem forcierten Ausbau der Kernenergie in den sechziger Jahren entwickelt (als Beispiel BMFT 1990). Zum für die Technikfolgenabschätzung relevanten Systemverständnis gehört dieses Verständnis über Fehlerquellen, die Fehlerfortpflanzung, die Auswirkungen dieser Fehler und über Vermeidungsstrategien unverzichtbar hinzu.

Die klassische Risikoanalyse stieß jedoch auf prinzipielle Grenzen (Renn et al. 2008). Zum einen liegen für viele Risikobewertungen neuer Technologien quantitative Erfahrungen weder für das Eintreten von Störfällen vor, noch können Schadenshöhen quantitativ angegeben werden. Wenn trotzdem Quantifizierungen versucht werden, ist es leicht, sie als beliebig, subjektiv gefärbt oder gar schönfärberisch zu kritisieren. Zum anderen hat sich, vor allem in der Diskussion um die Risiken der Kernenergie, gezeigt, dass dieses ‚objektive' Risiko-Konzept im Krisenfall nicht brauchbar war, denn die betroffene Öffentlichkeit ließ sich durch die ‚objektiven' Zahlenwerte nicht weiter beeindrucken. Obwohl Kernenergie im Vergleich zu anderen Energieträgern unter Kriterien der technischen Risikoanalyse als nicht problematisch erschien, versagte die Gesellschaft ihr die Akzeptanz vor allem aus Gründen wahrgenommener Risiken. Dies war Anlass, sozialwissenschaftliche und psychologische Ansätze zum Risiko in die Risikoanalyse zu integrieren und sich dem Phänomen der Risikokommunikation zuzuwenden (Jungermann/Slovic 1993; Banse/Bechmann 1998, Renn et al. 2008).

Ein aktueller Fokus der Risikoanalyse besteht darin zu versuchen, die traditionellen Diskrepanzen zwischen einer naturwissenschaftlichen, auf Naturgefahren fokussierten Sicht auf Risiko, einer ingenieurwissenschaftlichen Sicht, die sich auf Versagenswahrscheinlichkeiten technischer Bauteils bezieht, und einer sozialwissenschaftlichen Sicht, die Untersuchungen von Risikowahrnehmung und Risikoakzeptanz vornimmt, zugunsten einer interdisziplinären Risikoforschung zu überwinden. Eine solche Risikoforschung würde sich auf die systematische *Produktion* von Risiken und Gefahren konzentrieren, die der Betrieb moderner Gesellschaften unweigerlich mit sich bringt. Die These der Forschung zu ‚systemischen Risiken' (Gaia 2009) ist, dass es bestimmte Bedingungen der *Reproduktion* sozialer oder technischer Systeme sind, die systematisch unerwünschte, schlecht abschätzbare und weitgreifende Folgen generieren.

7.2 Prospektive Verfahren

Technikfolgenabschätzung ist keine Zukunftsforschung, sondern versucht, innerhalb der ‚Immanenz der Gegenwart' (Grunwald 2007b) begründete Aussagen über Erwartbarkeiten in Bezug auf Technikfolgen zu generieren, verbunden mit der Analyse der dabei notwenig auftretenden Unsicherheiten. Für beides sind Verfahren erforderlich, die Nachvollziehbarkeit und Transparenz ermöglichen.

7.2.1 Trendextrapolation

Ein häufig verwendeter Ansatz besteht in der Extrapolation vergangener und andauernder zeitlicher Entwicklungen – ‚Trends' – in die Zukunft (vgl. die ausführliche Beschreibung in Knapp 1978, S. 187ff.). In den aus Vergangenheit und Gegenwart vorliegenden Daten (z.B. Statistiken) wird versucht, eine zeitliche Entwicklung zu entdecken, ohne dass in der Regel ein kausales Wissen über die Ursachen dieser Entwicklung vorliegen muss. Hierzu sind mathematische Hilfsmittel entwickelt worden, die es erlauben, die zeitliche Reihe durch eine mathematische Funktion zu beschreiben (polynomische, exponentielle oder logarithmische Entwicklung), durch die nicht nur die simple Tendenz in die Zukunft extrapoliert werden kann, sondern auch differentielle Eigenschaften berücksichtigt werden können (Steigung und Krümmung der Kurve). Durch Regressionsrechnungen und Korrelationsuntersuchungen können diese mathematischen Optimierungen statistisch abgesichert werden.

Trendextrapolationen basieren auf der Erfahrung, dass in vielen Bereichen der Entwicklung die Annahme, dass alles im Groben so weiter geht wie bislang, prima facie plausibler ist, als gravierende Änderungen zu erwarten. Die Annahme von Änderungen unterliegt einem höheren Begründungsdruck, als ein ‚Business as usual' zu erwarten. In diesem Sinne sind Trendextrapolationen konservativ: sie verlängern die Gegenwart in die Zukunft hinein. Unterschieden werden teilweise gesellschaftliche ‚Megatrends' wie z.B. Individualisierung und Globalisierung von Trends spezifischer Parameter wie z.B. des Anteils der Bahn am Güterverkehrsaufkommen oder der Passagierzahlen im Flugverkehr.

Ein festgestellter Trend ist eine Aussage über die zeitliche Folge *vergangener* Sachverhalte. Die simple Extrapolation in die Zukunft kann allerdings einen Fehlschluss darstellen, insofern nicht *Gründe* für die Möglichkeit dieser Extrapolation angeführt werden können. Das Problem einer Trendvorhersage liegt daher an der mangelnden Berücksichtigung von neuen Einflussfaktoren auf das betrachtete System. So führten Energiebedarfsprognosen in den sechziger und siebziger Jahren, die das damalige rasche Wachstum des Energiebedarfs in die Zukunft extrapolierten, zu überhöhten Kraftwerksplanungen.

Ein Versuch, diesen methodischen Ansatz zu verfeinern, stellt das S-Kurven-Modell zum Stand der Technik dar (Gerybadze 2004). Das Phasenmodell für die Vorhersage des einsatzreifen Standes der Technik ermöglicht, die bisher durchlaufene Technikentwicklung zu dokumentieren und darauf aufbauend einen voraussichtlichen Entwicklungsverlauf bis zum Erreichen der Einsatzreife zu prognostizieren. Das Modell geht davon aus, dass nach dem Erarbeiten der wissenschaftlichen Grundlagen einer Technik die Industrie die Ergebnisse aufgreift. In weiteren Entwicklungsschritten wird das System zur Anwendungsreife gebracht und schließlich kommerziell verwertet. Die erkennbare technische Entwicklung von den ersten Grundlagen bis zur Verbreitung zeigt, dass man nur sukzessive von Phase zu Phase dem gesetzten Ziel näher kommt. Wird der jeweils erreichte Entwicklungsstand über der Zeit aufgetragen und werden die Punkte durch eine Kurve verknüpft, ergibt sich für den Verlauf einer technischen Entwicklung bis zu einem gewissen Reifegrad im Großen und Ganzen ein S-förmiger Charakter der Kurve. In Fällen eines Technologiewechsels ist dann ein Durchbruch (‚breakthrough') zu der neuen Technologie durch den Sprung zu einer anderen S-Kurve modellierbar. Die S-Kurve hat sich in vielen ähnlich gearteten Fällen heuristisch bewährt und auch Eingang in den technischen Bereich gefunden.

7.2.2 *Modellbasierte Simulation*

Modellierungen des betreffenden Gegenstandsbereiches durch mathematische Mittel unter Berücksichtigung fachwissenschaftlicher Inputs und Simulationen des so erfassten Systems in die Zukunft hinein stellen einen heute weit verbreiteten Ansatz dar, prospektive Aussagen zu generieren. Im Unterschied zur Trendextrapolation ist hier das erklärte Ziel, die kausalen Mechanismen, die zu den zeitlichen Entwicklungen führen, zu erkennen, zu verstehen und für die Zukunftsaussagen zu nutzen. Diese stellen das Resultat mehrerer Verfahrensschritte dar, die aus der betreffenden Wissenschaft über Modellbildungen, Kalkülisierungen und Quantifizierungen und die Programmierung bis zur Simulation führen. Der Konstruktcharakter derartiger ‚Zukünfte' ist erkennbar; ihre Geltung hängt ab von der vorgängigen Wahl der Modellgrenzen, von Relevanzentscheidungen über zu berücksichtigende Effekte und von der korrekten Erfassung der zeitlichen Verläufe.

In der Klima- und Klimafolgenforschung, die hier als Beispiel dienen soll, kommt es entscheidend auf die Auslegung, Validierung, Simulation und Interpretation von Modellierungen an (Schröder et al. 2002, Kap. 2.3). Der Modellbegriff taucht in der Diskussion um Klimavorhersage und -vorsorge an (mindestens) zwei zentralen und sich auf völlig verschiedene Modelltypen beziehenden Stellen auf:

- In der *Klimatologie* werden Modellierungen vorgenommen, um simulationsgeeignete Modelle des Klimasystems zu konstruieren. Zweck ist die Erklärung beobachteter Phänomene und Entwicklungen im Klima sowie die *Simulation* und *Vorhersage* von Klimaparametern, gegebenenfalls ihre Vorhersage *abhängig* von bestimmten Annahmen über die weitere Entwicklung der Treibhausgasemissionen. Diese Modelle sind hochkomplex und darauf angewiesen, alle relevanten Effekte und Wechselwirkungen zu berücksichtigen.
- In der *Klimafolgendiskussion* wird versucht, die ökologischen, ökonomischen und weiteren gesellschaftlichen Folgen von Klimaschwankungen zu modellieren. Modellbildungen beziehen sich hier einerseits auf ökologische Teilsysteme, um ihre Abhängigkeit von Klimafaktoren herauszupräparieren, und andererseits auf gesellschaftliche Systeme, hier insbesondere auf ökonomische Fragestellungen. Modellierungen dieser Art sind insbesondere gefragt, um die Auswirkungen von klimawirksamen Maßnahmen wie Energiesteuern oder des Zertifikathandels zu analysieren.

Beide Typen von Modellierungen haben den Zweck, Folgenwissen bereitzustellen, um angesichts des Vorsorgeprinzips oder anderer relevanter Handlungsprinzipien Handlungsoptionen in Bezug auf ihre Angemessenheit oder Dringlichkeit beurteilen zu helfen. Von integrativen Modellierungen werden erhebliche Beiträge zur Operationalisierung von Nachhaltigkeit erwartet (Schellnhuber/Wenzel 1999).

Die Qualität von modellbasiertem Zukunftswissen – im Technikfolgenbereich gehören hierzu z.B. Ausbreitungsprognosen von Emissionen in der Umgebung von technischen Anlagen wie z.B. Chemiefabriken oder Kernkraftwerken für Störfallannahmen – hängt stark davon ab, inwieweit das relevante kausale Gefüge ‚vollständig' erfasst wurde. Auch in der Klimadiskussion gibt es immer wieder Diskussionen, ob und inwieweit dies gelungen ist. Validierungen erfolgen häufig durch ‚Rückwärts-Rechnungen': die Modellierung wird daraufhin geprüft, inwieweit sie die empirisch zugängliche vergangene Entwicklung reproduzieren kann. In der Klimadiskussion liegen für etwa 150 Jahre explizite Daten vor; für weiter zurückreichende Aussagen und insbesondere das Paläoklima sind theorie- oder modellgestützte Auswertungen von ‚Hinterlassenschaften' früherer Klimata erforderlich.

Zurzeit entwickeln sich komplexe Simulationen zu einem Instrument der IT-unterstützten Problemlösung in zahlreichen Fragestellungen der Wissenschaft, Wirtschaft und Gesellschaft. Moderne Methoden der IuK-Technologie erlauben, die mittel- bis langfristigen Implikationen gegenwärtiger Handlungen und Entscheidungen modellgestützt zu erforschen und anschaulich darzustellen. Auch interaktive Instrumente werden entwickelt, die das menschliche Verhalten nicht *bloß simulieren*, sondern die handelnden Menschen direkt in die Simulation einbeziehen. Die Akteure nehmen durch ihre Handlungen aktiv an der Simulation teil und können Strategien entwickeln. Sie können die Konsequenzen ihrer Handlungen in simulierter Form erleben und dadurch strategische Entscheidungen in einem evolutionären Lernprozess verbessern.

Die Grenzen des Vertrauens in komplexe Modellierungen bzw. in die dadurch generierten ‚Zukünfte' werden immer wieder erschüttert. So jüngst besonders deutlich in den wirtschaftswissenschaftlichen Vorhersagen zur Konjunkturentwicklung oder der Entwicklung auf dem Arbeitsmarkt, wie sich dies insbesondere anhand der Finanz- und Wirtschaftskrise 2008 und ihrer Folgen gezeigt hat. Diese Erfahrungen weisen darauf hin, dass unvoreingenommene ‚Assessments' der Leistungsfähigkeit von Modellen und ihrer Grenzen erforderlich sind.

7.2.3 Szenariotechnik

Szenarien sind ein Instrument, um mit den Unsicherheiten zukünftiger Entwicklungen umgehen und Gestaltungsaspekte berücksichtigen zu können (Gausemeier et al. 1996). Wenn, und dies ist im Technikfolgenbereich meistens der Fall, Prognosen nicht möglich sind, dient die Entwicklung alternativer Szenarien dazu, den Möglichkeitsraum zukünftiger Entwicklungen zu beschreiben. Wesentliches Element von Szenarien sind durch zukünftige Entscheidungen oder eintretende Ereignisse verursachte Verzweigungen, wie sie z.B. als Entscheidungsbäume dargestellt werden können: Ein Szenario ist ein Satz von Ausprägungen verschiedener Deskriptoren (Beschreibungsgrößen), der eine zukünftige Situation sowie die Ereignisse auf dem Weg dorthin und deren zeitlichen Ablauf beschreibt.

Die verbreitete Redeweise, dass Szenarien einen literarischen Charakter haben könnten (VDI 1991), ist nur insofern richtig, als dass es nicht *ein* richtiges, sondern unbegrenzt viele vorstellbare Szenarien gibt. Die Freiheit in der Szenarienwahl ist aber nur scheinbar. Denn Szenarien in der Technikfolgenabschätzung müssen relevant (bedeutsam), kohärent, plausibel, anschlussfähig und transparent sein, um ihre Funktion zu erfüllen (Gausemeier 2009).

Die Szenarienbildung geht üblicherweise vom gegenwärtigen Stand der Entwicklung aus und versucht, treibende Faktoren (*driving forces*) zu identifizieren, die die zukünftige Entwicklung beeinflussen könnten. Durch unterschiedliche Annahmen bezüglich der Richtung, in der diese treibenden Faktoren wirken könnten, und konsistente Kombination solcher Annahmen für verschiedene treibende Faktoren, können dann unterschiedliche Szenarien geschrieben werden. Im Gegensatz zu Trendextrapolationen wird nicht der Eindruck *einer* Zukunft erweckt, die man vorhersehen könne, sondern es wird – abhängig von verschiedenen angenommenen Randbedingungen – mit *mehreren* möglichen Zukünften gearbeitet. Szenarien geben nicht *die* Zukunft wieder, sondern beschreiben *mögliche* Zukünfte. Dadurch ist ihnen, anders als in Prognosen üblicher Art, der Gestaltungs- und Entscheidungsbezug inhärent: je nach unseren heutigen oder zukünftigen Entscheidungen wird man auf andere Szenarien und damit in andere Zukünfte geführt. Allerdings bleibt eine prekäre Anforderung, dass in Szenarien grundsätzlich zwischen Gestaltbarem und nicht Gestaltbarem – den Rahmenbedingungen – unterschieden werden muss, was im Einzelfall ausgesprochen problematisch sein kann. Daher muss diese Unterscheidung zu Beginn expliziert und kritisch diskutiert werden.

Explorative Szenarien beschreiben, basierend auf Trends aus Vergangenheit und Gegenwart, denkbare, mehr oder weniger wahrscheinliche Entwicklungspfade in der Zukunft. Sie setzen den Knotenpunkt in der *Gegenwart* an und verfolgen, abhängig von gegenwärtigen und zukünftigen Ereignissen oder Entscheidungen, die Entwicklung eines speziellen Aspektes in die Zukunft. Dadurch wird die zukünftige Entwicklung in den Zusammenhang individueller oder gesellschaftlicher Entscheidungen und zukünftiger Entwicklungen gestellt, statt, wie eine Prognose, den Anschein einer ‚an sich' ablaufenden Entwicklung, die vorhersagbar wäre, zu erwecken.

Normative (zielorientierte) Szenarien zeigen demgegenüber Wege auf, wie ein gewünschtes Ziel erreicht werden könnte. Sie bestehen in einer Strukturierung eines zukünftigen Zeitraumes – bezogen auf eine spezielle Problematik, etwa die Entwicklung einer neuen Technik – durch die Angabe von Handlungs- und Entscheidungsmöglichkeiten oder -notwendigkeiten in Abhängigkeit von Voraussetzungen und Randbedingungen. Ausgangspunkt ist ein zukünftiger, wünschenswerter Zustand. Von diesem gesetzten Endpunkt *möglicher* zeitlicher Entwicklungen her ist dann die zeitliche Entwicklung, ausgehend von einem Anfangszustand, vorzustrukturieren (‚backcasting', Rückwärtsplanen, Dörner 1992). Die Blickrichtung von der Gegenwart aus in die Zukunft erscheint hier als die Fragestellung: welche Konsequenzen haben verfolgte Ziele gesellschaftlichen Handelns, die in der Zukunft realisiert werden sollen, für gegenwärtig anstehende Entscheidungen sowie für gegenwärtiges und zukünftiges Handeln? Welches sind die (gegenwärtigen und in Zukunft herzustellenden) *Voraussetzungen* für die Realisierung der gesetzten Zwecke? Verkürzt gesprochen lautet die Frage des normativen Szenarios: Was muss – jetzt und später – getan werden, damit gesellschaftliche Ziele realisiert werden können?

Häufig werden so genannte *Business as usual*-Szenarien, die im Wesentlichen von einer Kontinuität bzw. Fortschreibung wesentlicher Trends ausgehen (siehe oben) verschiedenen Szenarien gegenübergestellt, in die bestimmte Veränderungen der Randbedingungen eingearbeitet werden. Es können dann die Implikationen dieser veränderten Randbedingungen auf den Untersuchungsgegenstand analysiert und bewertet werden, woraus sich dann wiederum Hinweise für politischen oder gesellschaftlichen Handlungsbedarf ergeben. Verbreitet ist auch die Aufspaltung des Möglichkeitsraumes der Zukunft in drei Szenarien: einem ‚best case', einem ‚worst case' und einem ‚realistischen' Szenario. Es geht dabei darum, das Spektrum der Möglichkeiten auszuloten.

In der TAB-Studie zum Raumtransportsystem Sänger (Paschen et al. 1992a) musste der Zeitraum von 30 Jahren in die Zukunft überbrückt werden. Dies erfolgte durch eine Aufsplittung in zwei explorative Szenarien: das ‚konservative' Szenario geht davon aus, dass die Raumfahrtaktivitäten sich in diesem Zeitraum in Umfang und Art und Weise nur unwesentlich ändern werden. Das ‚progressive' Szenario nimmt demgegenüber ein erheblich ausgeweitetes Aktivitätsniveau an (z.B. durch eine bemannte Marsmission, Fabrikationsanlagen im Weltraum o.ä.). Es konnte gezeigt werden, dass das bemannte Raumtransportsystem Sänger nur im progressiven Szenario wirtschaftlich sinnvoll wäre. Da aber mit der baldigen Realisierung eines progressiven Szenarios nicht zu rechnen war, bedeutete dieser Schluss das Aus für den Sänger.

Szenarien sind *integrative* Konzeptualisierungen von Zukünften. Der Einbau von Prognosewissen aus Trendextrapolationen oder Modellierungen ist dabei genauso möglich wie die Integration von Bewertungen und Relevanzentscheidungen oder von Risikoanalysen (siehe oben). ‚Weiche' Begründungen, z.B. durch organisatorisches Wissen zur Durchführung von Großprojekten, durch ingenieurwissenschaftliche Erfahrung über die zu erwartenden Realisierungszeiträume technischer Entwicklungen, durch Expertenaussagen zu Fragen der Realisierbarkeit oder durch betriebswirtschaftliche Erfahrung hinsichtlich der Kosten von Großprojekten können ebenfalls berücksichtigt werden. Auch das Wissen um Rahmenbedingungen, Megatrends, bestimmte vorgegebene Fristen in Planfeststellungsverfahren oder anderen Regulierungen technischer Entwicklungen kann in entsprechende Szenarien und damit in die betreffenden Entscheidungen eingehen.

Szenarien haben sich einerseits wegen dieser integrativen Möglichkeiten und andererseits wegen ihrer Konzeptualisierung einer offenen Zukunft zum hauptsächlichen Instrument der Technikfolgenabschätzung im Umgang mit Zukunft entwickelt. Auch in anderen strategischen Kontexten haben sie ganz erhebliche Bedeutung gewonnen (Gausemeier et al. 1996) und sind zu einem zentralen Tool der Nachhaltigkeitsforschung geworden (z.B. Coenen/Grunwald 2003).

7.2.4 Delphi-Verfahren

Eine systematischere Möglichkeit der Gewinnung von Expertenwissen bietet die *Delphi-Expertenumfrage*. Hierbei wird in zwei Runden eine größere, d.h. statistische Auswertungen erlaubende Anzahl von Experten zu Zukunftseinschätzungen in bestimmten wichtigen gesellschaftlichen und technischen Entwicklungen aus ihrer fachlichen Sicht befragt. Die Delphi-Methode fragt einerseits nach den *Möglichkeiten* der wissenschaftlich-technischen Entwicklung und versucht andererseits, die wichtigsten Hemmnisse zu lokalisieren. Auch wird nach dem mutmaßlichen Zeitraum von Marktreife und Marktdurchdringung gefragt. In der Folge japanischer Erfahrungen wurden in Deutschland umfangreiche Delphi-Verfahren durchgeführt (Cuhls et al. 1998).

Die Ergebnisse der ersten Runde werden statistisch ausgewertet und für die zweite Runde der Befragung an die Experten in der gleichen Zusammensetzung zurückgespielt. Dort haben die Experten angesichts dieser Ergebnisse die Gelegenheit, ihre ersten Einschätzungen zu überdenken. Auf diese Weise wird der ‚Mainstream' der Einschätzungen herausgearbeitet, verbunden mit der Möglichkeit, die Einschätzungen der Experten daraufhin zu beurteilen, ob sie sehr homogen sind (geringe Varianz der Verteilung) oder ob das Feld sehr verschieden beurteilt wird (große Varianz). Dies sagt etwas über das Maß an Konsens im Expertenfeld aus. Auch die Veränderung von der ersten Runde zur zweiten ist interessant. Sie gibt z.B. Auskunft darüber, wie leicht Experten ihre Einschätzungen der ersten Runde bereit sind zu ändern, und dies wiederum kann als ein Maß für die Überzeugtheit der Experten sein.

Werden im ursprünglichen Delphi-Verfahren Begründungen für die abgegebenen Statements weitgehend ignoriert, versuchen neuere Ansätze, durch die Einbeziehung von Begründungen das Verfahren stärker vom bloßen Umfragecharakter und einer statistischen Mittelung zu lösen (Renn 1994). Spezielle Verfahren (z.B. das Gruppen-Delphi, das eine zentrale Säule des Kooperativen Diskurses bildet, vgl. Kap. 7.4.1), verlassen das ursprüngliche Modell und nähern sich diskursiv orientierten Experten-Gruppen an (‚Experten-Panels').

Die Güte der Ergebnisse hängt zum einen an der Auswahl der Experten (kritisch hierzu Zimmerli 1982), die die Entwicklungen, an denen sie selber beteiligt sind, oft zu optimistisch einschätzen. Zum anderen bevorzugt die Delphi-Methode durch das Gaußsche Auswertungsverfahren die Mehrheitsmeinungen und unterdrückt abweichende Auffassungen. Auch der Fragebogen der ersten Runde stellt eine kritische Vorgabe dar, da die darin enthaltenen Fragen oder Thesen bereits durch einen Filter gelaufen sind und somit eine bestimmte Ergebnisrichtung implizit vorgeben können. Ergebnisse einer Delphi-Umfrage sind also im Rahmen einer Technikfolgenabschätzung in einen Interpretationsrahmen einzubinden und in Bezug zu ihren Prämissen zu setzen.

7.3 Diskursanalytische Verfahren

Eine transparente Aufbereitung der in einem Technikkonflikt vorgebrachten Argumente und Positionen ist oftmals unentbehrlich für beratende Technikfolgenabschätzung und stellt selbst ein wesentliches Ergebnis dar. Eine Erfassung der wesentlichen Argumentationslinien, ihre Zuordnung zu gesellschaftlichen Gruppen, ihre Positionierung untereinander und die Aufdeckung der jeweils zugrunde liegenden normativen Prämissen und Ausgangsannahmen führen zu einer argumentativen ‚Landkarte' für das betreffende Feld.

7.3.1 Datenerhebung: Interviewverfahren und Medienanalyse

Experteninterviews gehören zum Standardrepertoire der Technikfolgenabschätzung. Sie können mehr oder weniger formalisiert sein und reichen von eher informellen Expertengesprächen (als Beispiel vgl. die Studie zum Online-Buchhandel, Riehm et al. 2001) bis hin zu stark methodisch orientierten Verfahren (Tschiedel 1999). Grundsätzlich sind diese Gespräche durch folgende Vorentscheidungen geprägt: die Auswahl der zu befragenden Experten, die Formulierung der Fragen bzw. eines Interviewleitfadens, das Verfahren der Durchführung und die Zielsetzungen für die Auswertung. Die Forderung nach Transparenz als die wesentliche Anforderung an Technikfolgenabschätzung (Kap. 5.4) führt dazu, dass diese Vorentscheidungen deutlich gemacht und begründet werden müssen.

Das Ergebnis einer TA-Studie kann stark durch die Auswahl der befragten Experten oder die Art der gestellten Fragen bestimmt werden. In der Regel sind Aspekte der Ausgewogenheit und der Beteiligung aller für die jeweilige Thematik relevanten gesellschaftlichen Gruppen für die Auswahl ausschlaggebend. Die Liste der befragten Experten wird in der Regel zusammen mit den Ergebnissen der TA-Studie publiziert (z.B. Riehm et al. 2001, S. 201f.). Zur Sicherung der Vergleichbarkeit der Interviews sind strukturierte Interviewleitfäden oder ausformulierte Fragebögen wesentlich. Häufig werden sie ebenfalls als Anhang den Ergebnissen einer TA-Untersuchung beigefügt (ebd., S. 203ff.). Sie bilden das empirische Datenmaterial für die sich anschließende allgemeinere Auswertung vor dem Hintergrund anderer gesellschaftlicher Entwicklungen oder von wissenschaftlichen Theorien.

So wurden in einer Untersuchung über die Folgen des Internet-Buchhandels für die klassischen Vertriebswege und den stationären Buchhandel Vertreter aus Buchhandel, Verlagen und Medienbranche nach ihren Einschätzungen der weiteren Entwicklung und Problemdiagnosen befragt (Riehm et al. 2001). Den Hintergrund bildete die These, dass der zunehmende Buchhandel über das Internet die Existenz von Buchhandlungen und Verlagen als intermediären Teilnehmern am Gesamtprozess gefährde, weil Autoren und Leser stärker direkt in Kontakt treten könnten (Disintermediationsthese, Orwat 2001). Das Ergebnis war übrigens eine weitgehende Entwarnung; das Internet scheint sich bislang eher als zusätzlicher denn als konkurrierender Vertriebsweg zu etablieren.

Die Durchführung der Interviews und die Expertenaussagen werden dokumentiert (häufig als Tonbandaufzeichnung). Für die Auswertung wird in der Regel darauf geachtet, dass die Interviews von zwei Personen geführt werden, von denen einer das Gespräch führt und der andere Aufzeichnungen zum auf dem Tonband nicht erfassbaren Hintergrund macht. Die Auswertung selbst erfolgt, wenn die Anzahl der befragten und die Art der Fragen es zulassen, auf quantitativ-statistische Art. Zumeist aber stehen die vorgebrachten Einschätzungen und Begründungen im Vordergrund und dienen z.B. als ein Element der Ausgangsbasis für eine Diskursanalyse (siehe unten).

Zur Analyse der in den Massenmedien ausgetragenen Debatten wurde in der empirischen Sozialforschung das Instrument der *Medienanalyse* entwickelt. Nach einem zum betreffenden Themenkontext passenden Satz von Schlüsselbegriffen wird systematisch in einem festgelegten Satz von Massenmedien gesucht, z.B. in überregionalen Tageszeitungen, im Rundfunk oder im Internet. Die ‚Fundstücke' werden geprüft und nach ihren Beiträgen zur Thematik klassifiziert, gemäß einem ebenfalls vorab festgelegten Kriterienraster. Durch eine entsprechende Kodierung gelingt es auf diese Weise, ein quantitatives Bild der Behandlung bestimmter Themen in den Massenmedien zu erhalten, z.B. in der Verteilung über bestimmte Medien oder über die Zeit. In Bezug auf Diskursanalyse interessanter sind jedoch qualitative Auswertungen, indem z.B. das ‚Wandern' von Argumentationsmustern zwischen gesellschaftlichen Gruppen und ihre Veränderung in der Zeit erfasst werden können.

7.3.2 Diskursanalyse

Die *Diskursanalyse* befasst sich mit Fragen der Art: Wie sind Ziele und Mittel in einem Technikkonflikt bzw. in einem laufenden Meinungsbildungs- oder Entscheidungsprozess strukturiert und welche Zielhierarchie setzt sich durch? Besteht eine Diskrepanz zwischen den Zielsystemen verschiedener beteiligter Akteure? Welche Rolle spielen Wertungen bei der Bestimmung von Zielen und Mitteln? Welche Stelle nehmen gesellschaftliche Interessen und Bedürfnisse in der Zielhierarchie ein? Zur Beantwortung verfährt die Diskursanalyse texthermeneutisch. Ihr Ausgangspunkt sind schriftlich oder mündlich geäußerte Argumente, Einschätzungen und Positionsbestimmungen, also vorliegende Texte. Sie besteht aus:

- der Bestimmung der verschiedenen Parteien der Befürworter und Gegner einer bestimmten Technik oder einer entsprechenden Entscheidungsoption und ihrer Relationen untereinander;
- der Feststellung, welche Interessen und welche Positionen zu Entscheidungen, Handlungen, Zielen, Normen und Werten in diesen Gruppen vertreten werden;
- der Bestimmung der Argumentationsmuster, die regelmäßig in den Kontroversen gebraucht werden, und der Zuordnung dieser Muster zu den verschiedenen Parteien sowie
- der Bestimmung der Relationen der Argumentationsmuster untereinander, indem diese in allgemeinere gesellschaftliche Entwicklungen eingebettet werden (Prämissen, zugrunde liegende Überzeugungen, Menschenbilder und Gesellschaftsvorstellungen).

Die untersuchten Texte müssen vorab selbstverständlich identifiziert worden sein. Hierzu sind die oben erwähnten Methoden der qualitativen Datenerhebung wie die Literaturrecherche, Medienanalyse und Sekundäranalyse zur Identifizierung vorliegender Texte, aber auch gezielte Maßnahmen zur Schließung von Lücken im Textbestand vorhanden, z.B. durch schriftliche Anfragen bei den verschiedenen Parteien, Erhebungen oder Interviews.

In der darüber hinaus gehenden *Diskursrekonstruktion* (DLR 1993) wird die ‚Argumentationslandschaft' nicht nur deskriptiv analysiert, sondern nach ethischen Prinzipien der Konfliktbewältigung und Rechtfertigung von Zwecken und Normen beurteilt (Gethmann/Sander 1999). Die *Rekonstruktion* eines Diskurses besteht in der Analyse von faktisch vollzogenen Argumentationshandlungen. Sie ist das Resultat einer begrifflich präzisierten und logisch einwandfreien Darstellung eines vorgegebenen unscharfen Aussagezusammenhanges. Durch Rekonstruktion einer Argumentation wird nicht eine bloße Wiedergabe oder Interpretation verschiedener Meinungen durchgeführt; ihr Ziel ist es vielmehr, Konsistenz und Triftigkeit der Rechtfertigung eines Zweckkomplexes überprüfbar und implizite Prämissen und Präsuppositionen sichtbar zu machen. Die Rekonstruktion enthüllt ungenannte Vorschriften, entdeckt Regelmäßigkeiten und Regelwidrigkeiten und lässt Argumentationsdefizite erkennen.

Als Beispiel: Die bemannte Raumfahrt – lange Zeit als einer der fortgeschrittensten Bereiche der Technik bewundert – geriet in den neunziger Jahren zunehmend unter Rechtfertigungsdruck. Die staatliche Finanzierung dieser hochkomplexen, technisch enorm aufwändigen und im Falle des Scheiterns mit hohen Verlusten verbundenen Unternehmungen haben die Frage nach gesellschaftlich relevanten Zielen und Zwecken aufgeworfen. In dem umfangreichen TA-Projekt SAPHIR (DLR 1993) wurde eine Diskursrekonstruktion der Argumente für und gegen bemannte Raumfahrt durchgeführt. Für durchgeführte und geplante Missionen bzw. Programme bemannter Raumfahrt wurden die tatsächlich durchlaufenen ‚Diskurse' von Entscheidungsträgern und Beteiligten im Rückgriff auf logisches, wissenschaftstheoretisches und ethisches Wissen rekonstruiert. Dabei zeigten sich bestimmte Argumentationsmuster (naturwissenschaftliche, ökonomische, anthropologische, politische etc.), welche in einer argumentativen ‚Landkarte' geordnet und systematisiert wurden. Daraus ergab sich einerseits eine Bewertung bestimmter Argumentationstypen als unzulänglich (wie z.B. der spin-off-Argumentation); andererseits konnte gezeigt werden, unter welchen Bedingungen andere Argumentationsmuster durchaus Rechtfertigungspotenzial besitzen (wie z.B. internationale Kooperation).

Gleichzeitig sollen Hinweise zum konstruktiven Umgang mit Konfliktsituationen gegeben werden. Es werden miteinander unverträgliche Handlungen, deren

Ausführung sich wechselseitig verhindern, und miteinander unverträgliche Zwecke, deren Erreichung sich wechselseitig verhindern, analysiert. Entscheidendes Beurteilungskriterium ist die Verallgemeinerbarkeit der den Konfliktparteien zugrunde liegenden normativen Überzeugungen. Diese wiederum wird unter Bezug auf ethische Basistheorien wie die Kantische Prinzipienethik oder die utilitaristische Ethik beurteilt.

7.3.3 Wertbaumverfahren

Das Wertbaumverfahren deckt die in einem Technikkonflikt relevanten normativen Aussagen auf und versucht, unterschiedliche Wertmuster in ein einheitliches und zustimmungsfähiges Bewertungsraster zu integrieren (Renn 1999b, S. 618). Es dient zur transparenten Klärung der normativen Grundlagen in einem Meinungsbildungsprozess und als Grundlage der Verständigung darüber. Der resultierende Wertbaum besteht in einer „logisch konsistenten und von allen Parteien anerkannten Liste von Werten und Beurteilungskriterien, die als Bewertungsgrundlage für die infrage kommenden Optionen dienen kann" (Renn/Webler 1998, S. 75f.).

In ihrer ursprünglichen Form war es Aufgabe der Wertbaumanalyse, die latenten oder explizit geäußerten Werte einer Person oder Gruppe in eine konsistente und nachvollziehbare Form zu bringen. Durch Interviews wurde versucht herauszufinden, nach welchen Werten und Kriterien die Person oder Gruppe bestimmte Entscheidungen treffen würde. Die Ergebnisse wurden in Form eines strukturierten Wertbaumes zusammengefasst (Keeney et al. 1984) und mit den Befragten diskutiert. Der Wertbaum einer Gruppe gibt die Summe der relevanten normativen Überzeugungen wieder: er repräsentiert – dem Anspruch nach in einem rein deskriptiven Sinne – die *Moral* der Gruppe. In Technikkonflikten entsteht dann das Problem, dass die verschiedenen Wertbäume der beteiligten Gruppen in der Regel nicht miteinander vereinbar sind. Der Ansatz eines *additiven* Wertbaumes versucht, die redundanten Elemente wegzulassen und die anderen in eine konsistente Ordnung zu bringen, um zu einem Wertbaum zu gelangen, der die Werte aller beteiligten Gruppen enthält. Wenn dieser von allen Gruppen akzeptiert wird, ist dem Anspruch nach eine gemeinsame normative Basis für Bewertungen gefunden. Um diesen Anspruch einzulösen, wird allgemein ein partizipativer Ansatz bevorzugt, in dem die Beteiligten an der Konstruktion des gemeinsamen Wertbaums direkt beteiligt werden (Renn 1999b).

Die Erstellung von Wertbäumen orientiert sich an einer Unterscheidung nach Phasen, um Transparenz zu erlauben (Keeney et al. 1984; Renn 1999b, S. 620ff.):

- persönliche Interviews mit den Vertretern von Gruppen mit mutmaßlich relativ homogener Wertstruktur mit Fragen nach Zieldimensionen, Wertebereichen und Wertekriterien,
- Erarbeitung eines hierarchisch strukturierten Wertbaumes auf der Basis der Interviews für jede der beteiligten Gruppen durch die Wertbaumanalytiker,
- Diskussion dieser ersten Versionen der Wertbäume mit den Gruppen und Einholen von Verbesserungsvorschlägen,
- weitere Iteration dieses Vorgehens, bis die Mitglieder der Gruppen dem Wertbaum für ihre Gruppe zustimmen,
- Ausarbeitung eines additiven Wertbaumes in direkter Zusammenarbeit aller beteiligten Gruppen,
- Überprüfung des Ergebnisses nach formalen Kriterien (Vollständigkeit, Operationalisierbarkeit, Unabhängigkeit, Redundanzfreiheit und Kompaktheit) und
- Validierung des Gesamtwertbaumes durch jede Gruppe und Gewichtung der einzelnen Werte.

In diesen Schritten wird erwartet, dass die beteiligten Gruppen einer Bewertung von Optionen auf der Basis von Folgenüberlegungen zustimmen (im Unterschied z.B. zu einer *prinzipiellen* Ablehnung). Auch dürfen Festlegungen auf allzu konkreter Ebene, z.B. über genaue Zielkataloge, noch nicht getroffen sein. Die Wertbaumanalyse kann nur *ein Element* eines komplexeren Prozesses von Meinungsbildung und Entscheidungsfindung sein. Auch mit der Einigung über einen gemeinsamen Wertbaum bleiben Konflikte möglich und wird die Entscheidung nicht vorweggenommen. Konflikte werden durch die Wertbaumanalyse nicht gelöst, aber in ihrer normativen Struktur transparenter (vgl. Kap.7.4.1).

7.4 Beteiligungsverfahren

Die verschiedenen Methoden zur Partizipation in Technikfragen akzentuieren die damit verbundenen Erwartungen und Zielsetzungen (Kap. 4.2) in je verschiedener Weise. Im Folgenden werden diejenigen Ansätze kurz vorgestellt, die entweder die theoretische Diskussion maßgeblich geprägt haben oder die in der Praxis der Technikfolgenabschätzung häufig eingesetzt wurden oder werden (als Überblick hierzu: Renn/Webler 1998; Joss/Belucci 2002).

7.4.1 Konsensus-Konferenzen

Das Konzept der ‚Konsensus'-Konferenzen hat seine Bekanntheit vor allem dem Einsatz in Dänemark zu verdanken (Agersnap 1992; Grundahl 1995). Es ist, teilweise in modifizierter Form, in den Niederlanden, im Vereinigten Königreich und in der Schweiz aufgegriffen worden. In den Zielen wie in der Beurteilung „The consensus conferences have supplemented the public debate with the voice of ordinary people, and the media and the politicians have listened“ (Agersnap 1992, S. 52) wird deutlich, dass das Konzept vor allem zur Versachlichung der gesellschaftlichen Diskussion eingesetzt wird.

Konsensus-Konferenzen gehen auf demokratietheoretische Überlegungen zurück, wie sie insbesondere in relativ kleinen Ländern mit hoch entwickelten Diskussions- und Streitkulturen auf fruchtbaren Boden fallen konnten. Die wesentliche Frage ist, welche Voraussetzungen eine funktionierende Demokratie in Fällen benötigt, die ohne ein sehr spezialisiertes Expertenwissen nicht auskommen, insbesondere also in Fragen der Wissenschafts- und Technikpolitik:

> „... prior to all decisions an open (herrschaftsfrei) and informed debate by all concerned is required. This debate shall secure a possibility for all concerned to express their opinions and to be heard.“ (Ebd., S. 45)

Zu diesem Zweck soll „an informed debate between the lay and the learned“ (ebd., S. 46) durchgeführt werden. Dies geschieht in der Form „A consensus conference is a chaired public hearing with an audience from the public and with active participation of 10–15 lay people“ (ebd., S. 47).

Eine derartige Veranstaltung bedarf eines erheblichen Vorlaufs, um die relevanten Fragen vorzuklären und die beteiligten Experten zu bestimmen. Nach dieser mehrere Wochenenden umfassenden Vorbereitung dauert die Konsensus-Konferenz selbst drei Tage. Zunächst findet ein ‚relay-running by the experts', dann eine ‚cross-examination of the experts and report writing' und schließlich die ‚presentation of the final document' statt (S. 49ff.). Hier gehen wesentlich die Erfahrungen der Expertendilemmata ein (Kap. 6.3). Der Aufdeckung der Divergenz von Expertenmeinungen dient der erste Schritt des Verfahrens. Im zweiten Schritt sollen dann durch die ‚cross-examination' die Ursachen dieser Divergenzen aufgedeckt werden. Spätestens hier wird es zu Diskussionen über normative Vorannahmen und implizite Prämissen kommen. Dieses dürfte hinsichtlich der Gewährleistung von Transparenz und in Bezug auf die unvermeidlichen Wertungen der wichtigste Schritt sein.

Teilnehmende Laien werden durch eine Zeitungsanzeige gesucht. Unter den Interessenten wird dann eine Auswahl getroffen, die in etwa dem Profil der Bevölkerung in Alter, Geschlecht, Bildungsgrad und Berufsspektrum entspricht. Das Auswahlverfahren der Teilnehmer besteht in einer Mischung aus erklärter Teilnahmebereitschaft und der Selektion nach Kriterien der Repräsentativität. Teilnehmer dürfen weder Experten noch Interessenvertreter sein. Besonderer Wert wird auf die Vermittlung von Faktenwissen und Sachkompetenz an die Teilnehmer gelegt.

In Dänemark sind Konsensus-Konferenzen durch ein Gesetz abgesichert, wodurch einerseits ihre Rolle im gesellschaftlichen Entscheidungsprozess, andererseits aber auch die Anforderungen an sie fixiert sind. Zu einer ganzen Reihe von Themen wurden Konsensus-Konferenzen durchgeführt (z.B. zu gentechnisch veränderten Lebensmitteln, Skorupinski/Ott 2000, S. 56; für einen Überblick vgl. Klüver 1995). Teils hatten sie Auswirkungen bis hinein in parlamentarische Entscheidungen.[5] Vorbildwirkung hatten diese Konsensus-Konferenzen für das Schweizer Modell der ‚PubliForen' (TA-Swiss 2008).

7.4.2 Kooperativer Diskurs

Ausgangspunkt dieses ausgefeilten Verfahrens partizipativer Technikfolgenabschätzung bildet die Wahrnehmung von Steuerungsdefiziten in der pluralistischen und dezentralen Gesellschaft sowie Anzeichen eines Politikversagens: Diskurse sollen Steuerungsprobleme moderner Gesellschaften konstruktiv überwinden und die Politikverdrossenheit bekämpfen (Renn/Webler 1998, S. 13). Dies ist eine politisch-strategische Fragestellung; sie ist nicht primär kognitiv motiviert wie etwa die Frage nach möglichst rationalen Entscheidungen oder der Vermeidung von negativen Technikfolgen. Das Design des Ansatzes ist durch den Wunsch nach präventiver Konfliktvermeidung und vernünftiger Konfliktbewältigung bestimmt. Der Ansatz wurde entwickelt auf der Basis der Theorie des kommunikativen Handelns von Habermas (1988) und einer umfassenden Analyse der Defizite und Schwächen vorhandener Ansätze zur Techniksteuerung (Renn/Webler 1998, S. 22ff.).

Der kooperative Diskurs beruht auf einer Synthese dreier Elemente (im Folgenden nach Renn/Webler 1998, S. 68ff.): *Wertbaumverfahren* zur Normenfindung und Wertstrukturierung, *Expertendiskurs* zur Klärung von kognitiven Sachverhalten und schließlich *Bürgerforen* zur Abwägung möglicher Handlungsoptionen. Die Grundidee ist, die drei verschiedenen Anteile der Technikfolgenabschätzung, die *Bewertung*, die *Erkenntnis* der Technikfolgen und die *Abwägung* von Handlungsoptionen jeweils von den Personen oder Gruppen vornehmen zu lassen, die dafür am geeignetsten erscheinen: Interessengruppen und Betroffene für die Bewertung, Experten für das Wissen und Bürger für die Abwägung der Handlungsoptionen. Jedes der drei Elemente soll durch Prinzipien verständigungsorientierter Kommunikation charakterisiert sein (so auch Skorupinski/Ott 2000): gleichberechtigte Position aller Teilnehmer, keine Privilegien, die Einbeziehung aller Aussagetypen (kognitiv, expressiv und normativ) und die Einigung

---

5 1987 beschloss das dänische Parlament nach einer entsprechenden Konsensus-Konferenz, gentechnische Experimente an Tieren nicht mehr mit öffentlichen Mitteln zu fördern.

auf gemeinsame Argumentationsregeln zur Sicherung der Kriterien Fairness, Kompetenz, Legitimation und Effizienz, die für eine gelingende verständigungsorientierte Kommunikation in Anlehnung an Habermas zugrunde gelegt werden (Renn/Webler 1998, S. 35ff.).

Die *Wertbaumanalyse* (vgl. Kap. 7.3.3) versucht, durch eine Aufdeckung der normativen Prämissen, Interessen und Präferenzen der beteiligten Parteien zunächst Offenheit und Transparenz herzustellen. Der *Expertendiskurs* soll die kognitive Dimension der Technikfolgen bearbeiten. In Form eines modifizierten Delphi-Verfahrens (hierzu Kap. 7.2.4) wird eine Gruppe von Experten, die die Bandbreite der wissenschaftlich vertretenen Meinungen abdeckt, eingeladen, sich an einem entsprechenden Workshop zu beteiligen. Durch iterative Verfahren mit Kleingruppenarbeit und Auseinandersetzungen im Plenum, die so lange durchgeführt werden, bis keine erkennbaren Veränderungen der Standpunkte mehr auftreten, wird ermittelt, wie weit ein Konsens möglich ist oder es bei einem Konsens über den Dissens bleiben muss. Auf diese Weise soll das Expertendilemma (Kap. 6.3) entschärft werden. Die abschließende Abwägung der möglichen Handlungsoptionen wird einem *Bürgerforum* überantwortet. Dabei wird die reine Zufallsauswahl der Teilnehmer durch das Prinzip der paritätischen Besetzung ergänzt, um Verzerrungen durch eine unterschiedliche Bereitschaft zur Beteiligung unter den Angesprochenen zu vermeiden – für Standortprobleme, um die es hierbei in erster Linie geht, eine entscheidende Voraussetzung (Renn/Webler 1998, S. 84).

7.4.3 Planungszelle und Fokusgruppen

Die *Planungszelle* wurde Anfang der 1970er Jahre entwickelt. Sie gehört damit zu den ersten partizipativen Verfahren und wurde vor allem in kommunalen Entscheidungsprozessen eingesetzt, so z.B. im Bereich der Stadt- und Verkehrsplanung (Dienel 1997). Ihren Weg in die Technikfolgenabschätzung hat sie als Seiteneinsteiger gefunden. Die Grundidee ist, dass 25 im Zufallsverfahren ausgewählte Bürger sich vier Tage lang gemeinsam bzw. in kleinen Gruppen mit dem zu behandelnden Problem soweit vertraut machen, dass sie die möglichen Lösungen verstehen und beurteilen können. Sie arbeiten dazu Empfehlungen aus. Um eine größere Breite zu erzielen, werden mehrere Planungszellen zu dem gleichen Problem betrieben. Ihre Ergebnisse werden in einem Bürgergutachten zusammengefasst und dem Auftraggeber überreicht (nach Dienel 1997; Dienel/Trütken 1999). Auf diese Weise wird erhofft, gesellschaftlich akzeptable und umsetzbare Empfehlungen zu erhalten, die im ‚übergreifenden Gemeininteresse' liegen. Auf der individuellen Ebene wird ein auffallend hoher Erlebniswert einer Planungszelle konstatiert: das Gefühl, an entscheidungsrelevanten Prozessen beteiligt und dadurch als Staatsbürger ernst genommen zu werden. Auf der gesellschaftlichen Ebene wird eine Bewegung hin zu mehr Lernfähigkeit und zu einer Rückeroberung der Rolle des Souveräns durch die Bürger erhofft. Die Erreichung dieser Ziele soll durch die Berücksichtigung folgender Voraussetzungen ermöglicht werden:

- Informiertheit durch Heranziehung von Expertenwissen,
- Gespräch und interaktiver Austausch (Deliberation),
- genügend Zeit durch Freistellung der Beteiligten und Erstattung des Verdienstausfalls,
- Arbeit auf der Basis eines konkreten Auftrages,
- Neutralität durch Nichtzulassung von Interessenvertretern und
- Zufallsauswahl der Beteiligten als das ‚Gegenteil einer Bürgerinitiative'.

Von einem Auftraggeber (z.B. Bürgermeister, Behörde) wird der Bedarf nach Planungszellen angemeldet. Die Vorbereitungsphase umfasst die Erstellung eines Programms und die Auswahl der Teilnehmer. Die Durchführung besteht in der Anhörung von thematisch einschlägigen Referenten und der Diskussion. Die Korrektheit der Verfahrensschritte und die Einhaltung des Zeitplanes werden durch Prozessbegleiter gesichert, die auch die Moderatorenrolle übernehmen. Die auf der Basis der Planungszelle entstehende Erstfassung des Bürgergutachtens wird der Kontrolle durch die Teilnehmer unterzogen. Die Umsetzungsphase umfasst die Vorstellung und Verbreitung der Ergebnisse, z.B. durch Diskussion in Verbänden, Behörden, Ausschüssen und Schulen.

Große Ähnlichkeit hiermit hat das Modell der *Citizens Juries,* teils als Bürgerforum übersetzt. Ähnlich wie Schöffen als Laien nach ihrem ‚gesunden Menschenverstand' urteilen sollen, nachdem sie alle Zeugen und Betroffenen angehört haben, sollen die Mitglieder einer Citizens Jury als unabhängiges Gremium fungieren, das nach der Anhörung von Sachverständigen, Betroffenen und Interessenvertretern eine ausgewogene und dem Gemeinwohl verpflichtete Empfehlung ausspricht.

Die Planungszelle in der hier kurz dargestellten Form war Ausgangspunkt für eine Reihe von Ausdifferenzierungen. So wurde eine *Planungswerkstatt* vorgeschlagen, die Elemente der *Zukunftswerkstatt* von Robert Jungk (Jungk/Müllert 1997) integriert (Tacke 1999). Die Teilnehmerauswahl bezieht sich weder auf die direkt Betroffenen (Zukunftswerkstatt) noch geht sie vom Zufallsprinzip aus (Planungszelle). Stattdessen zielt sie darauf ab, schon vorhandene problembezogene Kommunikation zielgerichtet in einen Diskurs zu organisieren. Damit ist gemeint, die lokal und themenbezogenen bereits existierenden Kommunikationen und Netzwerke zu nutzen, vor allem in Vereinen und lokalen Organisationen. Erhofft wird durch die daraus resultierende Beteiligung von Repräsentanten sich wandelnder sozialer Strukturen eine größere Chance der Umsetzbarkeit.

Das Instrument der *Fokusgruppe* wurde in der Marktforschung entwickelt. Dort dient es dazu herauszufinden, was der Kunde weiß, welches seine Ansprüche, Wünsche und Erwartungen sind, was er bereit ist zu zahlen etc. Fokusgruppen sind ein Mittel, um neue Produkte einzuführen bzw. weiterzuentwickeln. Für Anwendungen in der Technikfolgenabschätzung stehen innerhalb einer eher kleinen Anzahl von gezielt ausgewählten Teilnehmern (Experten) der offene Meinungsaustausch und das ‚Brainstorming' im Vordergrund. Wert gelegt wird auf eine interaktive Definition des zu bearbeitenden Problems, statt diese einem vorgängigen Prozess ohne Beteiligung zu überlassen.

Weitere Instrumente in diesem Bereich können durch verschiedene Kombinationen der enthaltenen Elemente erzeugt werden, wodurch jeweils eine Anpassung an spezifische Problemlagen erfolgen kann. Dabei müssen stets spezifische Antworten oder spezifische Kombinationen von Antworten auf folgende Fragen gegeben werden: Verhältnis zu einem Auftraggeber, Auswahlprinzip der Teilnehmer, Art und Weise der Definition des Problems, Elemente des Verfahrensablaufs, Einbeziehung von Experten und Art und Weise von Auswertung und Umsetzung.

7.4.4 Mediations- und Schlichtungsverfahren

Mediation und Schlichtung sind verhandlungsorientierte Verfahren zur friedlichen und einvernehmlichen Beilegung von Konflikten mit Hilfe einer neutralen Instanz (Mediator, Schlichter). Sie gehen zumeist von bereits eingetretenen Konfliktlagen aus, die von den Konfliktparteien ohne externe Hilfe nicht mehr konstruktiv bewältigt werden können. Es wird ein gemeinsames Interesse der Konfliktparteien an einer einvernehmlichen und außergerichtlichen Einigung vorausgesetzt. Nach dem ‚Harvard-Modell' (Fisher et al. 1988) wird angenommen, dass die verhärteten Positionen durch das Offenlegen ihrer ‚wirklichen' Interessen aufgelöst und in ‚win-win-Situationen' transformiert werden können. Dabei spielen verhandlungsgesteuerte Kompensationen eine wesentliche Rolle.

Auch präventiv können Mediationsverfahren eingesetzt werden, um die Eskalation von Konflikten zu verhindern. So wird mittlerweile häufig versucht, im Vorfeld von Standortentscheidungen die möglichen Konfliktpartner an einem Tisch zusammen zu bringen, um Verständnis für die jeweilige Gegenseite zu erzielen und dadurch Maßnahmen zu ermöglichen, welche konfliktdeeskalierend wirken. Letztlich geht es darum, eine Situation herbei zu führen, in der beide Seiten Vorteile haben bzw. ihre Ziele zum Teil umsetzen können.

Anlässlich der geplanten Erweiterung des Frankfurter Flughafens fand ein groß angelegtes Mediationsverfahren statt, in dem die Bürgerinitiativen, die weiteren Flächenverbrauch und die Vermehrung des Fluglärms kritisieren, die Flughafenbetreiber, Behörden sowie Unternehmen beteiligt sind. Die Hoffnung war, dass durch bestimmte Maßnahmen des Entgegenkommens den Anwohnern gegenüber, wie z.B. Änderung der Flugrouten oder Verkehrsbeschränkungen für laute Flugzeuge, eine Konflikteskalation vermieden werden könnte. Die Ergebnisse des Mediationsverfahrens wurden von der Landesregierung bislang nicht umgesetzt.

Der Mediator soll bestehende Kommunikationsblockaden aufbrechen, einen Einigungsprozess anstoßen und ihn begleiten. Im Unterschied zu einem Schlichter, der zum Abschluss ein mehr oder weniger verbindliches Urteil fällt (wie z.B. aus den Tarifauseinandersetzungen in Deutschland bekannt), bleibt der Mediator auf die Förderung der Kommunikation beschränkt. Die Lösung des Konflikts wird vom Mediator nicht vorgegeben, sondern muss von den Konfliktparteien unter seiner Anleitung selbst gefunden werden. Anforderungen an einen guten Moderator sind (nach Renn/Webler 1998, S. 26; Karger/Wiedemann 1994, S. 212ff.) strikte Neutralität in der Sache, ausreichender technischer Sachverstand, Wissen um gesetzliche Regelungen und Bestimmungen, soziale Kompetenz im Umgang mit Gruppen und Individuen, kommunikative Kompetenz und praktische Erfahrung in der Diskursführung und Orientierung am Gemeinwohl und sozialen Respekt.

Anwendung finden Mediationsverfahren im internationalen Bereich in Abwesenheit von rechtlichen Regelungen, in Arbeitskonflikten zur Vermeidung von langwierigen arbeitsrechtlichen Prozessen, in persönlichen Angelegenheiten wie z.B. Scheidungsverfahren und in der Mediation von Umweltkonflikten (Zillessen 1998). Seit 1973 werden in den USA in Umweltfragen derartige Verfahren in verschiedenen Varianten praktiziert und sind teilweise als Alternative zu gerichtlichen Konfliktlösungen gesetzlich verankert.

In der Technikfolgenabschätzung erscheinen Technikkonflikte mit einer überschaubaren Anzahl von Akteuren und einem genau definierten Problem als geeignete Felder für Mediationsverfahren. Insbesondere sind dies Standortprobleme, in denen es um eine gerechte und akzeptable Verteilung der Risiken, Belästigungen und dem Nutzen von großtechnischen Anlagen wie Flughäfen, Kraftwerken, Mülldeponien oder Chemiefabriken geht. Diese Technikprobleme vom Typ ‚NIMBY' (not in my backyard) zeichnen sich durch einen in der Regel lokalen oder regionalen Problembezug, durch ein spezifisches geplantes Ereignis, durch einen tiefgehenden Eingriff in die Lebens- und Umwelt der Anwohner und durch eine Gemengelage verschiedener Interessen aus (vgl. als Fallbeispiel Kap. 10.3).

7.5 Kommunikative Verfahren

Technikfolgenabschätzung sieht sich teils auch in der Pflicht, Technik- und Technikfolgenprobleme in einer massenmedial geprägten gesellschaftlichen Öffentlichkeit zu platzieren und die Sensibilität für diese Fragen zu schaffen, zu erhalten oder zu erhöhen. Diese Aufgabe wird in den verschiedenen TA-Konzeptionen unterschiedlich stark gewichtet, auch von unterschiedlichen TA-Institutionen.

Das niederländliche Rathenau-Institut, das parlamentarische Technikfolgenabschätzung betreibt, versteht sich selbst auch als Einrichtung, die den Technik- und Wissenschaftsdialog auf einer gesellschaftlichen, d.h. massenmedial geprägten Ebene führt (van Est/van Eijndhoven 1999). Hierzu ist es erforderlich, auf dieser massenmedialen Ebene präsent zu sein. Technikfolgenabschätzung in diesem Sinne besteht weniger bis kaum aus umfangreichen wissenschaftlichen Studien, sondern aus Kampagnen und Aktionen, die versuchen, gesellschaftliche Öffentlichkeiten zu erreichen, zu sensibilisieren und in die Prozesse der Meinungsbildung zu involvieren (vgl. auch Kap. 4.2). Ein strukturell verwandtes Feld ist öffentliche Nachhaltigkeitskommunikation, in die auch TA-Institutionen involviert sind (Michelsen/Godemann 2005).

Um dies zu erreichen, bedient sich die Technikfolgenabschätzung massenmedial geeigneter Verfahren wie z.B. des ‚Science Theater', in dem Technikfolgenprobleme in dramatischer Form dargeboten werden, um zum Nachdenken anzuregen und Problembewusstsein zu schaffen. Auch andere Formen der künstlerischen Aneignung von Technikfolgenthemen, wie z.B. Hörspiele, Videosequenzen oder Internetauftritte, werden in diesem Sinne genutzt, um eine gesellschaftliche Debatte zu befördern oder erst anzuregen. Diese Aktivitäten haben einen fließenden Übergang von der Technikfolgenabschätzung zu den Bewegungen des ‚Public Engagement' in Wissenschafts- und Technikfragen (Siune et al. 2009, Kap. 5) und zum ‚Public Understanding of Science' (PUS).

8. Beiträge der wissenschaftlichen Disziplinen

Technikfolgenabschätzung benötigt Unterstützung aus den wissenschaftlichen Disziplinen. Dies betrifft zum einen einen großen Teil der TA-Methodik (siehe oben). Zum anderen sind in vielen Fragen inhaltliche Beiträge der Disziplinen erforderlich, z.B. in Bezug auf technische Eigenschaften der betrachteten Systeme, Regulierungsfragen, soziale Muster von Akzeptanz und Konflikt oder Innovationsmechanismen.

8.1 Natur- und Ingenieurwissenschaften

Natur- und Ingenieurwissenschaften sind maßgeblich an der Entwicklung und Produktion neuer Technik beteiligt. Sie sind vielfach die ersten, die sich gedanklich und entwerfend mit neuer Technik befassen und sodann mit ihr ‚in Berührung' kommen. Sie sind daher auch potenziell die ersten, denen Technikfolgen – lange im Vorfeld der Markteinführung – auffallen könnten. Positive Erwartungen und beabsichtigte Technikfolgen wie Marktpotenziale und die Erfüllung neuer und nachgefragter Leistungsmerkmale werden von ihnen verwendet, um die betreffende Technik in ihrer Firma oder gegenüber Externen durchzusetzen. Die mit Technik verbundenen Ziele werden in Form eines Lastenheftes festgehalten und leiten die Entwicklung an. Dies gehört untrennbar zum Arbeitsfeld von Ingenieuren und Naturwissenschaftlern in der Technikgestaltung hinzu und wird auch bereits im Studium vermittelt.

Die systematische Befassung mit möglichen nicht intendierten Technikfolgen ist zwar im *Einzelfall* auch immer wieder der Fall gewesen, hat aber demgegenüber keine allzu lange Tradition. Lange Zeit waren Ingenieure, insbesondere im Management der Industrie, eher bemüht, eine Mitverantwortung für solche Technikfolgen abzuwehren – z.B. durch die Betonung der vermeintlichen Wertneutralität der Technik, die die Hersteller von der Verantwortung ent- und die Nutzer belastete (Ropohl 1982). Gegenwärtig ist jedoch (fast) keine Rede mehr von einer Wertfreiheit der Technik. Zusammen mit der Werthaltigkeit von Technik ist auch die Verantwortung der Wirtschaft für Technikentwicklung akzeptiert, z.B. im Hinblick auf die Nachhaltigkeitsthematik (Grunwald/Kopfmüller 2006, Kap. 7). Die Ausübung dieser Verantwortung erfolgt in Form einer Technikbewertung, vorwiegend durch Ingenieure, die mit Technikfolgenabschätzung mehr oder weniger große Ähnlichkeit hat (Kap. 3.6). Dies erfolgt vor dem Hintergrund einer zunehmend sensiblen Öffentlichkeit nicht nur in ökologischen, sondern auch in sozialen Fragen von Technikentwicklung. Betriebliche Interessen wie eine gute Reputation zwecks wirtschaftlicher Erfolge sowie politische und öffentliche Interessen, z.B. Beachtung der Menschenrechte im Produktionsprozess, scheinen in einer Reihe von Feldern zu konvergieren.

Was dies für die Beiträge der Natur- und Ingenieurwissenschaften zur Technikfolgenabschätzung heißt, ist schnell verdeutlicht. Vor allem ist die ‚Detektorenfunktion' zu nennen: Ingenieure und Naturwissenschaftler sind die ersten, die mit bestimmten Wissensbeständen und Technikentwicklungen in Berührung kommen. Sie sind daher auch die ersten Adressaten einer Technikfolgenabschätzung, die ein solides technisches und naturwissenschaftliches Fundament benötigt. Ingenieure und Naturwissenschaftler geben Auskunft über den aktuellen Stand einer Technik, ihre absehbaren Entwicklungsmöglichkeiten in Bezug auf neue oder verbesserte Leistungsmerkmale und die direkten Folgen wie z.B. technikbedingte Emissionen, Material- und Energieverbrauch, Umweltauswirkungen etc. Diese sind für Technikfolgenabschätzung unverzichtbare *Eingangsdaten*; aus diesem Grund ist die Einbeziehung von Ingenieuren und Naturwissenschaftlern unbedingt erforderlich. Dies bedeutet jedoch nicht, dass Technikfolgenabschätzung ein ausschließlich oder auch nur wesentlich von Ingenieuren und Naturwissenschaftlern zu betreibendes Geschäft wäre. Technikfolgenabschätzung ist zwar auf technisches Wissen angewiesen, aber nicht selbst eine technische Aufgabe.

In Sicherheitsbeurteilungen zu Kraftwerken sind detaillierte Prozesskettenanalysen, Untersuchungen zur Versagenswahrscheinlichkeit von Bauteilen sowie Fehlerbaum- und Fehlerfortpflanzungsanalysen erforderlich. Diese können nur von fachlich einschlägigen Ingenieuren und Naturwissenschaftlern erbracht werden. Wenn es allerdings um die Bestimmung von Sicherheitsstandards geht, reicht ingenieurwissenschaftliche Kompetenz nicht aus, da deren Bestimmung eine politische Aufgabe (Gethmann/Mittelstraß 1992) unter Berücksichtigung von Governance-Aspekten, normativen Überlegungen und ethischer Reflexion zu gesellschaftlichen ‚Zumutbarkeiten' (Kap. 10.1) ist. Sicherheits- und Risikobeurteilungen haben je eine technische und eine soziale Seite.

Erkennung und Bewertung von Technikfolgen den Ingenieuren und Naturwissenschaftlern zu überantworten, würde zu ihrer strukturellen und kognitiven Überforderung führen (Grunwald 2000b). Die Komplexität des gesellschaftlichen Beratungsbedarfs zu neuen Technologien, zur Forschungsförderung und Technikpolitik sowie zur Kontextsteuerung der technischen Entwicklung durch Gesetzgebung, Rechtsprechung oder ökonomische Maßnahmen auf den verschiedenen Ebenen der Technikgestaltung bedarf interdisziplinärer Kooperation und in vielen Fällen das Einnehmen einer Systemperspektive. Die Probleme des prospektiven Wissens wie systemische Rückkopplungen, Fernwirkungen in räumlicher und zeitlicher Hinsicht und das Fehlen gesellschaftlicher Kausalverhältnisse (vgl. Kap. 6.1) und der Verallgemeinerbarkeit von Bewertungen (vgl. Kap. 6.2) lassen sich nicht adäquat mit natur- und ingenieurwissenschaftlicher Perspektive und Methode allein behandeln.

In der Synthetischen Biologie wird das Programm verfolgt, mit Mitteln der Molekularbiologie und der Nanobiotechnologie aus unbelebten Materialien künstliches Leben zu schaffen oder bestehendes Leben mit neuen Funktionen anzureichern. In der beginnenden Debatte über Folgen und Gestaltung dieser Forschungsrichtung (dazu Boldt et al. 2009) ist es selbstverständlich erforderlich, in Bezug auf Entwicklungsstand, Methoden, Ziele und Zeitperspektiven die Biologen direkt zu beteiligen. Strittig ist jedoch, ob die Behandlung von auftretenden gesellschaftlichen Fragen, z.B. im Hinblick auf Missbrauchsmöglichkeiten für militärische oder terroristische Zwecke, im Rahmen einer Selbstverpflichtung der Synthetischen Biologie erfolgen kann oder ob hier externe Beobachtung, Folgenforschung und Beurteilung notwendig sind (Grunwald 2008b, Kap. 8.4).

Nach dem eingangs Gesagten dürfte klar sein, dass zur Behandlung dieser Fragen und ihrer wenigstens annähernden Lösung *interdisziplinäre Herangehensweisen* unverzichtbar sind. Technikfolgenabschätzung bedarf des natur- und technikwissenschaftlichen Wissens, geht aber bei weitem nicht darin auf.

8.2 Wirtschaftswissenschaften

Technikfolgenabschätzung hat es vielfach mit den ökonomischen Folgen von Technik und Technisierung zu tun. Ökonomische (zumeist volkswirtschaftliche) Expertise über Innovations- oder Marktpotenziale werden genauso benötigt wie Aussagen über Innovationshemmnisse oder innovationsfördernde Maßnahmen (Meyer-Krahmer 1999). Die seit den neunziger Jahren stark betonte Schnittstelle der Technikfolgenabschätzung zur Innovationsforschung äußert sich auch in einem verstärkten Bedarf an wirtschaftswissenschaftlicher Expertise.

Das Verhältnis der Ökonomie zur Technik ist durch mehrere Erkenntnisinteressen geprägt. Vordergründig geht es um eine Modellierung des Innovationsgeschehens, um Schwachpunkte erkennen und die Innovationskette optimieren zu können, sei dies auf betriebswirtschaftlicher Basis (Staudt/Merker 2001) oder unter volkswirtschaftlichen Aspekten wie in der Standortdiskussion unter der Herausforderung der ökonomischen Globalisierung. Hierbei wird in der Regel entweder ein ‚technology-push'-Modell der Technikentwicklung unterstellt, nach dem *technische Inventionen* angebotserzeugt werden müssten, um *wirt-*

schaftliche Innovationen zu erlauben. Oder es wird die Unzulänglichkeit dieses Ansatzes beklagt, um angesichts fortschreitenden Wettbewerbsdruckes und immer kürzerer Produktlaufzeiten die für den Bedarf an technischen Neuerungen notwendige Dynamik zu erreichen. Dann wird der ‚demand-pull'-Ansatz verfolgt und gefordert, dass die Technikentwicklung bedarfsorientiert erfolgen solle, wobei der Bedarf durch die Erfordernisse des Marktes bestimmt werde.

Im wirtschaftswissenschaftlichen Blick auf Technik hat die ‚Evolutionäre Ökonomie' besondere Bedeutung gewonnen (Nelson/Winter 1977; Biervert/Held 1992). Sie schließt an Überlegungen von Schumpeter (1934) an, in denen die Bedeutung des Neuen, des Kreativen und des Schöpferischen für die wirtschaftliche Wertschöpfung betont wird. Damit geraten auch die *Bedingungen der Möglichkeit* von Neuem und die kontextuellen Randbedingungen in den Blick, durch die Produktion und Verbreitung von Neuem gefördert oder behindert werden. Hier wird die Verbindung zur Technikfolgenabschätzung deutlich, wenn sie nämlich gefragt wird, welche hemmenden oder fördernden Faktoren für den wirtschaftlichen Erfolg einer Technikentwicklung bestehen und wie diese wiederum zu beeinflussen sind. Bereits Schumpeter hat aber auch auf die ‚dunkle Seite' der Innovation hingewiesen. Damit Neues etabliert werden kann, muss Altes entwertet werden (Groys 1992). Innovationen haben gesellschaftliche Umwertungen zur Folge. Dieser Mechanismus hat Gewinner und Verlierer zur Folge und führt zu erheblichen Legitimationslasten (dazu Grunwald 2000a), so dass Wirtschaftswachstum durch Technikentwicklung häufig auch konflikterzeugend ist. Dementsprechend ist die Bereitschaft gegenüber Innovationen nicht immer groß. Im betrieblichen Bereich beispielsweise stehen technischen Innovationen oftmals erhebliche betriebswirtschaftliche, aber auch soziale Hindernisse gegenüber. Dem mikroökonomischen Innovationsgeschehen und seinen Bedingungen komme daher eine besondere und häufig unterschätzte Bedeutung zu (Staudt/Merker 2001).

Auf einer höher aggregierten Ebene greift Technikfolgenabschätzung häufig auf volkswirtschaftliche Analysetools, insbesondere im Hinblick auf Modellierung und Simulation, zurück. Für umweltökonomische Problemstellungen haben sich z.B. die volkswirtschaftlichen Input-Output-Tabellen des Statistischen Bundesamtes als Datenbasis und Methoden der Input-Output-Analyse bewährt (vgl. Kap. 7.1.3). Diese Daten und ihre Strukturierung wurden genau mit dem Ziel konzipiert, bestimmte Beziehungen zwischen Technologien (Produktion), dem ökonomischen Geschehen und ökologischen Indikatoren unmittelbar zugänglich zumachen. Sie werden herangezogen, um die Umweltrelevanz volkswirtschaftlicher Aktivitäten einschließlich der Vorleistungsketten abzubilden und den Verursachern zuzuordnen.

In der Nachhaltigkeitsthematik (vgl. Kap. 9) haben sich neue Schnittstellen zwischen Technikfolgenabschätzung und den Wirtschaftswissenschaften ergeben, insbesondere mit der Ökologischen Ökonomie (Rogall 2009). Der technische Fortschritt spielt eine große Rolle in ökonomischen Modellierungen zukünftiger Entwicklungen, z.B. hinsichtlich der wirtschaftlichen Folgen des Klimawandels oder der Auswirkungen von Maßnahmen wie Zertifikathandel und Ökosteuern. Eine grundsätzliche Frage ist, ob nachhaltigkeitsfördernde Maßnahmen auf der Basis heutiger Technologie durchgeführt werden sollten oder ob nicht ein ‚Abwarten' auf zukünftige Technologien angeraten ist. Vielfältige Fragen der Implementierung von Gedanken der Nachhaltigkeit in Unternehmen, z.B. durch eine entsprechende Berichtserstattung und in Unternehmensstrategien, gehören ebenfalls zum Themenspektrum, in dem wirtschaftswissenschaftliche Expertise erforderlich ist.

8.3 Sozial- und Politikwissenschaften

Beziehungen zwischen Technik und Gesellschaft (insbesondere die ‚Grenze' zwischen Technik und Gesellschaft, vgl. Hack 1999, S. 196) werden sozial- und politikwissenschaftlich in verschiedener Weise und in verschiedenen Teildisziplinen behandelt. Für die Technikfolgenabschätzung sind vor allem Risikoforschung, Akzeptanz- und Wertforschung, Technikgeneseforschung, Arbeitsweltforschung, Industrie- und Organisationssoziologie sowie Governance-Forschung einschlägig. Dabei werden verschiedene Basistheorien wie Sozialkonstruktivismus, Systemtheorie oder Netzwerktheorie herangezogen, wodurch ein vieldimensionales Geflecht mehr oder weniger konvergierender oder divergierender Ansätze entsteht. Technik und Technisierung interessieren sozialwissenschaftliche Forschung vor allem unter dem Aspekt ihrer sozialen Bedingungen und Folgen, des gegenseitigen Einflusses von Technik und Gesellschaft, den sozialen Bedingungen der Herstellung und Nutzung von Technik, den strukturellen Folgen der Technisierung für die Gesellschaft und den Möglichkeiten einer gesellschaftlichen bzw. politischen Technikgestaltung.

Im Zuge aufkommender Technikkonflikte und Auseinandersetzungen über die Zumutbarkeit von Risiken entstand ein breites Feld sozialwissenschaftlicher Risikoforschung (Banse/Bechmann 1998; Renn 2008 et al.) mit dem Ziel, den Risikobegriff zu klären und die Bedingungen der Akzeptanz von Risiken sowie das Verhältnis von Risikowahrnehmung und Risikoakzeptanz und die Möglichkeiten ihrer Beeinflussung zu erforschen. Eine eigenständige Forschungsrichtung entwickelte sich um den Begriff der Risikokommunikation, in der der kommunikative Umgang mit Risikosituationen erforscht wird (z.B. Wiedemann 2010). Besondere Bedeutung wird dem Verhältnis von Experten- und Laienkommunikation beigemessen. Dabei hat sich gezeigt, dass das Konzept des ‚objektiven Risikobegriffs' als Produkt aus Schadenshöhe und Eintrittswahrscheinlichkeit, auch als technischer bzw. versicherungswirtschaftlicher Risikobegriff bezeichnet, nur begrenzt für die Belange gesellschaftlicher Risikoakzeptanz geeignet ist (Slovic 1993; vgl. Kap. 7.1.4).

Anlass für die Akzeptanz- und die Wertforschung waren die seit den siebziger Jahren – trotz des weitgehenden Fehlens empirischer Belege (Gloede 1987; Renn/Zwick 1997; Hennen 1997) – wiederkehrenden Annahmen einer Technikfeindlichkeit in den industrialisierten Ländern, vor allem in Deutschland (Jaufmann 1999). Die Akzeptanzforschung verfährt vorwiegend demoskopisch, analog zur empirischen Erhebung von Werthaltungen in der Gesellschaft und den Untersuchungen zum gesellschaftlichen ‚Wertewandel' (Oldemeyer 1988). Empirische Wertforschung dient der Eruierung der faktisch vorhandenen evaluativen Strukturen und kollektiven Präferenzen der Gesellschaft (Eigner/Kruse 2001). Ihre Ergebnisse sollen in Entscheidungsprozesse einfließen, um Technikkonflikte präventiv zu vermeiden und ex ante ihre Akzeptanz zu sichern (Kap. 10.1).

Empirische Technikgeneseforschung zur Erforschung und Modellierung des Verhältnisses von Technik und Gesellschaft ist ab Mitte der 1980er Jahre ein eigenständiges Forschungsfeld (Bijker et al. 1987; Dierkes 1997; Weyer et al. 1997; vgl. Kap. 4.3). Vorrangiges Ziel ist die Analyse des Entstehungsprozesses von Technik und ihrer Aneignung durch die Gesellschaft als soziale Prozesse (Weingart 1989). In diesem Zusammenhang wird dem Begriff des *Leitbildes* als Kristallisationspunkt kollektiver Handlungen der Technikgestaltung insbesondere in Netzwerken besondere Bedeutung zugesprochen. Der Übergang zur Rekonstruktion der Technikgeschichte ist fließend (Radkau 1989).

Problematisch bei der Heranziehung sozialwissenschaftlichen, beschreibenden oder rekonstruierenden Wissens ist oft, dass der Schritt von einer Modellierung auf ein Steuerungskonzept, also vom beschreibenden Wissen zum praktischen Handeln, nicht trivial ist (hierzu ausführlich Grunwald 2000a, Kap. 2). Während das beschreibende Wissen nur *ex post* aus einer Beobachterperspektive gewonnen werden kann, sich also auf bereits geschehene Technikfolgen oder Technikgenese beziehen muss, so geht es in der Technikfolgenabschätzung immer darum, auf der Basis dieses Wissens ex post ein Wissen *ex ante* bereitzustellen. Nur ein Wissen ex ante ist für Entscheider nützlich, weil nur dadurch noch nicht getroffene Entscheidungsprozesse beraten werden können. Technikfolgenabschätzung muss daher das aus vielen Fallstudien jeweils ex post gewonnene sozialwissenschaftliche Wissen auf seine Übertragbarkeit in eine Teilnehmerperspektive ex ante prüfen.

Da Technikfolgenabschätzung auf die Entwicklung von Handlungsoptionen für zumeist politische Entscheidungsträger zielt, bedarf sie eines Wissens über politische Strukturen und Prozesse der Meinungsbildung und, besonders im Hinblick auf die Umsetzung, eines Wissens über die Mechanismen politischer Kommunikation. In den Politikwissenschaften werden Technik und Technikgestaltung vor allem unter den Aspekten der Steuerungsproblematik, des Verhältnisses von Politik, Öffentlichkeit und Wissenschaft und der Rolle wissenschaftlicher Politikberatung thematisiert (Böhret/Franz 1982). Das Ziel besteht darin, die Handlungsmöglichkeiten des Staates im Feld der Technisierung angesichts der zunehmenden Differenzierung der Gesellschaft und der Herausforderungen der Globalisierung zu untersuchen. Zentrales Thema ist das Verhältnis von wissenschaftlicher Politikberatung zu Technikfragen und zur Politik selbst. Die Problematisierung der Rolle von Experten, die Infragestellung der Neutralität des Beratens, die Probleme der Institutionalisierung von Beratungskapazitäten an amerikanischen und europäischen Parlamenten (Dierkes et al. 1986; Vig/Paschen 1999), die Frage des Verhältnisses von Exekutive und Legislative und ihr jeweiliger Informationsbedarf bzw. die Möglichkeiten, diesen zu befriedigen, die Frage der Umsetzung von Ergebnissen der Technikfolgenabschätzung angesichts des Primats der Politik (Paschen et al. 1992b; Mai 1999) sind Themenfelder im Bereich institutionellen politischen Handelns, in denen politikwissenschaftliche Reflexion auf die Herausforderungen von Technikentwicklung reagiert. Dabei geht es weniger um einzelne Technikfelder als vielmehr um strukturelle Modifikations- und Erweiterungsnotwendigkeiten politischen Handelns. Diese ‚klassischen' Herausforderungen werden zusehends überlagert durch die ökonomische Globalisierung und die daraus resultierende Frage nach einer Neubestimmung staatlicher Gestaltungsmöglichkeiten im Inneren und einer Reflexion auf supranationale Steuerungsmöglichkeiten (Grimmer et al. 1999; Meyer-Krahmer 1999).

Ein Beispiel stellt die Militärtechnologie dar. Technische Entwicklungen, vor allem die Einbeziehung von Informationstechnik, Expertensystemen und Künstlicher Intelligenz zur Entwicklung von Präzisionswaffen ermöglichen, so die politikrelevanten Überlegungen, eine ‚unblutige' Kriegsführung (Toffler/Toffler 1984) durch gezielte und präzise Zerstörung wesentlicher Infrastruktur des Gegners aus der Luft heraus auf der Basis hoch auflösender Satellitendaten. Die Möglichkeiten (und Grenzen) dieser neuartigen Kriegsführung zeigen sich insbesondere in den jüngsten Interventionskriegen (Golfkrieg, Kosovokrieg und Afghanistan). Die Kombination neuartiger technischer Möglichkeiten und der veränderten politischen Situation nach dem Ende des Kalten Krieges ist es, die das Interesse der Politikwissenschaft gefunden hat (Grin 2000).

Ein zentrales Teilproblem dieser Herausforderungen bildet die Frage nach der *politischen* Steuerbarkeit der Technikentwicklung (Grimmer et al. 1992). Die zunehmende Skepsis gegenüber den Möglichkeiten des Staates (van Gunsteren 1976; Dierkes et al. 1992; Gottschalk/Elstner 1997) sowie das Kontroll-Dilemma (Collingridge 1980; Wagner-Döbler 1989; vgl. Kap. 6.6) haben die Suche nach alternativen Steuerungskonzepten motiviert (z.B. Renn/Webler 1998), die heute unter dem Stichwort ‚Technology Governance' geführt werden (Aichholzer et al. 2010). Diese verstehen den Pluralismus der modernen Gesellschaft als Randbedingung politischen Handelns, deren explizite Berücksichtigung Voraussetzung für eine moderne Technikfolgenabschätzung ist.

Für parlamentarische Technikfolgenabschätzung (Kap. 3.3) sind Veränderungen der parlamentarischen Möglichkeiten, Einfluss auf Technik zu nehmen, essentiell. Einer oft befürchteten Erosion des parlamentarischen Einflusses könnte Technikfolgenabschätzung, informiert durch Governance-Forschung, neue Funktionen entgegensetzen. Angesichts erhöhter Legitimationsanforderungen seitens der Zivilgesellschaft könnte Technikfolgenabschätzung durch partizipative Methoden z.B. dazu beitragen, dass die ‚Responsivität' des politischen Systems auf öffentliche Debatten gesteigert wird (Petermann/Scherz 2005). Parlamente könnten mittels parlamentarischer Technikfolgenabschätzung stärker zu Bühnen zur Austragung gesellschaftlicher Zukunftsdebatten werden, so z.B. im Hinblick auf ethische Debatten zur Zukunft der Natur des Menschen. Parlamente könnten sich mit Unterstützung der Technikfolgenabschätzung als reflexive Organisationen profilieren (ebd.). Als ‚prospektive' Institutionen können sie Aufmerksamkeit schaffen für neue Herausforderungen und Möglichkeiten im Zusammenhang mit Technik – sie wären *Initiatoren* von Debatten, nicht bloß am Ende reaktiv zuständig.

Die sozial- und politikwissenschaftlich ausgerichtete, in den USA und den Niederlanden entstandene STS-Community (Science, Technology & Society) hat sich der Erforschung der Schnittstellen zwischen Wissenschaft, Technik und Gesellschaft verschrieben (vgl. Nowotny et al. 2001). Sie hatte sich zunächst in einer beobachtend-distanzierten Position zu Wissenschaft und Technik aufgestellt und sich stark am Konzept der Ko-Evolution von Technik und Gesellschaft orientiert. Gegenwärtig scheint sich hier ein Wandel abzuzeichnen und werden Gestaltungsansprüche angemeldet. Ergebnisse der STS-Studies sollten verstärkt Eingang finden in die Gestaltung von Wissenschaft und Technik. Die Nähe zur Technikfolgenabschätzung, insbesondere zum Constructive Technology Assessment (Kap. 4.3), ist klar erkennbar.

Insbesondere sind einzelne Technikfelder in die Schnittstelle zwischen Technikfolgenabschätzung und den STS geraten, nämlich Technikbereiche, durch deren Weiterentwicklung die Bedingungen und Möglichkeiten gesellschaftlicher Kommunikation, menschlicher Selbstwahrnehmung oder des politischen Handelns tangiert oder verändert werden. Besonders wichtig sind hier Entwicklungen in Multimedia und in den Informations- und Kommunikationstechniken, durch die Bedingungen politischen Handelns und kulturelle Einstellungen selbst bereits verändert wurden oder wo mögliche gravierende Änderungen möglich geworden sind (Grunwald et al. 2006). Dies betrifft z.B. den gewachsenen Einfluss der Massenmedien auf die öffentliche Meinung, was vielfach zu einem Zurücktreten der Inhalte politischer Botschaften gegenüber ihrer Form führt. Auswirkungen von Informationstechnik und kommunikativer Vernetzung, insbesondere durch das Internet, auf das politische System und die Administration sind vielgestaltig. Wortschöpfungen wie ‚elektronische Demokratie' oder ‚digitales Rathaus' sagen etwas über hohe Erwartungen an die Nutzung der digitalen Technologien im politischen Raum aus. Das Internet fördere gewissermaßen *automatisch* die demokratischen Bürgertugenden. Endzustand einer konsequent umgesetzten Cyber-Demokratie wäre eine direktdemokratische, über den elektronischen Diskurs selbst organisierte *virtuelle Gemeinschaft* mit größerem politischem Einfluss des Einzelnen, einem geschärften demokratischen Bewusstsein und einer verbesserten Staatsbürgerlichkeit. Die Weltgesellschaft werde durch das Internet zu einem globalen Dorf. Diese Erwartungen haben sich jedoch als übertrieben herausgestellt (Grunwald et al. 2006) und zeigen die Ambivalenz derartiger, auf technikdeterministischen Annahmen beruhenden Erwartungen (Grunwald 2008a).

Ein weiteres Feld, das in der STS-Community hohe Aufmerksamkeit erfährt, ist die Nanotechnologie und in letzter Zeit auch die darauf aufbauenden Ideen einer ‚technischen Verbesserung' des Menschen. Interesse fanden z.B. die bildlichen Darstellungen der Nanotechnologie (Nordmann 2003), die visionären Kommunikationsformen (Grunwald 2006a), Fragen der Governance (Schaper-Rinkel 2007), die Verbindungen zu ethischen Debatten (Rip/Swierstra 2007) und Aspekte der Wissenschaftsforschung, Veränderungen in der Produktion wissenschaftlichen Wissens betreffend.

8.4 Rechtswissenschaften

Technikfolgenabschätzung muss sich einerseits auch mit den Implementierungsbedingungen für Technik befassen, zu denen selbstverständlich die rechtlichen Rahmenbedingungen gehören. Andererseits werden als Ergebnis von Technikfolgenabschätzung häufig Handlungsoptionen oder Empfehlungen zu einer Veränderung dieser Rahmenbedingungen entwickelt bzw. gegeben, z.B. um Innovationshemmnisse abzubauen oder ethische bzw. gesellschaftliche Grenzen der Technik zu konkretisieren. Insofern ist Technikfolgenabschätzung häufig auf rechtswissenschaftliche Expertise angewiesen.

Technikentwicklung und rechtliche Regulierung hängen in mehrfacher Weise zusammen: „Gesellschaftliche Techniksteuerung erfolgt in der Regel in der Form des Rechts" (Roßnagel 2001, S. 210). Trotzdem hat sich das Recht erst spät mit den Herausforderungen durch neue Technik befasst. Nach Anfängen in den achtziger Jahren im Umfeld der Kernenergie-Debatte (Roßnagel 1984), kann man erst in den letzten ca. zehn Jahren davon sprechen, dass es so etwas wie eine rechtswissenschaftliche Technikfolgenforschung gibt (z.B. Kloepfer 2003), häufig angesiedelt im Kontext der Informations- und Kommunikationstechnologien und der dadurch verursachten rechtlichen Fragen (z.B. Dreier/Vogel 2008).

Zunächst ist evidenterweise das Recht das zentrale Steuerungsmedium des Staates, der in Form einer ‚harten' ordnungsrechtlichen Techniksteuerung durch Sicherheitsstandards, Umweltstandards, Entsorgungsvorschriften (wie z.B. das Kreislaufwirtschaftsgesetz oder die Altautoverordnung) die Randbedingungen für die Technikentwicklung gestalten kann. Diese Elemente der staatlichen Steuerung der Technikentwicklung stellen Grenzmarkierungen dar, deren Beachtung eine für die Praxis der Technikgestaltung unter Legalitätsaspekten *notwendige* Bedingung darstellt. Dem Recht kommt in dieser ‚technikoffenen' Regulierung die zentrale Rolle der Operationalisierung solcher Steuerungsmaßnahmen zu, z.B. durch ordnungsrechtliche Präzisierungen. Hierzu gehört auch die rechtliche Absicherung von Verfahren der Entscheidungsfindung. Trotz aller Skepsis gegenüber staatlicher und rechtlicher Techniksteuerung gilt weiterhin:

> „Auch angesichts der atemberaubenden Umwälzungen technischer Entwicklungen bleibt die staatliche Aufgabe der Techniksteuerung durch Recht bestehen. Ihre Relevanz nimmt sogar zu, weil Technik in immer stärkerem Maß das gesellschaftliche Zusammenleben, das Feld, für das das Recht Ordnung und Freiheit gewährleisten soll, beeinflusst." (Roßnagel 2001, S. 212)

Allerdings wird das rechtliche Instrumentarium, mit dem in der Technikgestaltung operiert werden kann, aufgrund der technischen und gesellschaftlichen Veränderungen immer differenzierter. Formen der überwachten Selbstorganisation, des Auditing oder des Haftungsrechtes verdrängen oder ergänzen ordnungsrechtliche Regelungsfunktionen (Roßnagel 2001, S. 208ff.).

Weiterhin fordert neue Technik oft das Rechtssystem heraus. Durch Technikentwicklung können Regulierungsnotwendigkeiten entstehen, indem angesichts neuer technischer Möglichkeiten mögliche Gefahren für den Schutz von Persönlichkeitsrechten abzuwehren sind oder indem Missbrauchsgefahren vorgebeugt werden muss. Wesentliche Stichworte angesichts der zunehmenden Vernetzung digitaler Strukturen in der Informationsgesellschaft sind in diesem Zusammenhang Datenschutz und die Sicherung der Urheberrechte und digitale Signaturen (Langenbach/Ulrich 2001). Die Einbettung neuer technischer Möglichkeiten in Regulierungszusammenhänge bildet einen ganz wesentlichen Aspekt der gesellschaftlichen Aneignung dieser Technik. Rechtswissenschaftliche Technikforschung befasst sich mit beiden genannten Aspekten vor allem in *anti-*

zipativer Perspektive, d.h. nicht als nachträgliche und bloß reaktive Reparaturinstanz, sondern begreift sich als aktives Element der Technikgestaltung (Kloepfer 2003).

Besondere Bedeutung haben die mit Technik verbundenen Risikofragen hinsichtlich ihrer rechtlichen Operationalisierung. Bereits früh haben in der Kernenergiediskussion interdisziplinäre Kontakte zwischen Politikwissenschaft und Rechtswissenschaften stattgefunden (Roßnagel 1984). In den letzten Jahren hat in diesem Zusammenhang die Bio- und Gentechnik im Vordergrund gestanden, während gegenwärtig vor allem die Regulierungsproblematik zur Nanotechnologie in der Diskussion ist.

Die Rechtswissenschaften haben erst spät begonnen, sich intensiver mit der Nanotechnologie zu befassen. Das Umweltbundesamt beauftragte ein Rechtsgutachten zu Umweltaspekten der Nanotechnologie, um den bestehenden Rechtsrahmen für Nanotechnologie zu erkunden und auf mögliche Lücken aufmerksam zu machen. Das Gutachten widmete sich besonders dem Chemikalien-, Industrieanlagen-, Wasser- und Abfallrecht und kam zu dem Ergebnis, dass es durchaus Lücken im sektoralen Umweltrecht gibt. Dennoch sprechen sich die Gutachter gegen eine nanotechnologiespezifische Gesetzgebung aus und äußern die Erwartung, dass Nanomaterialien im Chemikalienrecht adäquat berücksichtigt werden können. Partielle Modifikationen des geltenden Rechts seien jedoch geboten, z.B. in Form einer (rein deklaratorischen) Erwähnung der Nanopartikel in der Stoffdefinition, um klar zu machen, dass diese erfasst sind (Führ et al. 2006). In einer Analyse zum Vorsorgeprinzip wurde in Bezug auf synthetische Nanopartikel eine ‚widerlegbare Gefährdungsvermutung' vorgeschlagen (Calliess 2009).

Recht steht jedoch der Technik nicht nur begrenzend gegenüber, sondern weist auch *technikermöglichende* Aspekte auf. Dies bezieht sich darauf, dass das Recht der Technikentwicklung, -produktion und -nutzung gesicherte Entfaltungsräume zur Verfügung stellt. Besondere Beachtung verdient der Aspekt der Schaffung von Planungssicherheit für Investoren. Dies korrigiert die häufig genannte Kritik, das Recht behindere Technikentfaltung durch übermäßige Regulierung:

> „Dabei kann das Recht Funktionen (a) der Standardisierung und Marktermöglichung sowie (b) der Gewährleistung rechtlicher Entfaltungsvoraussetzungen (insbesondere gegenüber Dritten) einschließlich der Gewährleistung von Rechtssicherheit ausüben." (Kloepfer 1998, S. 131)

In diesem Kontext sind besonders die Herausforderungen der Informations- und Kommunikationstechnologien, vor allem des Internet, in Bezug auf Rechtssicherheit und die Durchsetzung von Rechten zu nennen (Dreier/Vogel 2008). Das ‚Digital Rights Management' (DRM) versucht, in Bezug auf die Verteilung der Rechte an digitalen Produkten (Musik, Videos, Texte etc.) trotz der leichten Kopierbarkeit Rechtssicherheit zu schaffen. Auch in Bezug auf Urheberrechte (Intellectual Property Rights, IPR) kommt es durch die neuen Technologien zu Herausforderungen an rechtswissenschaftliche Expertise und ihre Einbindung in Technikfolgenabschätzung.

8.5 Philosophie

Die Philosophie hat sich bis vor wenigen Jahrzehnten mit Technik nur in abstrakter Form befasst, kaum jedoch mit konkreten Techniken. Dies hat sich in den letzten ca. 30 Jahren geändert. Heute ist Philosophie in der Technikfolgenabschätzung vorwiegend als Sprachphilosophie, Wissenschaftstheorie, Technikphilosophie, Ethik und Politische Philosophie in vielen Grundlagenfragen präsent (Grunwald 2008a).[1]

Sprachkritik und Sprachphilosophie

Viele wissenschaftliche Sprachgebräuche und Metaphern, die an der Schnittstelle zwischen Wissenschaft und Technik einerseits und Gesellschaft andererseits zirkulieren, enthalten Konnotationen, welche zu Fehl- oder Überinterpretationen bzw. zu Kontroversen Anlass geben können. Wenn z.B. das in der Informatik verbreitete Bild des Menschen als informationsverarbeitendes System in übergreifenden Diskussionen über die Zukunft des Menschen übernommen wird, würde damit ebenfalls die zugrunde liegende naturalistische Sichtweise dominant (Janich 1996). Gerade im Transfer von Begriffen aus den Wissenschaftssprachen auf die Ebene allgemeiner gesellschaftlicher Debatten zeigt sich, dass auch vermeintlich beschreibende Begriffe nie *nur* Beschreibungen sind, sondern durch den Bezug auf grundlegende Unterscheidungen auch normative Anteile enthalten. Wenn dann Bedeutungen transferiert werden, ohne an ihre Kontextgebundenheit zu denken, wird eine transparente Debatte erschwert oder es werden semantische Sachverhalte unklar. Die kritische Reflexion auf Sprache und mit bestimmten Begriffen bereits transportierte Erwartungen, Befürchtungen oder Deutungen gehört zu den Aufgaben der Technikfolgenabschätzung, die auf diese Weise der Philosophie *als Sprachkritik* bedarf.

---

1 Angesichts der disziplinären ‚Heimat' des Autors in der Philosophie mag es entschuldbar sein, dass diese Darstellungen etwas ausführlicher ausfallen.

Ein Beispiel für philosophische Sprachkritik und Vorschläge zur Präzisierung stellt die Debatte um eine ‚technische Verbesserung' des Menschen dar. Wird häufig nur zwischen einem medizinischen Heilen und dem Verbessern unterschieden bzw. darauf hingewiesen, dass die Unterscheidung schwierig sei, führt die nähere Analyse auf ein differenzierteres Bild, wonach sich vier Interventionstypen in den Menschen unterscheiden lassen: *Heilen* als Behebung individueller Defizite relativ zu anerkannten Standards eines durchschnittlichen gesunden Menschen; *Doping* als Steigerung der individuellen Leistungsfähigkeit über ein Heilen hinaus, aber in einem ‚menschenüblichen' Maße; *Verbessern* (enhancement) als Leistungssteigerung über Fähigkeiten hinaus, die im Rahmen gesunder und leistungsfähiger wie auch leistungsbereiter Menschen unter optimalen Bedingungen als ‚menschenüblich' angesehen werden sowie *Verändern* (alteration) der menschlichen Verfasstheit, z.B. Erfindung neuer Organe oder Körperfunktionen (vgl. Grunwald 2008b, Kap. 9.3.3). Die Grenzen zwischen diesen vier Kategorien sind deutungsabhängig und können umstritten sein. Sie haben einen entscheidenden Einfluss auf die ethische Debatte, weil je andere normative Rahmen involviert sind: im Falle des Heilens die Medizinethik, im Falle des Doping Fairnessgebote und Risikoüberlegungen, im Falle des Verbesserns jedoch weitgehendes normatives Neuland, genauso wie im Fall des Veränderns. Eine differenzierende, ethischer Folgenbeurteilung sowie politischer Urteilsbildung vorausgehende Sprachkritik hat daher erhebliche Bedeutung.

Wissenskritik und Wissenschaftstheorie

Geltungs- und Deutungsfragen des Wissens durchziehen viele gesellschaftliche Fragen des technischen Fortschritts. Dies betrifft Kontroversen über die Interpretation wissenschaftlicher Thesen, die so genannten Expertendilemmata, in denen Expertenaussagen sich im Ergebnis diametral widersprechen (vgl. Kap. 6.3), vor allem aber die Unsicherheit des für die Technikfolgenabschätzung zentralen prospektiven Folgenwissens (vgl. Kap. 6.1). Politik und Gesellschaft müssen wissen, wie weit wissenschaftliche Thesen, etwa der Hirnforschung, reichen, wie Kontroversen in Expertendilemmata zu beurteilen sind und wie sie unsicheres Folgenwissen hinsichtlich seiner Geltung einzuschätzen haben. Denn hinter diesen Fragen steht ein *praktisches Interesse:* Gesellschaft und Entscheidungsträger benötigen das ‚Meta-Wissen', das Wissen über epistemologische Eigenschaften des Wissens, um reflektierte und adäquate Entscheidungen, z.B. im Rahmen des Vorsorgeprinzips, treffen zu können. Zur Aufgabe von Politikberatung zur Technikgestaltung gehört, die Beratenen bzw. die Gesellschaft über Geltung und Geltungsgrenzen des Wissens sowie Bereiche des Nichtwissens in dem gegebenen Rat zu informieren. Diese Aufgabe erfordert epistemologische und wissenschaftstheoretische Befassung mit dem Geltungsanspruch des in der

Technikfolgenabschätzung verwendeten und produzierten Wissens, insbesondere im Hinblick auf den epistemologisch prekären Status jeglichen Zukunftswissens.

Einschlägige Beispiele für die Relevanz der Wissenschaftstheorie für die Technikfolgenabschätzung finden sich in den ‚großen' Deutungskontroversen über zentrale wissenschaftliche Thesen. Die Debatten um den genetischen Determinismus in den 90er Jahren des vorigen Jahrhunderts (Honnefelder/Propping 2001), die die Auseinandersetzungen um die Deutungen der Ergebnisse der Hirnforschung (vgl. als Überblick Hennen et al. 2007 sowie Janich 2009) und die vielen Debatten zur Beurteilung des Klimawandels und seiner anthropogenen Komponente (Schröder et al. 2002) gehören prominent dazu. Dabei spielen einerseits klassische wissenschaftstheoretische Argumentationsmuster und Streitpunkte, wie die Verhaltungen zur Naturalismusproblematik (Janich 2008), eine zentrale Rolle. Andererseits geht es darum, die Reichweite von Interpretationen und Schlussfolgerungen auf der Basis unvollständigen oder unsicheren Wissens zu beurteilen (z.B. Schröder et al. 2002) und interdisziplinäre Anschlüsse zu finden (Gutmann/Hanekamp 1999).

Technisierungskritik und Technikphilosophie

In vielen Feldern des technischen Fortschritts (z.B. Gehirn/Maschine-Schnittstellen, technische Verbesserung des Menschen) kommt es, wie aus der jüngeren Geschichte der gesellschaftlichen und auch der technikphilosophischen Wahrnehmung der Technik bekannt, zu der Dualität von Technisierungs*hoffnungen* einerseits, z.B. im Hinblick auf die Überwindung von gesundheitlichen oder körperlichen Defiziten sowie auf eine weitergehende Emanzipation von naturgegeben Vorfindlichkeiten und Technisierungs*befürchtungen* andererseits wie z.B. Verlust an Individualität, Emotionalität und Spontaneität, aber auch Sorgen vor zunehmenden Kontrollmöglichkeiten und Fremdbestimmung durch Technik.

Das Wort der Technisierung ist in der gesellschaftlichen Technikdebatte des Öfteren anzutreffen. In der Regel wird es mit einer Unterordnung des Menschen unter Technik, einem Kontrollverlust und zunehmender, Unbehagen verbreitender Abhängigkeit des Menschen von Technik in Verbindung gebracht. Die Redeweise von einer Technisierung von Mensch und Gesellschaft ist philosophisch in Bezug auf Semantik und dabei unterstellte Prämissen, Einseitigkeiten oder Widersprüche sowie in Bezug auf den zugrunde liegenden Technikbegriff zu hinterfragen. Technisierung des Menschen kann z.B. verstanden werden in Bezug auf das *Individuum* als *Einbau technischer Artefakte* in den menschlichen Körper (künstliche Ersatzteile, Prothesen, Überwachungsgeräte etc.); in Bezug auf *kollektive* Angelegenheiten des Menschen als *technische Organisation der Gesellschaft* (z.B. durch Bürokratisierung, Militarisierung, Überwachung, Kontrolle etc.); in Bezug auf das menschliche *Selbstverständnis* als zunehmend *technische Deutungen* des menschlichen Körpers und Geistes (z.B. über naturalistische Interpretationen von Ergebnissen der Hirnforschung).

Der Mensch als Maschine? Vielfach geht es in den Technisierungsdebatten um zunehmend ‚technische' Deutungen des Menschen als eines Maschinenwesens, um eine ‚technische' Selbstbeschreibung des Menschen in einer Maschinensprache. Anhand der Beispiele neuer Gehirn/Computer-Schnittstellen, gentechnischer Eingriffsmöglichkeiten in die biologische Verfasstheit des Menschen oder absehbarer Möglichkeiten der ‚technischen Verbesserung' des Menschen entsteht hier ein Feld, in dem Technikphilosophie gefragt ist, jeweils konkrete Entwicklungen im Hinblick auf Technisierungsbefürchtungen zu reflektieren und die gesellschaftliche Debatte sowie politische Entscheidungsfindungen in dieser Hinsicht im Rahmen der Technikfolgenabschätzung zu informieren und zu orientieren. Dabei stehen die Verhältnisse von Mensch und Technik sowie von Organismus und Maschine im Mittelpunkt (vgl. Irrgang 2005; Grunwald 2008b).

Moralkritik und Ethik

Dass mit dem technischen Fortschritt ethische Fragen verbunden sind und dass ethische Reflexion zur Behandlung vieler Fragen in diesem Kontext unverzichtbar ist, gehört heute zu den Selbstverständlichkeiten. Weder ist es erforderlich, heute noch Gründe anzuführen, warum die Technik ein Fall für die Ethik ist, wie dies Hans Jonas noch tat (Jonas 1993), noch muss betont werden, dass der technische Fortschritt bis in das Handeln der Ingenieure hinein nicht werturteilsfrei, sondern von normativen Vorstellungen durchzogen ist. Von daher ist es an dieser Stelle nicht erforderlich, in eine umfangreichere Rechtfertigung der Notwendigkeit philosophisch-ethischer Expertise in der Technikfolgenabschätzung einzutreten. Technikethische Fragen zeigen sich in den normativen Unsicherheiten, wie sie sich aus Entwicklung, Nutzung und Entsorgung von Technik ergeben (Gethmann 1994, Grunwald 2008b, Kap. 4).

Verantwortungsethik in ihrer ursprünglichen Form reagiert auf die denkbar gewordene Gefährdung des Fortbestandes der Menschheit durch die Folgen von Wissenschaft und Technik. Normativer Ausgangspunkt für Beurteilungen der Folgen des wissenschaftlich-technischen Fortschritts ist angesichts einer Vielzahl globaler Schreckensszenarien mit der Möglichkeit eines Endes der Menschheitsgeschichte die ‚*unbedingte Pflicht* der Menschheit zum Dasein': „Niemals darf Existenz oder Wesen des Menschen im Ganzen zum Einsatz ... gemacht werden" (Jonas 1979, S. 81). Eine ‚Heuristik der Furcht' in Kombination mit dem Prinzip des ‚Vorrangs der schlechten Prognose' soll Orientierungen ermöglichen, wie mit technischen Innovationen umzugehen sei. Es resultiert der ‚neue kategorische Imperativ', so zu handeln, dass „die Wirkungen deiner Handlungen verträglich sind mit der Permanenz echten menschlichen Lebens auf der Erde" (Jonas 1979, S. 36).

Der wissenschaftlich-technische Fortschritt führt häufig auf Situationen normativer Unsicherheit, in denen die etablierten Moralvorstellungen nicht hinreichen, eine anstehende Frage zu klären, sei es aufgrund eines Konflikts zwischen Moralvorstellungen oder weil die zu lösende Frage ein Ausmaß an Neuheit hat, so dass die bestehenden normativen Üblichkeiten mit der Klärung überfordert sind (Höffe 1993). Damit entsteht ein Bedarf nach Wissenschafts- oder Technikethik (Hubig 1993). Typische Fragen sind die Wahrung menschlicher Autonomie der Technik gegenüber, Probleme der Verteilungsgerechtigkeit, ein verantwortlicher Umgang mit Unsicherheiten des Folgenwissens und zum Verhältnis von Technik und Leben. Dieser pragmatische Ort als Quelle der Anfragen an Ethik und Ziel der Orientierungsleistung liegt damit, insofern Fragen der Technikfolgenabschätzung angesprochen sind, im *politischen Bereich*, indem die Art und Weise des menschlichen Zusammenlebens, der Umgang mit Technik und mit der Natur und Fragen der Zukunftsverantwortung behandelt werden und zu deren Beantwortung Ethik professionellen Rat anbietet.

Verfahrenskritik und Politische Philosophie

Der Umgang mit dem technischen Fortschritt, insbesondere mit technikbedingten Risiken hat früh Fragen aufgeworfen, ob und in welcher Hinsicht das klassische Modell repräsentativer Demokratie hier an Grenzen stößt. Vielfach wurde eine Demokratisierung des Wissens bzw. der Technik gefordert, um der Bevölkerung die Möglichkeit zu geben, sich selbst ein fundiertes Urteil zu bilden (Kap. 1.6). Politische Philosophie stellt die Frage nach Demokratie- und Verfahrensmodellen, die die Beteiligungsmöglichkeiten erweitern und verhindern, dass sich das System aus wissenschaftlichen Experten und politischen Entscheidern ohne Rückkopplung mit einer demokratischen Öffentlichkeit durchsetzt (Habermas 1968a).

Beiträge der Philosophie zur Realisierung einer derart vermittelten Verständigung zwischen Wissenschaft, Öffentlichkeit und Politik erstrecken sich zum einen auf die Entwicklung von diskursiven Verfahren, in denen diese Kommunikationsform nach Maßgabe von Fairnesskriterien und reguliert durch die Kraft des besseren Argumentes realisiert werden kann (z.B. Renn/Webler 1998, Skorupinski/Ott 2000). Auf diese Weise gewinnt wissenschaftliche Politikberatung eine demokratietheoretische Dimension, statt ausschließlich auf instrumentelle Beiträge zum Funktionieren staatlicher Organe beschränkt zu werden.

*

Insgesamt zeigt sich ein vielfältiges Spektrum philosophischer Beiträge zur wissenschaftlichen Politikberatung in der gesellschaftlichen Technikgestaltung. Philosophie ist thematisch in viel größerem Umfang gefragt als ausschließlich über Ethik, wie dies häufig in der Öffentlichkeit, gelegentlich aber auch im Fach selbst zu hören ist. Insgesamt kommt der Philosophie vor allem eine *hermeneutisch-aufklärende Funktion* im weitesten Sinne zu (Grunwald 2008a). Es geht vielfach darum, Unterscheidungen zu präzisieren, Konnotationen herauszuarbeiten, begriffliche Hintergründe aufzudecken, Argumentationen zu prüfen und zu schärfen oder Prämissen und Präsuppositionen in transparenter Weise zu bestimmen. Philosophie trägt zur Gewinnung *explizierter Verständnisse* dessen bei, um was es in kontroversen Fragen des technischen Fortschritts geht. Zu klären, worum es geht, in epistemologischer, normativer und praktischer Hinsicht, hat demokratietheoretische Bedeutung in der Ausgestaltung der Wechselverhältnisse zwischen Politik, Öffentlichkeit und Wissenschaft.

8.6 Technikfolgenabschätzung als inter- und transdisziplinäre Forschung

Gesellschaftliche Problemlagen, wie sie sich anhand der Spannungsfelder des wissenschaftlich-technischen Fortschritts gezeigt haben (Kap. 1), lassen sich nicht auf einzelne wissenschaftliche Disziplinen abbilden, sondern bedürfen eines *inter- oder transdiziplinären* Zugangs (Mittelstraß 1998). Ozon-Problematik, Treibhauseffekt, Erhalt der Biodiversität, globales Wassermanagement und Nachhaltigkeit: alle diese Begriffe stehen für gesellschaftlich definierte Problemfelder, die zu ihrer Bearbeitung integrierten wissenschaftlichen Wissens bedürfen. Politikwissenschaftliche, betriebs- und volkswirtschaftliche, umweltbezogene, soziale, kulturelle, technische, sozialpsychologische und ethische Aspekte müssen integriert und gegebenenfalls um das außerwissenschaftliche ‚lokale Wissen' von Betroffenen ergänzt werden. Die Integration disziplinären und eventuell auch außerwissenschaftlichen Wissens erfolgt unter *Problemlösedruck*: die Integration von Wissen soll Hinweise auf Problemlösestrategien geben. Zwar wirkt Technikfolgenabschätzung als problemorientierte Forschung auch auf die Wissenschaft zurück, indem z.B. neue Forschungsfelder erschlossen werden, Modelle in andere Bereiche transferiert werden oder neue Begrifflichkeiten operationalisiert werden müssen, wodurch sich neue Unterscheidungen und damit Anschlussmöglichkeiten für weitere, dann disziplinimmanente Forschung ergeben. In diesem Sinne ist Technikfolgenabschätzung als problemorientierte Forschung keine ‚Einbahnstraße', in der disziplinäres Wissen für Problemlösestrategien gebündelt und an das politische System transferiert wird, wie die Charakterisierung „TA konsumiert das bestverfügbare wissenschaftliche und technologische Wissen (Gutachten) und produziert methodisch abgestützte Prognosen und Szenarien" (Skorupinski/Ott 2000, S. 23) vermuten lassen könnte. Stattdessen ist Technikfolgenabschätzung selbst auch Motivator und Motor disziplinimmanenter Entwicklungen, wie wiederum an vielen Entwicklungen in der Techniksoziologie gesehen werden kann (Grunwald 2000a, Kap. 2.1). Aber es besteht hier keine Symmetrie: Primärzweck (und damit auch Rechtfertigung z.B. für öffentliche Finanzierung) ist der Beitrag zur gesellschaftlichen Problembewältigung, während die Beiträge zur disziplinären Weiterentwicklung eher in den Bereich ‚erwünschte Nebenfolgen' fallen, auch wenn sie im Einzelfall von großer Bedeutung sind.

Die enge Anbindung an politische und gesellschaftliche Prozesse – die die Technikfolgenabschätzung mit anderen Bereichen wissenschaftlicher Unterstützung gesellschaftlicher Entscheidungen teilt wie z.B. der Umweltforschung, der Innovationsforschung oder der Arbeitsmarktforschung – legitimiert dazu, Technikfolgenabschätzung im Kontext problemorientierter Forschung (Bechmann/Frederichs 1996), der ‚post-normal science' (Funtowicz/Ravetz 1993) und der ‚mode 2-science' (Nowotny et al. 2001; vgl. zu all diesen Deutungen moderner Wissenschaft Decker 2007b) zu positionieren. Technikfolgenabschätzung stellt problemorientierte Forschung oder ‚post-normal science' dar. Im Gegensatz zu einem rein erkenntnisorientierten oder explanatorischen Zugang klassischer Wissenschaften kann Technikfolgenabschätzung dabei nicht werturteilsfrei sein. Sie muss Entscheidungen treffen, die nicht nur immanent wissenschaftlichen Kriterien genügen, sondern gesellschaftliche, ethische oder politische Konnotationen tragen. Die Problemorientierung von Technikfolgenabschätzung und die damit verbundenen Wertbezüge gefährden nicht die Wissenschaftlichkeit, bringen aber höhere Anforderungen an die methodische Klarheit und Transparenz mit sich (Kap. 12).

Damit partizipiert Technikfolgenabschätzung sowohl an den Entwicklungen inter- und transdisziplinärer Vorgehensweisen und Methoden und betreibt diese selbst, ist aber andererseits auch von den bekannten Problemen betroffen, z.B. was die Anerkennung in Evaluierungen betrifft, die nach wissenschaftsimmanenten Exzellenzkriterien vorgenommen werden.

Teil IV
Ausgewählte Praxisfelder

In exemplarischen Praxisfeldern der Technikfolgenabschätzung werden im Folgenden die Erwartungen an (Teil I), die Konzeptionen der (Teil II) und die konkreten Methoden und Verfahren der Technikfolgenabschätzung (Teil III) zusammengeführt, um ein anschaulicheres Bild von der Arbeitsweise zu vermitteln. Dies geschieht in folgenden Feldern: Technikfolgenabschätzung als Nachhaltigkeitsbewertung (Kap. 9), Technikfolgenabschätzung im Umgang mit Technikkonflikten (Kap. 10) sowie Technikfolgenabschätzung als Unterstützung der Innovationspolitik (Kap. 11). Diese Felder überlappen in Bezug auf Technikbereiche stark; jedoch stehen in ihnen jeweils sehr unterschiedliche Fragestellungen, Vorgehensweisen und Methoden im Mittelpunkt.

9. Nachhaltigkeitsbewertung von Technik

In den letzten ca. fünfzehn Jahren ist die Nachhaltigkeitsthematik zu einer der beherrschenden Herausforderungen der Technikfolgenabschätzung geworden (z.B. Weaver et al. 2000, Grunwald 2002). Nachhaltigkeitsbewertungen von Technik und ihrer Nutzung sollen eine Gestaltung oder Umgestaltung von Technik und ihrer Nutzung in Richtung auf eine nachhaltigere Entwicklung unterstützen.

9.1 Nachhaltige Entwicklung und Technik

Verfügbarkeit und Einsatz von Technik entscheiden maßgeblich über gesellschaftliche Produktionsweisen, Mobilität, Lebensstile und Fragen von Gesundheit und Krankheit mit.[1] Technik setzt Stoffströme in Bewegung, bedarf des Energieeinsatzes, setzt Rohstoffe in Abfälle und Emissionen um und verändert durch die dadurch möglichen Nutzeneffekte die menschliche Gesellschaft. Damit stellt Technik einen entscheidenden, gleichwohl ambivalenten Faktor für die Nachhaltigkeit der menschlichen Wirtschaftsweise dar (Huber 1995; Mappus 2005). Ihre Bedeutung wird zukünftig noch zunehmen, vor allem angesichts der weiter ansteigenden Weltbevölkerung, der Klimaproblematik und der berechtigten Bedürfnisse nach einem nachholenden Wirtschaftswachstum in den Entwicklungs- und Schwellenländern. Die Nutzung und Gestaltung des technischen Fortschritts im Sinne der nachhaltigen Entwicklung wird zur dringlichen Aufgabe.

9.1.1 Ambivalenzdiagnose und Gestaltungsaufgabe

Das Verhältnis von Technik und nachhaltiger Entwicklung ist *ambivalent*: Technik gilt sowohl als *Problem* für die Nachhaltigkeit und als Verursacher vieler Nachhaltigkeitsprobleme als auch als *Lösung* oder wenigstens Bestandteil der Lösung von Nachhaltigkeitsproblemen. Einerseits hat Technik in Herstellung, Nutzung und Entsorgung oft Folgen, die im Konflikt mit der Nachhaltigkeitsidee stehen. Dies betrifft vor allem ökologische Konsequenzen durch umwelt- und gesundheitsschädliche Emissionen und die rasche Ausbeutung erneuerbarer und nicht erneuerbarer Rohstoffe. Auch in sozialer Hinsicht bringt der technische Fortschritt Nachhaltigkeitsprobleme z.B. durch die Folgen der technischen

---

1 In dieses Kapitel sind Ergebnisse einer Reihe von Vorarbeiten eingeflossen, so vor allem aus Grunwald/Kopfmüller 2006, Fleischer/Grunwald 2002 und Grunwald 2006b.

Rationalisierung für den Arbeitsmarkt. Schließlich widerspricht die *Verteilung* der Nutzungsmöglichkeiten moderner Technik, aber auch ihrer Risiken, häufig dem Gerechtigkeitspostulat der Nachhaltigkeit, z.B. im Hinblick auf die Entsorgung von Sondermüll, der oft in Entwicklungsländern landet, oder in Bezug auf die Zugangschancen zu den digitalen Technologien.

Andererseits ist aber auch an viele im Sinne der Nachhaltigkeit *positive* Folgen des technischen Fortschritts zu denken. Der erreichte Wohlstand und die damit verbundene Existenzsicherung und Lebensqualität in vielen Teilen der Welt, die erfolgreiche Bekämpfung vieler in früheren Zeiten katastrophaler Krankheiten, die Sicherung der Ernährungslage in vielen (nicht allen!) Teilen der Welt sowie die Möglichkeit globaler Information und Kommunikation durch das Internet sind bekannte Beispiele. In den so genannten Effizienzstrategien (vgl. z.B. Huber 1995, Weizsäcker et al. 1995) kommt innovativen Techniken eine Schlüsselrolle zur Realisierung von nachhaltiger Entwicklung zu, die bei weniger Emissionen oder geringerem Ressourcenverbrauch gleichen oder erhöhten Nutzen erbringen sollen.

Wenn Technik also weder per se noch nicht nachhaltig ist, kommt es auf die *Gestaltung* der Technik und ihrer Nutzungsformen an. Das ambivalente Verhältnis von Technik und Nachhaltigkeit ist der Ausgangspunkt für Ansätze der Technikgestaltung, um die positiven Nachhaltigkeitsfolgen innovativer Technik zu realisieren und die negativen zu minimieren oder zu vermeiden. Die Frage ist nicht, ob sich technischer Fortschritt generell pro oder kontra Nachhaltigkeit auswirkt, sondern wie der wissenschaftlich-technische Fortschritt und die Nutzung seiner Ergebnisse gestaltet werden müssen, damit positive Beiträge zur nachhaltigen Entwicklung die hauptsächliche Folge sind. Zu den entsprechenden Fragestellungen zählen:

– Welche und wie große Beiträge können Erforschung, Entwicklung und Nutzung neuer Techniken zur Nachhaltigkeit leisten? In welchen Zeiträumen sind die nachhaltigkeitsrelevanten Auswirkungen zu erwarten?
– Wie verhalten sich die Beiträge von Technik zur Nachhaltigkeit im Vergleich zu Beiträgen anderer Herkunft, z.B. veränderter Lebensstile und eines ‚nachhaltigen Konsums' (Scherhorn/Weber 2002)?
– Welche gesellschaftlichen Rahmenbedingungen (z.B. im Steuersystem) können als Anreize dienen, damit innovative Technik als Beitrag zu mehr Nachhaltigkeit entwickelt, produziert und in den Markt integriert werden kann? Welche politischen Instrumente zu ihrer Unterstützung gibt es? Auf welche gegenläufigen Bewegungen ist zu achten (Jischa 2002)?
– Welche Vergleichsmaßstäbe, Gewichtungsregeln und Abwägungskriterien können in Situationen herangezogen werden, in denen gegenläufige Effekte und Zielkonflikte in Bezug auf Nachhaltigkeit auftreten?

- Mit welchen Methoden kann beurteilt werden, ob und inwieweit Technikeinsatz zu mehr oder weniger Nachhaltigkeit führt? Welche Nachhaltigkeitskriterien können Grundlage dieser Bewertungen sein? Sind methodische Neu- oder Weiterentwicklungen erforderlich, z.B. in der Lebenszyklusanalyse?
- Wie verlässlich oder unsicher sind Nachhaltigkeitsbewertungen von Technik? Wie wird mit der in Bezug auf Folgenwissen und Bewertungsprobleme unvermeidlichen Unsicherheit und Ambivalenz umgegangen?

Letztlich geht es darum, die nachhaltigkeitsrelevanten Technikfolgen möglichst bereits vor oder während der Entwicklung einer Technik *prospektiv* zu erfassen und zu bewerten, um frühzeitig eine Gestaltung des Innovationsprozesses in Richtung auf nachhaltiger(re) Produkte und Systeme zu erlauben – ein Fall der Technikgestaltung (Kap. 2.5) in Ansehung des Collingridge-Dilemmas (Kap. 6.6).

9.1.2 Methodische Herausforderungen

Zunächst ist der Begriff der nachhaltigen Entwicklung selbst zu präzisieren. Die hohen Ansprüche und weit reichenden, aber heterogenen Erwartungen an das Leitbild der nachhaltigen Entwicklung sind inhaltlich teils unbestimmt, teils aber auch nicht unwidersprochen. Grundsätzliche Kritikpunkte sind (Grunwald/Kopfmüller 2006):

- *Nachhaltige Entwicklung als inhaltsleere Hülle*: Kritiker meinen, dass das Leitbild nachhaltiger Entwicklung rhetorisch mächtig, aber inhaltlich leer sei. Zwar könne niemand *gegen* nachhaltige Entwicklung sein, aber die Akzeptanz des Leitbilds sage konkret inhaltlich nichts aus. Nachhaltige Entwicklung sei nichts als Zeitgeist und Rhetorik, inhaltlich ‚zahnlos'.
- *Nachhaltige Entwicklung als ideologische Täuschung*: Die Inhaltsleere lade zum ideologischen Missbrauch ein. Der Bezug auf nachhaltige Entwicklung verdecke die realen Interessen und Machtverhältnisse. Gesellschaftliche Gruppen würden ihre eigenen Interessen unter dem Mantel nachhaltiger Entwicklung verkaufen.
- *Nachhaltige Entwicklung als Illusion:* Zweifel an der Umsetzbarkeit des Nachhaltigkeitsleitbilds münden in einen ‚Generalverdacht des Illusorischen' (Brand/Fürst 2002). Nachhaltige Entwicklung diene der Beruhigung der Gesellschaft angesichts dramatischer Zukunftsprobleme und habe den Charakter eines kollektiven Selbstbetrugs.
- *Nachhaltige Entwicklung als Bauchladen*: Manche Kritiker sind der Meinung, dass die moralische Aufgeladenheit und das Pathos nachhaltiger Entwicklung an utopische Hoffnungen und an säkularisierte Paradieserwartungen erinnert. Nachhaltige Entwicklung sei ein heillos überladener Sammelbegriff für alles, was ‚edel, hilfreich und gut' sei (Knaus/Renn 1998).

Vor diesem Hintergrund ist in jeder Nachhaltigkeitsbewertung sorgfältig zu klären, was mit Nachhaltigkeit gemeint ist, auf welche Weise richtungssichere Nachhaltigkeitsdiagnosen erfolgen können und woher die Kriterien zur Bewertung von Nachhaltigkeitsmaßnahmen kommen sollen. Nachhaltigkeit muss, damit Technikfolgenabschätzung gemäß ihrem Anspruch (vgl. Kap. 5.4) betrieben werden kann, zunächst aus der begrifflichen Beliebigkeit herausgeholt werden.

Die Anforderungen an Nachhaltigkeitsbewertungen und ihre Berücksichtigung in Entscheidungen bringen sodann ganz erhebliche konzeptionelle und methodische Herausforderungen mit sich, in denen die bekannten methodischen Probleme der Technikfolgenabschätzung in Prognose und Bewertung (Kap. 6) an mindestens drei Stellen auf die Spitze getrieben werden (Fleischer/Grunwald 2002):

(1) Techniken lassen sich zwar *direkt* unter Nachhaltigkeitsaspekten vergleichen, bezogen jeweils gezielt auf bestimmte technische Leistungsmerkmale wie Emissionsverhalten oder Ressourcenproduktivität. Jedoch bestimmt Technik nicht allein, welche realen Nachhaltigkeitsfolgen sich aus ihrer Nutzung ergeben. Zum Beispiel folgt aus der Implementierung eines technischen Verfahrens, das energieeffizienter arbeitet als das Vorgängerverfahren, keineswegs automatisch, dass dadurch *reale* Nachhaltigkeitsgewinne eintreten. Denn Effizienzgewinne können durch Veränderungen der Konsumgewohnheiten und der Kundenansprüche kompensiert oder sogar überkompensiert werden (‚Rebound'- oder Bumerang-Effekt, vgl. Jischa 2002). Effizienzgewinne würden dann für mehr Komfort oder höhere Leistung genutzt statt den Ressourcenverbrauch zu senken.

So muss der bekannte ‚Faktor 4' (Weizsäcker et al. 1995) keine Reduktion des Ressourcenverbrauchs um den Faktor 4 bei gleich bleibendem Wohlstand darstellen, auch keine Reduktion des Ressourcenverbrauchs um den Faktor 2 bei verdoppeltem Wohlstand, sondern wäre auch mit einer Vervierfachung des Wohlstands bei gleich bleibendem Ressourcenverbrauch verträglich. Das ist zwar erheblich besser als eine Vervierfachung des Ressourcenverbrauchs für eine Vervierfachung des Wohlstands – für die Ziele nachhaltiger Entwicklung ist dann aber noch nichts gewonnen. Denn hierbei kommt es letztlich nicht auf Faktoren, sondern auf die *Absolutzahlen* an, und diese ergeben sich erst in der *realen* Techniknutzung.

Es sind daher Systembetrachtungen erforderlich, welche die technischen Produkteigenschaften mit den wirtschaftlichen Produktionsprozessen und den gesellschaftlichen Konsummustern und Lebensstilen verbinden, um eine Nachhaltigkeitsbewertung durchzuführen. Technische Leistungsparameter determinieren *nicht* die Nachhaltigkeitsbilanz einer Technik allein, sondern die *Nutzung* der

Technik – und diese ergibt sich nicht aus den technischen Parametern – ist entscheidend beteiligt.

(2) Darüber hinaus kommt es auch auf die ‚Biographie' der Produkte und Systeme an, nämlich auf ihre Vorleistungsketten und die nach der Nutzung erfolgende Entsorgung. Nachhaltigkeitsbewertungen von Technik müssen Lebenszyklusbetrachtungen sein, da die Nachhaltigkeitswirkung von Technik über ihren gesamten Lebenszyklus in Form von Herstellung, Nutzung und Entsorgung akkumuliert wird. In Ökobilanzen ist dieses Prinzip längst etabliert und durch die formalisierte Lebenszyklusanalyse (LCA) zum Standard geworden (Kap. 7.1.2). Dieses Prinzip betrifft aber auch soziale Aspekte, wenn z.B. der Lebensweg eines technischen Produkts und seiner Vorprodukte in sozialer Hinsicht nicht hinnehmbare Prozesse wie Kinderarbeit, unzumutbare Zustände im Rohstoffabbau oder ungerechte Vergütung für geleistete Arbeit aufweist. Technische Produkte tragen nicht nur *ökologische* ‚Rucksäcke', sondern auch ökonomische und soziale. Die klassische Lebenszyklusanalyse reicht daher nicht aus, sondern ihre Weiterentwicklung in Richtung auf eine prospektive LCA ist erforderlich. Allerdings ist entsprechendes Zukunftswissen nur unter hohen Unsicherheiten zu gewinnen (Kap. 6.1).

Beispielsweise wäre es für die Batterieforschung wichtig, bereits in frühen Phasen der Entwicklung über die Nachhaltigkeitsbilanz bestimmter Entwicklungslinien Bescheid zu wissen. Dafür wäre eine prospektive Lebenszyklusanalyse erforderlich, welche jedoch aus den genannten Gründen mit hohen Unsicherheiten behaftet wäre. Trotzdem gilt auch hier, dass ein Wissen unter Unsicherheit besser ist als gar kein Wissen, jedenfalls solange diese Unsicherheit – z.B. über die geologischen Vorräte an seltenen Funktionsmetallen und über ihre Abbaubarkeit – mit reflektiert wird.

(3) Schließlich stellt sich die Herausforderung *integrativer* Bewertungen (Kap. 6.2) hier in verschärfter Form. Nachhaltigkeitsbewertungen müssen extrem heterogene Kriterien berücksichtigen wie ökologische, kulturelle und Gerechtigkeitsaspekte. Gelegentlich wird versucht, die Vieldimensionalität der Nachhaltigkeitsbewertungen auf eine einheitliche Skala abzubilden, z.B. auf quantitative Kosten/Nutzen-Verhältnisse oder über multikriterielle Verfahren der Entscheidungsanalyse.[2] Diese Integrationsmöglichkeiten stellen in sich konsistente, allerdings in den Ausführungen problematische Instrumentarien dar. Denn diese Zugänge führen auf Probleme in der konkreten Anwendung, z.B. in der Bemessung von Schadenshöhen und Gewichtungsfaktoren sowie der Berücksichtigung

2 Ein lehrreiches Beispiel stellt die vergleichende Nachhaltigkeitsbewertung verschiedener Energieträger nach diesem Verfahren dar (ILK 2004).

externer Effekte. Auch geraten sie häufig in Widerspruch zu rechtlichen oder ethischen Bewertungen, z.B. wenn Naturgüter oder Menschenleben auf diese Weise in Geldeinheiten bewertet werden. Sie sind daher nur begrenzt und mit äußerster methodischer Vorsicht zu verwenden, um nicht Ergebnisse zu erzielen, die weniger dem Sachverhalt als vielmehr der verwendeten und wahrscheinlich kontroversen Quantifizierungsmethode geschuldet sind (vgl. Kap. 6.4). Einen transparenten Algorithmus integrativer Bewertung kann es bereits deshalb nicht geben, weil sich in den involvierten Ziel- und Regelkonflikten normative Dissonanzen verbergen, die unhintergehbar politisch sind und nur auf politische Weise gelöst werden können. Die Kompetenz der Technikfolgenabschätzung in diesen Fragen bezieht sich einerseits auf eine möglichst klare Aufdeckung der normativen Aspekte sowie der Wissens- und Nichtwissensbestandteile in diesen Konflikten, auf eine Aufarbeitung der normativen Probleme mit Hilfe ethischer Ansätze und schließlich auf die Anbindung dieser wissenschaftlichen Überlegungen an gesellschaftliche Dialoge.

9.2 Nachhaltigkeitsbewertungen im integrativen Konzept

Zur Klärung von Begriff und Konzept nachhaltiger Entwicklung als normative Basis für Nachhaltigkeitsbewertungen gibt es verschiedene wissenschaftliche Ausarbeitungen (vgl. Ott/Döring 2004, Grunwald/Kopfmüller 2006). Im Folgenden wird ein spezieller Ansatz vom Konzept her (9.2.1) und in seinen Untersuchungsdimensionen dargestellt (9.2.2).[3]

9.2.1 Das integrative Konzept nachhaltiger Entwicklung

Das Nachhaltigkeitspostulat stellt ein *normatives* gesellschaftliches Leitbild dar. Die bekannte Definition der Brundtland-Kommission, nach der die Entwicklung dann nachhaltig ist, wenn sie „die Bedürfnisse der heutigen Generation befriedigt, ohne zu riskieren, dass künftige Generationen ihre eigenen Bedürfnisse nicht befriedigen können“ (Hauff 1987, S. 46), die erläuternden Texte der Kommission und weitere zentrale Dokumente der Nachhaltigkeitsdiskussion wie die Rio-Deklaration (Kopfmüller et al. 2001, Kap. 2.1) erlauben es, folgende konstitutiven Elemente für Nachhaltigkeit zu bestimmen (ebd., Kap. 4.2):

– *Gerechtigkeit*: Der Nachhaltigkeitsgedanke geht davon aus, dass zukünftigen Generationen analoge Lebenschancen und Entfaltungsmöglichkeiten eingeräumt werden sollen wie der gegenwärtigen Generation. Seine Umset-

3 Dieses Kapitel ist angelehnt an Grunwald 2006b (vgl. zu einer Einordnung des hier beschriebenen Nachhaltigkeitskonzepts auch Ott 2006 und Grunwald 2009c).

zung beinhaltet das Anerkennen von Rechten und Verpflichtungen sowohl in den Beziehungen *zwischen* den Generationen (intergenerativ) als auch in den Beziehungen *innerhalb* jeder Generation (intragenerativ). Die Forderung nach Gerechtigkeit im Zugang zu bestimmten Grundgütern über die Zeit für alle Menschen impliziert die Forderung, dass diese Grundgüter auch *heute* allen Menschen gerecht verteilt zur Verfügung stehen.

- *Globalität*: Die globale Perspektive ist Ausgangspunkt für die Gewinnung von Kriterien für Nachhaltigkeit, sowohl in Bezug auf *Bestandserhaltung* als auch auf *Schaffung* von Mindestbedingungen eines menschenwürdigen Lebens.
- *Anthropozentrik*: Anthropozentrische Prämissen sind der Nachhaltigkeit von Anfang an inhärent, da es um die *menschliche Nutzung* von Ressourcen geht.

Generelle Ziele des Nachhaltigkeitsleitbildes in diesem Sinne sind (vgl. Kopfmüller et al. 2001, Kap. 4) die Sicherung der menschlichen Existenz, die Erhaltung des gesellschaftlichen Produktivpotenzials und Bewahrung der Entwicklungs- und Handlungsmöglichkeiten. Diese Ziele werden durch Mindestanforderungen in Form von substantiellen Regeln näher konkretisiert (Tab. 9-1). Ihre Erfüllung oder das Maß ihrer Nichterfüllung wird durch Indikatoren ‚gemessen', welche die normative Ebene des Nachhaltigkeitskonzepts mit der empirisch beobachtbaren ‚Realwelt' verbinden die damit sozusagen das Scharnier eines Managements bilden (ebd., Kap. 7).

Das integrative Nachhaltigkeitskonzept ist nicht eigens als Instrument der Technikbewertung entwickelt worden (Coenen/Grunwald 2003). Es bezieht sich vielmehr auf die gesamtgesellschaftliche Entwicklung in der globalen Perspektive. In gesellschaftlichen Verhältnissen und Entwicklungen spielt Technik immer nur eine Teilrolle – in der Erfassung und Bewertung gesellschaftlicher Entwicklungen sind auch noch viele andere und teils relevantere Aspekte zu berücksichtigen, wie z.B. Produktions- und Konsummuster, Lebensstile und kulturelle Üblichkeiten, aber auch nationale und globale politische Rahmenbedingungen. In der Anwendung des integrativen Nachhaltigkeitskonzeptes als Bezugsrahmen für Technikfolgenabschätzung (dazu Fleischer/Grunwald 2002) ist daher grundsätzlich zu beachten, dass Technik positive wie negative *Beiträge* zu einer nachhaltigen Entwicklung leisten kann.

9.2.2 Nachhaltigkeitsbewertungen

Zunächst geht es darum festzustellen, welche der Nachhaltigkeitsregeln (vgl. Tab. 9-1) für Technikbewertung relevant sind. Selbstverständlich wird dies von Fall zu Fall variieren. Die folgenden substantiellen Regeln können jedoch *prima facie* als einschlägig gelten: Erhaltung der menschlichen Gesundheit, Sicherung der Grundversorgung, Nutzung erneuerbarer Ressourcen, Nutzung nicht-erneuerbarer Ressourcen, Nutzung der Umwelt als Senke, Vermeidung technischer Großrisiken, Partizipation an gesellschaftlichen Entscheidungsprozessen und Chancengleichheit. Charakteristische Aspekte des Technikbezugs dieser Regeln werden im Folgenden mit Angabe des Wortlauts der Regel kurz dargestellt (zu den Regeln selbst vgl. Kopfmüller et al. 2001, Kap. 5).

Tab. 9-1: Die drei generellen Ziele und die ihnen zugeordneten substanziellen Mindestanforderungen (‚substantielle Regeln')

Ziele / Regeln	**1. Sicherung der menschlichen Existenz**	**2. Erhaltung des gesellschaftlichen Produktivpotenzials**	**3. Bewahrung der Entwicklungs- und Handlungsmöglichkeiten**
	1.1 Schutz der menschlichen Gesundheit	2.1 Nachhaltige Nutzung erneuerbarer Ressourcen	3.1 Chancengleichheit im Hinblick auf Bildung, Beruf, Information
	1.2 Gewährleistung der Grundversorgung	2.2 Nachhaltige Nutzung nicht-erneuerbarer Ressourcen	3.2 Partizipation an gesellschaftlichen Entscheidungsprozessen
	1.3 Selbständige Existenzsicherung	2.3 Nachhaltige Nutzung der Umwelt als Senke	3.3 Erhaltung des kulturellen Erbes und der kulturellen Vielfalt
	1.4 Gerechte Verteilung der Umweltnutzungsmöglichkeiten	2.4 Vermeidung unvertretbarer technischer Risiken	3.4 Erhaltung der kulturellen Funktion der Natur
	1.5 Ausgleich extremer Einkommens- und Vermögensunterschiede	2.5 Nachhaltige Entwicklung des Sach-, Human- und Wissenskapitals	3.5 Erhaltung der sozialen Ressourcen

(Kopfmüller et al. 2001, S. 172)

Erhalt der menschlichen Gesundheit

Gefahren und unvertretbare Risiken für die menschliche Gesundheit durch anthropogen bedingte Umweltbelastungen sind zu vermeiden. Herstellung, Nutzung und Entsorgung von Technik haben teils Folgen, die sich kurz- oder langfristig negativ auf die menschliche Gesundheit auswirken können (vgl. Kap. 1.1.2). Auf der Gegenseite stehen – wenigstens in den Industrieländern – große medizinisch oder durch hygienische Ver- und Entsorgungstechnologien ermöglichte Erfolge in der Bekämpfung von Krankheiten und der Verlängerung der menschlichen Lebenserwartung. Auch Technologien zur Haltbarmachung von Nahrungsmitteln und die dadurch ermöglichte Verbesserung der Ernährung gehören zu den positiven Effekten.

Sicherung der Grundversorgung

Für alle Mitglieder der Gesellschaft muss ein Mindestmaß an Grundversorgung (Wohnung, Ernährung, Kleidung, Gesundheit) sowie die Absicherung gegen zentrale Lebensrisiken (Krankheit, Invalidität) gewährleistet sein. Zur Sicherung der menschlichen Grundbedürfnisse spielt Technik eine herausragende Rolle. Dies betrifft z.B. die Bereitstellung von Gütern zur Bedürfnisbefriedigung und technische Infrastrukturen zur Wasser-, Energie-, Mobilitäts- und Informationsversorgung, Abfall- und Abwasserentsorgung. Auf der Gegenseite stehen zum einen nicht intendierte negative Folgen. Zum anderen ist ein großer Teil der Weltbevölkerung nach wie vor von diesen technisch ermöglichten Sicherungen der Grundversorgung abgeschnitten. So haben z.B. ca. 2 Mrd. Menschen keinen Zugang zu einer geregelten Energieversorgung und ca. 1.2 Mrd. Menschen keine ausreichende Versorgung mit sauberem Trinkwasser.

Nutzung erneuerbarer Ressourcen

Die Nutzungsrate sich erneuernder Ressourcen darf deren Regenerationsrate nicht überschreiten sowie die Leistungs- und Funktionsfähigkeit des jeweiligen Ökosystems nicht gefährden. Erneuerbare natürliche Ressourcen sind z.B. Energien wie Wind, Wasser, Biomasse, Erdwärme oder Sonnenenergie, das Grundwasser, Biomaterialien für die industrielle stoffliche Nutzung, z.B. Holz für den Hausbau, und Wild- oder Fischbestände. Zum einen kommt es darauf an, die Entnahme an Ressourcen so schonend zu gestalten, dass der Bestand nicht gefährdet wird. Durch menschliche Nutzung soll nicht mehr verbraucht werden als sich erneuern kann. Zum anderen ist zu beachten, dass die betroffenen Ökosysteme nicht überlastet werden, z.B. durch Emissionen oder durch gravierende Gleichgewichtsstörungen.

Nutzung nicht-erneuerbarer Ressourcen

Die Reichweite der nachgewiesenen nicht erneuerbaren Ressourcen ist über die Zeit zu erhalten. Diese ‚Reichweitenregel' stellt eine Verbindung zwischen Ressourcenverbrauch und technischem Fortschritt her: der Verbrauch nicht erneuerbarer Ressourcen ist nur dann nachhaltig, wenn die zeitliche Reichweite der Ressource in die Zukunft hinein nicht abnimmt. Dies geht nur, wenn der technische Fortschritt eine so erhebliche Effizienzsteigerung des Verbrauchs dieser Ressource in der Zukunft ermöglicht, so dass die durch den Verbrauch zwangsläufig erfolgende Abnahme des Bestandes sich nicht negativ auf die zeitliche Reichweite des Restbestandes auswirkt. Die Reichweitenregel formuliert eine *Verpflichtung* zur Effizienzsteigerung durch technischen Fortschritt als ‚Gegenleistung' für die Entnahme nicht erneuerbarer Ressourcen.

Nutzung der Umwelt als Senke

Die Freisetzung von Stoffen darf die Aufnahmefähigkeit der Umweltmedien und Ökosysteme nicht überschreiten. Durch die Nutzung von Technik wird eine Fülle von Emissionen produziert und in die Umweltmedien Wasser, Luft und Boden freigesetzt. In den Industrieländern sind durch umweltpolitische Maßnahmen in dieser Hinsicht in den letzten Jahrzehnten regional erhebliche Fortschritte erzielt worden. Dies gilt jedoch weder für die meisten Entwicklungs- und Schwellenländer noch für globale Effekte wie z.B. die Degradierung vieler landwirtschaftlich genutzter Böden, die Anreicherung von persistenten Schadstoffen in den Polarmeeren oder die Freisetzung von Treibhausgasen. Abhilfe durch Technik kann einerseits die Emissionen am Ende von technischen Prozessen verringern, z.B. durch Filtermechanismen (‚end of pipe'). Andererseits kann Technik idealerweise von vornherein so ausgelegt werden, dass bestimmte unerwünschte Folgen gar nicht erst entstehen.

Vermeidung technischer Großrisiken

Technische Risiken mit möglicherweise katastrophalen Auswirkungen für Mensch und Umwelt sind zu vermeiden. Die Risikoregel bezieht sich auf drei verschiedene Kategorien technischer Risiken:

(1) Risiken mit verhältnismäßig hoher Eintrittswahrscheinlichkeit, bei denen jedoch das Ausmaß der potentiellen Schäden lokal oder regional begrenzt ist,
(2) Risiken mit geringer Eintrittswahrscheinlichkeit, aber hohem Schadenspotential für Mensch und Umwelt,
(3) Risiken, die mit großer Ungewissheit behaftet sind, da weder Eintrittswahrscheinlichkeit noch Schadensausmaß derzeit hinreichend genau abgeschätzt werden können.

Diese Regel steht in engem Zusammenhang mit dem Vorsorgeprinzip (von Schomberg 2005).

Partizipation an gesellschaftlichen Entscheidungsprozessen

Allen Mitgliedern einer Gesellschaft muss die Teilhabe an den gesellschaftlich relevanten Entscheidungsprozessen möglich sein. Diese Regel fordert einerseits zu einer weitestgehenden Ausschöpfung von Partizipationspotentialen in der Technikgestaltung auf. Andererseits zielt die Regel auf die Erhaltung, Erweiterung und Verbesserung demokratischer Formen der Entscheidungsfindung und Konfliktregulierung, insbesondere im Hinblick auf solche Entscheidungen, die für die künftige Entwicklung und Gestaltung der (Welt-)Gesellschaft von zentraler Bedeutung sind.

Chancengleichheit

Alle Mitglieder einer Gesellschaft müssen gleichwertige Chancen in Bezug auf den Zugang zu Bildung, Information, beruflicher Tätigkeit, Ämtern und sozialen, politischen und ökonomischen Positionen haben. Diese Regel betrifft in erster Linie Fragen der gesellschaftlichen Organisation, in denen Technik nur eine Rolle neben anderen Faktoren spielt. Besondere Aufmerksamkeit finden in diesem Kontext die Informations- und Kommunikationstechnologien, deren Verfügbarkeit und Beherrschung mittlerweile mit darüber entscheiden kann, ob und inwieweit die Chancengleichheit gewährleistet ist (siehe unten, Kap. 9.3).

*

Die Nachhaltigkeitsregeln lassen sich nicht direkt in Vorgaben für Technikgestaltung oder gar in Leistungsmerkmale für Technik übersetzen. Sie beziehen sich nicht auf *technische* Anforderungen, sondern auf Aspekte der gesellschaftlichen Wirtschaftsweise und Organisation, in der die Technik nur eine Rolle neben anderen Aspekten spielt. Wenn es um Konsequenzen für Technik geht, ist jeweils *kontextspezifisch* vorzugehen: Welche sind die nachhaltigkeitsrelevanten Probleme in dem betreffenden Bereich, welche technischen und welche sozialen Bedingungen liegen vor, wie hängen sie zusammen, und wie verhält sich dieses gesamte, zumeist recht komplexe Gefüge zu dem Anspruch des gesamten Systems der Nachhaltigkeitsregeln. Die Nachhaltigkeitsregeln haben also keineswegs einfach rezepthaften Charakter für die Technikgestaltung, sondern leiten Überlegungen dazu nur ‚orientierend' an. Eine Reihe von Übersetzungs- und Vermittlungsschritten auf dem Weg von der normativen Orientierung bis hin zur konkreten Technikgestaltung ist zu leisten, zu der die Indikatorenentwicklung und -festlegung genauso gehört wie die empirische Erfassung der entsprechenden Parameter und die prospektive Betrachtung ihrer Entwicklung in die Zukunft hinein, häufig in Form von Szenarien.

Es ist weder Aufgabe der an der Technikentwicklung Beteiligten noch der Technikfolgenabschätzung, diese Arbeit allein zu leisten. Hier sind im Einzelfall auch gesellschaftliche Dialoge und gegebenenfalls politische ‚Weichenstellungen' erforderlich. Aber genau diese Situation, dass das System der Nachhaltigkeitsregeln Orientierung bietet, ohne im Detail die Technik zu determinieren, stärkt die These der Eignung des Nachhaltigkeitspostulates *als Leitbild* für Technikgestaltung (Fleischer/Grunwald 2002). Für die Technikfolgenabschätzung bleibt die Aufgabe, diese Orientierungsleistung in konkreten Einzelfällen kontextspezifisch zu erbringen (vgl. als Beispiele zu unterschiedlichen Themen: Ott/Döring 2004, Rösch et al. 2009, Kopfmüller et al. 2005).

9.3 Beispiel: Nachhaltige Informationsgesellschaft

Das Leitbild der nachhaltigen Entwicklung steht in vielfältiger Beziehung zu den Informations- und Kommunikationstechnologien (IKT) und sich daran anschließenden Entwicklungen in Richtung auf eine Informations- oder Wissensgesellschaft. Neben der Produktion und Nutzung informations- und kommunikations*technischer* Produkte (Netzinfrastruktur, Hardware, Software, Content und Nebenprodukte) geraten vor dem Hintergrund der nachhaltigen Entwicklung auch grundlegende Fragen des gesellschaftlichen Wandels der *Kommunikationsverhältnisse* in den Blick.[4]

In der Diskussion zur ‚nachhaltigen Informationsgesellschaft' (z.B. Schneidewind 2000) wird vor allem ein Wandel des Wirtschaftens durch einen höheren Anteil der immateriellen Werte ‚Information' und ‚Wissen' erwartet. Das Wachstum der gesamtwirtschaftlichen Produktion soll von einem Wachstum des Verbrauchs von natürlichen Ressourcen entkoppelt werden. Eine ‚Dematerialisierung' vor allem durch die mittels IKT-Einsatz gesteigerte Ressourcenproduktivität innerhalb bestehender Wertschöpfungsprozesse oder durch völlig neue (Online-)Produkte und (Online-)Dienste soll den Verbrauch von Umweltressourcen und die Produktion von Schadstoffen vermindern helfen. Auch wird mit ausreichenden Zugängen zu einer leistungsfähigen IKT eine sozial gerechtere Verteilung des Wissenskapitals und seiner Nutzungsmöglichkeiten erhofft. Damit sollen neue Möglichkeiten der gesellschaftlichen Kommunikation, Partizipation und Selbstorganisation geschaffen werden, die der Realisation von nicht-ökologischen Nachhaltigkeitszielen dienen, so vor allem der Chancengleichheit und der Partizipation (siehe oben).

Unabhängig von diesen normativen Erwartungen muss sich Technikfolgenabschätzung als Nachhaltigkeitsbewertung jedoch unvoreingenommen mit den *erwartbaren* Folgen der zukünftigen Nutzung der IKT in der Gesellschaft befassen. Diese können folgendermaßen eingeteilt werden:

Ökologische Aspekte

Ökologische Auswirkungen sind genauso vielschichtig wie die IKT-Anwendungen, von denen sie stammen. Einerseits sind dies die direkten Umweltwirkungen der Produktion, Nutzung und Entsorgung der IKT, d.h. des dabei entstehenden Material- und Energieverbrauchs sowie die resultierenden Emissionen. Bereits bei der IKT-Herstellung treten umwelt- und gesundheitsschädliche Stoffe auf, verbunden bereits dort mit einem sehr hohen Abfallaufkommen. In der Nutzungsphase ist besonders die elektromagnetische Strahlung bei der Handynutzung (‚Elektrosmog', Revermann 2003) zu nennen. Die Entsorgung der IKT-

4 Dieses Kapitel ist eng angelehnt an Orwat/Grunwald 2005.

Geräte ist bekanntlich ein ernsthaftes ökologisches Problem (z.B. Hornung 2002), auch wegen der vergleichsweise kurzen Entwicklungszyklen und Lebensdauer der meisten IKT-Geräte. Der Energieverbrauch bei der Herstellung der IKT-Geräte und in ihrer Nutzung ist beträchtlich. Andererseits sind mit IKT-Anwendungen auch *indirekte* ökologische Folgen verbunden, da sie zu Veränderungen von Produkten und Dienstleistungen, Organisationsformen und Wertschöpfungsketten mit – positiven oder negativen – ökologischen Folgen führen. Unter gewissen Bedingungen kann der IKT-Einsatz zur Effizienzsteigerung wirtschaftlicher Aktivitäten und damit zur Verbesserung der *Ressourcenproduktivität* führen.

Ein aktuell diskutierter Bereich ist der Einsatz von IKT in dezentralisierten Energiesystemen. So sollen ‚Smart Grids' eine intelligentere Steuerung der Netze erlauben, welche das – vor allem wegen der zunehmenden Einspeisung aus stark fluktuierenden erneuerbaren Energieträgern wie Wind oder Sonne – wechselnde Angebot an Energie und die aufgrund von Nutzergewohnheiten fluktuierende Nachfrage miteinander abgleichen sollen. Die zukünftig wahrscheinlich stark zunehmende Zahl von Elektrofahrzeugen soll dabei während der Standzeiten als flexible Speicher genutzt werden.

Ökonomische Aspekte

Die IKT bringen erhebliche Veränderungen der Wirtschaftsweise in Bezug auf Wertschöpfungsketten, Produktion, Arbeitsformen und Transport sowie für Konsum- und Lebensstile. Diese Veränderungen wiederum haben vielfältige Nachhaltigkeitswirkungen (z.B. Orwat/Grunwald 2005). Insofern IKT zur Rationalisierung wirtschaftlicher Aktivitäten eingesetzt werden, kommt es zu Arbeitsplatzverlusten, was der Nachhaltigkeitsforderung nach der Gewährleistung der eigenständigen Existenzsicherung (siehe oben) zuwiderläuft. Auf der anderen Seite sind mit IKT-Innovationen in der Regel neue Produkte, Dienste, Märkte und damit neue Beschäftigungsmöglichkeiten verbunden. Für die Beurteilung ist somit das Ausmaß der ‚Nettoeffekte' auf die Beschäftigung sowie die zeitliche Dimension der Anpassungsprozesse entscheidend. IKT-Anwendungen lassen sich teils eindeutig mit Steigerungen der Produktivität in Verbindung bringen, teils muss jedoch zunächst eine Reihe von Voraussetzungen in Unternehmen oder anderen Organisationen erfüllt sein (z.B. Latzer/Schmitz 2002). Diese Voraussetzungen beziehen sich z.B. auf die Unternehmensorganisation, Arbeitsplatzprozesse, Führungsfähigkeiten, Kenntnisnahme von Technologien, Innovationskultur und sind weder in Unternehmen oder Organisationen noch in gesamten Volkswirtschaften gleich verteilt, so dass nicht von einer *notwendiger-*

weise eintretenden Steigerung von Produktivität und Wachstum durch den vermehrten Einsatz von IKT ausgegangen werden kann.

Soziale Aspekte

Veränderungen der Informations- und Kommunikationsformen einer Gesellschaft, die sich in veränderten Nutzungsformen von Informationen und Wissen, in sich verändernden Institutionen, Beteiligungsmöglichkeiten und Entscheidungsstrukturen sowie in Änderungen der politischen Kommunikation ausdrücken (Grunwald et al. 2006), gehören ebenfalls in das Nachhaltigkeitsspektrum von IKT. Sie unterstützen und ermöglichen (teilweise) die Flexibilisierung von Arbeitsbeziehungen, sowohl in zeitlicher als auch in räumlicher Hinsicht (z.B. Telearbeit, mobile Arbeit), aber auch im Hinblick auf sich wandelnde Vertragsbeziehungen (z.B. Outsourcing, Kurzfristverträge, Vergabe an Freiberufler). Hier bilden IKT die technische Grundlage, die informationsbasierten Gegenstände der Arbeit auszutauschen. Als Folge verschwimmen nicht nur die Grenzen von Arbeit und Freizeit und verändern sich die Relationen von Einkommen, sozialen Zusatzleistungen und Aufstiegsmöglichkeiten, Freiheitsgrade und Arbeitsintensitäten, sondern es verschieben sich die Ansprüche auf dem Arbeitsmarkt hin zu computer-orientierten Fähigkeiten und Ausbildungen (z.B. Krings 2003). Ein Schwerpunkt der Diskussion sozialer Folgen des IKT-Einsatzes liegt auf der so genannten ‚digitalen Spaltung', die sich aus ungleich verteilten Möglichkeiten des Zugangs und der Nutzung von IKT ergibt (z.B. Krings/Riehm 2006), sowohl innerhalb entwickelter Gesellschaften als auch im Vergleich zwischen industrialisierten Ländern und Entwicklungsländern. Dabei werden jedoch in den IKT auch erhebliche Potentiale gesehen, in Entwicklungsländern den Zugang zu Bildung und Wissen zu erleichtern und die Chancengleichheit zu erhöhen (Coenen/Riehm 2008).

IKT hat also keineswegs ausschließlich nur umweltbezogene Nachhaltigkeitsfolgen, sondern greift tief in die gesellschaftlichen Strukturen, Wirtschaftsverhältnisse und Kommunikationsverhältnisse ein. Die IKT-Revolution ist nicht an ein Ende gekommen, sondern wird eine Schlüsseltechnologie auch der weiteren Zukunft bleiben. Besonders ihre Integration mit Nanotechnologie, Biotechnologie oder Neurophysiologie (Roco/Bainbridge 2002) und die Entwicklungen hin zu einer autonomen Technik (z.B. Rammert/Schulz-Schäffer 2002) ermöglichen neue Perspektiven, stellen aber auch weit reichende und unter Nachhaltigkeitsaspekten relevante neue Fragen.

9.4 Beispiel: Nachhaltige Energieversorgung

Die Verfügbarkeit von Energie bzw. Energiedienstleistungen stellt für ein menschenwürdiges Leben, für die Funktions- und Existenzfähigkeit sowie für die Entwicklung einer Gesellschaft eine ähnlich grundlegende Voraussetzung dar wie die Verfügbarkeit von Trinkwasser und Nahrungsmitteln. In besonderem Maße gilt dies für die Produktions- und Konsummuster moderner Industriestaaten.

9.4.1 Nachhaltigkeitsprobleme im Energiebereich

Mit dem Energiesektor sind ganz erhebliche Nachhaltigkeitsprobleme verbunden: Zunächst ist der Zugang zu und die Nutzung von Energierohstoffen global gesehen sehr ungleich verteilt.[5] Rund ein Viertel der Menschheit – vorwiegend in den ärmsten Staaten – hat keinen Zugang zu kommerziellen Energieträgern bzw. zu elektrischer Energie. Verglichen mit den ärmsten Ländern wird in den Industriestaaten pro Kopf rund 25 Mal mehr Energie verbraucht (IEA 2005). Insgesamt vereinen die Industriestaaten mit rund 20% der Weltbevölkerung für ihren vergleichsweise effizient produzierten, aber hohen Lebensstandard 70 bis 80% des weltweiten Primärenergie- und Strombedarfs auf sich, der Rest entfällt auf die 80% der in Entwicklungsländern lebenden Menschheit mit ihrem geringeren, aber ineffizienter produzierten Standard. Gerade dort sind Energiemangel und existenzielle Probleme wie Armut, Unterernährung oder Obdachlosigkeit eng miteinander verknüpft.

Gleichzeitig bewirken die mit der Bereitstellung von Energiedienstleistungen verbundenen Gewinnungs-, Wandlungs-, Nutzungs- und Entsorgungsprozesse erhebliche und zum Teil sehr langfristig wirksame Gefährdungen der natürlichen Lebensgrundlagen, der menschlichen Gesundheit und der gesellschaftlichen Entwicklungsfähigkeit z.B. durch Schadstoffemissionen, Treibhausgase, Unfälle oder Klimaveränderungen. Deren Ausmaß hängt entscheidend von der Höhe des Energieverbrauchs und vom Energieträger-Mix ab. Auch die Abhängigkeit der Industriestaaten von Erdöl- und Erdgaslieferungen aus wenigen und häufig politisch instabilen Regionen und die daraus resultierenden Versorgungs- und Preisrisiken stellen ein Problem dar.

In den kommenden 15-20 Jahren wird weltweit mindestens die Hälfte des Kraftwerksbestands alters- oder politikbedingt stillgelegt werden. Dieser Umstand ist ein ökonomisches Risiko, aber zugleich auch eine Chance für eine Neustrukturierung des Energieversorgungssystems. Denn angesichts des sich abzeichnenden globalen Bevölkerungswachstums, der Entwicklungserfordernisse der ärmeren Staaten sowie des starken Anstiegs des Energieverbrauchs in Län-

5 Dieses Kapitel folgt Grunwald/Kopfmüller 2006 (Kap. 6.1).

dern wie China und Indien wird der globale Energieverbrauch weiter steigen und werden damit die genannten Probleme sich dadurch weiter verschärfen, wenn nicht erheblich gegengesteuert wird.

All dies macht deutlich, dass dem Energiebereich in der Umsetzung des Nachhaltigkeitsleitbilds entscheidende Bedeutung zukommt. Um energiebezogene Nachhaltigkeitsziele wie Ressourcenschonung, Umwelt-, Klima- und Gesundheitsverträglichkeit, Verteilungsgerechtigkeit, Versorgungssicherheit oder Risikoarmut erreichen zu können, stehen drei strategische Ansätze im Mittelpunkt: erstens die Steigerung der Energieeffizienz sowohl auf der Seite der Energieproduzenten als auch der Konsumenten, zweitens die Substitution von kohlenstoffreicheren Energieträgern (Kohle und Öl) durch kohlenstoffärmere (vor allem Gas) und drittens der verstärkte Einsatz erneuerbarer Energiequellen (Sonne, Wind, Wasser, Biomasse, Geothermie usw.).

Die mittelfristige Realisierung möglicher Effizienzsteigerungen von bis zu 80% und die Erreichung eines Anteils regenerativer Energieträger von 50% ist nur über das Zusammenwirken verschiedener Maßnahmen möglich. Technologische Innovationen und die Umsetzung bereits verfügbarer technologischer Optionen werden dabei eine wesentliche Rolle spielen. Beispielhaft zu nennen sind hier etwa verbesserte Energiewandlungstechnologien in Kraftwerken, Kraft-Wärme-Kopplungssysteme, energie- und materialsparende Produktionsprozesse, Brennstoffzellen, verbrauchsärmere Fahrzeugantriebe, Wärmedämmungstechnologien, Niedrig-, Null- oder Passivenergiehäuser, verbesserte Haushaltsgeräte, Speichertechnologien für den Einsatz erneuerbarer Energien oder Weiterentwicklungen im Bereich Photovoltaik oder Solarthermie. Darüber hinaus sind auch Themen wie die Kernfusion, die Kernenergie angesichts der Hoffnung auf inhärent sichere Reaktoren oder auch die Abtrennung und ‚Lagerung' von CO_2-Emissonen bei ihrer Entstehung in Kohlekraftwerken (Grünwald 2008) in der Debatte.

Technikfolgenabschätzung ist in diesen Bereichen stark engagiert, vor allem als Energiesystemanalyse (Möst et al. 2009; Hake/Eich 2005). Sie erstreckt sich auf so unterschiedliche Felder wie Bewertungen konkreter Einzeltechnologien, z.B. neuer Konversionsprozesse von Biomasse zu Treibstoffen (Leible et al. 2007), auf die Untersuchung von Potentialen der Nutzung spezifischer, häufig erneuerbarer Energieträger (Nitsch et al. 2003; Paschen et al. 2003), auf Systembetrachtungen, aktuell vor allem im Kontext dezentraler und informationstechnisch unterstützter Formen der Energieversorgung, auf neue Formen wie Elektromobilität und auf Transformationsprozesse in Bezug auf das gesamte Energiesystem in Richtung auf nachhaltige Entwicklung (‚Transition Management', Kemp/Rotmans 2004). Dabei wird das gesamte Spektrum möglicher Steuerungsmaßnahmen einbezogen, so auch Anreizsysteme über ein ‚Strategic Niche Management' (Kap. 4.3). Da es in Fragen zukünftiger Energieversorgung um teils weit entfernte Zukünfte geht, kommt der Befassung mit ‚Energiezukünften' eine besondere Bedeutung zu (siehe unten), was angesichts der erkannten Dringlichkeit zu einer Fülle von Zukunftsstudien und geführt hat (z.B. NAK 2009).

9.4.2 Biomasse als nachhaltiger Energieträger?

Ausdruck von Klimaschutz- und Energiepolitik sind vor allem Ausbauziele zur energetischen Nutzung von Biomasse und Förderpolitiken zu ihrer Erreichung (Meyer et al. 2008). Die EU will bis zum Jahr 2020 20% des Primärenergiebedarfs durch erneuerbare Energieträger decken, davon etwa zwei Drittel durch Biomasse. Aufgrund der staatlichen Förderung der energetischen Nutzung von Biomasse sind in vielen Ländern die Biokraftstofferzeugung und die Biogaserzeugung in den letzten Jahren stark angestiegen. Kurzzeitig schien Biomasse als Energieträger ein extrem attraktiver Entwicklungspfad zu sein, der eine ganze Reihe von Zielen simultan realisieren könne: geringere CO_2-Emissionen, Schonung der begrenzten fossilen Energieträger, Verringerung der Abhängigkeit von anderen (politisch teils instabilen) Staaten und Förderung des ländlichen Raumes. Es hat sich jedoch rasch gezeigt, dass auch dieser Pfad der Energiebereitstellung mit nicht intendierten Folgen zu tun hat, die zu Zielkonflikten führen und teils schwierige Abwägungsprobleme aufwerfen. Vor allem sind dies

(1) Zielkonflikte mit dem Umwelt- und Naturschutz,
(2) Zielkonflikte mit der Nahrungsmittelversorgung sowie schließlich
(3) die Erkenntnis der starken Begrenztheit von Biomasse als Energieträger (Meyer et al. 2008).

(1) Anbau und Verarbeitung von Bioenergieträgern können erhebliche Umweltbelastungen verursachen, so Überdüngung und Versauerung des landwirtschaftlichen Bodens, Mehrbelastung an gesundheitsschädigenden Feinstaubemissionen und Verlust an Artenvielfalt. Zwischen der Substitution fossiler Energie und der Minimierung der Treibhausgasemissionen einerseits und einer positiven ökologischen Gesamtbilanz andererseits besteht ein Zielkonflikt. Negative Umweltwirkungen treten insbesondere auf, wenn der Energiepflanzenanbau zur Umwandlung von Grünland, zur Intensivierung bislang extensiv genutzter bzw. stillgelegter Flächen oder zu Regenwaldrodung und Torfbodennutzung in tropischen Ländern führt. Bereits jetzt ist zu beobachten, dass die ambitionierten Ausbauziele der EU zum Import von Bioenergieträgern, z.B. Palmöl, führen und in den tropischen Exportländern eine Ausweitung der Anbauflächen auf Kosten von Regenwald auslösen, was insgesamt sogar erhöhte Treibhausgasemissionen anstelle der gewünschten Reduktion bedeuten kann.

(2) Der Anbau von Energiepflanzen steht in Konkurrenz zur Nahrungsmittelproduktion, anderen Flächennutzungen wie Siedlung und Verkehr oder Naturschutz und der stofflichen Nutzung nachwachsender Rohstoffe. Die Befürchtung besteht, dass durch den Ausbau der Biokraftstoffproduktion die Lebensmittelpreise an die steigenden Weltmarktpreise für Kraftstoffe und damit im Wesentlichen von Erdöl gekoppelt werden, weil Nahrungsmittel- und Biokraftstoffproduktion um dieselben Anbauflächen konkurrieren. Dies würde dazu führen, dass Nahrungsmittel und die Ressourcen zu ihrer Herstellung insgesamt teurer, vielleicht erheblich teurer werden, mit entsprechenden Folgen für arme Bevölkerungsschichten und Entwicklungsländer. Dieses Konkurrenzverhältnis birgt erheblichen moralischen und politischen Sprengstoff, insofern hier der Eindruck entstehen kann, dass reiche Industrieländer ihre automobilen Bedürfnisse auf Kosten der Ernährungsbedürfnisse von Entwicklungsländern befriedigen. Die Weltwirtschaftskrise hat durch eine Verringerung des Energiebedarfs diese Konkurrenzen entschärft, was jedoch ein vorübergehender Effekt sein dürfte.

(3) Biomasse als Energieträger ist zwar erneuerbar, nicht aber unbegrenzt verfügbar. Die Begrenztheit der landwirtschaftlichen Nutzfläche bringt eine Begrenztheit energetisch nutzbarer Biomasse mit sich. Es besteht bislang kein klares Bild, in welchem Umfang die energetische Nutzung von Biomasse zur Lösung der großen Probleme der Energieversorgung beitragen kann. Eine Nutzungsart, die die genannten Nutzungskonkurrenzen vermeidet, ist die energetische Nutzung von biogenen Reststoffen wie Stroh und Waldrestholz, die im Rahmen der land- und forstwirtschaftlichen Aktivitäten anfallen (Leible et al. 2007). Diese weisen zwar national und international ein beachtliches Potential auf, sind aber eben auch nur in begrenzter Weise verfügbar.

Insgesamt zeigen sich hier schwierige Abwägungsnotwendigkeiten. Die Aufgabe der Technikfolgenabschätzung als Nachhaltigkeitsbewertung besteht darin, relevante Prognosen und Szenarien zu erstellen und vergleichend zu bewerten, Analysen zu den Potenzialen von Technologien für mehr Nachhaltigkeit vorzunehmen, die Implementationsbedingungen zu erkunden sowie Umsetzungsstrategien zu erarbeiten.

9.4.3 Konstruktion und Bewertung von Energiezukünften

Energiepolitische Entscheidungen sowie Forschung zur Energiebereitstellung oder Energieumwandlung erfolgen im Hinblick auf teils weit entfernte Zukünfte. Aussagen über die allmähliche Erschöpfung fossiler Energieträger, über Aussichten auf den Markteintritt von Erneuerbaren, die Formulierung von Klimazielen durch CO_2-Vermeidung, die Sicherung der wirtschaftlichen Versorgung angesichts geopolitischer Verschiebungen, Potentiale und Risiken der Wasserstoffwirtschaft, langfristige Überlegungen zur Rolle der Fusionstechnologie etc. – alle diese für die Ausrichtung der Energieforschung wichtigen Aspekte enthalten teils weit reichende Zukunftsannahmen. Zusammen mit Vorstellungen darüber, welche Beiträge die jeweils im Forschungsinteresse stehenden Techniklinien in der mehr oder weniger entfernten Zukunft zu einer sicheren, wirtschaftlichen und umweltverträglichen Energieversorgung leisten können, bilden sie ‚Energiezukünfte', für die *heute* Energieforschung betrieben wird (Grunwald 2009a).

Energiezukünfte können normative Szenarien sein, die z.B. bestimmten erneuerbaren Energieträgern im Jahr 2050 einen konkreten Anteil an der Gesamtenergieversorgung zuweisen und die daraus Konsequenzen ableiten, was heute getan werden muss, um diesen zu realisieren (z.B. Nitsch/Rösch 2002). Es können aber auch explorative Szenarien sein, die herauszufinden trachten, welche Technologien in möglichst unterschiedlichen Zukünften gleichermaßen positive Beiträge leisten können. Vielfach sind aber auch Zukunftsvorstellungen implizit und eher verborgen oder mangels Wissen einfach gesetzt, z.B. über die zukünftige Rolle der Kernenergie, über Trends hin zu einer eher dezentralen oder zu einer Renaissance zentraler Energieversorgungssysteme oder über die zukünftige Verfügbarkeit von neuen Energieträgern (z.B. Fusion) etc. Diese Zukünfte sind generell unsicher, teils normativ geprägt und häufig umstritten, wie dies zurzeit im Feld der Energiezukünfte und der Klimazukünfte besonders deutlich zutage tritt (vgl. Abb. 9-1).

Aufgrund der hohen Investitionskosten von Energieinfrastruktur und -bereitstellungstechnologien und der in der Regel langen Betriebsdauer einmal in Betrieb genommener Großanlagen wird durch Entscheidungen im Energiebereich die Zukunft auf lange Sicht festgelegt oder wenigstens stark beeinflusst. Einige bekannte Beispiele von Energiezukünften sind (nach Heinloth 2003) die Shell-Szenarien und die BP-Szenarien; die Szenarien des World Energy Council, der International Energy Agency (IEA) und der OECD sowie die die Energieszenarien von PROGNOS. Diese Energiezukünfte divergieren teils beträchtlich (vgl. Abb. 9-1).

Für Entscheider in Energiepolitik und Energieforschung, die nach Orientierung über Energiezukünfte suchen, stellt sich jedenfalls eine spezifische Aufgabe: *vor* der eigentlichen Entscheidung, z.B. im Hinblick auf die Modernisierung des Kraftwerkparks oder eine Neufassung des EEG, müssen sie sich angesichts der Vielzahl der angebotenen und konkurrierenden Energiezukünfte entscheiden, welche Energiezukunft sie ihrer Entscheidung zugrunde legen wollen – welcher Energiezukunft sie ‚trauen' wollen. Energiepolitische Entscheidungen sind danach zweistufig: auf der ersten Stufe wird über die Energiezukunft befunden, die sodann den Rahmen für die eigentliche Entscheidung auf der zweiten Stufe abgibt.

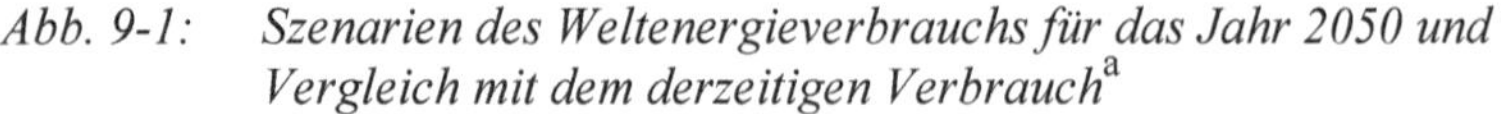
Abb. 9-1: Szenarien des Weltenergieverbrauchs für das Jahr 2050 und Vergleich mit dem derzeitigen Verbrauch[a]

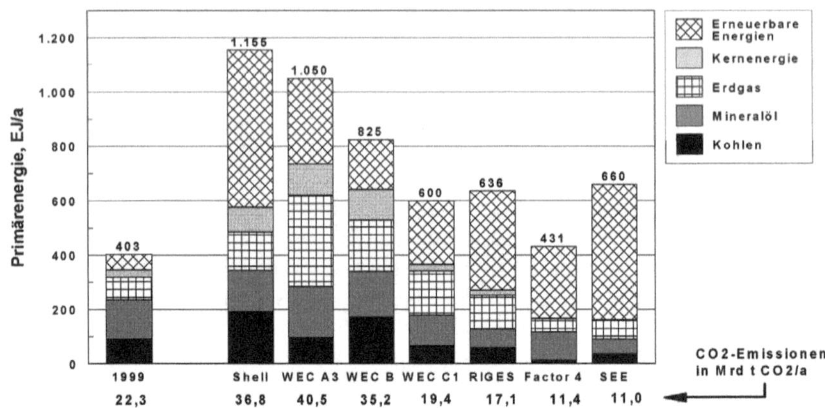

a –: Shell-Szenario „Nachhaltige Entwicklung“; WEC = Szenarien der Weltenergiekonferenzen 1995 und 1998; RIGES = „Renewable Intensive Global Energy Scenario“; Faktor 4 – Szenario Wuppertal-Institut; SEE = Szenario „Solar Energy Economy“

Quelle: Nitsch/Rösch 2002, S. 305

Technikfolgenabschätzung, die diese Entscheidungsprozesse unterstützen will, muss sich also mit den Energiezukünften befassen, diese epistemologisch ‚dekonstruieren', ihre Geltungsbedingungen und Prämissen offen legen und Energiezukünfte vergleichend bewerten (vgl. Kap. 2.1; vgl. auch das ‚Vision Assessment', Kap. 4.4). Folgende Fragen sind zu klären: Wie ist es möglich, Energiezukünfte auf ihre ‚Objektivierbarkeit' hin zu untersuchen? Können sie auf ‚Rationalität' hin bewertet und verglichen werden? Kann wissenschaftlich, d.h. mit guten Gründen nachvollziehbar, ein ‚Objektivitätsgefälle' zwischen konkurrierenden Energiezukünften bestimmt werden? Wo liegen die Grenzen derartiger Analysen? Wie weit ist es möglich, Einseitigkeiten, ideologische Vorannahmen, Interessen und Prämissen aufzudecken und angesichts kontroverser und umstrittener Zukünfte zu einer rationalen Beurteilung der ‚Qualität' dieser Zukünfte zu kommen, um gesellschaftliche Orientierung zu ermöglichen?

Eine weitere Arbeitsform der Technikfolgenabschätzung in diesem Feld ist das Erstellen von *Potentialanalysen*: welche Potentiale haben z.B. erneuerbare Energieträger wie Geothermie (Paschen et al. 2003) oder Windkraft in Bezug auf die zukünftige Energieversorgung? In diesen Analysen werden Annahmen über die technischen Fortschritte in den nächsten Jahrzehnten gemacht, werden bestimmte Entwicklungen im politischen und ökonomischen Bereich unterstellt und zukünftige Energiekosten unter Zuhilfenahme so genannter ‚Lernkurven' berechnet, nach denen in der Folge der Technikeinführung mit einer Verringerung der spezifischen Kosten durch Routinisierungs- und Mengeneffekte gerechnet werden kann. Derartige Potentialstudien ermöglichen die Abschätzung zukünftiger Möglichkeiten unter bestimmten und häufig umstrittenen Randbedingungen (Nitsch/Rösch 2002).

Es gibt jedoch keine Automatismen, dass aus diesen *Potentialen* auch Realität wird, z.B. in Form realer Beiträge zu einer nachhaltigen Entwicklung. Nachhaltigkeitspotentiale sind daher grundsätzlich *hypothetisch.* Sie zu realisieren, ist keine technische, sondern vielmehr eine soziale, politische und ökonomische sowie allgemeingesellschaftliche Angelegenheit von erheblicher Komplexität. Vorsicht in zweierlei Hinsicht ist angebracht:

(a) aus Potentialen muss nicht Realität werden – Nachhaltigkeitspotentiale von Energietechnologien sind und bleiben *Potentiale.* In den Entscheidungs- und Gestaltungsprozessen ist diese Unsicherheit zu berücksichtigen, genauso wie die Frage, *unter welchen Umständen* sie Realität werden können.
(b) neben den häufig genannten positiven Nachhaltigkeitspotentialen von Energietechnologien mag es auch negative geben (Nachhaltigkeitsrisiken). Auch sie sind hypothetisch, was aber einer frühzeitigen Beschäftigung mit ihnen (im Sinne etwa eines ‚early warning' der Technikfolgenabschätzung) nicht entgegenstehen sollte, um sie zu mildern oder zu verhindern.

Potentialstudien sind daher zu ergänzen um Analysen, unter welchen Bedingungen die Potentiale zur Realität werden können, also welche Faktoren z.B. Innovationsprozesse benötigen, um erfolgreich zu sein. Die bloßen Potentiale müssen ‚geerdet' werden durch Betrachtungen der Akteurskonstellationen, der Akzeptanzverhältnisse und der Bedingungen gelingender Technikeinführung und Innovation.

10. Umgang mit Technikkonflikten

Das Aufkommen gesellschaftlicher Technikkonflikte hat zur Entstehung der Technikfolgenabschätzung (Kap. 2.3) beigetragen. In diesem Kapitel werden die Beiträge der Technikfolgenabschätzung zu einer Konfliktbewältigung anhand des Spannungsfeldes zwischen Akzeptanz und Akzeptabilität beschrieben und anhand der Fallbeispiele ‚Nanopartikel' und ‚Endlagerung radioaktiver Abfälle' illustriert.

10.1 Konfliktprävention und -bewältigung als TA-Aufgabe

So klar wie die Erwartungen an Technikfolgenabschätzung zur Vorbeugung von Technikkonflikten oder ihrer Bewältigung sind, so unterschiedlich sind die vorgeschlagenen Wege zur Realisierung der Erwartungen. In der TA-Debatte gab es zum Umgang mit Technikkonflikten, insbesondere mit Technikrisiken, in den 1990er Jahren eine lebhafte Diskussion, die Spuren bis heute hinterlassen hat. Die philosophische Ethik favorisierte einen normativen Umgang mit Technikrisiken und entwickelte hierfür das Konzept der *Akzeptabilität* (Gethmann/Mittelstraß 1992), während die Sozialwissenschaften zunächst auf eine empirische *Akzeptanz* von Technik und Technikrisiken zur Steigerung der Sozialverträglichkeit (Alemann/Schatz 1987) setzten. sodann jedoch eine prozedurale Wendung vollzogen.[1]

10.1.1 Akzeptanz versus Akzeptabilität

Die Erfahrung schwerwiegender Technikkonflikte, die in einigen Ländern punktuell bürgerkriegsähnliche Ausmaße erreichten, legt nahe zu fragen, ob man diese Konflikte nicht *a priori* vermeiden, also bereits ihre Entstehung an der Wurzel verhindern könnte statt später die Folgen dieser Konflikte teurer kurieren zu müssen: vorbeugen statt im Ernstfall die Polizei rufen müssen. Wenn Technik so konstruiert würde, dass sie selbst und eventuell damit verbundene Risiken auf Akzeptanz stoßen würden, käme es erst gar nicht zu einem Konflikt. Die Idee akzeptanzorientierter Technikgestaltung besteht darin, die angenommene Technikakzeptanz bereits in der Technikentwicklung zu berücksichtigen. Durch prospektive Untersuchungen sei herauszufinden, welche Technik einschließlich ihrer Risiken und sonstiger Nachteile faktisch wohl akzeptiert wer-

1 Dieses Kapitel bezieht sich auf Grunwald 2008a (S. 339ff.) und übernimmt einige Textpassagen; vgl. auch die Beiträge zur Technikakzeptanz in TATuP (2005).

den würde. Daraus resultierte die Aufgabe für Ingenieure, Technik in dem dadurch vorgegebenen Rahmen zu entwickeln:

> „Insofern müssen die Ergebnisse von Einstellungs- und Akzeptanzforschung zweifelsohne ein nicht unbedeutender Teil von Sozialverträglichkeitsprüfungen sein; eine Rückbindung zum Meinungsklima ist unabdingbar.“ (Jaufmann 1999, S. 220)

Die normativ ausgerichtete Ethik richtet ihren Blick demgegenüber auf kollektiv verbindliche Regelungen und orientiert diese am Konzept der *Akzeptabilität*: „Akzeptabilität ist ein normativer Begriff, der die Akzeptanz von risikobehafteten Optionen mittels rationaler Kriterien des Handelns unter Risikobedingungen festlegt“ (Gethmann/Sander 1999, S. 146). Auf diese Weise werden die *Zumutbarkeit* von Folgen technischer Entwicklungen wie Lärm oder stofflicher Emissionen und ihre Regulierung durch Grenzwerte wie Umwelt- oder Sicherheitsstandards in den Mittelpunkt der Betrachtung gestellt. Dabei sollen die Kriterien der Regulierung, also z.B. Grenzwerte, bis zu denen etwa Lärm, Risiken oder stoffliche Emissionen als zumutbar gelten, durch Rationalitäts- und Konsistenzüberlegungen gewonnen werden. Neue und z.B. technikbedingte Risiken werden in Beziehung zu bereits – z.B. in der Lebenswelt – vorhandenen Risiken gesetzt. Das *Prinzip der pragmatischen Konsistenz* lautet:

> „Hat jemand durch die Wahl einer Lebensform den Grad eines Risikos akzeptiert, so darf dieser auch für eine zur Debatte stehende Handlung unterstellt werden.“ (Gethmann/Sander 1999, S. 146f.)

Die Konsequenzen dieser Kontroverse sind weit reichend. Je nachdem, ob gefragt wird „Wird eine bestimmte Technik akzeptiert werden?“ oder „Soll bestimmte Technik akzeptiert werden?“ wird die gesellschaftliche Diskussion über Technik und ihre Risiken sowie über den Umgang mit Technikkonflikten in einen ganz anderen Rahmen gestellt. Ebenso unterschiedlich sind die resultierenden Aufgaben, aber auch die zu ihrer Bearbeitung erforderlichen Verfahren der Technikfolgenabschätzung. Beide Ansätze sind in Reinform für sich jedoch nicht in der Lage, zu einem konstruktiven Umgang mit Technikkonflikten beizutragen.

Die Akzeptanzforschung gibt wesentliche Einsichten in empirische Verhaltensweisen und in ‚Befindlichkeiten' in der Bevölkerung, ihre zeitliche Entwicklung und ihre wesentlichen Einflussfaktoren, kann aber das grundlegende Problem des Umgangs mit Technikkonflikten nicht lösen:

– Faktische Technikakzeptanz sagt nichts über die ethische Rechtfertigbarkeit der Technik aus und Nichtakzeptanz nicht unbedingt etwas über die Unverantwortbarkeit. Von faktischer Akzeptanz auf das Gesollte oder Erlaubte zu schließen, ist ein naturalistischer Fehlschluss (Gethmann/Sander 1999).

- *Extrapolationsproblem*: Es kann immer nur die *jeweils gegenwärtige* Akzeptanzsituation empirisch erfasst. Weil Technikakzeptanz sich zukünftig jedoch unvorhergesehen verändern kann, schließt die Berücksichtigung des gegenwärtigen Akzeptanzverhaltens zukünftige Technikkonflikte keineswegs aus.
- *Stabilitätsproblem*: Zeitlich schwankende Technikakzeptanz (Jungermann/ Slovic 1993) untergräbt die für Investoren, Techniknutzer und Politiker erforderliche wenigstens gewisse Planungssicherheit.
- *Aggregationsproblem*: Nach dem Arrow-Theorem der Entscheidungstheorie (Arrow 1963) können individuelle Präferenzen nicht widerspruchsfrei zu einer wohl definierten Gesamtnutzenfunktion aggregiert werden. Danach besteht kaum Aussicht, die individuellen Präferenzen hinsichtlich der Technikakzeptanz in einer pluralistischen, von Wertekonflikten durchzogenen Gesellschaft zu einem konsistenten Gesamtbild zusammenzufügen. Somit können nicht alle Präferenzen gleichermaßen befriedigt werden – und dann steht die Gesellschaft wieder vor den Technikkonflikten, die gerade vermieden werden sollten.

Auf der anderen Seite führt auch die konsequente Durchführung eines normativ ausgerichteten philosophischen Akzeptabilitätsansatzes zu ganz erheblichen Problemen:

- *Skalenproblem*: Der Akzeptabilitätsansatz basiert auf Vergleichen von Risiken mit anderen Risiken und setzt eine einheitliche Skala voraus. Welche Risiken in welchen Situationen als abwäg- und vergleichbar angesehen werden und welche nicht, ist jedoch selbst Gegenstand von gesellschaftlichen Kontroversen und Konflikten und kann nicht einfach vorausgesetzt werden.
- *Einebnung unterschiedlicher Perspektiven:* Es wird nicht berücksichtigt, dass Risiken immer Risiken *für jemanden* sind. Insbesondere verschwindet die Differenz zwischen Entscheidern und Betroffenen (Nida-Rümelin 1996, Bechmann 2007), die häufig gerade die Ursache der Konflikte darstellt.
- *Zu starke Rationalitätsanforderung*: Im demokratischen System werden Staatsbürger in der Wahrnehmung ihrer staatsbürgerlichen Rechte keineswegs an Rationalitätsstandards gemessen. Niemand muss vor einem Wahlgang oder in der Teilnahme an der öffentlichen Meinungsbildung einen Rationalitätstest bestehen oder wird auf ‚Konsistenz' geprüft.

Jenseits dieser Debatte, die auch prinzipielle Differenzen zwischen Philosophie und Soziologie anspricht (Grunwald/Sax 1994), hat sich in der Praxis der Technikfolgenabschätzung (Kap. 4.2) bereits früh gezeigt, dass Konflikte nur *prozedural*, also in geregelten Verfahren bewältigt werden können (z.B. Renn/Webler 1998). Substantielle Ansätze, unabhängig davon, ob sie nun mit empirisch festgestellten Akzeptanzverhältnissen und gesellschaftlichen Werten operieren oder ob sie substantielle Rationalitätsstandards in Anschlag bringen, werden immer gleichsam ‚von außen' an den Technikkonflikt herangetragen. Konfliktlösungen in pluralistischen Gesellschaften können jedoch zumeist nur ‚von innen', das heißt unter Einbezug der Konfliktpartner erfolgen.

10.1.2 Konfliktbewältigung und legitimierte Verfahren

Die Reflexion des Umgangs mit Technikkonflikten auf einer demokratietheoretischen Ebene lässt Akzeptanz und Akzeptabilität in einem anderen Licht erscheinen. Zunächst ist festzuhalten, dass Technikakzeptanz ein für viele Zwecke zu pauschaler Begriff ist. Vielmehr sind verschiedene Situationen zu unterscheiden, nämlich nach unterschiedlicher Verteilung von Vor- und Nachteilen der technischen Entwicklung: um welche Vor- und Nachteile *für wen* geht es? Je nach Verteilung der Chancen und Risiken kommt es zu unterschiedlichen *Zumutungen*, in denen mit der Akzeptanzproblematik konzeptionell je anders umgegangen werden muss. Charakterisiert nach unterschiedlichen Handlungsmöglichkeiten der Betroffenen kann in einer groben Abschichtung unterschieden werden zwischen:

- *Zumutungen, die individuell kontrolliert werden können* wie Motorradfahren, Risikosportarten oder vielleicht zukünftig eine Urlaubsreise in den Weltraum: hier halten Betroffene selbst die Entscheidung darüber in den Händen, ob und welche Risiken oder Nachteile sie hinzunehmen bereit sind.
- *Zumutungen mit einfachen Ausweichmöglichkeiten*: bestimmte Zumutungen können relativ einfach umgangen werden, z.B. denkmögliche gesundheitliche Risiken gentechnisch veränderter Nahrungsmittel, insofern die Möglichkeit besteht, auf nicht gentechnisch veränderte Produkte auszuweichen.
- *Zumutungen mit beschwerlichen Ausweichmöglichkeiten:* manchen Zumutungen kann man zwar ‚prinzipiell', aber nicht faktisch ausweichen. Um einer Belastung durch Müllverbrennungsanlagen, radioaktive Endlager, Chemiefabriken oder Kernkraftwerke zu entgehen, kann man zwar wegziehen, aber nur unter erheblichen persönlichen, sozialen und ökonomischen Belastungen.
- *Zumutungen ohne Ausweichmöglichkeit*: einige Technikfolgen sind diffus verteilt: Ozonloch, Klimaerwärmung, schleichende Grundwasserverschmutzung, Degradierung von Böden, Akkumulation von Schadstoffen in der Nahrungsmittelkette, Lärm, Ultrafeinstaubbelastung etc. Diesen Zumutungen kann niemand entgehen.

Die Möglichkeit der Einflussnahme auf die Exposition gegenüber den Zumutungen des technischen Fortschritts bestimmt stark den Charakter entsprechender Konfliktsituationen. In Marktverhältnissen ist der Einfluss der Betroffenen groß.

Beispielsweise können Betroffene als Kunden im Supermarkt durch ihr Kaufverhalten ihre Akzeptanz oder Ablehnung der mit bestimmten Produkten möglicherweise verbundenen Zumutungen ausdrücken. Voraussetzung ist hierfür eine entsprechende Kennzeichnung der Produkte in Bezug auf ihre Inhaltsstoffe. Daher wird in vielen Fällen eine Kennzeichnungspflicht von Verbraucherorganisationen oder Nichtregierungsorganisationen gefordert (z.B. für Nanomaterialien, siehe unten).

Anders sieht dies jedoch aus, sobald die Ausweichmöglichkeiten gegenüber Zumutungen erschwert oder nicht vorhanden sind, also sobald die Exposition nicht mehr oder nur noch unter größeren persönlichen Opfern durch die Betroffenen beeinflusst werden kann. Dies trifft häufig auf Standortfragen zu. Anwohner von Chemiefabriken oder von Militäranlagen wollen nicht durch die Nachbarschaft gefährdet werden oder Nachteile für ihre Lebensqualität in Kauf nehmen. Hier wäre es absurd, auf die freiwillige faktische Akzeptanz der entsprechenden Zumutungen bei den Betroffenen zu setzen. Warum sollte jemand freiwillig eine Müllverbrennungsanlage vor seiner Haustür akzeptieren? Das wäre vom individuellen Standpunkt aus zumeist höchst irrational. Aber irgendein Standort muss doch letztlich faktisch akzeptiert werden, und das heißt, dass die davon Betroffenen bereit sein müssen, *etwas von anderen Entschiedenes zu akzeptieren.* Hier zeigt sich der Kern des Problems als Legitimationsproblem (Grunwald 2000a): warum soll gerade eine Personengruppe am Standort A und nicht andere Personengruppen am Standort B die befürchteten Zumutungen tragen?

Verschärft stellt sich dieses Problem im Falle diffus verteilter Zumutungen oder Risiken. Warum sollte jemand unter individuellen Präferenzen eine Ultrafeinstaubbelastung akzeptieren, deren medizinische Auswirkungen unklar, aber jedenfalls nicht positiv sein werden? Wenn die Betroffenen identisch mit den Nutznießern wären, könnte man noch subjektive Risiko/Chancen-Erwägungen durchführen, aber diese Prämisse ist in der Regel nicht erfüllt. Vielmehr müssen in solchen Fällen gesellschaftsweit verbindliche Standards wie Risikogrenzen, Sicherheitsstandards, Umweltstandards etc. gesetzt werden. *Gesellschaftsweit*, und nicht vom Standpunkt *individueller* Akzeptanz- oder Nichtakzeptanzhaltungen, muss über die Grenzen der Belastbarkeit und über Abwägungen zwischen Risiken und Chancen *verbindlich* befunden werden.

Es geht daher im harten Kern von Technikkonflikten um die *unfreiwillig einzugehenden Zumutungen und ihre gesellschaftliche Verteilung, die der – im Prinzip nicht in Frage gestellte – technische Fortschritt mit sich bringt*, sowie um die gesellschaftsweit verbindliche Regelung dieser Zumutungen und Zumutbarkeiten. Das bedeutet, dass wir es hier mit einem Problem zu tun haben, das auf der Ebene gelöst werden muss, wo wir kollektive Verbindlichkeiten regeln: auf der Ebene demokratischer Meinungsbildung und Entscheidungsfindung.

In der modernen Demokratie gilt die Legitimation durch Verfahren (Luhmann 1983), die entscheidend dafür ist, dass Entscheidungen akzeptiert werden, auch wenn sie individuellen Interessen zuwiderlaufen. So sind wir beispielsweise bereit, Steuererhöhungen zu akzeptieren, auch wenn dies niemand mag. Wenn eine Entscheidung über Steuererhöhungen in einem demokratisch legitimierten Verfahren zustande kommt, werden die resultierenden ‚Zumutungen' akzeptiert und die erhöhten Steuern gezahlt. Wenn in der Planung einer Autobahntrasse legitimierte Verfahren, z.B. Planfeststellungsverfahren korrekt durchgeführt wurden, besteht eine nicht unbegründete Erwartung, dass die resultierende Entscheidung von den Betroffenen akzeptiert wird, wenn auch vielleicht zähneknirschend. Mit Hilfe solcher Verfahren definiert die Gesellschaft, bis zu welchem Maß die *Akzeptanz bestimmter Zumutungen unter öffentlichem Interesse* erwartet werden kann. Diese Verfahren klären auch, was ‚Verlierern' zugemutet werden darf und ob Kompensationen vorgesehen sind. Die Akzeptanz der Prozeduren führt somit zur Legitimation der Resultate dieser Prozeduren und zur berechtigten Erwartung, dass sie akzeptiert werden. Akzeptanz ist nicht auf der Objektebene[2] entscheidend, ob jemand einen bestimmten Standort oder eine Trassenführung akzeptiert, sondern auf der Ebene der Entscheidungsverfahren.

Technikfolgenabschätzung ist auf Wissen über Technik- und Risikoakzeptanz angewiesen. Es gibt jedoch *keinen direkten Weg* von der faktischen Technikakzeptanz zum gesellschaftlichen Umgang mit neuen Techniken, die in der Gesellschaft bzw. in bestimmten Gruppen Konflikte und ‚Zumutungen' erzeugen. Diese ‚prozedurale Wende' in der Betrachtung von Akzeptanz und Akzeptabilität in der Bewältigung oder Prävention von Technikkonflikten verlagert Akzeptanzanforderungen von den ‚Umfragen' über mutmaßliche Technikakzeptanz auf die Ebene der demokratisch legitimierten und prozeduralen Bewältigung der unvermeidlichen Zumutungen der Technik (Simonis 1999). Dieser Blick auf Konfliktlösungen konvergiert mit den grundlegenden Ideen partizipativer Technikfolgenabschätzung (Kap. 4.2, Kap. 7.4).

Ein solches System, in dem durch akzeptierte Verfahren normativ akzeptable und dann auch faktisch akzeptierte Entscheidungsresultate erzeugt werden, stößt jedoch dann an Grenzen, wenn die normativ erwartete Akzeptanz faktisch massiv ausbleibt, wie im Fall der bekannten Technikkonflikte um Kernenergie, Gentechnik und radioaktive Endlager (siehe unten Kap. 10.3). Dann sind die Prozeduren selbst in einem gesellschaftlichen Lernprozess zu ändern. Dieser Lernprozess sollte als Resultat neue oder modifizierte, wiederum akzeptierte Prozeduren als neue Basis legitimierter Entscheidungen hervorbringen.

---

2 Mit der Ausnahme von marktförmigen Verhältnissen, wenn durch Kauf- und Konsumverhalten Akzeptanz ausgedrückt und dadurch im Rahmen der Konsumentenautonomie Einfluss genommen wird.

10.2 Beispiel: Nanopartikel und Vorsorgeprinzip

Künstlich hergestellte Nanopartikel bilden einen Schwerpunkt der Nanotechnologie in Forschung und auch bereits in einigen marktgängigen Produkttypen.[3] Es bestehen jedoch teils erhebliche Wissensdefizite in Bezug auf Gesundheits- oder Umweltrisiken. Während über die Notwendigkeit weiterer toxikologischer Forschung Konsens besteht, wird ein Konflikt dazu ausgetragen, welche Konsequenzen aus dem Nichtwissen zu ziehen sind, bis hin zur Forderung nach einem sofortigen Moratorium.

10.2.1 Fehlendes Folgenwissen als Konfliktgrund

Unter synthetischen oder künstlich hergestellten Nanopartikeln werden Partikel in der Nanometerdimension verstanden, die zur Realisierung bestimmter Funktionen *gezielt hergestellt wurden* und also nicht, wie z.B. beim Ruß, lediglich als *nicht intendierte Folge* technischer Prozesse auftreten. Bislang häufig verwendete Nanopartikel sind Titandioxid-Partikel in Sonnenschutzcremes, Kohlenstoffpartikel in Autoreifen und Silberpartikel zur Bekämpfung von Bakterien. Künstlich hergestellte Nanopartikel werden auch in Sprays, Pasten, Kosmetika, im Bereich der Toner für Drucker und Kopierer, in Farben, Lacken und Klebern sowie zur Oberflächenimprägnierung eingesetzt. Nanopartikel auf Kohlenstoffbasis wie Fullerene bieten sich zum Einsatz in lebenden Systemen an, z.B. in Form von Nano-Kapseln. Nanopartikel als solche sind keine eigenständigen Produkte für Endverbraucher, sondern werden als Beimischungen oder durch Auftragung auf Oberflächen genutzt, um die Eigenschaften von Produkten zu verbessern.

Synthetische Nanopartikel können durch Emissionen während der Herstellung, beim alltäglichen Gebrauch von Produkten oder im Entsorgungsprozess in die Umwelt gelangen. Sie können eventuell auf dem Luftweg über weite Strecken transportiert und diffus verteilt werden oder sich an bestimmten Orten akkumulieren. Titandioxid-Partikel in Sonnenschutzcremes können sich z.B. beim Baden lösen und in Gewässer gelangen. Nanopartikel in Verpackungen von Lebensmitteln könnten über den Hausmüll freigesetzt werden. Nanopartikel können auf verschiedensten Wegen in den menschlichen Körper gelangen: durch Inhalation über die Lunge, über den Verdauungstrakt und durch die Haut. Ihre Auswirkungen auf Gesundheit und Umwelt, insbesondere potenzielle Langzeitfolgen, sind bisher kaum bekannt (Wörle-Knirsch/Krug 2007; Schmid et al. 2006, Kap. 5). Aufgrund ihrer Kleinheit sind Nanopartikel im menschlichen

3 Vgl. generell zu Nanotechnologie und Nanopartikeln Paschen et al. 2004; Schmid et al. 2006 und von Gleich et al. 2007a. Speziell zum Vorsorgeprinzip Grunwald 2008b, Kap. 7 und Myhr/Dalmo 2007.

Körper bislang nur sehr schwer zu verfolgen bzw. es müssen erst Nachweis- und Verfolgungsmethoden entwickelt werden.

Tierversuche haben gezeigt, dass Nanopartikel durchaus biologisch wirksam sein können. Besonders bekannt geworden sind Inhalationsversuche an Ratten, in denen empirisch gezeigt wurde, dass Kohlenstoff-Nanopartikel beträchtliche Lungenschäden verursachen können. Ihr toxisches Potential steigt mit kleiner werdender Partikelgröße und größer werdender Partikeloberfläche. Diese Ergebnisse sagen jedoch nichts über die potentiellen Folgen für Menschen aus, da die Ratten unrealistisch hohen Konzentrationen von Nanopartikeln ausgesetzt waren. Befürchtungen bestehen auch darin, dass Nanopartikel aufgrund ihrer Kleinheit die Blut-Hirn-Schranke überwinden können. Was dies bedeuten würde, ist jedoch unklar. Es ist sorgfältig zu unterscheiden zwischen der bloßen Präsenz von Nanopartikeln im menschlichen Körper, ihren biologischen Endpunkten, ihrer biologischen Wirksamkeit und Gesundheitsschäden (vgl. Krug/Fleischer 2007).

Aufgrund des geringen bis fehlenden Wissens über negative Gesundheits- oder Umweltfolgen greift das klassische Risikomanagement (Renn/Roco 2006) nicht:

> „The tools developed in that discipline cannot be used when so little is known about the possible dangers that no meaningful probability assessments are possible." (Hansson 2006, S. 316)

Aufgrund mangelnden Wissens über Ursache/Wirkungsbeziehungen ist eine quantitative Bestimmung der Risiken gar nicht erst möglich. Damit liegt eine Risikosituation vor, in der die Größe des Risikos nicht angegeben werden kann, wo Schadensart und -ausmaß unbekannt sind und wo sogar unbekannt ist, ob hier *überhaupt* eine Gefährdung vorliegt (Wiedemann/Schütz 2008).

Aus dieser Situation werden unterschiedliche und teils konträre Schlüsse gezogen, die zu einem (bislang) latenten Technikkonflikt geführt haben. Bekannt geworden ist die Forderung nach einem sofortigen Moratorium für die kommerzielle Nutzung von Nanomaterialien:

> „At this stage, we know practically nothing about the possible cumulative impact of human-made nanoscale particles on human health and the environment. Given the concerns raised over nanoparticle contamination in living organisms, the ETC group proposes that governments declare an immediate moratorium on commercial production of new nanomaterials and launch a transparent global process for evaluating the socio-economic, health and environmental implications of the technology." (ETC 2003, S. 72)

Diese Forderung wurde sodann konkreter auf die Verwendung von Nanopartikeln in Lebensmitteln (ETC-Group 2004, BUND 2008) und in Kosmetika (Friends of the Earth 2006) bezogen. Die Prämisse derartiger Forderungen ist, dass, wenn die Vorteile der Nanotechnologie genutzt werden sollen, *vorab* eine umfassende Folgenanalyse unternommen werden müsste. Aus der Situation des Nichtwissens in Kombination mit Verdachtsmomenten wird geschlossen, dass Abstand genommen werden sollte von einer raschen kommerziellen Verwendung:

> „Die Bundesregierung müsse den Verkauf von Lebensmitteln, Verpackungen, Küchenartikeln und Agrochemikalien, die Nanomaterialien enthalten, sofort stoppen. Solche Produkte dürften nicht vermarktet werden, solange keine ausreichenden wissenschaftlichen Belege über eine Unbedenklichkeit vorlägen. Erforderlich seien zudem gesetzliche Regelungen, die Verbraucher und Umwelt vor möglichen Risiken schützen. Dazu gehöre auch eine Kennzeichnungspflicht beim Einsatz von Nanomaterialien, damit Verbraucherinnen und Verbraucher sich entscheiden könnten, ob sie Nanoprodukte kaufen wollten oder nicht." (BUND 2008)

Zumeist werden erhebliche Wissensdefizite und das Bestehen möglicher Risiken auch seitens der Wirtschaft und Wissenschaft zugestanden. Deren Folgerung ist aber, dass eine rasch anlaufende toxikologische Forschung hinreichend sei, um mit dieser Situation umzugehen. Durch Forschung müsse die gegenwärtige unklare Situation möglichst rasch in eine Situation klassischen Risikomanagements überführt werden. Befürworter eines Moratoriums würden sich vermutlich dieser Zielrichtung anschließen, legen den Finger aber auf die Wunde, was im Zeitraum geschehen soll, bis es soweit ist. Denn in diesem Zeitraum werden Mensch und Umwelt synthetischen Nanopartikeln ausgesetzt, ohne dass über die Folgen viel bekannt ist. Hier findet letztlich ein ‚Realexperiment' (Groß et al. 2005) mit unklaren Zumutungen statt.

Dieser Konflikt ist bislang ‚latent'. Er hat in der Zeit nach dem erwähnten Aufruf zu einem Moratorium durchaus auch die überregionale Tagespresse und andere Massenmedien erreicht, und seitdem kann man von einer gesellschaftlichen Risikodebatte zur Nanotechnologie sprechen. Es wurden in den Jahren 2003/2004 häufig Befürchtungen geäußert, dass dieser Konflikt sich zu einem ‚heißen' Konflikt auswachsen könnte wie etwa die Konflikte zur Kernenergie und zur grünen Gentechnik. Dabei wurde häufig die Geschichte des Asbestes (Gee/Greenberg 2002) als Analogie herangezogen. Umweltverbände haben mehrfach Risikostudien publiziert und die Presse alarmiert (vgl. das obige Zitat des BUND). Dennoch ist die gesellschaftliche Resonanz im Großen bislang ausgeblieben. Es gibt Gründe, dass dies so bleiben könnte (Grunwald 2008b, S. 344ff), gleichwohl gibt es seit Jahren Befürchtungen, dass es dennoch zu einer Eskalation dieses Konfliktes kommen könnte (Grobe 2007).

10.2.2 Technikfolgenabschätzung zu Nanopartikeln

Das eigentlich erforderliche Folgenwissen ist in diesem Fall zu einem guten Teil human- oder ökotoxikologischer, umweltmedizinischer oder epidemiologischer

Art. Seine Bereitstellung ist mühsam, die Entwicklung neuer Messverfahren und Analysekonzepte erfordert und vor allen Dingen Zeit. Die Frage, mit der die Technikfolgenabschätzung hier befasst ist, ist genau die, was getan werden kann, solange das empirische Folgenwissen nicht hinreicht, um ein übliches Risikomanagement mit Grenzwerten und Sicherheitsmargen zu ermöglichen. In den ca. acht Jahren der Befassung der Technikfolgenabschätzung mit Nanopartikeln lassen sich folgende Phasen unterscheiden:

(1) eine Phase der Annäherung an die Problematik und die Schaffung von Aufmerksamkeit,
(2) die Phase, mittels des Vorsorgeprinzips einen gangbaren Weg aufzuzeigen, verantwortlich mit dem Nichtwissen umzugehen, und
(3) die Phase der Operationalisierung im Sinne konkreter Technikbewertung.

Zunächst war die Aufgabe, auf dieses Problem aufmerksam zu machen und es näher zu charakterisieren. Eine frühe, vielleicht die erste Arbeit hierzu ist die TA-Studie zur Nanotechnologie für den Deutschen Bundestag (Paschen et al. 2004), welche 2001 in Auftrag gegeben und 2003 vorgelegt wurde. Hier wird folgender Schluss gezogen und dabei gleich auf den möglichen Technikkonflikt aufmerksam gemacht, wenn Hemmnisse angesichts fehlenden Folgenwissens befürchtet werden:

> „Der Stand der Forschung über die potenziellen Umwelt- und Gesundheitswirkungen der Herstellung und Anwendung nanotechnologischer Verfahren und Produkte ist unbefriedigend. Erhebliche verstärkte Forschungsanstrengungen sind hier dringend erforderlich, da sich aus dem fehlenden Wissen um die Umwelt- und Gesundheitsfolgen Hemmnisse für die Markteinführung von Nanotechnologien ergeben könnten.“ (Paschen et al. 2004)

Eine Vielzahl von weiteren Studien, Expertenkommissionen, Projekten und ELSI-Aktivitäten sind gefolgt (vgl. Schmid et al. 2006, Kap. 5). In den betroffenen Expertenrunden, in der interessierten Öffentlichkeit und bei einigen Politikern ist das Thema auf diese Weise rasch angekommen.

Die zweite Phase der TA-Aktivitäten zu Nanopartikeln fragte sodann nach den möglichen Handlungsweisen in dieser Situation des Nichtwissens. Diese kreisten zum einen um eine Kennzeichnungspflicht, zum anderen und vor allem aber um das Vorsorgeprinzip, entweder explizit (z.B. Haum et al. 2004, Schmid et al. 2006) oder implizit (Royal Society 2004). Mit einer Kennzeichnungspflicht – hier ist vor allem der Lebensmittelbereich gemeint – von nanopartikelhaltigen Produkten würden Akzeptanzentscheidungen der Nutzer und Käufer im Rahmen von Marktverhalten (Kauf versus Nichtkauf, Nutzung versus Nichtnutzung) möglich. Den Nutzern würde im Rahmen eines ‚informed consent' die Möglichkeit der Entscheidung gegeben, ob sie sich selbst Produkten (z.B. Lebensmitteln) mit Nanopartikeln aussetzen würden.

In der Exposition der Gesellschaft geht es jedoch um ,Zumutungen', die darüber weit hinausgehen und denen nicht einfach durch Nutzungsenthaltung entgangen werden kann. Hier ist das Vorsorgeprinzip einschlägig. Es eröffnet einen Raum politischen Handelns, auch wenn noch keine eindeutige wissenschaftliche Evidenz über das Risiko besteht, um das es geht und passt daher auf den Fall der Nanopartikel.

> „Besteht nach einer Bewertung der verfügbaren wissenschaftlichen Informationen ein berechtigter Grund zu Besorgnis über das mögliche Auftreten nachteiliger Wirkungen, so können trotz bestehender wissenschaftlicher Unsicherheit vorläufige Maßnahmen des Risikomanagements auf der Grundlage einer umfassenden Kosten-Nutzen-Analyse – wobei der Schutz der Menschen und der Umwelt Vorrang haben muss – getroffen werden, die notwendig sind, um das angestrebte hohe Schutzniveau in der Gemeinschaft zu gewährleisten und die in einem angemessenen Verhältnis zu diesem hohen Schutzniveau stehen, bis neuere wissenschaftliche Daten eine umfassendere Risikobewertung gestatten und ohne zu warten, bis die Gefahr und Schwere dieser nachteiligen Wirkungen voll zu Tage treten." (von Schomberg 2005)

Es muss damit ,ein berechtigter Grund zu Besorgnis' (,reasonable concern') über das ,mögliche Auftreten nachteiliger Wirkungen' vorliegen – allerdings eben nur über das *mögliche* Auftreten nachteiliger Wirkungen. Dieses Wort ,möglich' in Kombination mit dem ,berechtigten Grund zur Besorgnis' macht das Spezifische des Vorsorgeprinzips aus. So auch Weckert/Moor (2007, S. 144): „First, the hypothesis that the threat exists must be a plausible one given current scientific knowledge even if no probability can be given". Vom Vorsorgeprinzip wird das Vorliegen ,guter Gründe' für die Erwartung eines möglichen Schadens gefordert:

> „Implementation of the PP [Precautionary Principle] requires that indications of adverse impacts are being documented in some way and that risk-associated research is initiated." (Myhr/Dalmo 2007, S. 153)

Außerdem ist das *Übermaßverbot* zu beachten (Schröder et al. 2002): die Eingriffstiefe von Vorsorgemaßnahmen und die damit zumutbaren Lasten sind abzuwägen mit der Qualität des verfügbaren Wissens über mögliche Risiken. Die Anwendung des Vorsorgeprinzips erfolgt im Spannungsfeld zwischen Nichtwissen, berechtigter Vorsorge und übertriebener Sorge.

Die Ergebnisse von Tierversuchen weisen darauf hin, dass einige Nanopartikel biologisch in nicht erwünschter Weise wirksam sind. Dieses Faktum reicht hin, um von einem *begründeten Verdacht* zu sprechen (Schmid et al. 2006). Damit ist noch kein Wissen über mögliche Schäden für Mensch oder Umwelt verbunden, aber ein ,reasonable concern' hinsichtlich der Möglichkeit von Schäden. Die Diagnose fällt damit eindeutig aus: im Falle der Nanopartikel liegt eine

Vorsorgesituation vor. Welche Maßnahmen ergriffen werden sollen, ist damit jedoch nicht entschieden, sondern Teil des oben genannten ‚latenten' Konflikts. In TA-Studien und ELSI-Begleitforschung sind unterschiedliche Maßnahmen vorgeschlagen worden, um in der aktuellen Situation verantwortungsvoll zu verfahren (z.B. Schmid et al. 2006). Sie bleiben weit unterhalb eines Moratoriums und umfassen:

- die Behandlung von Nanopartikeln wie *neue* chemische Substanzen, auch wenn ihre chemische Zusammensetzung vertraut ist, mit Folgen für neu erforderliche Genehmigungsverfahren, z.B. im Lebensmittelbereich;
- verstärkte Forschung in Umweltchemie und Toxikologie, um die Wissensdefizite zu überwinden und die Entwicklung von Nachweis- und Testmethoden, um schnell und vergleichbar erforderliche Daten zu beschaffen;
- Vermeidung der wirtschaftlichen Abhängigkeit von *spezifischen* Nanopartikeln – falls sich untragbare toxische Eigenschaften bestimmter Nanopartikel herausstellen sollten, sollte es rasche Substitutionsmöglichkeiten geben;
- die Entwicklung von ‚good practices' und entsprechenden Leitlinien im Umgang mit Nanopartikeln, z.B. am Arbeitsplatz, etwa in Form der Minimierung oder Vermeidung der Freisetzung von Nanopartikeln;
- die ständige Beobachtung und Auswertung des weltweit verfügbaren Wissens über Gesundheits- und Umwelteffekte von Nanopartikeln;
- offener und transparenter Diskurs mit der Öffentlichkeit.

Ein derartiger inkrementalistischer und von ständiger Reflexion des erreichten Standes begleiteter Weg wäre eine möglichst behutsame Integration von Nanopartikeln in die Ökonomie und in die Stoffströme der Zukunft im Austausch zwischen Wirtschaftskreislauf und natürlicher Umwelt. Trotz dieser Behutsamkeit wäre aber auch dieser Weg nicht ohne Risiko. Aus der Asbest-Geschichte ist zu lernen: „no evidence of harm' must not be re-interpreted in the way of ‚evidence of no harm" (Gee/Greenberg 2002).

Begleitet werden diese Überlegungen durch einen an Schärfe zunehmenden Streit über eine Regulierung der Nanotechnologie, die über die oben genannten, zum großen Teil freiwilligen Maßnahmen hinaus Verbindlichkeiten einziehen würde. Wenn Nanopartikel sich in der Umwelt ausbreiten und auch Personen und Regionen betreffen können, in denen Nanopartikel gar nicht verwendet werden oder erst in der Zukunft auftreten und Personen betreffen würden, deren Einverständnis nicht eingeholt werden kann, handelt es sich vom Problemtyp her um ein *alle angehendes politisches Problem* und gehört damit zu den ‚Zumutungen' mit schlechter bis gar nicht vorhandener Ausweichmöglichkeit (siehe oben). Bislang gibt es kaum eine nanotechnologische Regulierung und auch wenig Absicht:

> „Nach derzeitigem Kenntnisstand sieht die Bundesregierung gegenwärtig grundsätzlich keinen Veränderungsbedarf bei bestehenden Gesetzen und Verordnungen aufgrund nanotechnologischer Entwicklungen. Das bestehende gesetzliche und untergesetzliche Regelwerk auf nationaler wie auf EU-Ebene (beispielsweise das neue Chemikalienrecht der Europäischen Union – REACH) bietet flexible Instrumente, um mögliche Risiken nanotechnologischer Entwicklungen zu erkennen und gegebenenfalls darauf zu reagieren.“ (Bundestag 2007)

Das Europäische Parlament hat jedoch jüngst hierzu eine Initiative in anderer Richtung gestartet. Dort wird über einen verbindlichen und von recht starken Vorsorgeüberlegungen geprägten ‚Code of Conduct' im Umgang mit Nanomaterialien diskutiert. Begleitet wird diese Auseinandersetzung über die Notwendigkeit einer Nanotechnologie-spezifischen Regulierung durch Technikfolgenabschätzung, Überlegungen zur Risk Governance (Renn/Roco 2006) und durch die Rechtswissenschaften (Calliess 2009).

Als essentiell erweist sich in allen Fällen die Belastbarkeit des Wissens über mögliche Folgen der Freisetzung von Nanopartikeln. Die eigentlich ethischen Fragen treten vielfach hinter die Herausforderungen einer Einschätzung von Wissen und Nichtwissen zurück (von Schomberg 2007). In der Technikfolgenabschätzung wird daher gegenwärtig, und dies charakterisiert die dritte Phase, an neuen Verfahren der Bewertung von Nichtwissen gearbeitet, so z.B. an Verfahren, die mit dem Begriff der ‚Eindringtiefe' arbeiten (von Gleich et al. 2007a) und Verfahren der Evidenzbewertung von Risiken (Fleischer et al. 2010).

Die geschilderte Vorsorgesituation unter hohen Anteilen von Nichtwissen ist auch eine Herausforderung für die gesellschaftliche Kommunikation. So wurde die Risikokommunikation z.B. als ein Feld mit in das BMBF-Projekt aufgenommen, welches hauptsächlich ein toxikologisches Forschungsprojekt war. Des Weiteren sind eine ganze Reihe von Dialogprozessen organisiert worden, teils unter Experten, zum großen Teil aber Beteiligung bestimmter Gruppen wie Jugendliche oder Verbraucher (vgl. Grobe 2007).

Es ist nur eine Hypothese, aber möglicherweise hat die frühzeitige Einbeziehung der Technikfolgenabschätzung auf diese unterschiedlichen Weisen wesentlich dazu beigetragen, Nanotechnologie in Bezug auf Risiko- und Akzeptanzfragen zu ‚normalisieren' (Grunwald/Hocke-Bergler 2009). Übertriebene Erwartungen der frühen Nanotechnologiedebatte einerseits und Forderungen nach einem Moratorium aufgrund fehlenden Folgenwissens andererseits haben bislang nicht zu einer Verhärtung der Fronten geführt. Technikfolgenabschätzung hat nach dieser Hypothese dazu beigetragen, eine Erhitzung des bislang ‚latenten' Technikkonflikts zu vermeiden, durch Unterstützung in der Identifikation und Umsetzung eines verantwortlichen Umgangs mit dieser Situation des sehr unvollständigen Wissens.

10.3 Beispiel: Endlagerung hoch radioaktiver Abfälle

Die Endlagerung radioaktiver Abfälle gehört zu den ‚großen' Themen in der gesellschaftlichen Technikdiskussion.[4] Wie seit Jahrzehnten die Nutzung der Kernenergie zur Energieversorgung oder in den 1990er Jahren die Freilandexperimente mit gentechnisch veränderten Pflanzen ist der Verbleib radioaktiver Abfälle ein Reizthema. Radioaktive Abfälle sind massenmedial präsent – noch immer erfährt jeder Castor-Transport eine große Aufmerksamkeit und benötigt einen gewaltigen Polizeieinsatz. Sind gesellschaftliche Technikkonflikte in der Regel episodisch in dem Sinne, dass sie Phasen zeigen, sich verändern und auch nicht beliebig langlebig sind, so scheint der Verbleib radioaktiver Abfälle einen ‚nachhaltigen' Streitfall darzustellen.

Die Anforderungen an ein Endlager radioaktiver Abfälle sind jedenfalls in jeder Hinsicht beträchtlich: Die Wärmeentwicklung während der Abklingzeit darf nicht zu unkontrollierbaren Effekten führen, der Austritt radioaktiver Substanzen in die Umgebung eines Endlagers, z.B. in grundwasserführende Schichten, muss verhindert werden, das Endlager muss vor terroristischen oder kriegerischen Übergriffen sicher sein, dramatische geologische Veränderungen wie Erdbeben oder Vulkanausbrüche in der Nähe eines Endlagers müssen ausgeschlossen werden können. Wegen der langen Zerfallszeiten einiger Materialien muss ein Endlager für Jahrtausende gesichert werden. Ein Arbeitskreis des Bundesumweltministeriums (AkEnd) hat geologische Sicherheit *für eine Million Jahre* gefordert (AkEnd 2002, S. 96f.).

Obwohl bereits große Mengen an hochradioaktiven Nuklearabfällen existieren – vor allem abgebrannte Brennstäbe aus Kernreaktoren und Materialien aus dem militärischen Bereich –, wurde weltweit trotz vieler Anläufe noch kein Endlager für hochradioaktive Abfälle in Betrieb genommen. Nur in Finnland wurde der Bau eines Endlagers inzwischen offensiv in Angriff genommen, und in Schweden ist die Standortsuche abgeschlossen. In anderen europäischen Staaten mit einer etablierten Nuklearwirtschaft, in den USA und auch in Japan steht die Errichtung eines Endlagers für hochradioaktive Nuklearabfälle weiterhin aus. In den meisten Fällen gibt es weder einen verabschiedeten Fahrplan zur Errichtung eines Endlagers noch einen gesellschaftlichen Konsens über den langfristigen Verbleib der radioaktiven Abfälle.[5]

---

4 Dieses Kapitel verdankt sich der Zusammenarbeit mit *Peter Hocke-Bergler* und nimmt engen Bezug auf eine gemeinsame Publikation zu dieser Thematik (Hocke-Bergler/Grunwald 2006).

5 Vgl. Hocke et al. 2009 und andere Beiträge in dem betreffenden Sonderheft mit einer Reihe von Länderstudien, so z.B. zu Schweden, Großbritannien, den USA und Deutschland.

In Deutschland ist der Prozess der Endlagersuche seit längerer Zeit blockiert. Insbesondere am Standort Gorleben, der für hoch radioaktive Nuklearabfälle in Betracht gezogen wird, aber auch am ‚Schacht Konrad' bei Salzgitter, dem Endlager für schwach- und mittelaktive Nuklearabfälle, kam es anhaltend zu politischem Widerspruch und Protesten. Einigkeit zwischen vielen Akteuren und großen Teilen der deutschen Öffentlichkeit besteht immerhin darüber, die Endlagerung für nukleare Abfälle aller Art (1) im nationalen Bereich durchzuführen und (2) in tiefen geologischen Formationen anzustreben. Alternativen wie ein Export der radioaktiven Abfälle oder ihre Sicherung in einem oberirdischen Endlager werden nicht ernsthaft diskutiert.

Bislang verfügt Deutschland über ein genehmigtes Endlager für schwach- und mittelaktive Nuklearabfälle, das Bergwerk ‚Schacht Konrad' in Niedersachsen. Im ebenfalls niedersächsischen Standort Gorleben, der durch heftige innenpolitische Konflikte seit Ende der 1970er Jahre immer wieder für Aufsehen sorgt, befinden sich ein Erkundungsbergwerk für ein potenzielles Endlager sowie verschiedene Entsorgungsanlagen, darunter ein in Betrieb befindliches Zwischenlager. Bereits im Juli 1983 hatte die Bundesregierung mit unterirdischen Untersuchungen am Standort Gorleben begonnen. Diese Arbeiten ruhen aufgrund eines befristeten Moratoriums, das von der rotgrünen Bundesregierung im Kontext der Verhandlungen über den Ausstieg aus der Kernenergienutzung im Jahr 2000 verhängt wurde. Die Vorgänge um das offiziell als Forschungsbergwerk geführte Abfalllager in der Asse haben das Vertrauen in Experten und Politik in diesem Politikfeld weiter erschüttert und die Endlagersuche nicht einfacher gemacht.

Der von der rotgrünen Bundesregierung versuchte Neuanfang in der Endlagerfrage seit 1998 führte zu einem Experten-Gutachten, das für eine systematische, auf *transparenten* Kriterien gründende und *vergleichende* Endlagersuche an *mehreren* Standorten unter Anwendung deliberativer Verfahren plädierte (AkEnd 2002). Der klassische ‚Top-down'-Prozess der politischen Entscheidungsfindung, nach dem u.a. die Entscheidung für Gorleben als Endlagerstandort zustande gekommen war, wurde in Frage gestellt. Diesem Entscheidungsmodus wurde, so lässt sich der Auftrag an den AkEnd deuten, eine Mitverantwortung an der Entscheidungsblockade gegeben. Durch die Arbeit des AkEnd wurde die Aufmerksamkeit weg von den inhaltlichen Kontroversen und den Standortfragen hin zu den *Verfahren* der Bestimmung eines Endlagerstandortes verlagert, ganz auf der Linie der angesprochenen prozeduralen Behandlung von Akzeptanzproblemen (Kap. 10.1).

Achtzig Prozent der bundesdeutschen Bevölkerung unterstützen die Einrichtung eines Endlagers in Deutschland – jedenfalls solange sie nicht in ihrer Umgebung erfolgt. Anderenfalls sinkt die Akzeptanz dramatisch. Die vorgebrachten Gründe für die massive Ablehnung eines Endlagers für hoch radioaktive Abfälle in der Nähe des eigenen Wohnortes sind vielfältig. Hierzu gehören Sicherheitsbedenken und mangelndes Vertrauen in zugesagte Sicherheitsstandards sowie in entsprechende Kontrollen; die Sorge vor radioaktiver Strahlung; die Sorge vor einer schleichenden langfristigen Verunreinigung des Grundwassers durch radioaktive Substanzen; die Sorge um einen Ansehensverlust der Heimat durch eine Stigmatisierung als ‚Endlager'-Region; negative Folgen z.B. für die lokale Wirtschaft, die Attraktivität für Investoren oder den Tourismus; Befürchtungen einer ‚Entwertung' der eigenen Region, z.B. durch ein Sinken der Immobilienpreise und die Sorge um den Verlust der Identität der Region durch die in großindustriellem Maßstab erfolgende Ansiedlung eines Endlagers. Diese Sorgen, Ängste und Bedenken werden häufig auch von denjenigen Personen und Gruppen geteilt, die eine Endlagerung für notwendig halten und die vielleicht sogar die entsprechende ‚Endlager-Philosophie' teilen. Das Endlagerproblem ist daher ein typisches Standortproblem.

Über Akzeptanz oder Nichtakzeptanz von Standorten wird subjektiv und individuell entschieden. Bürger sind frei in ihrer Bewertung von Standortentscheidungen. Eine ganz andere Frage ist jedoch, ob und unter welchen Bedingungen diese Akzeptanz bei den Betroffenen *erwartet werden darf.* In modernen Gesellschaften, die sich durch Heterogenität und Pluralität auszeichnet, ist eine vollständige substantielle *Akzeptanz* kaum zu erreichen – trotzdem müssen in Standortfragen Entscheidungen getroffen werden. Unausweichlich stellt sich dann die Frage nach den *Toleranzgrenzen* derjenigen, die die Akzeptanz verweigern, z.B. potenzielle Verlierer: „Man kann Legitimität auffassen als generalisierte Bereitschaft, inhaltlich noch unbestimmte Entscheidungen innerhalb gewisser Toleranzgrenzen hinzunehmen" (Luhmann 1983, S. 28). Offensichtlich liegen die meisten Entscheidungen in einem demokratischen System innerhalb solcher Toleranzgrenzen. Die Endlagerfrage gehört jedoch offensichtlich zu den wenigen Fällen, wo genau dies bislang nicht der Fall ist.

Die klassischen demokratischen Entscheidungsverfahren haben damit in eine Sackgasse und Handlungsblockade geführt. Die Herkulesaufgabe besteht, wenn diese Diagnose zutrifft, genau darin, jetzt an neuen Verfahren der Entscheidungsfindung und Standortauswahl zu arbeiten, wie es z.B. die Traditionen der partizipativen Technikfolgenabschätzung (Joss/Belucci 2002), der diskursiven Konfliktbewältigung (Renn/Webler 1998) oder der deliberativen Demokratie (Habermas 1992) nahe legen. Unter der Vorgabe, dass für die nuklearen Abfälle eine Lösung dringend geboten ist, erscheint das Herstellen von Konstellationen, in denen kollektiv verbindliche Entscheidungen unter Bedingungen von Toleranz, Respekt und Dialog durch partizipative Verfahren erstellt werden, ein Erfolg versprechender Ansatz. Ein Erfolg wäre es bereits, wenn die aktuelle Entscheidungsblockade überwunden werden könnte.

Technikfolgenabschätzung ist in diesem Feld erst spät eingeschaltet worden. Die Entscheidungsprozesse, die zu der vormaligen Entscheidung für Gorleben als Standort geführt haben, haben selbstverständlich wissenschaftliche Gutachten, z.B. aus der Geologie, im Rücken. Die soziale Seite der Akzeptanzfindung, eines entstehenden und bald eskalierenden Konflikts und der Notwendigkeit transparenter Entscheidungsprozesse wurden jedoch kaum beachtet. Vertrauen wurde gesetzt in ein Zusammenspiel fachwissenschaftlicher Experten mit politischen Entscheidungsträgern sowie in die Durchsetzungsfähigkeit des Staates gegenüber Protesten und Widerstand. Das Ausmaß des Widerstands und harte Reaktionen des Staates haben jedoch eine mangelnde Akzeptanz der Entscheidungsverfahren deutlich gemacht. In diesen Fällen muss in einer Demokratie nach neuen Verfahren gesucht werden, statt ausschließlich hoheitlich zu agieren.

Die Arbeit des AkEnd, der diese Einsicht zum Ausgangspunkt seiner Überlegungen gemacht hat, endete 2002. Seitdem ist nicht viel geschehen. Auf dem nationalen Endlagersymposium 2008 in Berlin wurde zum ersten Mal seit Jahren die Auseinandersetzung in der vollen Breite weitergeführt. Technikfolgenabschätzung war in der Konzeption und Durchführung des Symposiums stark vertreten, und zwar gerade mit dem prozeduralen Blick. Die Hoffnung besteht, durch andere, beteiligungsorientierte und ergebnisoffene Verfahren wie partizipative Technikfolgenabschätzung und Ethik die Entscheidungsblockade aufbrechen zu können.

11. Innovation und Innovationspolitik

Technikfolgenabschätzung befasst sich auch mit der Gestaltung von Technik und den Bedingungen gelingender Innovation (Kap. 2.5). Insofern sie dabei eine Vielzahl von Kontexteinflüssen berücksichtigt, gibt es strukturelle Gemeinsamkeiten zur Theorie der Innovationssysteme. Darauf rekurrieren innovationsorientierte Formen der Technikfolgenabschätzung.

11.1 Technikfolgenabschätzung im Innovationssystem

Seit den 1980er Jahren zeigen sich in vielen industrialisierten Volkswirtschaften zunehmende ökonomische Probleme und mangelnde Wettbewerbsfähigkeit, die sich nicht zuletzt in erheblicher Arbeitslosigkeit mitsamt den Folgen für die sozialen Sicherungssysteme manifestieren. Ursachen sind zum einen die ökonomische Globalisierung, die zu einer Abwanderung von Teilen der Wertschöpfungskette in andere Weltregionen führt. Zum anderen ist in den hoch industrialisierten Ländern in einigen Bereichen eine sozusagen kulturelle Innovationsmüdigkeit festzustellen. Die Bereitschaft, sich auf Neues und Unbekanntes einzulassen und auf Altes und Vertrautes zu verzichten, sinkt im Grenznutzenbereich, wie dies z.B. bei neuen Software-Versionen im Bürobereich der Fall ist.

Vielfach wird einer verstärkten Innovationsfreudigkeit eine Schlüsselrolle für die Bewältigung dieser Probleme zugesprochen. Dabei reicht es sicher nicht, Innovationen *auf der Angebotsseite* zu stimulieren (‚technology push'), z.B. durch veränderte Anreize in der Forschungsförderung, in der verstärkt auf Anwendungen gezielt wird. Denn wissenschaftlich-technische Neuerungen führen nicht automatisch zu gesellschaftlich relevanten Innovationen. Das Angebot aus Wissenschaft und Technik muss in der Gesellschaft angenommen werden, damit man von Innovation sprechen kann, und dies wiederum hängt von ökonomischen, sozialen, politischen und kulturellen Bedingungen ab. Es reicht nicht, ein Angebot möglicher Innovationen bereitzustellen, sondern der Blick muss auch auf die Bedingungen gerichtet werden, unter denen Angebot und Nachfrage bzw. Akzeptanz in der Gesellschaft zusammen passen. Fragen nach einer nachfragegerechten Technikgestaltung oder nach dafür günstigen gesellschaftlichen Rahmenbedingungen sind ungelöst. Ihre Beantwortung ist Aufgabe der Innovationspolitik, deren Begriff den älteren Begriff der Technologiepolitik teils abgelöst hat. Konsequenterweise sind aus dieser Diagnose der Technikfolgenabschätzung als wissenschaftlicher Beratung der Innovationspolitik neue Aufgaben zugeschrieben worden, die neue Schnittstellen zur Innovationsforschung erfordern (Meyer-Krahmer 1999).

Dies erfordert eine systemische Betrachtungsweise, die in den Ansätzen zu *Innovationssystemen* realisiert wird. Mit dem Begriff ‚nationales Innovationssystem' soll die Gesamtheit der privaten und öffentlichen Akteure und institutionellen Rahmenbedingungen in einem Land erfasst werden, die Einfluss auf das Innovationsgeschehen nehmen (Gerybadze 2004; Smits/ten Hertog 2007). Auch regionale bzw. supranationale Innovationssysteme, z.B. der Europäischen Union, oder sektorale Innovationssysteme, z.B. der Unterhaltungselektronik, werden untersucht (Gerybadze 2004). Die Elemente von Innovationssystemen sind die Akteure, die sich mit Forschung, Entwicklung und Innovation befassen: private und öffentliche Unternehmen, Universitäten, private und öffentliche Forschungsinstitute, Ministerien und Agenturen der Forschungsförderung, private Konsumenten und öffentliche Auftraggeber etc. Die Beziehungen zwischen diesen werden einerseits bestimmt durch historisch gewachsene Formen der Zusammenarbeit bzw. des Wettbewerbs. Andererseits sind die geltenden institutionellen Regelungen wie z.B. intellektuelle Eigentumsrechte, Haftungsrecht, Regulierung, Steuerwesen etc. entscheidende Faktoren, die Anreize oder Hindernisse bzw. Grenzen für Zusammenarbeit oder Wettbewerb setzen.

Von Anfang an war die frühzeitige Erkennung der *Chancen* von Technik ein TA-Thema, um zu ihrer optimalen Nutzung beizutragen und rationale Abwägungen von Chancen und Risiken vornehmen zu können. Auch die Früherkennung von Risiken durch Technikfolgenabschätzung steht in einer Tradition, in der es darum geht, Innovationspotentiale aus Wissenschaft und Technik in einer möglichst ‚guten' Weise zu nutzen. Über die klassische innovationstheoretische Fragestellung nach den *ökonomischen* Bedingungen für den Erfolg oder Misserfolg von technischen Neuerungen hinaus interessiert in der Technikfolgenabschätzung der gesellschaftliche Hintergrund bis hin zu kulturellen, ethischen und sozialen Fragen ebenso wie die Einbeziehung von Nutzern in die Prozesse der Technikgestaltung (z.B. Giesecke 2003). Genau diese Ausrichtung der Technikfolgenabschätzung und die Berücksichtigung unterschiedlicher Perspektiven (Kap. 1.6) und möglicher nicht intendierter Folgen legen es nahe, Technikfolgenabschätzung als Unterstützung von Innovationspolitik im konzeptionellen Rahmen der Theorie der Innovationssysteme zu betrachten (Smits/ten Hertog 2007).

Über die Wettbewerbsfähigkeit von Industrieunternehmen, Industriezweigen oder ganzen Volkswirtschaften entscheidet zusehends, dass technische Innovationen rasch den Weg aus den Forschungslabors in marktreife technische Produkte oder Systeme finden. Die Früherkennung von Potenzialen neuer Technologien war sozusagen von Beginn an die ‚innovationsorientierte' Seite der Technikfolgenabschätzung, wo sie als ‚Spürhund' für Innovationen (Smits/Leyten 1991) fungierte. Als Früherkennung (Zweck 1999) versucht sie, in frühen Stadien von Technikentwicklungen die *Potenziale* für Anwendungen und Märkte zu erkennen und den Transfer aus den Labors in marktgeeignete technische Produkte durch den Blick auf gesellschaftliche Bereiche zu begleiten. ‚Technology Roadmaps' dienen dazu, Innovationspfade in die Zukunft hinein zu erkennen oder zu gestalten und Weichenstellungen in Bezug auf entscheidende Pfadabhängigkeiten sowie mögliche nicht intendierte Folgen frühzeitig zu erkennen (Fleischer et al. 2005).

Der Innovationsbegriff ist zu einem der meistverwendeten Begriffe der technik-, wissenschafts-, wirtschafts- und standortpolitischen Diskussion geworden. Die Auslobung von Erfinderpreisen, der Ruf nach wissenschaftlich-technischen Innovationen zur Sicherung der Wettbewerbsfähigkeit der Wirtschaft und von Arbeitsplätzen und Wohlstand, die Verbindung der Standortrhetorik mit der Forderung nach ‚Technikaufgeschlossenheit' (VDI 1997), auf die Spitze getrieben jüngst von der Deutschen Akademie der Technikwissenschaften durch Forderung nach ‚Technikfaszination' (acatech 2009b) sind Ausdruck einer veränderten gesellschaftlichen Atmosphäre. War eine skeptische Haltung gegenüber überbordendem Fortschrittsoptimismus bis in die 1990er Jahre dominant – mit der allerdings, entgegen vieler Meinungen, keine Technikfeindlichkeit verbunden war, sondern eher eine vorsichtig-skeptische und durchaus differenzierte Haltung (Hennen 2002) –, so könnte man gegenwärtig fast von einer Rückkehr des Fortschrittsoptimismus sprechen, jedenfalls auf der Ebene der politischen Rhetorik. Im Rahmen dieser Innovationsrhetorik wird Technikfolgenabschätzung verstärkt als Mittel der Innovationsförderung verstanden, wobei von nicht intendierten Folgen kaum noch die Rede ist.

Allerdings baut die vorwiegend aus Politik und Wirtschaft kommende Innovationsrhetorik vor allem auf einem Sachzwangargument auf: der Ruf nach mehr Innovationsbereitschaft, die Sicht auf Innovation auf grundsätzlich begrüßenswert, die teils geringe Bereitschaft, Ambivalenzen des technischen Fortschritts zu thematisieren und die inflationäre Verwendung von Innovations- und Potentialbegriff werden politisch *als Zwang* transportiert: die Argumentationsfigur geht von einem globalen Wettbewerb aus, unter dem eine ‚Pflicht zur Innovation' bestehe. Wer dieser Pflicht nicht nachkomme, werde absteigen, in Bezug auf Wohlstand und Einfluss. Damit bekommt das Argument einen Drohcharakter. Nicht substantielle Versprechungen einer ‚besseren Gesellschaft', zu deren Erreichung Innovationen notwendig seien, stehen hinter der Innovationsrhetorik, sondern hauptsächlich die Angst vor dem Abstieg. Für die ‚Sinnfrage', wofür, wozu und in welche Richtungen Innovation gewünscht wird, bleibt kein Platz. Ob eine solche Argumentation in der modernen Gesellschaft ‚nachhaltig' ist, bleibt abzuwarten, erscheint aber zumindest hinterfragenswert.

Technikfolgenabschätzung wird inmitten dieser Innovationsrhetorik an einer ihrer konstitutiven Erfahrungen festhalten. Die Unterscheidungen neu/alt bzw. neu/vertraut, wie sie eine Innovation per definitionem charakterisieren, sind unabhängig von der Unterscheidung gut/schlecht (Luhmann 1990, S. 220; Groys

1997): Innovationen als Neues oder als überraschend Neues sind von sich aus weder gut noch schlecht; diese Beurteilung bedürfte der Einführung weiterer Unterscheidungen und Kriterien. Auch die Nutzung von Asbest war einmal eine vielfach begrüßte Innovation. Der Kurzschluss von ,neu' mit ,gut' kennzeichnet Teile der gegenwärtigen Innovationsrhetorik, in denen die Ambivalenzen und dialektischen Spannungsfelder des wissenschaftlich-technischen Fortschritts in den Hintergrund zu geraten drohen.

Aufgabe der Technikfolgenabschätzung ist in dieser wie auch vielen anderen Debatten, nicht dem Zeitgeist hinterher zu laufen, sondern sich mit ihm auseinanderzusetzen und ihn mit Implikationen seiner selbst bzw. mit historischen Erfahrungen zu konfrontieren, in der Hoffnung, dadurch zu mehr Reflexivität beitragen zu können. Hierzu gehört im Kontext der Innovation z.B. die Einsicht, dass der Innovationsblick auf neue Technologien *als solche* eine technikdeterministische Verengung darstellt. Nicht Technologien als solche sind Innovationen, sondern nur als Teil komplexerer ,sozio-technischer Systeme' (Ropohl 1979). Denn das Neue muss in die Gesellschaft integriert werden (z.B. Degele 1997). Dass hierbei in der Regel Ambivalenzen auftreten, dass für Innovationen ein gesellschaftlicher Preis zu zahlen ist, ist evident und bildet eine der zentralen Motivationen für Technikfolgenabschätzung.[1]

11.2 Beispiel: Innovations- und Technikanalyse

Der Begriff der Innovations- und Technikanalyse (ITA) wurde vom Bundesministerium für Bildung und Forschung (BMBF) im Jahre 2001 eingeführt. Er hat dort den Begriff der Technikfolgenabschätzung abgelöst, der in jenen Jahren in eine Krise geriet (vgl. Kap. 15.1). Entsprechend dem damaligen Zeitgeist wurde ,Technikfolgenabschätzung' in Teilen von Wirtschaft und Politik als zu negativ empfunden, zu stark an nicht intendierte Technikfolgen wie Risiken erinnernd (Kap. 13.1). Durch ITA sollte einerseits die Tradition der Technikfolgenabschätzung aufgenommen und weitergeführt, andererseits aber mit einem gegenüber Innovationen grundsätzlich positiven politischen Fokus normativ ausgerichtet werden. ITA steht im institutionellen Rahmen der ,Regierungsberatung' (Kap. 3.4). Zu den Vorgängern gehören die innovationsorientierte Technikfolgenabschätzung (Steinmüller et al. 1999), die ,innovative' Technikbewertung (Ropohl 1996) und die Technologiefrüherkennung (Zweck 1999).

Die Zielsetzungen von ITA stimmen im Wesentlichen mit denen der Technikfolgenabschätzung überein (BMBF 2008). Spezifisch sind die Akzentsetzung

---

1 Man könnte als Kriterium dafür, ob Innovationsforschung zur Technikfolgenabschätzung zu zählen ist oder nicht, die Bewusstheit über die Spannungsfelder des technischen Fortschritts (Kap. 1) und ihre Berücksichtigung verwenden.

(1) auf die Nutzung von ITA in der und mit der Wirtschaft in Abhebung von Technikfolgenabschätzung *als Politikberatung* und (2) die Hervorhebung der Komponente der Innovations- und Technologiefrüherkennung in Abgrenzung zur Frühwarnung. Technologiefrüherkennung operiert zumeist in drei Schritten (Zweck 1999):

- Identifikation und Erkennung innovativer wissenschaftlich-technischer Entwicklungen,
- Bewertung im Kontext der technischen und wirtschaftlichen Entwicklung nach Anwendungsfeldern, Realisierungsperspektive und Aufwand sowie
- der Informationstransfer zu den relevanten Akteuren in Politik, Wirtschaft und Öffentlichkeit.

Sie bedient sich verschiedener Methoden wie Patentanalysen, szientometrischer und technometrischer Verfahren sowie der Expertenbefragung. In den ITA wird dieser Ansatz mit Bestandteilen aus der Technikfolgenabschätzung wie der partizipativen Ausrichtung und der Einbettung in ein Politikkonzept, hier des BMBF, verbunden.[2] ITA soll Felder des gesellschaftlich erwünschten technologischen Fortschritts identifizieren, Gestaltungspotenziale aufzeigen und politische Handlungsspielräume benennen. Dadurch soll Orientierung in einer hoch technisierten Gesellschaft erarbeitet und ein Beitrag zur menschen- und sozialgerechten sowie umweltverträglichen Technikgestaltung geleistet werden, vor allem durch eine Verbindung von Forschung und Praxis.

Themenbezogene Studien sollen nicht genutzte Potenziale neuer Technologien ermitteln und innovative Lösungen im Umgang mit möglichen Risiken entwickeln. ITA bezieht wissenschaftlich-technische, ökologische, ethische, soziale, rechtliche, ökonomische und politische Aspekte in die Arbeit ein. Sie setzt an den gesellschaftlichen Rahmenbedingungen für Innovation an, identifiziert institutionelle Innovationshemmnisse und macht Vorschläge zu deren Überwindung. Die Einbeziehung der Wirtschaft und ihrer Instrumente der Produktfolgenabschätzung (vgl. Kap. 3.6) ist intendiert. Als charakteristischer Zeitraum, in dem die in ITA betrachteten Innovations- und Technikfelder praktische Relevanz erlangen sollen, werden fünf bis sieben Jahre genannt. Durch diese ,mittlere Reichweite' setzt sich ITA auf der einen Seite von Innovationsstudien ab, die sich mit *gegenwärtigen* Innovationsprozessen befassen, und auf der anderen Seite vom ,Technology Foresight', das Zeiträume bis zu einigen Jahrzehnten in den Blick nimmt. Diese ,mittlere Reichweite' ergibt sich aus den Gestaltungszielen des Ministeriums: damit innovationspolitische Maßnahmen eingeleitet werden können,

2 Vgl. zur Beschreibung der ITA-Aktivitäten, vor allem abgeschlossener und laufender Projekte sowie für Ausschreibungen www.innovationsanalysen.de; der folgende Text ist an die dortige Beschreibung angelehnt.

dürfen die betrachteten Gegenstandsbereiche einerseits nicht bereits festgelegt sein, dürfen aber andererseits nicht zu weit in der Zukunft liegen.

Die konkrete Arbeit von ITA besteht zu einem großen Teil in interdisziplinär angelegten Studien über Innovationspotenziale und technologische Entwicklungen (siehe unten). Schwerpunkte sind:

- *technologische Innovationsfelder*, vor allem Informations- und Kommunikationstechnologien sowie Bio- und Gentechnik;
- *Technikakzeptanz und Einstellungswandel*, vor allem in Bezug auf die Determinanten der Technikakzeptanz (Giesecke 2003) und den Einfluss neuer Medien auf die Informations-, Kommunikations- und Partizipationsmöglichkeiten;
- *Vorausschau wissenschaftlich-technischer Entwicklungen* und ihre innovationsorientierte Bewertung bereits im Stadium der Entwicklung von Leitvisionen und Szenarien.

Des Weiteren trägt ITA zur Nachwuchsförderung in diesem Bereich durch interdisziplinär angelegte Nachwuchsforschergruppen und durch gezielte Förderung inter- und transdisziplinärer Dissertationen zur Förderung einer ITA-Community als Teil der TA-Community bei. Durch das jährliche ITA-Forum wurde eine Plattform geschaffen, auf der diese Community sich regelmäßig trifft, Erfahrungen austauscht und ein wissenschaftliches Tagungsprogramm absolviert. Zwei Beispiele sollen anhand konkreter ITA-Projekte die Ausrichtung verdeutlichen.[3]

Ziel des Projekts „Alltagsanforderungen an Ubiquitäres Computing“ ist die Untersuchung der ökonomischen und gesellschaftlichen Chancen und Risiken des ubiquitären Computing sowie die Erarbeitung fundierter Empfehlungen für eine verbraucherfreundliche Technikgestaltung. Unter ‚ubiquitärem Computing’ wird die Integration von informationstechnischen Bestandteilen wie Sensoren und vernetzte Rechnerkapazität in unsere übliche Umwelt verstanden, so z.B. in Wohnungen (smart home) oder in Fahrzeugen. Auf diese Weise sollen informationstechnisch aufgeladene Umgebungen für die Nutzer ‚mitdenken’ und Komfort und Sicherheit steigern helfen. Unter Nutzung von Expertenbefragungen und Trendszenarien werden Lösungsmöglichkeiten untersucht, die eine Nutzung des ubiquitären Computing unter Beachtung der Betroffenenrechte ermöglichen.

Das ITA-Projekt „Brennstoffzellen und virtuelle Kraftwerke als Elemente einer nachhaltigen Entwicklung. Innovationsbarrieren und Umsetzungsstrategien“ nimmt Bestandteile einer nachhaltigen Energieversorgung in den Blick (vgl. auch Kap.

3 Diese und weitere Projektbeschreibungen finden sich auf der entsprechenden BMBF-Seite zu ITA (www.innovationsanalysen.de).

9.4). Brennstoffzellensysteme sind effektive hochtechnologische Energieumwandlungssysteme. Für eine bessere Ausnutzung und die Gewährleistung der Energieversorgung in dezentralen Systemen können Brennstoffzellenanlagen zu virtuellen Kraftwerken gekoppelt werden. Dieser Technologie stehen allerdings Barrieren vor allem auf lokaler und regionaler Ebene im Wege. Zunächst werden Innovationspotentiale von Brennstoffzelle und virtuellem Kraftwerk analysiert, bevor Rahmenbedingungen auf ihre Wirkung als Innovationsbarrieren untersucht und Strategien zur Beseitigung der Barrieren erarbeitet werden. Schließlich wird der potentielle Beitrag der Technologie zu einer nachhaltigen Entwicklung diskutiert.

Ein anfänglicher Schwerpunkt in ITA war die Auslotung der Hoffnungen, die mit der Integration von Nutzern in die Technikentwicklung verbunden sind, insbesondere im Hinblick auf Technikakzeptanz (Giesecke 2003). Wenn auch vielleicht Technikakzeptanz nicht das große innovationspolitische Thema ist, weil es Akzeptanzprobleme nur in wenigen Technikbereichen gibt (Halfmann 2003), so scheinen doch die aus diesen Akzeptanzproblemen heraus entstehenden Technikkonflikte die politische Wahrnehmung so stark beeinflusst zu haben, dass dieses Thema für einige Jahre in die Mitte von ITA gestellt wurde.

Der Begriff der Technikakzeptanz wurde in diesem Zusammenhang durchaus ‚unverkrampft' verwendet, während er in der Technikfolgenabschätzung einen ambivalenten Status besitzt (TATuP 2005). Akzeptanzbeschaffung wurde unhinterfragt als positiv im Sinne der Stärkung der Nachfrage, der Verbesserung von Innovationsprozessen und der Sicherung von Standortvorteilen empfunden:

> „Aus der Erfassung der Technikakzeptanz und ihrer Determinanten lassen sich Erwartungen, Wünsche und Präferenzen der Nachfrageseite an eine gesellschaftlich wünschenswerte Techniknutzung und -gestaltung ableiten." (Hüsing 2003)

Die Präferenzen der Nutzer wurden als Schlüssel zur Lösung vieler Technikkonflikte und Technikfolgenprobleme oder ihrer Vermeidung gesehen (vgl. dazu auch Kap. 11.1). Im Hintergrund dieses Modells einer *Nutzer-Anbieter-Synchronisation* stand die Überzeugung, dass durch ITA-Vorhaben ‚win/win-Situationen' identifiziert und Konflikte vermieden werden können:

- Unternehmen als Technikanbieter gewinnen, weil erhöhte Technikakzeptanz auch die Akzeptanz ihrer Produkte betrifft und damit (jedenfalls wahrscheinlich) die Nachfrage erhöht, zumal wenn wegen der Nutzerintegration ihre Produkte den Bedarf viel besser treffen. Dann vermindert sich auch das Marktrisiko.
- Die Nutzer gewinnen, weil sie technische Produkte oder Systeme bzw. darauf aufbauende Dienstleistungen kaufen oder nutzen können, die auf ihren Bedarf besser abgestimmt sind.

– Volkswirtschaftlich gesehen entsteht ein positiver Effekt, weil der Innovationsprozess durch die Synchronisation von Bedarf und Angebot reibungsloser, risikoärmer in Bezug auf Fehlinvestitionen und schneller abläuft.

Diese anfängliche Akzentuierung unterschied ITA von anderen Konzepten der Technikfolgenabschätzung. Normative Fragen spielten kaum eine Rolle, ebenso wenig die gesellschaftlichen Rahmenbedingungen, unter denen hier eine Synchronisation von Bedarf und Angebot erreicht werden kann oder soll. Hingegen ist die Nähe zur Marktforschung deutlich erkennbar. Im TA-Bereich lässt sich am ehesten eine Verbindung zum Constructive Technology Assessment (CTA, Kap. 4.3) herstellen. Dieses anfängliche ITA-Programm der ‚Technikakzeptanz durch Nutzerintegration' (Giesecke 2003) ist allerdings an Grenze gestoßen. Es ist auf viele Technikbereiche nicht anwendbar, es unterliegt Voraussetzungen in Bezug auf zeitliche Abläufe und Kontinuitäten, und es ist eben kein Königsweg, die Spannungsfelder des wissenschaftlich-technischen Fortschritts (Kap. 1) zu vermeiden, zu umgehen oder zu bewältigen. Vermutlich aus diesem Grund ist in den letzten Jahren zu beobachten, dass die für die Technikfolgenabschätzung charakteristische Befassung mit den nicht intendierten Folgen in ITA größeren Raum einnimmt.

11.3 Beispiel: Innovationsberatung am Deutschen Bundestag

Technologiepolitik umfasst neben der Förderung von Forschung und Entwicklung auch vielfältige Maßnahmen zur Diffusion und Anwendung von neuen Technologien und der Bearbeitung von Folgeproblemen (Simonis et al. 2001). Seit den achtziger Jahren wird daher auch von Technologiepolitik als einer *Innovationspolitik* gesprochen. Auf der europäischen Ebene wird diese Orientierung seit Mitte der 1990er Jahre verstärkt verfolgt (Schaper-Rinkel 2003). Innovationspolitik bemüht sich, Strategien zu formulieren und umzusetzen, die das jeweilige Innovationssystem unter bestimmten gesellschaftlichen, wirtschaftlichen und politischen Bedingungen optimal gestalten.

Innovationsfragen tauchen in den Arbeiten des Büros für Technikfolgenabschätzung beim Deutschen Bundestag (TAB; vgl. Kap. 3.3, Kap. 6.3.2) von Beginn an auf. Im Rahmen der geschilderten Entwicklung hat jedoch ihre relative Bedeutung zugenommen. Dies drückt sich in markanter Weise dadurch aus, dass seit 2003 das auf Innovationsfragen spezialisierte Fraunhofer-Institut für Innovations- und Systemforschung (ISI) im Rahmen eines projektübergreifenden Kooperationsvertrages an der Arbeit des TAB beteiligt ist.

Durch eine ganze Reihe von Studien wurde seitdem das Thema der Innovation in unterschiedlichen Hinsichten und bezogen auf verschiedene Technikbereiche untersucht. Die Beratung des Parlaments erfolgte dabei durchaus in einer übergreifenden Weise, stellt doch Innovationspolitik kein eng umrissenes Politikfeld dar, für das es etwa ein Ministerium oder einen Ausschuss des Bundestages gebe. Vielmehr stellen sich innovationsbezogene Aufgaben in vielen Politikfeldern. Im Folgen werden zwei Beispiele kurz vorgestellt.

Die TAB-Studie *,Nachfrageorientierte Innovationspolitik'* (Edler 2007) ging von der Diagnose aus, dass die übliche Innovationspolitik, also die Politik, die verantwortlich zeichnet für die Förderung von Innovationen bzw. die Erstellung geeigneter Rahmenbedingungen (Kap. 2.2), die Nachfrageseite weitgehend ausblendet. Sie konzentriere sich vielmehr darauf, das *Angebot* an Innovationen über vielfältige und ausdifferenzierte Ansätze zu beeinflussen. Erstaunlich ist dies einerseits, da die Nachfrage zentral ist für gelingende Innovation – weniger erstaunlich andererseits deswegen, weil die Nachfrage prima facie durch die Nachfrager bestimmt wird und daher dem politischen Einfluss entzogen scheint. Eine Ausnahme ist, und dies bildet einen Schwerpunkt der nachfrageorientierten Innovationspolitik, die Rolle des Staates als direkter Nachfrager und Nutzer von Innovationen. Es können insgesamt vier Typen von staatlichen Maßnahmen unterschieden werden, die über die Nachfrage Innovationen anstoßen oder zur Diffusion von Innovationen anregen und die je nach Kontext kombiniert werden können und die teils die staatliche Nachfrage selbst, teils aber die staatlichen Möglichkeiten der Stimulation der privaten Nachfrage betreffen:

(1) die *staatliche Beschaffung*: im europäischen Durchschnitt liegen die staatlichen Ausgaben für Güter und Dienstleistungen bei ca. 16% des Bruttoinlandsprodukts. Diese Kaufkraft des Staates macht in bestimmten Teilmärkten – Bauwesen, Gesundheitswesen, energieeffiziente Technologien in öffentlichen Gebäuden – einen Großteil der Nachfrage aus. In dieser Nachfragemacht liegt ein erhebliches Potenzial für Innovationen.

(2) *Nachfragesubventionen und Steuererleichterungen.* Unter bestimmten Bedingungen erhalten private oder industrielle Nachfrager einen Zuschuss oder können ihre Steuerlast mindern. Diese Bedingungen leiten sich in aller Regel von gesellschaftlichen Bedürfnissen und von sektoralen Politikzielen ab, zum Beispiel im Bereich der nachhaltigen Entwicklung bzw. Energieeffizienz.

(3) Mit *Kompetenzaufbau und Informationen* wird versucht, die Aufnahmebereitschaft und Aufnahmefähigkeit des privaten Marktes für Innovationen zu erhöhen, z.B. durch Informationskampagnen zur Nutzung neuer Technologien, die Beratung von Unternehmen bei der Einführung neuer Prozesstechnologien, staatliche Aus- und Weiterbildungsmaßnahmen oder Informationsmaßnahmen und Demonstrationsprojekte.

(4) Regulierungen schaffen einerseits für Innovationen Rechts- und Nutzungssicherheit. Andererseits können sie direkt auf das Marktgeschehen einwirken, d.h. Märkte schaffen oder Marktbedingungen so beeinflussen, dass die Nachfrage nach Innovationen steigt. Beispiele hierfür sind der Handel mit Emissionsrechten, die einen Trend zu energieeffizienten Technologien erzeugen, oder die Preisregulierung bei alternativen Energiequellen, die den Markt für nachhaltige Stromgewinnung und damit die Nachfrage z.B. nach Windkraftanlagen stabilisieren.

Die zentrale Schlussfolgerung (vgl. zu diesem Absatz Edler 2007) lautet, dass zukunftsorientierte Innovationspolitik über die traditionelle Angebotsorientierung hinaus stärker die Potenziale identifizieren und ausschöpfen sollte, die in der Nachfrage nach Innovationen liegen. Dazu könnte in Deutschland ein interministeriell abgestimmter Prozess angestoßen werden, in dem je nach Gegenstand solche Abstimmungen auch geöffnet werden sollten für weitere staatliche Ebenen und private Industrievertreter. Inhaltlich sollte ein solcher Prozess folgende Elemente haben: eine umfassende Integration des Innovationsgedankens in sektorale Politik, eine Bestandsaufnahme und Potenzialanalyse der Ministerien in Bezug auf die Innovationswirkungen ihrer bestehenden, auf die Nachfrage zielenden Maßnahmen, die Definition von innovationspolitischen Zielen und Verknüpfung dieser Ziele mit den sektoralen Maßnahmen, die Festlegung von Pilotaktivitäten und Definition von Monitoringsystemen zu den Wirkungen von eingeleiteten Maßnahmen sowie die Prüfung, inwiefern auch in der Forschungspolitik Schwerpunkte so gesetzt werden könnten, dass sie bedürfnisorientierte Maßnahmen in sektoralen Ministerien besser ergänzen. Diese generellen Aussagen wurden in der Studie auf konkrete Handlungsfelder wie z.B. die staatliche Beschaffung bezogen.

Die Nachfragepolitik im Energiebereich hat in den letzten fünfzehn Jahren in Deutschland, aber auch in der Europäischen Union, bedeutende Energieeffizienz- und Innovationseffekte ausgelöst. Die Innovationseffekte sind besonders ausgeprägt bei den Technologien zur Nutzung der erneuerbaren Energien. Dabei spielen Regulationen wie das Erneuerbare-Energien-Gesetz (EEG) eine bedeutende Rolle. Umfassende Strategien zur Etablierung von *Vorreitermärkten* als wichtige Wege der zukünftigen Nachfrageorientierung gibt es derzeit in einigen Ländern der EU wie in Deutschland für die Photovoltaik und in Dänemark für die Windkraft.

Die TAB-Studie *‚Biomedizinische Innovationen und klinische Forschung – Wettbewerbs- und Regulierungsfragen'* (Bührlen/Vollmar 2009) ist innovationsrelevanten Aspekten klinischer Forschung gewidmet. Die klinische Forschung ist ein zentrales Glied in der Entwicklungskette neuer Therapiemethoden und unter Innovationsaspekten relevant. Wissenschaftlich steht sie zwischen Grundlagenforschung und Anwendung, sie umfasst die erste Anwendung eines Wirkstoffs am Menschen sowie die wichtigsten Nachweise seiner Wirksamkeit und Sicherheit. Ökonomisch erfordert sie ca. die Hälfte des Gesamtaufwands für Forschung und Entwicklung eines Arzneimittels und bedeutet einen nicht unerheblichen Faktor für den Arbeitsmarkt für Forscher und Studienpersonal. Gleichzeitig ist sie aufgrund unvermeidbarer Risiken, z.B. für freiwillige Probanden, auch unter Regulierungsaspekten von großem Interesse.

Die Industrie beklagt Wettbewerbsnachteile am Standort Deutschland. Zwar stieg die Zahl klinischer Studien in den vergangenen Jahren, doch war die Zunahme in einigen konkurrierenden Ländern deutlich stärker. Dies könnte auf Dauer Auswirkungen auf die Beschäftigung und auf die Versorgung der Patienten mit innovativen Medikamenten haben, da neue Produkte nach Auskunft der Hersteller bevorzugt in Ländern eingeführt werden, in denen bereits die klinischen Studien stattgefunden haben. Die traditionellen Verfahrensweisen in der klinischen Forschung werden zusätzlich durch neuartige, meist biotechnologische Therapiemethoden infrage gestellt, zu denen das existierende Wissen noch relativ gering ist und die deshalb besondere Risiken für Patienten und Studienteilnehmer bergen können.

Der TAB-Bericht analysiert auf der Basis der geltenden Regulierung, verfügbarer wissenschaftlichen Literatur, Statistiken und Interviews mit Expertinnen und Experten die Rahmenbedingungen, aktuellen Herausforderungen und Lösungsansätze für die klinische Forschung im internationalen Vergleich.

Für die Patienten und Anwender besteht ein Dilemma zwischen einer schnellen Verbesserung der Behandlungsmöglichkeiten und einer Minimierung der Risiken; für die Hersteller bedeutet ein früher Marktzugang eine erhöhte Gewinnmöglichkeit, aber auch sie wollen Gefahren für die Anwender möglichst gering halten und Marktrücknahmen vermeiden. Die Abwägung ist schwierig. Für Medizinprodukte gelten in Abhängigkeit ihrer Einstufung in Risikoklassen unterschiedliche Anforderungen an den Nachweis ihrer Wirksamkeit und Sicherheit. Aber auch bei der Prüfung von Arzneimitteln sind manche Studien riskanter als andere. Im Bericht wird vorgeschlagen zu prüfen, an welchen Stellen die Anforderungen an klinische Studien in Abhängigkeit vom damit verbundenen Risiko reduziert werden können.

Bei der Teilnahmebereitschaft von Probanden und dem Zugang zu Studien sind weitere Verbesserungen möglich, insbesondere durch eine bessere Einbindung der klinischen Forschung in die Versorgungsstrukturen und durch Studien, die dem Bedarf aus Sicht der Patienten und der öffentlichen Gesundheit entsprechen. Zudem ist die Verfügbarkeit von gut ausgebildetem Studienpersonal bedeutsam; hierfür gibt es bereits Förderprogramme. Die Evaluation dieser Programme und eine systematische Einbindung von Forschungswissen in die Ausbildung der Mediziner stehen aber noch aus. Bei den Standortfaktoren wird weiterer Optimierungsbedarf hinsichtlich der Wertschätzung klinischer Forschung unter den Wissenschaftlern und hinsichtlich der Integration der klinischen Forschung in die sonstige Gesundheitsforschung gesehen.

*

Diese Arbeiten für den Deutschen Bundestag sind keine ‚klassischen' TA-Studien. Sie gehen vielmehr von einem Innovationskontext aus und fragen von dort aus nach der Rolle, die neue Technologien, aber auch organisatorische und politische Maßnahmen leisten können, um Probleme im Innovationsbereich beheben zu können. Dabei sind Risikofragen und Aspekte nicht intendierter Technik- und Entscheidungsfolgen durchaus involviert (vgl. das oben genannte Beispiel der klinischen Forschung), sie stehen jedoch nicht im Mittelpunkt. Studien dieses Typs sind daher Beispiele für eine Diffusion des TA-Gedankens in Bereiche hinein, die in früheren Zeiten separat geführt wurden.

Teil V
Reflexionen

Den Abschluss dieser Einführung bilden Reflexionen *über* Technikfolgenabschätzung. Sie beziehen sich erstens auf die Überlegungen zu einer Theorie der Technikfolgenabschätzung, welche bislang nicht vorliegt, wofür aber erste Schritte sichtbar sind (Kap. 12). Zweitens geht es um die externe Wahrnehmung der Technikfolgenabschätzung, zum einen in Form wiederkehrender Kritikpunkte, wie Technikfolgenabschätzung als Technikverhinderung oder als Akzeptanzbeschaffung für Technik zu sehen, und zum anderen als Frage nach den konkreten Auswirkungen und Folgen der Technikfolgenabschätzung (Kap. 13). Drittens wird die Frage nach den Grenzen der Technikfolgenabschätzung, oder anders formuliert, die Frage nach berechtigten und unberechtigten Erwartungen an Technikfolgenabschätzung gestellt (Kap. 14). Das Buch schließt mit einigen perspektivischen Ausblicken auf aktuelle Herausforderungen und die weitere Entwicklung (Kap. 15).

12. Zur Theorie der Technikfolgenabschätzung

Eine Theorie der Technikfolgenabschätzung liegt bislang nicht vor.[1] Zwar gibt es eine Reihe von Konzepten und Methoden mit mehr oder weniger expliziten theoretischen Hintergrundannahmen und entsprechende theoretisch geführte Debatten (z.B. Weyer 1994a). Ein Theorieanspruch auf Technikfolgenabschätzung insgesamt ist damit jedoch kaum verbunden gewesen.

12.1 Theoriedefizit in der Technikfolgenabschätzung?

Der Begriff der Technikfolgenabschätzung wird selten in einen Zusammenhang mit dem Theoriebegriff gebracht. In ihren Überblicksdarstellungen wird das Thema ‚Theorie' zumeist umgangen. So verzeichnet z.B. das Handbuch Technikfolgenabschätzung (Bröchler et al. 1999) keinen Beitrag zur Theorie der Technikfolgenabschätzung,[2] ebenso wenig die vorangegangene erste Auflage der vorliegenden Einführung. Vielfach gilt Technikfolgenabschätzung als Praxis, für die Theorie gar nicht erforderlich sei, sondern in der es hauptsächlich auf ‚gutes' Projektmanagement, Orientierung an den Bedürfnissen der Nachfrager und zweckmäßige Verfahren ankomme. Theorie gilt manchen gar als ‚störend' oder als Zeitverschwendung. Theorie in der Technikfolgenabschätzung könne bestenfalls – wenn überhaupt – zu mehr oder weniger spannenden akademischen Diskussionen führen, bleibe aber stets praxisfremd und damit letztlich irrelevant und nutzlos.

Theoriedefizite der Technikfolgenabschätzung werden hingegen gelegentlich externen Beobachtern formuliert, vor allem aus Sozialwissenschaften und Philosophie, aber auch aus den Naturwissenschaften. Gelegentlich ist der Vorwurf oder zumindest die Sorge zu hören, dass die TA-Praxis in Forschung und Beratung bloß in einer unaufgeklärten Auftragsarbeit z.B. für Parlamente bestehe. Das Fehlen einer praxisleitenden Theorie öffne der Beliebigkeit in der Praxis Tür und Tor und könne gar zu einer kritiklosen Anbiederung an Auftraggeber führen. Auch sei dies der Anbindung der TA-Diskussionen an disziplinäre Theoriebildungen abträglich. Außerdem habe Technikfolgenabschätzung ohne

1 Dieses Kapitel stützt sich stark auf einen Vorstoß zur Theoriebildung, der in der Zeitschrift ‚Technikfolgenabschätzung. Theorie und Praxis' unternommen wurde (TATuP 2007a) und der in den Folgenummern zu einer Reihe von Diskussionsbeiträgen führte.

2 Allerdings findet man dort, wie auch üblicherweise in Sammelbänden zur Technikfolgenabschätzung (z.B. Petermann 1992) eine Reihe von konzeptionellen Beiträgen mit theoretischem Anspruch.

Theorie keinen Maßstab zur Unterscheidung von guter und schlechter TA-Forschung und keinen Maßstab für ‚Fortschritt' in ihrem eigenen Bereich. Schließlich wird zu bedenken gegeben, dass Technikfolgenabschätzung als eine durchaus komplexe Praxis gar nicht ohne theoretische Basis auskommen könne – und wenn es keine *explizite* Theorie der Technikfolgenabschätzung gebe, so müssten ihr doch notwendigerweise *implizite* theoretische Annahmen und Positionen zugrunde liegen, die es im Interesse der Technikfolgenabschätzung selbst zu explizieren gelte. In der Summe zeigen sich daher sehr gute Argumente für die Notwendigkeit einer Theorie in diesem Feld.

Unterstützt wird dieser Befund von einem Blick auf die TA-Debatten der letzten Jahrzehnte, in denen es praktisch nie um bloße Praxis ging, sondern in der mit mehr oder weniger theoretischen Argumentationen die Verhältnisse von Theorie und Praxis in den Blick genommen wurden. Dies geschah vor allem, wie der Blick in die TA-Literatur zeigt, in den teils heftigen Debatten über TA-Konzepte (Kap. 4). Kontroversen um die ‚richtige' Technikfolgenabschätzung, um den Umgang mit Normativität (z.B. Gethmann/Sander 1999), um Möglichkeit und Grenzen der Generierung von Zukunftswissen (z.B. Renn 1996; Weyer 1994b; Grunwald 2007b), um das Verhältnis der Technikfolgenabschätzung zu etablierten Disziplinen wie den Sozialwissenschaften, den Ingenieurwissenschaften und der Ethik (vgl. einige der Beiträge in Grunwald/Sax 1994) haben theoretisch motivierte Hintergründe. Auch um Beratungsmodelle und Adressaten sind leidenschaftliche Debatten unter Aufbietung einer Fülle theoretisch fundierter Argumente ausgetragen worden (z.B. TADN 2001) – und haben damit auch teilweise die Praxis der Technikfolgenabschätzung verändert. So wurde, ausgehend vom sozialkonstruktivistischen Programm ‚Social Construction of Technology' (SCOT), das ‚Constructive TA' (CTA, vgl. Kap. 4.3.1) begründet. Die Formulierung der Technikgeneseforschung als neues Programm der sozialwissenschaftlichen Technikforschung führte zu dem Ansatz eines ‚Leitbild-Assessment' (Kap. 4.3.2), demokratietheoretische Überlegungen motivierten Konzeptionen partizipativer Technikfolgenabschätzung (Kap. 4.2), während wissenschaftstheoretische und ethische Überlegungen hinter der Rationalen Technikfolgenbeurteilung (Kap.4.6) stehen. Neuerdings findet die TA-Debatte Anschluss an die Diskussionen um neue Formen der Governance (Aichholzer et al. 2010). Wechselwirkungen zwischen der Praxis der Technikfolgenabschätzung und theoretischen Überlegungen lassen sich also trotz des Fehlens einer expliziten Theorie der Technikfolgenabschätzung zahlreich nachweisen.

Vor diesem Hintergrund erscheint die Diagnose eines Theoriedefizits gerechtfertigt, da eine umfassende Theorie nicht existiert. Eine solche braucht allerdings aufgrund der erwähnten Theoriedebatten nicht bei Null zu beginnen (TATuP 2007a), sondern kann (und muss) an die bisherigen TA-Debatten anknüpfen und von dort profitieren.

12.2 Erwartungen an eine TA-Theorie

Zum Einstieg in die Theoriearbeit gehören Erwartungen: Was soll eine Theorie der Technikfolgenabschätzung leisten, zu welchen Fragen und Themen soll sie sich äußern, welche Felder und Aspekte sind zu bearbeiten. Hierzu lässt sich zunächst die Meinung vertreten, dass die Leistungsfähigkeit jeglicher Theorie erst im Nachhinein beurteilt werden kann – dann nämlich, wenn sie vorliegt und wenn untersucht werden kann, wie weit ‚man damit kommt', in Bezug auf all die Kriterien, unter denen wissenschaftliche Theorien gemeinhin beurteilt werden (Charpa 1996): Klarheit der Begriffe, Erklärungsleistung, Vereinheitlichungs- und Systematisierungsleitung, Konsistenz, Anschlussfähigkeit, Fruchtbarkeit etc. Dies zugestanden gibt es jedoch gute Gründe, bereits im Vorfeld von Theoriearbeit in der Technikfolgenabschätzung über Herausforderungen und Erwartungen zu sprechen. Die Erwartungen an eine TA-Theorie beeinflussen die Zielrichtung dieser Theoriearbeit und orientieren den Gang der Ausarbeitung. Sie stellen das ‚erkenntnisleitende Interesse' (Habermas 1968b) dar, deren Offenlegung Gebot wissenschaftlicher Transparenz ist.

Begriffsreflexion

Wesentliches Element von Theorien sind nachvollziehbare, zweckdienliche und an Prinzipien der methodischen Ordnung und der Zirkelfreiheit (Janich 1997) orientierte Begriffsbildungen. Wesentliches Element einer effizienten TA-Praxis in Forschung, Beratung und Lehre ist ein begrifflicher Referenzrahmen, der eine verlässliche Verständigung erlaubt. Zentrale Begriffe oder Begriffspaare, die in einer solchen begrifflichen Basis der Technikfolgenabschätzung bestimmt werden müssten, sind (ohne Anspruch auf Vollständigkeit):

- *Technik*: Der Technikfolgenabschätzung ist der Technikbegriff im Namen eingeschrieben. Dennoch gibt es kaum Ansätze, diesen im TA-Kontext zu präzisieren (allgemein vgl. Ropohl 1979; Latour 1995; Ropohl 2002; Halfmann 1996; Grunwald/Julliard 2005). Nach der anfänglichen Fokussierung der TA auf Technik im traditionellen Ingenieurssinn wie z.B. Großanlagen hat in den letzten zehn bis zwanzig Jahren eine Verschiebung hin zu den Querschnittstechnologien stattgefunden.
- *Folge*: Folgenbegriffe unterschiedlichster Art sind in der Technikfolgenabschätzung und in den entsprechenden gesellschaftlichen Debatten im Umlauf: intendiert versus nicht intendiert, Haupt- versus Nebenfolgen, erwünschte versus unerwünschte Folgen, vorhersehbare versus unvorhersehbare Folgen, die in ein klares Verhältnis zueinander zu setzen sind (Gloede 2007).

- *Zukunft*: unterschiedliche Zukunftsverständnisse prägen die Technikdiskussion: Zukunft (1) als gestaltbarer Raum, (2) als determinierter aber vorhersehbarer Raum, (3) als sich evolutiv entwickelnder und daher weder gestaltbarer noch vorhersehbarer Raum (Grunwald 2003). Auch die Unterscheidung von ‚gegenwärtigen Zukünften' und ‚zukünftigen Gegenwarten' ist hier einzuholen (Picht 1971, Bechmann 1994).
- *Gestaltung*: Der Gestaltungsbegriff hat Begriffe von Steuerung und Kontrolle (Wagner-Döbler 1989) weitgehend abgelöst. Da Technikfolgenabschätzung auch auf Gestaltung zielt – Technik oder ihre Rahmenbedingungen betreffend –, muss ihre Theorie sich ebenfalls mit dem Begriff von Gestaltung und seinen Implikationen befassen (Grunwald 2003).
- *Risiko und Unsicherheit*: Unsicherheiten des Wissens, insbesondere des Zukunftswissens sind unvermeidbar und beeinflussen die Möglichkeiten und Ausgestaltung von Beratung in unterschiedlicher Hinsicht (z.B. das Vorsorgeprinzip betreffend, von Schomberg 2005). Da in der Technikfolgenabschätzung Risikobegriffe aus verschiedenen Disziplinen zusammenkommen (Banse/Bechmannn 1998), ist eine Explizierung unverzichtbar.
- *Innovation*: Die begrifflichen Facetten der Innovation erschöpfen sich nicht in der Art und Weise, wie dieser Begriff normalerweise rhetorisch verwendet wird. Vielmehr sind auch der Zusammenhang mit dem gesellschaftlichen ‚Gedächtnis' (Groys 1997) und die unvermeidlichen Aspekte der ‚schöpferischen Zerstörung' (Schumpeter 1934) zu beachten.
- *Nachhaltigkeit*: Als normativer Rahmen der Technikbewertung für Gestaltungszwecke muss nachhaltige Entwicklung (Grunwald/Kopfmüller 2006) begrifflich aus der vielfach anzutreffenden rhetorischen Beliebigkeit herausgeholt werden (vgl. dazu Kap. 9).
- *Governance*: dieser Begriff hat in den letzten Jahren Karriere gemacht, ist aber als Forschungskonzept weiterhin dehnbar. In seinen für die TA relevanten Aspekten, besonders im Kontext der ‚Technology Governance' (Aichholzer et al. 2010) ist er daher im Rahmen einer TA-Theorie zu explizieren.
- *Akzeptanz und Akzeptabilität*: Technikfolgenabschätzung ist auf mehreren Ebenen mit dem Akzeptanzbegriff konfrontiert, in den Hinsichten der Akzeptanzschaffung oder -verhinderung (vgl. Kap. 13.1), über die Akzeptanzforschung im Hinblick auf Sozialverträglichkeit oder über Akzeptabilitätserwägungen als *zugemutete* Akzeptanz (vgl. Kap. 10).

Begriffsklärungen führen zumeist direkt zu Anschlüssen an Begriffe in disziplinären Wissenschaften und schaffen dadurch auch Anschlussmöglichkeiten an deren Theoriebildungen und Forschungskonzepte, z.B. in Philosophie, Sozial- und Politikwissenschaften, Techniksoziologie und Innovationsforschung.

Erklärungsleistungen

Von Theorien wird generell eine *Erklärungsleistung* erwartet (Charpa 1996, S. 93ff.). Eine Theorie der Technikfolgenabschätzung würde als beobachtbaren Gegenstand die TA-Praxis heranziehen, wie sie seit ca. 40 Jahren dokumentiert ist (vgl. Kap. 3) und in dieser Praxis auf ihr ‚Allgemeines' reflektieren bzw. dieses rekonstruieren (Decker 2007b). Dieses Allgemeine würde dann, zusammen mit den jeweiligen situationsspezifischen Anforderungen, erklären, wie und warum es zu jeweils konkreten Ausprägungen von Technikfolgenabschätzung in Forschungs- und Beratungskonstellationen gekommen ist. Die erste Aufgabe im Rahmen dieser Erklärungsleistung wäre, die *Entstehung* der Technikfolgenabschätzung als Reaktion auf bestimmte gesellschaftliche Problemkonstellationen zu deuten (Krings 2007, vgl. auch Kap. 1).

Im Laufe ihrer Geschichte hat sich Technikfolgenabschätzung verändert und konzeptionell und methodisch weiterentwickelt – teils unter dem Druck der Praxis, teils aufgrund von Veränderungen gesellschaftlicher Rahmenbedingungen und teils aufgrund eigenen konzeptionellen und methodischen Fortschritts (Bechmann et al. 2007). Eine TA-Theorie müsste in der Lage sein, diesen historischen Prozess der letzten Jahrzehnte zu rekonstruieren und die Veränderungen in Beziehung zu externen Einflussfaktoren oder internem Fortschritt zu erklären. Spezifische TA-Konzeptionen, z.B. das CTA, oder bestimmte Institutionalisierungsstrategien, z.B. an Parlamenten, würden auf diese Weise als kontextbezogene *Mittel* ausgewiesen, wie die allgemeinen Aufgaben der Technikfolgenabschätzung (vgl. Kap. 2) in spezifischen Kontexten erfüllt werden können. Das Konkrete der Technikfolgenabschätzung würde in Beziehung zum Allgemeinen gesetzt.

Diese Erklärungsleistungen würden die Formen der Wissensproduktion in der Technikfolgenabschätzung (Decker 2007b) und ihre Veränderungen genauso umfassen wie die Formen ihrer Wechselwirkung mit den gesellschaftlichen Adressaten (Bröchler et al. 1999). Insofern beispielsweise Technikfolgenabschätzung als wissenschaftliche Beratung vorgestellt wird, würde zu ihrer Theorie auch gehören, die TA-spezifischen Beratungsverhältnisse einschließlich der dortigen Governance-Strukturen in ihren zeitlichen Entwicklungen zu reflektieren.

Systematisierungsleistung

Theorien in den Wissenschaften übernehmen auch Systematisierungsleistungen auf verschiedenen Ebenen (Charpa 1996, S. 93ff.). Systematisierungen von Wissen in Form von vereinheitlichenden Strukturierungen, von Erfahrungen und Praxiselementen, von Institutionalisierungsformen und von Transferleistungen der Wissenschaften an die Gesellschaft sind Beispiele. Diese Systematisierungen stellen eine Wissensordnung für die unterschiedlichen Wissensbestandteile im jeweiligen Bereich bereit und strukturieren die betrachteten Felder. Sie erlauben auf diese Weise eine strukturierte Weitergabe des Wissens und fördern damit die Ausbildung einer arbeitsteilig organisierten wissenschaftlichen Gemeinschaft, die in diesem Feld weitere Arbeiten vornimmt. Schließlich erlaubt eine systematisierte Form des Wissens, systematisch nach Wissenslücken zu suchen und gibt damit Orientierung für die weitere Forschung. Systematisierungen sind auf diese Weise ein zentrales Element des wissenschaftlichen Fortschritts.

Entsprechende Systematisierungsleistungen sind daher auch von einer Theorie der Technikfolgenabschätzung zu erwarten. Insbesondere müssen in der Reflexion über Technikfolgenabschätzung Elemente von verschiedenen Aggregationsebenen zusammen gebracht werden, zu denen es bislang keine konsistente und übergreifende systematisierte Darstellung gibt:

- *Makro-Ebene*: die gesellschaftstheoretische Verortung der Technikfolgenabschätzung und ihre Verbindung mit den ‚großen Fragen' der Diagnosen der Moderne und den entsprechenden Theoriebildungen (z.B. Beck/Lau 2004; Luhmann 1990) bedürfen der Anbindung an die entsprechenden hoch aggregierten Theoriebildungen (Krings 2007).
- *Meso-Ebene*: theoriegeleitete TA-Konzeptionen wie CTA und das Leitbild Assessment (Kap. 4.3) lassen sich auf spezifischere Konstellationen, Prämissen, Diagnosen und Zielsetzungen ein, die selbst theoretischen Deutungen entspringen, aber nicht auf dem Abstraktionsgrad gesellschaftstheoretischer Überlegung angesiedelt sind.
- *Mikro-Ebene*: die konkrete Praxis der Technikfolgenabschätzung in kontextuell und situativ geprägten Umständen und Beratungsverhältnissen wie z.B. in der parlamentarischen Beratung (vgl. Kap. 3.2 und 3.3) muss zu beiden oben genannten Ebenen in Verbindung gesetzt werden.

Eine TA-Theorie muss auf allen drei Ebenen operieren. Entscheidend ist, und dies ist auch ein Beitrag zur Systematisierung, dass es gelingt, das, was auf diesen Ebenen geschieht und reflektiert wird, in einen vor dem Hintergrund einer theoretisch angestrebten ‚Einheit' der Technikfolgenabschätzung (Kap. 4.7) sinnvollen und nachvollziehbaren Zusammenhang zu bringen.

Unterstützung der Praxis

Aufgabe von Theoriebildung ist immer auch eine Stützung von Praxis (Janich 1995). Erklärungen gesellschaftlicher Praxen verfolgen kaum jemals ein ausschließlich theoretisches, sondern zumeist auch ein *praktisches* Interesse.[3] So

3 Vgl. z.B. die Leitbildforschung (Kap. 4.3.2), in der ganz explizit das Programm ‚Von der Erklärung zur Steuerung technischer Innovationen' verfolgt wurde (Dierkes et al. 1992).

sollte auch eine Theorie der Technikfolgenabschätzung Orientierungen für ihre Praxis bereitstellen.

Diese Unterstützung kann zunächst darin bestehen, dass durch die theoretische Bestimmung des ‚Allgemeinen' der Technikfolgenabschätzung theoriegestütztes Lernen aus den ansonsten bloß singulären Fallstudien ermöglicht wird. Alle Elemente der TA-Praxis (wie TA-Projekte oder Institutionen) sind zunächst grundsätzlich kontextgebundene Einzelfälle und damit historisch singulär. Eine Verallgemeinerung der dort gemachten Erfahrungen – z.B. im Sinne von ‚good' oder ‚best practices' – müsste ohne theoretischen Hintergrund willkürlich bleiben. Jegliches Lernen aus Fallstudien bedarf der Abstraktion und Verallgemeinerung. Insofern bislang in der Technikfolgenabschätzung ein solches verallgemeinerndes Lernen stattgefunden hat, sind dort offensichtlich implizite oder explizite theoretische Annahmen über die Verallgemeinerbarkeit und Übertragbarkeit von Erfahrungen getroffen worden. Diese gilt es in einer Theorie der Technikfolgenabschätzung systematisch zu entwickeln.

Weiterhin kann die Begründung von *Standards guter Technikfolgenabschätzung* oder von Qualitätskriterien theoretisch gestützt werden (Kap. 5.4). Aus einer Theorie sollten Kriterien abgeleitet werden können, die die Frage nach der Eignung von bestimmten TA-Ansätzen in bestimmten Kontexten beantworten helfen. Von einer TA-Theorie ist durchaus zu erwarten, etwas über normative Kriterien für die Qualität der Erfüllung der gesellschaftlichen Erwartungen an sie zu sagen. Sie sollte theoretisch fundiert ‚gute' TA von ‚nicht so guter' TA unterscheiden helfen – nicht als Evaluierung ‚ex post', sondern vielmehr im Hinblick darauf, dass die Qualitätskriterien und Erfolgsbedingungen ‚ex ante' möglichst transparent ausgearbeitet werden können.

Auch die Unterstützung der *Weitergabe des Wissens* der Technikfolgenabschätzung ist zu nennen. Eine Theorie leitet die Unterscheidung von bloß fallbezogenem Wissen und generalisierbarem Wissen an, und nur letzteres wäre Gegenstand der z.B. universitären Weitergabe von TA-Wissen und TA-Erfahrung (vgl. TATuP 2009).

Schließlich kann von einer Theorie der Technikfolgenabschätzung ein Beitrag zur *Formierung und Stabilisierung der TA-Community* erwartet werden. Vor allem die Bestimmung eines Einheitsgesichtspunkts und der Aufbau einer gemeinsamen Begrifflichkeit gehören zu den Voraussetzungen dafür, dass sich eine sich selbst konzeptionell tragende und sich auf der Basis eines Minimalkonsenses weiter entwickelnde TA-Community bilden kann. Dafür ist ein *Konsens* über die Theorie nicht erforderlich. Theorien liefern einen *Referenzrahmen* für Debatten in den betroffenen Gemeinschaften auch dann, wenn sie umstritten sind.

Fruchtbarkeit

Eine Theorie der Technikfolgenabschätzung sollte, über Erklärungsleistungen und die genannten Unterstützungsfunktionen für die TA-Praxis hinaus, auch zur Weiterentwicklung der TA-Idee und konkreter Konzepte angesichts sich verändernder gesellschaftlicher Bedingungen und Erwartungen beitragen. Voraussetzung ist dabei, dass die gesellschaftlichen Bedingungen sich nicht in einer Weise ändern, die die konstitutiven Elemente der Technikfolgenabschätzung, wie sie in Kap. 4.7 skizziert wurden, obsolet werden ließen. Auszuschließen ist dies zwar nicht: Technikfolgenabschätzung ist in einer spezifischen historischen Situation entstanden und es können ihre konstitutiven gesellschaftlichen Konstellationen auch wieder verschwinden. Zu dieser Annahme gibt es zurzeit jedoch keinen Anlass.

Sicher gäbe es auch im Rahmen einer ausgearbeiteten Theorie der Technikfolgenabschätzung keine Möglichkeit der logisch-deduktiven Ableitung ihrer zukünftigen Weiterentwicklung. Es ist aber wohl zulässig, Erwartungen auf Chancen für eine argumentationsgeleitete Verknüpfung von Diagnosen aktueller und erwarteter zukünftiger gesellschaftlicher Entwicklungen mit den theoretisch fundierten Kernbestandteilen der Technikfolgenabschätzung zu äußern. Eine TA-Theorie in diesem Bereich würde nicht den konzeptionellen Streit um die Weiterentwicklung der Technikfolgenabschätzung ersetzen, kann (und soll) ihm aber einen theoretisch begründeten Rahmen geben.

12.3 Einige Basisfragen der Theorie

Eine Theorie der Technikfolgenabschätzung, die die ‚Buntheit' (Kap. 4.7) der TA-Praxis aufnimmt und in generalisierender Perspektive reflektiert, muss besonderes Augenmerk richten auf sich durch die Debatte hindurch ziehende und immer wieder kehrende Themen. Die im Folgenden kurz genannten Felder sind durch eine eigene Geschichte in der TA-Literatur als Aufgabenbereiche für eine TA-Theorie legitimiert – darüber hinaus wird es aber auch andere Felder und Aufgaben geben.

Die Frage nach dem Verhältnis von Technik und Gesellschaft

Das Verhältnis von Technik und Gesellschaft ist zentral für die Technikfolgenabschätzung und für die Ausgestaltung von Konzeptionen. Beispielsweise haben Antworten auf die Frage nach einem Technik- oder Sozialdeterminismus (Grunwald 2007c) bzw. der Ansatz, das Verhältnis von Technik und Gesellschaft als ‚Ko-Evolution' zu verstehen (vgl. Kap. 4.3), weitgehende Folgen für Technikfolgenabschätzung. In diesem Feld kann die Technikfolgenabschätzung an Arbeiten aus der Techniksoziologie, der Technikphilosophie und an STS (sciene, technology and society) Studien anschließen.

Vielfach wird in der gesellschaftlichen Technikdebatte das Wort der *Technisierung* verwendet, um das Verhältnis von Technik und Gesellschaft zu beschreiben. In der Regel ist es negativ konnotiert und wird häufig mit einer Unterordnung des Menschen unter Technik, einem Kontrollverlust und zunehmender, Unbehagen verbreitender Abhängigkeit des Menschen von Technik in Verbindung gebracht. Begriffliche Klarheit ist damit allerdings in der Regel nicht verbunden. Unschärfen sind jedoch wissenschaftlich unbefriedigend und machen entsprechende Diagnosen in politisch und gesellschaftlich relevanten Debatten anfällig für ideologische Vereinnahmungen. Differenzierungen sind erforderlich. Technisierung des Menschen kann z.B. verstanden werden in Bezug auf das *Individuum* als *Einbau technischer Artefakte* in den menschlichen Körper (künstliche Ersatzteile, Prothesen, Überwachungsgeräte etc.); in Bezug auf *kollektive* Angelegenheiten des Menschen als *technische Organisation der Gesellschaft* (z.B. durch Bürokratisierung, Militarisierung, Überwachung, Kontrolle etc.); in Bezug auf das menschliche *Selbstverständnis* als zunehmend *technische Deutungen* des menschlichen Körpers und Geistes (z.B. über naturalistische Interpretationen von Ergebnissen der Hirnforschung). Eine Theorie der Technikfolgenabschätzung muss diese begrifflichen Verhältnisse präzisieren und eine Theorie der gesellschaftlichen Technisierung umfassen bzw. an eine solche Anschluss finden.

Die Frage nach der ‚Technology Governance'

Technikfolgenabschätzung hat als Politikberatung begonnen, näherhin als parlamentarische Politikberatung in den spezifischen Kontexten des US-Kongresses (Kap. 4.1). Die Erwartung, dass sie, begonnen durch eine Stärkung des Parlaments, auch etwas zur Stärkung der Demokratie beitragen könne, begleitet ihre Geschichte. Dabei haben sich jedoch in den vierzig Jahren ihrer Existenz Gewicht verschoben, wurden neue Erwartungen erzeugt und das Adressatenspektrum erheblich über das politische System hinaus ausgedehnt.

Aussagen zur Adressatenfrage hängen offenkundig mit einer Diagnose zusammen, welche gesellschaftlichen Gruppen an welchen Stellen welchen Einfluss auf die Technikentwicklung und -implementation haben – oder, im normativen Fall, haben *sollen*. Damit steht hinter konkreten Positionen jeweils ein konkretes, häufig jedoch implizites partielles Gesellschaftsmodell, z.B. was die Rolle und Funktionen des Staates hinsichtlich der Technik betrifft. Hier wird die Notwendigkeit von expliziter Theorie in der Technikfolgenabschätzung besonders deutlich, sollen nicht entsprechende Positionen als beliebig, willkürlich oder aus ideologischen Gründen entstanden wahrgenommen werden.

In den letzten Jahren wurde statt auf ‚Government' stärker auf ‚Governance' gesetzt, in der Einsicht, dass nicht nur politische Entscheidungen, sondern auch Meinungsbildungen und Entscheidungsprozesse in vielen anderen Bereichen relevante Beiträge zur Technikgestaltung leisten. Unter ‚Technology Governance' werden sowohl formale, gesetzliche Regulierungen (‚hard law') als auch unterschiedlichste Arten gesellschaftlicher Steuerungs- und Aushandlungsprozesse, selbstregulatorische Ansätze durch gesellschaftliche Akteure, freiwillige Maßnahmen (‚soft law'), internationale Regulierungsansätze und deliberative Verfahren der Meinungsbildung verstanden. Eine Theorie der Technikfolgenabschätzung muss angeben können, an welchen Punkten in einer so verstandenen hoch komplexen und arbeitsteilig organisierten Technology Governance Technikfolgenabschätzung mit welchen Erwartungen, Zielen und Rollen arbeiten kann bzw. soll. Damit würde auch die Debatte zur Adressatenfrage der Technikfolgenabschätzung in einem theoretischen Referenzrahmen behandel- und beantwortbar (vgl. Aichholzer et al. 2010).

Zur Struktur von Zukunftswissen

Folgenwissen, wie es in der Technikfolgenabschätzung erzeugt, vermittelt und in Beurteilungen verwendet wird, ist, da es auf die Orientierung von Entscheidungen und Meinungsbildungen zielt, grundsätzlich *prospektives* Wissen. Damit ist es jedoch per se erkenntnistheoretisch problematisch: Wenn es um Zukunft geht, entfällt die Möglichkeit empirischer Überprüfung und es wird schwierig(er), die Differenz von Wissen und bloßem Meinen durchzuhalten. Diese Differenz ist jedoch zentral, insofern TA als *wissenschaftliche* Befassung mit Folgenproblemen verstanden wird (Kap. 4.7). Zu den Aufgaben einer Theorie der Technikfolgenabschätzung gehört daher auch, sich mit der Möglichkeit und der Realisierung von Wissenschaftlichkeit im Feld prospektiven Wissens zu befassen (Grunwald 2007a). Letztlich geht es in einer TA-Theorie auch um eine Theorie des Folgenwissens.

Zu dieser muss auch eine sprachanalytische und erkenntnistheoretische Reflexion auf den Wissenstyp ‚Folgenwissen' gehören. Von Bedeutung ist dies nicht nur aus Gründen der internen Sorgfalt, der Technikfolgenabschätzung verpflichtet ist, sondern auch, weil sich an dieser Frage regelmäßig Kritik von außen an der Technikfolgenabschätzung entzündet. Mit dem Verweis auf in der Vergangenheit fehlgeschlagene Prognosen der technischen Entwicklung oder ihrer Folgen wird gelegentlich versucht, das Geschäft der Technikfolgenabschätzung als in Gänze aussichtslos darzustellen.

Da Aussagen über Folgenwissen grundsätzlich nicht auf eine allgemeine Vorstellung von *der einen* erwarteten Zukunft, sondern in übergreifende, in der Regel kontroverse und umstrittene ‚Zukünfte' eingebettet sind (siehe dazu Kap.

2), darf die epistemologische Analyse nicht nur das Folgenwissen selbst, sondern muss gerade auch die in der Produktion des Folgenwissens ausgeblendeten Bereiche soweit wie möglich betrachten. Denn gerade diese ausgeblendeten Bereiche beschränken die ‚Geltung' des Folgenwissens. Die Analyse von Zukunftsaussagen führt, dies ist die zweite Beobachtung, auf die Diagnose der ‚Immanenz der Gegenwart' (Grunwald 2007b) mit weit reichenden Folgen für das Geltungs- und Beurteilungsproblem.

Die Frage nach den Wurzeln der Normativität

Die Notwendigkeit normativer Beurteilungen von technischen Optionen, Technikfolgen oder Innovationspotentialen auf ihre gesellschaftliche Wünschbarkeit oder Akzeptabilität hin wurde bereits zu Beginn der Technikfolgenabschätzung thematisiert und als besonders heikler Punkt in der wissenschaftlichen Reflexion zu Technik und Technisierung erkannt (z.B. Paschen 1975). Die Forderung nach bzw. die Möglichkeit von *Trans-Subjektivität* in Bewertungsfragen, d.h. die Frage, inwieweit es möglich ist, *evaluative Rationalität* (Rescher 1988) zu realisieren, ist das Kernproblem dieser Herausforderung. Frühe Positionen, in denen noch Elemente des Positivismusstreits und Bemühungen um Wertneutralität zu erkennen sind (Kap. 4.1), werden heute nicht mehr vertreten. Dass Technikgestaltung normativer Orientierungen bedarf und dass Technikfolgenabschätzung sich explizit mit dieser befassen solle, ist heute kaum noch umstritten. Zu einer Politik- und Gesellschaftsberatung gehört die Beratung in normativen Fragen hinzu. Normative Beurteilungen lassen sich allerdings auf konzeptionell verschiedene Weise vornehmen:

- *Dezisionismus*: In dieser Sicht wird die für gesellschaftlich relevante Entscheidungen benötigte Normativität direkt und unmittelbar im politischen System erzeugt (Schmitt 1934). Politikberatung erübrige sich daher in normativen Fragen, sondern müsse sich auf die Darstellung der Faktenlage und auf die Bereitstellung von deskriptivem Wissen beschränken (Kap. 4.1).
- *Wertforschung*: Sozialwissenschaftliche Wertforschung versucht, in der Gesellschaft empirisch vorhandene normative Strukturen und Überzeugungen für die Technikbewertung fruchtbar zu machen. Die mit sozialwissenschaftlichen Methoden empirisch erhobenen, aktuell in der Gesellschaft vertretenen Werte, können als normative Basis für technikrelevante Entscheidungen verwendet werden, um Technikgestaltung im Einklang mit den Werten der Bürger zu betreiben (z.B. Alemann/Schatz 1987).
- *Partizipation*: Die benötigte Normativität kann auch direkt von den jeweils Betroffenen eingebracht werden. Durch Bürgerforen, Runde Tische, Konsensuskonferenzen, öffentliche Diskurse etc. können Bürger direkt an der Konstitution der normativen Basis für technikrelevante Entscheidungen be-

teiligt werden. Dabei werden Bürger nicht einfach nach ihren Präferenzen und Wertvorstellungen gefragt, sondern im Dialog unter Begründungsverpflichtung für ihre Präferenzen gesetzt, wobei sie lernen und ihre Positionen modifizieren können bzw. sollen (Renn/Webler 1998; Skorupinski/Ott 2000).

– *Philosophische Ethik*: Die normative Ethik versucht, aus allgemeinen Prinzipien (Kategorischer Imperativ, Nutzenmaximierungsregel, Goldene Regel etc.) Kriterien für die Beurteilung von alternativen technischen Optionen abzuleiten (z.B. Gethmann/Sander 1999). Hierbei gibt es Verbindungen zu partizipativen Ansätzen, insofern die Diskursethik als Basistheorie herangezogen wird (Skorupinski/Ott 2000).

Welche dieser Ansätze zur Einbeziehung normativer Erwägungen in welchen Problemfeldern und Kontexten der Technikfolgenabschätzung jeweils herangezogen werden sollte, ist Gegenstand kontroverser Diskussionen (z.B. Grunwald 1999a), zu deren Beantwortung eine TA-Theorie einen Beitrag leisten sollte.

13. Kritische Wahrnehmungen

Die Wahrnehmung der Technikfolgenabschätzung von außen hat gelegentlich in Kritik bis hin zum Absprechen der Daseinsberechtigung bestanden (Klumpp 1996, Weber et al. 1999). Ein häufig wiederkehrender Punkt ist das – interessanterweise sich diametral widersprechende – Kritikpaar der Technikfolgenabschätzung als Technikverhinderung (13.1.1) oder als Akzeptanzbeschaffung für Technik (13.1.2). Dieser Kritik ist das Prinzip der Ergebnisoffenheit der Technikfolgenabschätzung entgegen zu halten (13.1.3). Ein weiterer teils kritischer Punkt in der externen Wahrnehmung betrifft die realen Folgen der Technikfolgenabschätzung (13.2).

13.1 Zwischen Technikverhinderung und Akzeptanzbeschaffung

Diese externe Kritik ist in der Regel keine *methodische* Kritik am Vorgehen oder an der wissenschaftlichen Basis, sondern eine Kritik an der *Rolle* der Technikfolgenabschätzung in den gesellschaftlichen Meinungsbildungs- und Entscheidungsprozessen über Technik.

13.1.1 Der Vorwurf der Technikverhinderung

In der klassischen Auffassung von Technikfolgenabschätzung als Frühwarnung vor technikbedingten Gefahren (Paschen/Petermann 1992) wurden nicht intendierte und häufig als unerwünscht wahrgenommene Technikfolgen in den Vordergrund gestellt, z.B. für Umwelt, Gesundheit oder soziale Zusammenhänge. Auch wenn es dabei insgesamt um eine Verbesserung der Möglichkeiten der gesellschaftlichen Techniknutzung ging, hat diese Fokussierung teilweise zu einer Wahrnehmung der Technikfolgenabschätzung geführt, dass sie durch Technikablehnung gekennzeichnet sei und es ihr hauptsächlich um Technikverhinderung gehe. Bereits das Wort ‚Folge', das als ein handlungstheoretischer Begriff völlig neutral gegenüber einer Bewertung dieser Folgen als erwünscht oder unerwünscht ist, wird gelegentlich negativ verstanden, als würden die Folgen der Technik nur in Risiken oder Gefahren bestehen und als wären Wertschöpfung, Wissenszuwachs oder Komfort durch Technik keine Technikfolgen.

Dieser Vorwurf einer grundsätzlichen Voreingenommenheit der Technikfolgenabschätzung wurde gelegentlich durch ihre Bezeichnung als ‚Technology Arrestment' karikiert. Die Sorge war, dass dadurch, dass die Technikfolgenabschätzung zuviel über Nebenfolgen und Risiken rede, das Vertrauen der Bevölkerung weiter erschüttert, die Innovationsbereitschaft verringert und schließlich der Wirtschaftsstandort Deutschland gefährdet werde. Diese Kritik an der Technikfolgenabschätzung als einer tendenziell technikfeindlichen Politikberatung kann folgendermaßen ausdifferenziert werden:

- aufgrund der einseitigen Bezugnahme auf die Risiken und Gefahren sei Technikfolgenabschätzung gegen Technik *voreingenommen* und verletze das Prinzip der Neutralität;
- das ‚Prinzip Verantwortung' (Jonas 1979) mit dem ‚Vorrang der schlechten Prognose' und der ‚Heuristik der Furcht' sei das heimliche normative Paradigma der Technikfolgenabschätzung: grundsätzlich innovationsfeindlich und risikoscheu;
- Technikfolgenabschätzung fördere daher die Risikoaversion, die in einer Wohlstandsgesellschaft sowieso schon vorhanden sei und gefährde dadurch Wettbewerbsfähigkeit und ökonomische Basis der Gesellschaft;
- die Folgenorientierung in diesem Sinne sei nicht *konstruktiv* im Sinne eines Beitrags zur Technikgestaltung, sondern *destruktiv*; Problemlösungen durch Technik würden verhindert statt ermöglicht und ihre Chancen gar nicht erst genutzt;
- Presse und Medien könnten sich aus TA-Studien mit technikkritischen Argumenten ‚bewaffnen', sie aus ihrem Kontext reißen und dadurch die öffentliche Meinung leichter ideologisch beeinflussen;
- die Technikfolgenabschätzung setze die Technikfeindlichkeit oder wenigstens Technikskepsis der Alt-68er fort, sehe hinter Technik die dunklen Wirkmächte des internationalen Kapitals und Verschwörungen mächtiger Konzerne am Werke;
- die Technikfolgenabschätzung orientiere sich an planwirtschaftlichen Vorstellungen und behindere den kreativen und innovativen Marktmechanismus (Staudt 1996).

Diese (beeindruckende) Liste ließe sich sicher noch fortsetzen. Aus den Wirtschaftswissenschaften kamen besonders skeptische Meinungen über die Möglichkeiten der Technikfolgenabschätzung und die politischen Möglichkeiten der Technikgestaltung. Stellvertretend für viele hier der Vorwurf der Verhinderung von Technik durch eine ‚Gängelung' des Marktes und übermäßige Regulierung:

> „Einhergehend mit dem allgemeinen Hang zum Regelungsperfektionismus, ergänzt um die sozialtechnokratische Überheblichkeit, dass man eine noch unbekannte Technik noch vor ihrer Erforschung, Entwicklung und Umsetzung in ihren Folgen abschätzen und damit regelnd in die Genese eingreifen kann, hat aus der subjektiven Sicht des Marktteilnehmers einen Normenwirrwarr beschert, der die Funktionsfähigkeit des Marktmechanismus zunehmend beschränkt." (Staudt/Merker 2001, S. 128)

Ein eher oberflächlicher Grund für die Wahrnehmung der Technikfolgenabschätzung als ‚Arrestment' ist sicher die pure Gleichzeitigkeit in der Entstehung der Technikfolgenabschätzung und dem Aufkommen von Technikkritik bzw. dem Ende des Fortschrittsoptimismus:

> „Die aufkommende Technikverdrossenheit war Teil und Ausdruck der allgemeinen Kritik an der bundesdeutschen Gesellschaft, die im Zuge der Studentenbewegung entstanden war. Außerdem wurde sie ... durch den zunehmenden Individualverkehr und durch Bedrohungen durch Großtechnologien (Atomtechnologie; Chemische Industrie; Abfallentsorgungsanlagen) gefördert." (Böhret/Konzendorf 1997, S. 73)

Das gleichzeitige Auftreten verschiedener Entwicklungen verleitet dazu, eine Korrelation bis hin zu einem ursächlichen Zusammenhang anzunehmen. Ein weiterer Grund dürfte darin bestehen, dass Technikfolgenabschätzung von einer grundsätzlichen *Ambivalenz von Technik* ausgeht und die Spannungsfelder des Fortschritts explizit thematisiert (Kap. 1). Im Technikbild steht in der Tat nicht pauschal das Positive im Vordergrund, sondern in der Technikfolgenabschätzung wird von Fall zu Fall untersucht und abgewogen, wo das Positive genau liegt und was dafür möglicherweise in Kauf genommen werden kann oder soll (Grunwald 2000a, Kap. 1). Technikfolgenabschätzung richtet den Blick auch auf die ‚dunklen Seiten' von Technik und Innovation, lässt sich also von der Innovationsrhetorik nicht umstandslos vereinnahmen. Während die Chancen einer Technik immer Promotoren finden, haben die nicht intendierten Folgen ‚keine Lobby'. Technikfolgenabschätzung, die sich genau um diese kümmert, wird von den Promotoren gelegentlich als ‚Störenfried' wahrgenommen

Schließlich nimmt Technikfolgenabschätzung explizit *nicht intendierte Folgen* in den Blick und sieht in dieser Konstellation sogar ihre spezifische Mission (Bechmann et al. 2007). Indem Technikfolgenabschätzung in dieser Weise operiert, verhält sie sich wissenschaftlich-technischem Fortschritt gegenüber kritisch – nicht ablehnend, aber auch nicht pauschal positiv, sondern im Wortsinne kritisch. Der hieraus sich ergebende Hauptgrund für die Wahrnehmung der Technikfolgenabschätzung als Technikverhinderung scheint also in dem trivialen Sachverhalt zu liegen, dass Skepsis gegenüber bestimmten Technologien, Systemen oder Produkten ganz klar ein Ergebnis von Technikfolgenabschätzung *sein kann.*

In der kritischen Haltung der Technikfolgenabschätzung gegenüber wissenschaftlich-technischem Fortschritt ist *Ergebnisoffenheit* eine selbstverständliche Forderung (Kap. 13.3). Stünden die Ergebnisse im Vorhinein schon fest, wären TA-Studien überflüssig – außer vielleicht als nachträgliche Legitimierung schon gefallener Entscheidungen, was mit Recht ebenfalls zu kritisieren wäre (siehe unten). Ergebnisoffenheit bedarf einerseits der *Möglichkeit von Kritik,* genauso wie andererseits Kritik notwendig ist, um Ergebnisoffenheit erst möglich zu machen. Diese Notwendigkeit von Kritik hat nichts mit einer grundsätzlich technikfeindlichen Haltung zu tun. Denn die kritische Haltung der Technikfolgenabschätzung muss sich genauso auf eine möglicherweise vorhandene Technikkritik erstrecken wie auch auf einen möglicherweise unterstellten naiven Fortschrittsoptimismus oder eine ‚Technikgläubigkeit'. Kritik in diesem allgemeinen Sinne muss nicht zu einer ‚Frühwarnung' führen, sondern kann durchaus in eine ‚Entwarnung' münden. Entscheidend ist, dass vorgefertigte Meinungen und Erwartungen keinesfalls unkritisch übernommen werden dürfen, weder in der einen noch in der anderen Richtung.

13.1.2 Der Vorwurf der Akzeptanzbeschaffung

Auf der anderen Seite des Spektrums, bei grundsätzlichen Technikskeptikern und Gesellschaftskritikern, wird gelegentlich der entgegengesetzte Vorwurf erhoben. Technikfolgenabschätzung sei ein Instrument politischer Entscheidungsträger und gelegentlich auch der dahinter stehenden Wirtschaftsinteressen, um Akzeptanz in der Bevölkerung für bestimmte Technologien zu schaffen und Bedenken zu zerstreuen. Das Placet durch eine wissenschaftliche Untersuchung und Bewertung der Technikfolgen würde sozusagen als eine Art Unbedenklichkeitsbescheinigung verwendet. Das Etikett ‚TA-geprüft', vergeben durch von der Politik finanzierte und damit von dieser abhängige Einrichtungen, könnte missbraucht werden, um Widerstände gegen bestimmte Technologien als irrational in die Ecke zu drängen.

Zur Illustration diene eine ganz ähnlich operierende Kritik an der Technikethik, weil man selten diese Kritik in schriftlicher Form so auf den Punkt gebracht findet. Es wird im Editorial des Heftes 3/1997 der Zeitschrift Forum Wissenschaft „das bemerkenswerte Einverständnis der aktuellen Ethik mit der herrschenden Politik" konstatiert. Die folgenden Artikel, insbesondere von Stephan Siemens und Alfons Mattheis buchstabieren diese pauschale Einschätzung weiter aus. Danach sei die Wissenschaftsethik „ein unmoralisches Geschäft", sie solle „die Bundesrepublik für den internationalen Konkurrenzkampf fit machen", sie konserviere „das unfreie Leben am Rande des Abgrunds", sie sinke „zur Akzeptanzförderung herab" und sie vertrete ein „antidemokratisches und elitäres Politikverständnis".

Diese ideologiekritische Sicht stellt allerdings nur die radikale Seite dieser Kritikrichtung dar. Die Rolle der Technikfolgenabschätzung im gesellschaftlichen Entscheidungsprozess über Akzeptanz oder Ablehnung neuer Technologien wird auch mit anderen Argumenten geführt:

- Technikfolgenabschätzung liefere nur die nachträgliche Legitimierung bereits (mehr oder weniger heimlich) getroffener Entscheidungen, sei aber nicht für den Entscheidungsprozess selbst relevant;
- die Rede über Technikgestaltung mit Hilfe von Technikfolgenabschätzung sei nur rhetorisch gemeint. In Wirklichkeit gehe es nicht um eine *Gestaltung ex ante* – dies besorge das politisch/wirtschaftliche System nach eigener Rationalität –, sondern um die *Akzeptanz ex post*;
- eine TA-Studie liefere Argumente für das politische System, die dann nach eigenem Belieben genutzt und instrumentalisiert werden können. Die Vielschichtigkeit einer noch so sorgfältigen TA-Analyse verschleiere den einseitigen und parteilichen Gebrauch, der dann von ihr gemacht werde;
- Technikfolgenabschätzung erarbeite keine wirklichen Alternativen zum Technikeinsatz, insbesondere keine Optionen mit alternativer Technik oder Technikverzicht, sondern verbleibe unkritisch im Mainstream des bestehenden technikbezogenen Denkens (Petermann 1999, S. 25ff.);
- partizipative TA-Verfahren dienten nicht der entscheidungsoffenen Beteiligung von Bürgern und Interessenvertretern an Entscheidungsprozessen, sondern der Herstellung von Akzeptanz. Partizipation werde nur simuliert, um Widerstand gegen Technik auf sanfte Weise zu vermeiden;
- Technikfolgenabschätzung als Politikberatung sei abhängig von der Politik und käuflich, weil sie von dieser finanziert wird. Kriterien der Neutralität und Unabhängigkeit (Kap. 5.4) würden zwangsläufig verfehlt;
- Technikfolgenabschätzung, insbesondere die ethischen Überlegungen in ihr, dienten der argumentativen Vorbereitung von moralischen Dammbrüchen und der Gewöhnung der Bevölkerung an neue Entwicklungen, insbesondere in der Medizintechnik.

Es ist nun nicht so, dass sich für diese kritischen Äußerungen in der TA-Literatur überhaupt keine Hinweise finden ließen. Beispielsweise finden sich Überlegungen, wie die *Vermittlung* von Wissen zur Schaffung von Akzeptanz genutzt werden soll: „Wir wollen wissen, wie Entscheidungen über technisch-naturwissenschaftliche Sachfragen politisch und gesellschaftlich rational vermittelt werden sollen“ (VDI 1996, S. 20). Hier findet sich die technokratische Einschätzung, dass es sich bei Entscheidungen über Technik lediglich um ‚technisch-naturwissenschaftliche Sachfragen' handelt, die im Falle von Akzeptanzproblemen durch didaktische Bemühungen ‚rational vermittelt' werden sollten. Das ‚Vermitteln' ist jedoch ein mehrdeutiger Begriff und schwankt zwischen einer demokratietheoretischen Bedeutung (so etwa Habermas 1968a) und bloßer Akzeptanzbeschaffung durch avancierte Formen der Werbung – für letzteres Verständnis wären einige der obigen Kritikpunkte durchaus nachvollziehbar. Ein anderes Beispiel ist die Annahme, dass Technikablehnung und daraus resultierende Konflikte letztlich auf Nichtwissen beruhen – Aufgabe der Technikfolgenabschätzung sei danach ‚Aufklärung' im Sinne von Wissensvermittlung und Information der Bevölkerung. Auch dabei geht verloren, dass sich hinter Technikablehnung und Technikkonflikten politische und ethische Dissonanzen verbergen, die auf der politische Ebene zu lösen sind und weder auf der didaktischen noch auf der technischen.

Sicher ist evident, dass Technikfolgenabschätzung zur Akzeptanzbeschaffung dienen oder einfach eine größere Akzeptanz zur Folge *haben kann* oder jedenfalls die Bedingungen hierfür verbessern kann. Die Befassung mit mutmaßlichen Risiken kann *im Ergebnis* eine Entwarnung zur Folge haben – und dies wiederum kann von überzeugten Technikkritikern als bloße Akzeptanzbeschaffung wahrgenommen werden. Genauso wie ein Projekt der Technikfolgenabschätzung zur Technikablehnung beitragen *kann* (siehe oben), so *kann* ein anderes zur Akzeptanz beitragen – das ist eben so, wenn von Technikfolgenabschätzung praktische Relevanz (Kap. 13.2) und Ergebnisoffenheit (siehe unten) erwartet werden.

13.1.3 Die Antwort: Sicherstellung der Ergebnisoffenheit

Wenn durch Technikfolgenabschätzung wirklich eine Technikentwicklung verhindert oder gravierend beeinflusst wird, ist nach dem Gesagten nicht auf eine technikfeindliche Voreingenommenheit von Technikfolgenabschätzung zu schließen. Hier gilt ganz einfach, dass Technikfolgenabschätzung ihre Pflicht zur Frühwarnung erfüllt. Wenn ein solcher Fall grundsätzlich nicht eintreten dürfte, hätte Technikfolgenabschätzung keinen Sinn.

> Im Falle des Raumtransportsystems Sänger (Paschen et al. 1992a) hat eine Studie des TAB für den Deutschen Bundestag dazu geführt bzw. signifikant beigetragen, dass die Entwicklung eines bemannten Raumfahrzeugs im deutschen Alleingang stark reduziert und dann eingestellt worden ist (Catenhusen 1994). Als maßgeblicher Grund wurde angeführt, dass in allen realistischen Szenarien der Entwicklung der Raumfahrt in den nächsten Jahrzehnten kein ökonomisch vertretbarer Platz für den ‚Sänger' bestimmt werden konnte – eine Einschätzung, die sich uneingeschränkt bewahrheitet hat.

Umgekehrt, falls Technikfolgenabschätzung zur Entwarnung in einem bestimmten Falle führt, ist daraus nicht zu schließen, dass sie nur als Akzeptanzbeschaffung diene. Selbstverständlich gehört die Entwarnung auch zum Spektrum einer ergebnisoffenen Technikfolgenabschätzung. Bedenklich wären die Vorwürfe der Akzeptanzbeschaffung oder des ‚Arrestment' nur, wenn in einer ganz überwiegenden Anzahl von Fällen Technikfolgenabschätzung sich immer in der einen oder immer in der anderen Richtung auswirken würde oder wenn sich systematische konzeptionelle Einseitigkeiten und Voreingenommenheiten nachweisen ließen. Beides dürfte sich empirisch nicht belegen lassen.

Die Ergebnisoffenheit kann nun nicht objektiv bewiesen werden. Ideologiekritische Verdächtigungen sind daher immer möglich, und die verwendeten Methoden können kritisiert werden (Kap. 8). Besonders wichtig ist daher die ständige Selbstvergewisserung innerhalb der TA-Community und ein entsprechender interner Korrekturprozess zur Abwehr oder der Berücksichtigung dieser Kritik. Vorwürfe der genannten Art werden innerhalb der TA-Gemeinschaft sorgfältig registriert und führen zu einem ständigen Prozess der Sicherstellung von Unvoreingenommenheit. Denn Ergebnisoffenheit als unverzichtbare Anforderung an Technikfolgenabschätzung (Kap. 6.4) ist nicht einfach vorhanden oder nicht vorhanden, sondern muss immer neu hergestellt werden. Und dies können nicht eine einzelne TA-Institution oder einzelne Personen leisten, sondern hierzu bedarf es einer pluralen und vielschichtigen ‚TA-Landschaft', die ein Mindestmaß an gegenseitiger Kritik und dadurch ermöglichter Lernprozesse erlaubt. In diesem Sinne haben auch die Vorwürfe der Technikverhinderung und der Akzeptanzbeschaffung eine wichtige Funktion und heben sich keineswegs gegeneinander auf: sie halten diesen ständigen Prozess der Sicherung und Neukonstituierung von Unabhängigkeit und Ergebnisoffenheit in Gang.

Nun hat sich die gesellschaftliche Situation in den letzten Jahren geändert, ökonomisch, politisch und technisch, aber auch durch neue Formen der Innovationsrhetorik (Kap. 11.1). Die einstmals ‚progressiven' Technikkritiker sind in die Defensive geraten. Anders als in Zeiten, als allgemeine Technikkritik zum common sense jedenfalls im intellektuellen Klima gehörte, könnte heute vielleicht Technikfolgenabschätzung auch wieder oder sogar gerade als *warnende Instanz* gefragt sein. Die Erkenntnis der prinzipiellen Ambivalenzen der Technik jedenfalls sollte nicht verloren gehen. Wenn es wahr ist, dass das Verhältnis von Technik und Gesellschaft sich in gewissen Zyklen ändert, vom Optimismus zur Skepsis und zurück, von der Risikoaversion zur Risikobereitschaft und zurück, von der Begeisterung am Neuen, weil es neu ist, bis zur Kritik am Neuen bloß deswegen, weil es neu ist, und wieder zurück, wäre Technikfolgenabschätzung als wissenschaftsgestützter Lernprozess gut beraten, so die These, wenn sie sich hierzu, in einer gewissen Weise und unter Beachtung des Verpflichtung auf Ergebnisoffenheit, *antizyklisch* verhält. Wenn es gelänge, das jeweils in einer spezifischen gesellschaftlichen Wahrnehmung mit ihrer unvermeidlichen Schieflage *Ausgeschlossene* mitzudenken, die ‚blinden Flecke' zu thematisieren und in die gesellschaftlichen Meinungsbildungsprozesse einzugeben, könnte dies genau der Ort sein, an dem Technikfolgenabschätzung wirklich etwas zur ‚Rationalität' von Gesellschaft beiträgt (Popp 2005).

13.2 Zwischen Folgenlosigkeit und Einfluss

Technikfolgenabschätzung steht unter der Erwartung realer Konsequenzen und praktischer Relevanz, hat jedoch nur ein Forschungs- und Beratungs- und kein exekutives Mandat. Gelegentlich wird die Wirksamkeit von Technikfolgenabschätzung und damit ihre Daseinsberechtigung grundsätzlich in Frage gestellt. Daher ist eine Reflexion auf die Folgen der Technikfolgenabschätzung angesagt.

13.2.1 Der Vorwurf der Folgenlosigkeit

Technikfolgenabschätzung wird gelegentlich als ‚folgenlose Folgenforschung' bezeichnet, verbunden mit Diagnosen der Ursachen der Folgenlosigkeit und Angeboten, wie man es besser machen könne. Folgende Diagnosevorschläge seien hier erwähnt:

- Technikfolgenabschätzung als reaktive Forschung komme zu spät. Sobald die Folgen erforscht sind, bestehe – folgend einem Ast des Collingridge-Dilemmas (Kap. 6.6) – keine Gelegenheit mehr, die Technik noch zu beeinflussen. Stattdessen müsse der Prozess der Technik*entwicklung* reflektiert werden (Kap. 4.3);
- Technikfolgenabschätzung als Politikberatung richte sich an den falschen Adressaten (Weber et al. 1999; Ropohl 1996). Da Technik nicht von der Politik, sondern in der Wirtschaft gestaltet wird, müsse die Wirtschaft der primäre Adressat sein (Malanowski et al. 2003);
- Technikfolgenabschätzung befasse sich vor allem mit sich selbst, sei zu selbstkritisch, habe kein geschlossenes Konzept und verunsichere mögliche Interessenten durch den internen Streit (Weber et al. 1999);
- Technikfolgenabschätzung komme zu früh und habe sich in jüngster Zeit zu sehr auf spekulative Fragen eingelassen, vor allem im Kontext der Nanotechnologie und ihrer gesellschaftlichen Aspekte. Sie sei zu ‚mere conversation' mutiert (DEEPEN 2009);
- Technikfolgenabschätzung sei blind auf dem normativen Auge und könne daher nicht zur Technikgestaltung beitragen (DLR 1993). Wenn Beiträge zur Gestaltung erfolgen sollten, dürften keineswegs die Folgen im Mittelpunkt stehen, sondern es komme auf die Gestaltung der normativen Elemente wie der Ziele und Zwecke einer Technik an (Gethmann/Sander 1999).

Der Vorwurf lautet, dass Technikfolgenabschätzung nichts bewegt und nichts bewegt hat (Klumpp 1996), dass ohne Technikfolgenabschätzung die Technikentwicklung den gleichen Gang genommen hätte wie mit ihr. Technikfolgenabschätzung gebe entweder Antworten auf gar nicht gestellte Fragen oder Antworten, die zu früh oder zu spät kommen (Gloede 1994). Ein häufig genannter theoretischer und systematischer Hintergrund derartiger Kritik ist das Collingridge-Dilemma: wenn Technikfolgenabschätzung entweder früh ansetzt, um gestalten zu können, dann aber kein belastbares Folgenwissen bereitstellen kann, oder spät ansetzt, dann zwar Folgenwissen hat, aber nichts mehr beeinflussen kann, wäre dies eine ausweglose Situation (vgl. Kap. 6.6).

Systematische Untersuchungen zur praktischen Relevanz und zur Umsetzung von Technikfolgenabschätzung gibt es nur wenige (Mai 1999; Paschen et al. 1992b; Decker/Ladikas 2004). Es liegen eine Reihe sporadischer Untersuchungen vor, die jedoch häufig von TA-Institutionen selbst durchgeführt wurden, um ein besseres ‚Gefühl' für ihre eigene Arbeit zu bekommen und die daher wissenschaftlich nur begrenzt zuverlässig sind.

Im Rahmen einer Evaluierung durch den Forschungsausschuss des Deutschen Bundestages wurde u.a. die Umsetzung der TA-Ergebnisse im Parlament untersucht (Bundestag 2002). Danach ergibt sich ein differenziertes Bild. Die Ergebnisse von TAB-Studien führen teils zu direkten Bundestagsbeschlüssen, teils finden sie Eingang in parlamentarische Beschlussvorlagen und teils wirken sie sich eher indirekt auf parlamentarische Meinungsbildungs- und Entscheidungsprozesse aus. Es kommt auch immer wieder vor, dass bestimmte Studien im Parlament keine weiteren Wirkungen haben, wenn z.B. ein Thema während der Bearbeitungszeit an politischer Relevanz verliert oder wenn nach einer Bundestagswahl die besonders interessierten Abgeordneten nicht mehr im Parlament sind. Über das Parlament hinaus werden die Berichte in der Exekutive (Ministerien), der Wissenschaft selbst und in der Öffentlichkeit rezipiert (vgl. TAB-Brief 36 2009 in Bezug auf einige ‚Wirkungsgeschichten').

Zur Umsetzung von Technikfolgenabschätzung in politischen Entscheidungssituationen gibt es Beispiele vielerlei Art und mit verschiedenem Ausgang (Mai 1999). Diese zeigen eine große Bandbreite in Bezug auf den Grad der Umsetzung, die eine pauschale Antwort auf den Vorwurf der ‚folgenlosen Folgenforschung' nicht erlauben, sondern die stattdessen einerseits die Frage nach den Voraussetzungen für eine gute Umsetzung, andererseits nach ‚good practices' der Technikfolgenabschätzung nahe legen (hierzu auch Paschen et al. 1992b).

Das immer noch prominente Beispiel der TAB-Studie zum Raumtransportsystem Sänger (Paschen et al. 1992a) zeigt den optimalen Weg an, auf dem Analysen und Empfehlungen der Technikfolgenabschätzung praktisch direkt Eingang gefunden haben in die parlamentarische Entscheidungswirklichkeit (Catenhusen 1994). Als ‚Geheimnis' dieses paradigmatischen Erfolges gilt gemeinhin, dass im Laufe der

Erarbeitung der Studie ein sehr enger Austausch zwischen TAB und den Entscheidungsträgern bestand. Die Handlungsoptionen wurden in enger Kommunikation mit den Parlamentariern entwickelt und konnten deshalb dort auf fruchtbaren Boden fallen. Der Entstehungsprozess der TAB-Studie wurde von den Parlamentariern als Forum für ihren eigenen Meinungsbildungsprozess angesehen und genutzt.

In der Wirtschaft gibt es mittlerweile eine Reihe von positiven Erfahrungen mit der Technikbewertung (Minx/Meyer 1999). Insbesondere die VDI-Richtlinie zur Technikbewertung (VDI 1991) hat zu einer teils intensiven Beschäftigung mit Technikbewertung geführt und einige TA-Prozesse direkt angeleitet (vgl. Rapp 1999). Aber auch eigenständige methodische Entwicklungen wie die Ökoeffizienzanalyse der BASF (Becks/Gelbke 2001) oder die Produktfolgenabschätzung bei DaimlerChrysler (Minx/Meyer 2001) sind praktizierte Ansätze mit Auswirkungen in den unternehmensinternen Meinungsbildungs- und Entscheidungsprozessen (Kap. 3.6). Allerdings führen Wettbewerbs- und Geheimhaltungsgründe dazu, dass diese Prozesse in der Regel nicht oder erst im Nachhinein bekannt werden.

Umsetzungen von Technikfolgenabschätzung in die Öffentlichkeit hinein sind an einer ganzen Reihe von meist regionalen oder lokalen Fällen erfolgt, zumeist für Standortentscheidungen (z.B. Renn et al. 1998). Die bisherigen Erfahrungen sind nicht einheitlich. Generell gilt, dass diese partizipativen Verfahren weiter gekommen sind als von Kritikern befürchtet; allerdings konnten die oftmals recht hohen Erwartungen auch nur teilweise erfüllt werden. Ziele wie die Erhöhung der Legitimation durch Partizipation, die Bekämpfung von Politikverdrossenheit oder die Ermöglichung von an Gemeinwohlaspekten orientierten Konsensbildungen sind bestenfalls teilweise erreicht worden. Ein kritischer Punkt ist dabei die unzureichende Klärung, was mit den Ergebnissen von partizipativen Verfahren geschehen solle angesichts ihrer Abkopplung von den vorgesehenen ‚wirklichen' Entscheidungsverfahren (dazu Kap. 4.2.2).

13.2.2 Folgen der Technikfolgenabschätzung

Technikfolgenabschätzung ist kein Selbstzweck, sondern antwortet auf einen gesellschaftlichen Bedarf und soll zur Lösung von Problemen beitragen (Kap. 2). Es ist daher eine vollkommen berechtigte Frage, wie gut diese Antworten sind, in welcher Weise und in welchem Umfang sie von den Adressaten angenommen werden und inwieweit sie nachvollziehbar zu Konsequenzen führen. Technikfolgenabschätzung darf keine rein akademische Übung sein, sondern soll zu praktischen Konsequenzen führen. Wenn Umsetzungsdefizite beklagt werden, stellt sich die Frage, welche Erwartungen denn an die Umsetzung von Resultaten der Technikfolgenabschätzung gerichtet werden dürfen bzw. sollen.

Aufmerksam zu machen ist zunächst darauf, dass nicht klar ist, was unter praktischen Konsequenzen der Technikfolgenabschätzung in der Technikgestaltung verstanden werden soll. Die Übernahme wissenschaftlicher Resultate in ein politisches Umfeld im Sinne eines einfachen Wissenstransfers ist jedenfalls angesichts der unterschiedlichen Rationalitäten in Wissenschaft und Politik und der funktionalen Differenzierung der Gesellschaft naiv (Weingart/Lentsch 2008). Soll vom Gelingen eines TA-Projektes gesprochen werden,

- wenn eine vollständige Übernahme der TA-Resultate in die konkrete Technikgestaltung erfolgt,
- wenn die TA-Ergebnisse in der Technikgestaltung berücksichtigt werden mit dem Ergebnis, dass ihre Spuren *im Resultat* erkennbar sind, wenn also deutlich wird, dass ohne Technikfolgenabschätzung das Ergebnis anders ausgefallen wäre,
- wenn TA-Empfehlungen im Beratungs- und Entscheidungsprozess zur Kenntnis genommen werden, Spuren also nur *im Prozess* der Entscheidungsfindung, nicht aber im Resultat erkennen lassen,
- wenn Technikfolgenabschätzung bloß zur kaum nachprüfbaren Sensibilisierung gegenüber Technikfolgenproblemen beiträgt?

Im Rahmen des EU-Projekts TAMI (Technology Assessment: Method and Impact, vgl. Decker/Ladikas 2004) wurde ein differenziertes Bild der ‚Impacts' erarbeitet, die von Technikfolgenabschätzung in den unterschiedlichen Kontexten zu erwarten sind. Dabei wurde ein weiter Begriff von Impacts gewählt, der die bloße Erwartung von ‚decision-support' durch Technikfolgenabschätzung weit übersteigt.

> "For the purposes of the TAMI project, which is dedicated to furthering the discussion between TA practitioners and clients on the relationship between methods applied and impacts achieved, it was decided to use the term ‚impact' in a more general sense; not relating it uniquely to the specific mission of TA as ‚improving decision making in terms of rationality or legitimacy', but instead applying a broader concept that describes the overall effect of TA in policy making and public debates: '*Impact of TA is defined as any change with regard to the state of knowledge, opinions held or actions taken by relevant actors in the process of societal debate on technological issues'.*" (Decker/Ladikas 2004)

In der Typologie der ‚Impacts' werden (nach Decker 2007b, Kap. 2.2) drei Dimensionen von Auswirkungen berücksichtigt, die Technikfolgenabschätzung erzielen kann. Diese sind Auswirkungen auf das *Wissen*, das in den politischen Entscheidungsprozess oder in die gesellschaftliche Debatte einfließt, die Auswirkungen auf die *Entwicklung von Meinungen oder Verhaltensweisen* und schließlich die Auswirkungen im Sinne von *konkreten Handlungen* von Politikern oder anderen Akteuren:

- *Wissen generieren*: Die Resultate von TA-Projekten ergänzen die vorhandene Wissensbasis der politischen Entscheidungsträger oder anderer relevanter Akteure um wissenschaftliches Wissen über Risiken, Chancen, gewünschte und unerwünschte Folgen technischer Entwicklungen (scientific assessment), über die Interessen und Perspektiven der betroffenen Akteure (social mapping) und über Probleme bzw. Optionen der politischen Entscheidung (policy analysis).
- *Meinungen und Verhaltensformen ändern*: Lernprozesse können zu verändertem Verhalten bzw. zu einer neu überdachten Meinung der involvierten Akteure führen. Diese Änderungen beeinflussen die politische Diskussion oder die gesellschaftliche Debatte (agenda setting). Die umfassende und ausbalancierte Darstellung von TA-Resultaten kann darüber hinaus Auswirkungen auf die Art und Weise haben, wie die Akteure der Debatte einander beurteilen (mediation). Neue Optionen können Eingang in die politische Diskussion finden oder schon vorhandene Optionen können neu bewertet werden (restructuring the policy debate).
- *Handlungen initiieren*: Dies könnte ein neues Forschungsprogramm sein oder ein Auftrag, weitere Untersuchungen zu Chancen und Risiken durchzuführen (reframing the debate). Oder es könnte sich um ein Programm handeln, in dem eine öffentliche Debatte über das Thema angeregt werden soll oder das die Einbeziehung von gesellschaftlichen Gruppen in den Entscheidungsprozess ermöglicht (new ways of decision making). Schließlich kann Technikfolgenabschätzung zu definitiven Entscheidungen führen, dass beispielsweise ein neues Gesetz erlassen wurde, durch das eine technische Entwicklung reguliert wird (decision taken).

Auf diese Weise entsteht ein differenziertes Spektrum unterschiedlicher Impacts der Technikfolgenabschätzung, das z.B. als Grundlage für eine umfassende empirische Untersuchung ihrer praktischen Relevanz dienen könnte.

In der Beurteilung des Verhältnisses zwischen Erwartungen und Realität ist zuerst zu beachten, dass Technikfolgenabschätzung ein *Beratungswissen* bereitstellt. Die Umsetzung eines Beratungswissens in konkrete Praxis kann auf zweierlei Weise scheitern: zum einen kann (1) das Beratungswissen selbst für eine Umsetzung ungeeignet sein, und zum anderen kann (2), auch wenn es prinzipiell geeignet ist, die Umsetzung an fehlenden Voraussetzungen im Umsetzungsbereich scheitern. Diese Unterscheidung hat erkennbar Folgen für die Verantwortungszuschreibung im Falle mangelnder Umsetzung: im Falle (1) ist die TA-Szene verantwortlich und hat versagt, während es sich in (2) eher um ein institutionelles Umsetzungs- oder Durchsetzungsproblem handelt, für das man nicht die Technikfolgenabschätzung verantwortlich machen kann. Es ist nicht unbedingt der Berater dafür verantwortlich, dass sein Rat nicht gehört wird:

> „Allen rechtlichen Bestimmungen zum Trotz, die die Berücksichtigung einschlägiger Technikfolgen für konkrete Entscheidungen vorschreiben: es bleibt immer eine Entscheidung der Politik, ob sie nicht höherrangige Ziele und Abwägungen anführt, um sich über die beste Technikfolgenabschätzung hinweg zu setzen." (Mai 1999, S. 349)

So sind ,reale' Probleme zu beachten, die die Möglichkeiten der Technikgestaltung insgesamt und der Technikfolgenabschätzung zu ihrer Verbesserung schmälern wie die Globalisierung mit ihren Auswirkungen auf die ,Technology Governance', die Beschleunigung von Innovationsprozessen, die weniger Zeit für Folgenreflexion lässt und die weitere Pluralisierung, die Bewertungen und Entscheidungen erschwert.

Angesichts dieser Differenz zwischen Beratung und Gestaltung bedarf es eines Erfolgskriteriums, in dem die externen und nicht von der Technikfolgenabschätzung zu verantwortenden Effekte sozusagen ,herausgerechnet' werden. Dieses Kriterium sei hier als *praktische Relevanz* von Technikfolgenabschätzung in der Technikgestaltung eingeführt (vgl. dazu für den analogen Fall der Ethik Grunwald 1999c). Die Forderung nach praktischer Relevanz meint, dass Technikfolgenabschätzung *potenzielle* Folgen für die Praxis der Technikgestaltung haben soll, sie muss eine realistische ,Chance auf Umsetzung' haben, aber nicht die praktische Umsetzung selbst garantieren. Ihre Pflicht ist, dafür Sorge zu tragen, dass ihre Resultate sich in den betreffenden Entscheidungen und Handlungen der Praxis wiederfinden lassen *können*. Praktische Relevanz meint damit nicht *faktische*, sondern eine *potenzielle* Wirksamkeit als *notwendige*, nicht jedoch alleinige Bedingung der faktischen Wirksamkeit.

Der Nachweis praktischer Relevanz in diesem Sinne bedarf der Angabe von Kriterien, welche in allgemeiner Form den Rahmen des vorliegenden Buches übersteigen. Grob gesprochen kann man sagen, dass die Begründung der praktischen Relevanz durch die Angabe der *pragmatischen Orte* erfolgen soll, an denen die Ergebnisse der Technikfolgenabschätzung in die Entscheidungsprozesse eingehen können. Dies kann z.B. erfolgen, indem Technikfolgenabschätzung als Mittel zur Erreichung von Zwecken (im obigen Sinne) in Zweck/Mittel-Zusammenhängen, Entscheidungskomplexen, Planungsverfahren und anderen Prozeduren der Technikgestaltung implementiert wird. Pragmatische Orte der Technikfolgenabschätzung sind Situationen, an denen ihre Resultate in die Meinungsbildungs-, Planungs- und Entscheidungsprozesse der Technikgestaltung Eingang finden können (z.B. parlamentarische Beratungsprozesse, Kap. 3.3). Die Diskussionen über die optimalen Adressaten der Technikfolgenabschätzung, etwa ob Technikfolgenabschätzung als Politikberatung oder als Beratung der Wirtschaft aufgefasst werden solle (dazu TADN 2001), ist genau eine Diskussion zu diesem Punkt der besten (im Sinne von ‚wirkungsvollsten' und ‚umsetzungsrelevantesten') pragmatischen Orte der Technikfolgenabschätzung. Sie setzt eine Modellierung der Prozesse der Technikentwicklung und der sie beeinflussenden Faktoren voraus (z.B. Dolata 2003).

Damit verweist die Reflexion über Kriterien und Bedingungen praktischer Relevanz der Technikfolgenabschätzung zurück auf den Bedarf nach einer Theorie (vgl. Kap. 12.1). Denn erst im Lichte einer Theorie der Technikfolgenabschätzung wäre entscheidbar, welche Arten und Umfänge praktischer Relevanz anzustreben sind, wie Technikfolgenabschätzung dazu in der ‚Technology Governance' platziert werden müsste und welche Kriterien sie erfüllen müsste, um eine praktische Relevanz in dem hier geschilderten Sinne zu erreichen und nachzuweisen. Theorie und Praxis sind an dieser Stelle eng miteinander verschränkt.

In Bezug auf die Umsetzung von Ergebnissen der Technikfolgenabschätzung zeigt sich damit, insgesamt gesehen, ein differenziertes Bild. Die Umsetzung umfasst alle die oben genannten Möglichkeiten von einer direkten Umsetzung der Ergebnisse bis hin zum folgenlosen Verschwinden in der Schublade. Pauschale Kritik einer angeblich ‚folgenlosen' Technikfolgenabschätzung ignoriert diese große Verschiedenheit im Einzelfall. Sie ignoriert letztlich auch, dass Technikfolgenabschätzung als Beratungsleistung nicht selbst die Technik gestalten kann. Beratungswissen entgleitet bei der ‚Ablieferung' der Kontrolle des Wissensproduzenten. Hilfreich ist Kritik, wenn sie auf konkrete Schwachstellen aufmerksam macht und zur weiteren Analyse von Bedingungen einer erfolgreichen Umsetzung von Technikfolgenabschätzung in der Technikgestaltung motiviert (Paschen et al. 1992b). Technikfolgenabschätzung kann nur ein Wissens- und Orientierungsbeitrag zu den Gestaltungsbemühungen Anderer sein. In der Verantwortung der Technikfolgenabschätzung liegt es sicherzustellen, dass sie dies wirklich ist; dass sie Antworten nicht auf nicht gestellte, sondern auf relevante Fragen gibt. Die pauschale Klage über mangelnde Umsetzung der ‚folgenlosen Folgenforschung' geht ins Leere, wenn sie sich ausschließlich an den Beratenden wendet.

14. Grenzen der Technikfolgenabschätzung

Technikfolgenabschätzung wird seit ihren Anfängen von Kritik und Selbstkritik begleitet. Diese betraf und betrifft auch die Frage nach der Einlösbarkeit der Erwartungen an Technikfolgenabschätzung und nach ihren Grenzen.

14.1 Technikgestaltung durch bessere Argumente?

Die verschiedenen Ziele und Aufgaben der Technikfolgenabschätzung (Kap. 2) lassen sich sämtlich als Versuche verstehen, den Prozess der Technikentwicklung und ihrer Einbettung in die gesellschaftlichen Verhältnisse möglichst ‚vernünftig' zu gestalten. Unter ‚vernünftig' soll hier verstanden werden, dass die Entscheidungsprozesse zum Umgang mit dem wissenschaftlich-technischen Fortschritt *mit Argumenten* bestritten werden, dass also das ‚bessere Argument' entscheidet und nicht die faktische Machtverteilung oder krude Interessenwahrnehmung. In diesem diskursethischen Verständnis kann Technikfolgenabschätzung folgende Verbesserungen des Entscheidungsprozesses anbieten:

- die Verbesserung der Entscheidungsgrundlagen durch Einbeziehung des Folgenwissens soll die Rationalität der Entscheidung durch Verbreiterung der Wissensgrundlage erhöhen;
- die Einbeziehung von gesellschaftlichen Gruppen und Bürgern durch partizipative Technikfolgenabschätzung soll das ‚Wertberücksichtigungspotenzial' (Bora/van den Daele 1997) ausschöpfen und die Rationalität der Entscheidung durch die Verbreiterung der normativen Basis erhöhen;
- durch die Einbeziehung unterschiedlicher Perspektiven soll eine robustere Erkennung von ‚Gemeinwohl' erfolgen;
- die enge Kooperation mit Entscheidungsträgern soll die Umsetzung dieser ‚vernünftigen' Verbesserungen technikrelevanter Entscheidungen ebenfalls verbessern und reflektiertere Entscheidungen ermöglichen.

Die Frage ist nun, inwieweit ein solcher Anspruch an Technikfolgenabschätzung berechtigt ist, unter welchen Bedingungen er eingelöst werden kann und das heißt: wo die Grenzen der Technikfolgenabschätzung in der Erhöhung der argumentativen Rationalität von Technikgestaltung liegen (vgl. hierzu Grunwald 2000a, Kap. 4).

Eine ganz prinzipielle Grenze der argumentativen ‚Vernunft' liegt darin, dass Argumente in politischen und gesellschaftlichen Gestaltungsprozessen zwar *eine* Rolle, aber nicht die alleinige und auch nicht unbedingt die dominante

Rolle spielen. Dies liegt zum einen am Zeitdruck vieler Entscheidungen. Angesichts von Entscheidungsdruck und Handlungszwängen muss auch dann entschieden und gehandelt werden, wenn eine argumentativ zufrieden stellende Lösung nicht oder noch nicht vorliegt: „Die Entscheidung steht ... unter Handlungszwang und Zeitdruck“ (Höffe 1979, S. 376). Die pragmatischen Anforderungen an schnelle Entscheidungen und kurze Entscheidungswege begrenzen die Möglichkeiten der Technikfolgenabschätzung in der Steigerung der argumentativen Rationalität und führen auf die Notwendigkeit legitimer, nicht-argumentativer Verfahren der Beratung und Entscheidungsfindung. *Prozeduren der Entscheidungsfindung* generieren Resultate, deren Geltung nicht primär von ihrer argumentativen Haltbarkeit, sondern vom korrekten Durchlaufen der prozeduralen Einzelschritte abhängt (Luhmann 1983). Zum anderen stellen die Arenen der Technikdebatten keine machtfreien Räume dar, in denen es bloß um die Kraft des besseren Argumentes geht. Auch Politikberatung und sogar die Deliberationsrunden partizipativer Verfahren sind von Interessen, Machtkonstellationen und Ungleichheiten durchsetzt. Ihre Regeln z.B. der Fairness sind normativ und damit in der empirischen Realität nur mehr oder weniger, vielleicht auch gelegentlich gar nicht umgesetzt. Hier treffen normative demokratietheoretische Vorstellungen auf faktische Verhältnisse (Habermas 2008). Wie weit argumentative Rationalität dort reicht, dürfte sehr unterschiedlich sein. Gegen prinzipielle Skepsis gegenüber der Kraft von Argumenten ist jedoch festzuhalten, dass gute Argumente sich zwar nicht einfach durchsetzen, es aber ihren Gegner schwerer machen und dadurch zumindest eine gewisse Kraft haben (Grunwald 2000a, Kap. 4).

Allerdings ist dann zu fragen, inwieweit die faktischen Verhältnisse den Einsatz argumentativer Deliberation erlauben oder sogar fördern oder ob sie ihn be- oder verhindern. Skeptisch kann vor allem die unter hohem ökonomischem Druck zunehmende Innovationsgeschwindigkeit stimmen. Wenn die Technikentwicklung, wie es weitgehend gesehen wird, von einer sich weiter beschleunigenden Dynamik geprägt ist, stellt sich die Frage, ob diese Dynamik Technikfolgenabschätzung und Ethik nicht in einem atemberaubenden und weiter zunehmendem Maße überfordert (Ropohl 1995). Folgenreflexion benötigt Zeit in zumindest zweierlei Hinsicht: in der Folgenforschung selbst und sodann im Rückbeziehen der Ergebnisse der Folgenforschung auf die jeweilige Entscheidungssituation. Die Forderung nach Reflexivität in den gesellschaftlichen Entscheidungsprozessen hat es vor diesem Hintergrund sogar bis zu einer institutionellen Regel nachhaltiger Entwicklung gebracht (Kopfmüller et al. 2001, Kap. 6).

Argumentative Rationalität in der Technikfolgenabschätzung stößt auch vor dem Hintergrund der soziologischen Systemtheorie an Grenzen (Luhmann 1984). Das von der Technikfolgenabschätzung bereitgestellte Wissen ist danach im Code des Wissenschaftssystems verfasst, während in den jeweiligen Anwendersystemen Politik oder Wirtschaft die dortigen Codes die Kommunikation prägen. Folgt man der Systemtheorie, stellt wissenschaftliche Politikberatung eine fast unmögliche Aufgabe dar, da die beiden betroffenen Systeme unterschiedlichen Codes folgen. Nun muss man nicht der Systemtheorie in allem folgen, erkennt jedoch rasch, dass die Anerkennungsbedingungen und Kriterien für ‚gute Argumente' in den beiden Systemen durchaus unterschiedlich sind. Gute wissenschaftliche Argumente müssen nicht politisch überzeugen. Diskursethik und deliberative Demokratie, aus denen weite Teile der Technikfolgenabschätzung ihren normativen Hintergrund beziehen, müssen sich jedenfalls mit dieser Situation auseinandersetzen und versuchen, teilsystemübergreifende Argumentationsmuster zu entwickeln.

14.2 Mehr Demokratie in der Technik?

Technikfolgenabschätzung als wissenschaftliche Politikberatung ist im demokratischen System entstanden, ja geradezu zur Stärkung des ‚Volkswillens' in Form seiner parlamentarischen Vertretung gegenüber Regierung und Administration (Bimber 1996; vgl. Kap. 3.2 und 3.3). Ihre weitere Entwicklung ist stark von zivilgesellschaftlichen Erwartungen und Demokratisierungshoffnungen durchdrungen (Kap. 2.4). In den 1990er Jahren wurden hohe Erwartungen mit verschiedenen Verfahren partizipativer Technikfolgenabschätzung verbunden (Skorupinski/Ott 2000; Renn/Webler 1998): Erwartungen im Hinblick auf eine demokratischere Technikgestaltung (Ropohl 1996), eine Demokratisierung von Expertenwissen (z.B. SPP 2003), eine Mobilisierung der Bürger, eine Erneuerung der Demokratie und eine Verringerung oder Vermeidung von nicht intendierten Nebenfolgen der Technik (Weyer et al. 1997, S. 345) wurden vorgebracht, welche sämtlich in den Erwartungskatalog an Technikfolgenabschätzung aufgenommen wurden (Kap. 4.2).[1]

Jedoch sind die Tendenzen technokratischer Entscheidungen und von pragmatistischen Vorstellungen losgelösten Zirkeln der Meinungsbildung nicht zu übersehen. Fachliche Expertise fällt häufig mit entsprechenden Interessen zusammen. Wissenschaftliche Experten sind in der Regel auch Interessenvertreter in eigener Sache (Kap. 6.3). Die Versuchungen, eigene Interessen in die Politikberatung einzubringen und technokratisch den Gang der Dinge beeinflussen zu wollen, sind nahe liegend und die Formen, in denen dies geschehen kann, viel-

---

1 Aus diesem Grund wurden die Kapitel in Grunwald (2008a) eingespannt in einen Prolog und Epilog, in denen die demokratietheoretischen Erwartungen an wissenschaftliche Politikberatung zur Technik diskutiert wurden. Daran ist die hier gegebene Darstellung angelehnt.

fältig. Technikfolgenabschätzung steht im Spannungsverhältnis zwischen kruden Instrumentalisierungsversuchen der Wissenschaft durch das politische System, ebenso kruden Versuchen, sie als Interessenvertretung der Wissenschaft gegenüber der Politik zu nutzen oder mit ihr selbst Politik zu betreiben, ist mit Erwartungen seitens der Zivilgesellschaft konfrontiert, aber eben auch mit Vorbehalten, dass es zwischen Politik und Wissenschaft zu intransparenten Verhältnissen einer Beraterdemokratie kommen könne, in der die Beteiligungsansprüche einer demokratischen Öffentlichkeit ausgeblendet zu werden drohen. Dezisionismus und Technokratie sind als Scylla und Charybdis ständige Begleiter und Bedrohung der Technikfolgenabschätzung. Pragmatistische Politikberatung (vgl. hierzu Habermas 1968a; Grunwald 2008a) würde jedoch vor allem heißen, die wesentlichen Fragen in einem vermittelnden ‚Gespräch' zwischen Technikfolgenabschätzung und Politik zu diskutieren, dies jedoch in maximaler Transparenz unter den Augen des ‚Publikums der Staatsbürger'.

Derartige demokratietheoretische Ideale können nur im Rahmen institutioneller Vorkehrungen angegangen werden. Die Aneignung und Gestaltung des technischen Fortschritts durch eine demokratische Gesellschaft bedarf zweckrational eingerichteter Strukturen institutionalisierter Politikberatung. Eine Gesellschaft, die auf demokratischen Ansprüchen besteht, muss jedoch auch darüber hinaus Formen öffentlichen Deliberierens pflegen oder erst entwickeln, die mit einem *reflexiven Beratungsbegriff* (Finckh et al. 2008) zu denken sind. Die normative Debatte über eine ‚Demokratisierung der Demokratie' läuft allerdings bereits seit Jahrzehnten (z.B. Barber 1984; Renn/Webler 1998; Offe 2003; Leggewie 2007). Weiterhin werden Demokratiedefizite im Umgang mit Technik und Fortschritt angesichts technokratischer Tendenzen beklagt. An der generellen Situation einer bestenfalls mäßig interessierten Öffentlichkeit, technokratischer Tendenzen von Expertenurteilen und der Unlust oder des Unvermögens der Massenmedien, komplexere Technikfolgenprobleme und Abwägungsnotwendigkeiten in ihrer Differenziertheit zu behandeln, scheint sich nichts geändert zu haben. Die mit einer pragmatistisch ausgerichteten Technikfolgenabschätzung verbundenen normativen Erwartungen im praktischen Vollzug gesellschaftlicher Meinungsbildung und politischer Entscheidung zum Tragen zu bringen, hat vor dem Hintergrund dieser jahrzehntelangen Erfahrung etwas von der Mühsal des Sisyphos (Grunwald 2008a).

Daher darf auch nicht zuviel erwartet werden. Technikfolgenabschätzung kann nicht – und soll aufgrund mangelnder Legitimation auch nicht – die Machtstrukturen der Gesellschaft verändern. Sie findet *im System* der gesellschaftlichen Meinungsbildungs- und Entscheidungsprozesse statt und ist *Teil dieses Systems.* Sicher kann und soll Technikfolgenabschätzung das Verhältnis bestimmter Technologien zur Demokratie diskutieren: die Verfassungsverträglichkeit von Großtechnologien, die Rolle des Internet in der politischen Meinungsbildung, Bedrohungen der Privatheit und des Rechts auf informationelle Selbstbestimmung, um nur einige Beispielfelder zu nennen. Sie kann mehr Transparenz schaffen, auf mögliche Demokratiedefizite aufmerksam machen und die ‚Einbettung' von Technik in eine demokratische Gesellschaft fördern. Sie kann aber nicht Demokratiedefizite der Gesellschaft selbst bewältigen, sondern eine demokratische Gesellschaft lediglich in der Bewahrung der Demokratie durch die weitere Technisierung hindurch unterstützen.

Die Tatsache, dass Technikfolgenabschätzung ‚im System' stattfindet, ist sowohl notwendig als auch problematisch: notwendig, damit ihre Ergebnisse überhaupt eine Chance auf Umsetzung haben. Der Status als zumeist öffentlich und politisch geförderte Aktivität ermöglicht Kontinuität in Beratungsverhältnissen und den Aufbau von institutionellem Vertrauen, welches wiederum die Bedingungen für eine offene Kommunikation und Beratung verbessert. Problematisch, weil Politikberatung dadurch in Zwänge gerät und nicht in vollem Sinne unabhängig sein kann. Zwar darf wissenschaftliche Politikberatung nicht unkritisch gegenüber den Eigendynamiken und Erwartungshaltungen im wissenschaftlichen wie im politischen System sein, weil sie sich sonst rasch als überflüssig erweisen würde. Irritation, um hier die Luhmannsche Sprache zu verwenden, gehört zu ihrer zentralen Mission – Irritation allerdings ‚in Maßen', im Rahmen der verfügbaren Freiräume. Politikberatung muss also einerseits kritisch sein, d.h. vorherrschende Meinungen in Frage stellen und anderen Meinungen gegenüberstellen dürfen. Andererseits darf sie trotz dieser Kritik nicht in das politische Abseits geraten, weil sie Resonanz in Politik und Gesellschaft für ihre Analysen und Empfehlungen braucht – aber auch weil sie finanziell vom politischen System abhängt. Trotz der Unverzichtbarkeit auch kritischer Haltungen zu gesellschaftlichem Mainstream muss sich Technikfolgenabschätzung in einem gewissen Sinne affirmativ und systemkonform in den gesellschaftlichen Kräftefeldern bewegen (Petermann 1999).

Technikfolgenabschätzung bedarf, da sie als Teil des faktischen politischen Systems immer interessegeleiteten Tendenzen einer Vereinnahmung und Instrumentalisierung genauso wie einer Ablehnung und Verdrängung ausgesetzt ist, eines kritischen Blicks *von außen* und selbstkritischer Reflexion *von innen*. Der Blick von außen muss aus der Gesellschaft selbst kommen, von Verbänden und Nichtregierungsorganisationen, von Bürgern und der Zivilgesellschaft, von demokratischen Institutionen und staatlichen Stellen. Von innen stellen die wissenschaftlichen Disziplinen kritische Instanzen dar, indem sie Maßstäbe und Standards setzen, Einschätzungen hinterfragen und Erwartungen formulieren, hinter die Technikfolgenabschätzung nicht zurückfallen darf, da sie ansonsten das Attribut ‚wissenschaftlich' gefährden würde, das Teil ihrer Existenzberechtigung ist. Und schließlich bedarf die Aufrechterhaltung der demokratietheoretischen Intention der Technikfolgenabschätzung der ständigen Unterstützung aus der normativen Theorie heraus, um angesichts der vielfach ernüchternden Erfahrungen der Praxis nicht am eigenen Anspruch zu sparen.

14.3 Technik ohne Risiko?

Technikfolgenabschätzung entstand in einer Zeit des Planungsoptimismus. Als sichtbar wurde, dass unerwünschte Folgen von Technik die mit dieser Technik verbundenen Zielsetzungen gefährden oder gar konterkarieren könnten, wurde zuerst versucht, im planungsoptimistischen Paradigma zu verbleiben. Streng genommen sind die frühen Ziele der Technikfolgenabschätzung, nämlich Frühwarnung und Früherkennung zu betreiben (Kap. 2.2), ein Erbe dieses Planungsoptimismus. Denn wenn es tatsächlich gelänge, Frühwarnung und Früherkennung zu betreiben, bräuchte man die ursprünglichen Pläne hinsichtlich der Technik nur um die dadurch erbrachten Erkenntnisse zu bereichern oder eventuell zu modifizieren. Dann, so sagte es das Paradigma, sollten die nicht intendierten und unerwünschten Folgen vermieden und die positiven Folgen in optimaler Weise genutzt werden können.

Dieses Modell ist gescheitert, und das lässt sich erstens gut erklären und zweitens ist es in gewisser Weise auch nicht bedauerlich. Die Erklärung erfolgt zum einen über die bereits mehrfach erwähnte Problematik der Unsicherheit des Wissens, besonders im Hinblick auf prospektiv erfasste Sachverhalte (Kap. 6.1). Zum anderen aber, und dies ist ein wenig tiefgehender, lässt sich die Nebenfolgenproblematik auch durch die Berücksichtigung prognostizierter nicht intendierter Folgen in den Entscheidungen nicht planungsoptimistisch aus der Welt schaffen. Denn die Maßnahmen, die zur Berücksichtigung der Frühwarnungen oder der Nutzung der früh erkannten Potenziale der Technik getroffen werden, können genauso gut nicht intendierte und unerwünschte Folgen produzieren. Wenn man nun versuchen würde diese abzuschätzen, sozusagen eine Folgenabschätzung der Folgenabschätzung vorzunehmen, käme man nur in einen unendlichen Zirkel ohne Entrinnen. Sobald man die Möglichkeit von nicht intendierten Folgen zugibt, ist ein Verbleib im planungsoptimistischen Paradigma nicht mehr möglich: dieses beruht analytisch auf der Identität von Planungsintentionen und Planungsfolgen in beiderlei Richtung: die Intentionen müssen sich in vollem Umfang realisieren lassen, und die eingetretenen Folgen müssen sich sämtlich auf die Intentionen zurück beziehen lassen.

Warum sollte es aber gut sein, wenn der Planungsoptimismus scheitert? Schließlich gerät dadurch ein Moment des Überraschenden, Nicht-Vorhersehbaren, gar des Nicht-Kontrollierbaren in den Bereich des Möglichen. Auf die Antwort führt die Analyse des Hintergrundes des planungsoptimistischen Paradigmas. Die Forderung nach der Identität von Planungsintentionen und Planungsfolgen ist nämlich nichts weiter als die Annahme einer *vollständigen Determinierbarkeit* der Zukunft, einer Vorausbestimmbarkeit in dem Sinne, dass einmal getroffene Entscheidungen quasi auf naturgesetzlichem Wege zu den erwarteten Resultaten führen. Dahinter wiederum steht – fast paradoxerweise – die Nähe zu einem deterministischen Gesellschafts- und Geschichtsverständnis. Merkwürdig berühren sich hier die Extreme eines Planungsoptimismus und eines Determinismus.

Von daher sind die verbreiteten Klagen über eine mangelnde Prognostizierbarkeit von Technikfolgen (z.B. Bechmann 1994; Renn 1996) zwar in der Sache weitgehend richtig, aber eben kein Grund zur Klage: die riskante Prognostizierbarkeit von Technikfolgen ist nichts weiter als Ausdruck der ‚Offenheit der Zukunft', diese wiederum Voraussetzung für die Rede von Gestaltbarkeit. Keine Gestaltung von Technik ohne Risiken durch Technik: Technischer Fortschritt ist ohne Risiko nicht realisierbar. Beruhigend dabei ist allerdings, dass auch ein Verzicht auf technischen Fortschritt mit Risiken behaftet ist. Die Determinierung der technischen Zukunft durch Planung gelingt nicht, auch nicht mit bester Unterstützung durch Technikfolgenabschätzung: die Zukunft bleibt trotz aller Technikfolgenabschätzung und ihrer Umsetzung offen. Die Frage ist nicht, ob es Technik ohne Risiko gibt, sondern ob und wie die Risiken prospektiv eingeschätzt, reflektiert und verantwortet werden können.

Es gibt zwar Möglichkeiten, erwünschte Pfade in der Technikentwicklung zu bevorzugen und andere (unerwünschte) zu benachteiligen – allerdings erfolgt auch dies nur unter Risiko, weil einerseits die Wissensgrundlagen vorläufig sind und andererseits sich die Kriterien für erwünscht/unerwünscht ändern können. Insofern mit Technikfolgenabschätzung unerreichbare Erwartungen im Sinne einer vollständigen Kontrolle dieses Großexperimentes gehegt wurden, wurden und werden sie zwangsläufig enttäuscht. In der Offenheit der Zukunft sind nur ‚minimalistische' gesellschaftliche Gestaltungen von Technik möglich: Einflussnahmen auf den verschiedenen dezentralen Ebenen der Technikentwicklung, kleine Schritte, für die es keine pauschalen Verfahren, gar Algorithmen gibt. Sie müssen durch gesellschaftliche Praxis erfolgen, oft in Form der Bewältigung von Konflikten – beraten durch wissenschaftliche Forschung und ethische Reflexion in Form von Technikfolgenabschätzung.

Die gegenwärtige Debatte zu Nanopartikeln (vgl. Kap. 10.2) ist ein anschauliches Beispiel. Trotz toxikologischer Forschung ist bislang nicht sicher, ob und in welcher Weise bestimmte Nanopartikel gesundheits- oder umweltschädlich sein können. Aus prinzipiellen, aber auch aus anerkannten ökonomischen Gründen ist es nicht möglich, mit der technischen Nutzung abzuwarten, bis alle möglichen nicht intendierten Folgen prospektiv erforscht worden sind.

Der gesellschaftliche Umgang mit Technik in der Offenheit der Zukunft bleibt an die Metapher des Experimentes gebunden.[2] Dadurch wird einerseits eine Abgrenzung vom bloßen evolutionistischen Prinzip von Versuch und Irrtum vorgenommen: der Experimentator unternimmt in der Regel keine ad-hoc-Handlungen nach Lust und Laune, sondern baut wohlüberlegte Arrangements technischer Geräte, methodischer Verfahren und beobachtender Maßnahmen auf, durch deren Zusammenwirken bestimmte Behauptungen überprüft werden sollen. Experimente entstehen aus einer wohlüberlegten Planung; in Messkampagnen der Klimaforschung oder in Großexperimenten der Elementarteilchenphysik ist dies wohl am evidentesten. Trotz aller Planung aber ist das Ergebnis der Experimente nicht vorwegnehmbar. Experimente haben einen ungewissen Ausgang, auch wenn es mehr oder weniger gute Erwartungen hinsichtlich des Ergebnisses geben wird.

Dies ist analog im Feld der nachhaltigen Entwicklung vielfach diskutiert worden. Es ist *ex ante*, d.h. in Entscheidungssituationen, nicht mit Sicherheit beurteilbar, ob und in welchem Umfang z.B. eine politische Maßnahme oder eine Technologieentwicklung in der realen Umsetzung ‚wirklich' zur Nachhaltigkeit beitragen wird. Jede Politik der Nachhaltigkeit muss daher in einem gewissen Sinne ‚experimentell' sein. Es geht darum, Lernzyklen zu etablieren, in denen unter der Maßgabe normativer Prämissen Handlungsstrategien implementiert werden, deren reale Folgen sodann durch empirische Analysen beobachtet werden müssen (Monitoring), um die Ergebnisse dieses Monitoring in der weiteren Entwicklung zur Optimierung und Adaptation der Maßnahmen nutzen zu können (Grunwald/Kopfmüller 2006).

Im gleichen Sinne sind Technikentscheidungen im Vorhinein gut zu überlegen, und hierfür dient die Technikfolgenabschätzung. Das Ergebnis lässt sich aber nicht mit Sicherheit vorhersagen und auch nicht determinieren. Dass im Unterschied zu z.B. einem physikalischen Laborexperiment ungleich mehr auf dem Spiel steht, wenn es um gesellschaftliche Entscheidungen über den Ausstieg aus der Kernenergie, die Nutzung der Gentechnik, ein ‚Kühlen' der Atmosphäre zur Abwendung des Klimawandels (TATuP 2010), die Regulierung des Internet oder den Einsatz von Pharmaka geht, macht die immense gesellschaftliche Bedeutung von Technikfolgenabschätzung als Forschung und Reflexion im Vorhinein deutlich.

2 Für diese prinzipielle Situation wurde die Metapher dies ‚Realexperiments' vorgeschlagen (Groß et al. 2005).

15. Perspektiven

Technikfolgenabschätzung hat heute in vielen industrialisierten, insbesondere den europäischen Ländern einen festen Platz. Sie steht heute erheblich besser da als zu Zeiten der Krise (vgl. Kap. 15.1) erwartet werden konnte. Die institutionelle Landschaft ist stabil bzw. im Ausbau begriffen und die Nachfrage aus dem politischen, gesellschaftlichen und wissenschaftlichen Bereich ist groß. Grundgedanken der Technikfolgenabschätzung wie die Folgenreflexion und die Berücksichtigung unterschiedlicher Perspektiven sind in viele Bereiche hinein diffundiert und teils zu Selbstverständlichkeiten geworden. Die Anerkennung im akademischen Bereich ist gewachsen, z.B. auf der Seite wissenschaftlicher Akademien (z.B. acatech 2009a). In größeren Verbundprojekten, z.B. des BMBF oder der Europäischen Union, gehören wie selbstverständlich TA- oder TA-artige Teilprojekte hinzu. Im Bereich der (vorwiegend universitären) Bildung ist ein steigendes Interesse an Technikfolgenabschätzung zu verzeichnen (15.2).

Diese zurzeit gute Situation darf jedoch nicht zum Ausruhen verleiten. Einerseits ist Technikfolgenabhängigkeit als stark kontextbezogene Forschung und Beratung von Veränderungen in ihren Kontexten abhängig. Sie muss daher diese Kontexte sorgfältig beobachten und auf diagnostizierte Veränderungen sensibel reagieren. Dies gibt Anlass, einige der aktuellen Herausforderungen zu reflektieren (15.3.1). Andererseits weist Technikfolgenabschätzung verglichen mit anderen Formen problemorientierter Forschung wie der Risikoforschung oder der Klimaforschung deutlichen Nachholbedarf auf, z.B. ihre internationale Verbindung und die Theoriebildung betreffend. Deshalb werden einige der Defizite der Technikfolgenabschätzung angesprochen, die es in den nächsten Schritten anzugehen gilt (15.3.2).

15.1 Krise und Renaissance

Die letzten zehn Jahre der Technikfolgenabschätzung sind durch eine Krise und ihre Überwindung gekennzeichnet, beides besonders ausgeprägt in Deutschland, aber nicht darauf beschränkt. Anlass, aber sicher nicht alleinige Ursache war die Schließung des OTA im Jahre 1995 (Kap. 3.2). Viele erwarteten daraufhin einen Niedergang der Technikfolgenabschätzung auch in Europa, zumal die Schließung in eine Zeit fiel, die der Technikfolgenabschätzung nicht günstig schien. Das Ende des Kalten Kriegs hatte eine neue Welle der ökonomischen Globalisierung ausgelöst, der gerade in Europa eine harte Standortdebatte mit der Sorge vor dem Abwandern von Industrie und Arbeitsplätzen nach Osteuropa oder in die

Schwellenländer Asiens folgte. Technikfolgenabschätzung, Regulierung und Ethik wurden seitens der Wirtschaft und der Politik vielfach als Negativfaktoren in diesem Standortwettbewerb angesehen, die man sich vermeintlich nicht leisten könne.[1] Angesichts dieser Standortdebatte mit ihrer Innovationsrhetorik erschien die Technikfolgenabschätzung manchen als Auslaufmodell aus den 1970er Jahren.

Ein erster politisch sichtbarer Effekt dieser Debatte war, dass sich das BMBF im Jahre 2000 vom Begriff der Technikfolgenabschätzung trennte und sein entsprechendes Programm in Innovations- und Technikanalysen (ITA, vgl. Kap. 11.2) umbenannte, und dabei zwar Grundgedanken der Technikfolgenabschätzung treu blieb, gleichzeitig aber den Fokus auf Innovationsförderung verschob.

Ihren sichtbaren Höhepunkt erreichte die Krise der Technikfolgenabschätzung in Deutschland im Jahre 2002, als die Stuttgarter Akademie für Technikfolgenabschätzung – die damals größte TA-Einrichtung in Deutschland – geschlossen wurde, mit der offiziellen Begründung von Haushaltsproblemen des Landes Baden-Württemberg. Gleichzeitig stellte die nordrhein-westfälische Landesregierung die finanzielle Unterstützung des dortigen TA-Netzwerks (AKTAB) ein.

In dieser Situation wurde 2003 von einigen Personen aus der deutschen TA-Community beschlossen, die eigenen Kräfte zu bündeln und zu mobilisieren, um neue Impulse für die Technikfolgenabschätzung zu generieren. Erstes Ergebnis war die Gründung des deutschsprachigen Netzwerks Technikfolgenabschätzung (NTA) im Jahre 2004 mit Mitgliedern aus Österreich, Schweiz und Deutschland (www.netzwerk-ta.net). Die Mitglieder vertreten das weite Spektrum zwischen Theorie und Praxis, zwischen Forschung und Beratung sowie zwischen den verschiedenen wissenschaftlichen Disziplinen und TA-Konzeptionen. Ziele und Aufgaben des Netzwerks sind Verbesserung der Kommunikation und des Informationsaustauschs innerhalb der TA-Community, Identifikation neuer Themen und Beratungsaufgaben, systematische und kooperative Weiterentwicklung von TA-Konzepten und Methoden, Erarbeitung von Qualitätskriterien der TA und von Ansätzen der internen Qualitätssicherung, Förderung des wissenschaftlichen Nachwuchses und die Stärkung des Stellenwertes der TA in Wissenschaft und Gesellschaft. Dieses Netzwerk hat zurzeit ca. 300 persönliche und ca. 40 institutionelle Mitglieder und sicher zur Überwindung der genannten Krise beigetragen.

---

1 Dies ist übrigens eine ganz ähnliche Argumentationsstruktur wie bei der Schließung des OTA (Bimber 1996).

Zu den wirksamsten Ergebnissen des Netzwerks gehört die Organisation von drei internationalen Konferenzen, zwei davon mit finanzieller Unterstützung des BMBF in Berlin, eine in Wien. Unter den Sprechern waren Frau Ulla Burchardt, die Vorsitzende des Forschungsausschusses des Deutschen Bundestages, Wolf Michael Catenhusen, der damalige Staatssekretär im BMBF und Klaus Töpfer, der ehemalige Direktor des Umweltprogramms der Vereinten Nationen. Mit Teilnahmerzahlen von jeweils ca. 150, einem wissenschaftlichen Nachwuchsprogramm (TRANSDISS, auch vom BMBF unterstützt), einer attraktiven Themenwahl und der Publikation der Vorträge (Bora et al. 2005; Bora et al. 2007; Aichholzer et al. 2010) können diese Konferenzen als Kristallisationspunkte einer neuen Generation der TA-Community im deutschsprachigen Raum betrachtet werden.

Auf der europäischen Ebene ist ein zwar langsames aber stetiges Wachstum der Technikfolgenabschätzung im parlamentarischen Bereich zu beobachten (siehe oben) und eine zurzeit hohe Präsenz TA-artiger Fragestellungen im EU-Forschungsrahmenprogramm. Auch in Forschungsrichtungen wie EHS (environment – health – safety), der sozio-ökonomischen Begleitforschung und ELSI-Aktivitäten (ethical, legal and social implications) finden sich TA-ähnliche Ausrichtungen wieder, oder jene Forschungen leisten Beiträge im Rahmen von TA-Prozessen (Kap. 3.4.2). Auf diese Weise ist Technikfolgenabschätzung bzw. das hinter ihr stehende Denken in viele Anwendungsbereiche und wissenschaftliche Disziplinen hinein diffundiert, ohne dass es immer so bezeichnet wird.

International ist zurzeit ein erhöhtes oder neues Interesse an Technikfolgenabschätzung in Asien zu beobachten, so in China, Korea und Japan, aber auch Indien und Australien. So geht es in einem aktuellen Projekt um die Bedingungen und Möglichkeiten der Institutionalisierung von Technikfolgenabschätzung in Japan. Ausgehend von der Frage, warum eine solche bislang trotz mehrerer Anläufe nicht gelungen ist, wird ein konzeptionelles Muster entwickelt, das in einem weiteren Anlauf dann zum Erfolg führen soll. Dieses Muster wird als ‚dritte Generation' der Technikfolgenabschätzung bezeichnet, nach der US-amerikanischen ersten und der europäisch geprägten zweiten Generation (Suzuki 2010).

Als konzeptionell und auf der internationalen Bühne innovatives Projekt der partizipativen Technikfolgenabschätzung ist ‚World Wide Views' zu nennen, in dem es um eine weltweite Bürgerbeteiligung zum Klimawandel geht. In diesem Verfahren wurden 44 Bürgerkonferenzen mit je ca. 100 Teilnehmern in 38 Ländern aus allen Weltregionen organisiert, um eine Stellungnahme von Bürgern für die Kopenhagener Klimakonferenz im Dezember 2009 zu ermöglichen. Dies könnte ein erster Schritt in Richtung auf eine transnationale und globale Technikfolgenabschätzung sein (Klüver 2010). Auf diesem Weg stellen sich allerdings nicht nur die bekannten Probleme einer fehlenden ‚Global Governance'

(Messner 2003): (1) welchen Adressaten sollte Technikfolgenabschätzung auf der globalen Ebene beraten und (2) vor welcher Öffentlichkeit sollte diese Technikfolgenabschätzung angesichts des Fehlens einer Weltöffentlichkeit agieren? Zusätzlich muss sich hierzu die TA-Community besser aufstellen. Bislang fehlt eine internationale Fachgesellschaft wie z.B. es sie in anderen Bereichen gibt, z.B. die Society for the Social Study of Science oder die Society of Philosophy of Technology, die die Technikfolgenabschätzung voranbringen und sichtbarer machen könnte.

Die nach der Krise erfolgte Renaissance der Technikfolgenabschätzung ist, soweit sich dies heute sagen lässt, keine einfache Wiederaufnahme älterer TA-Konzepte, sondern stellt auch eine konzeptionelle Erneuerung und Erweiterung dar. Technikfolgenabschätzung ist heute stärker auf Innovation und Governance bezogen (Kuhlmann 2009) und hat ethische und kulturelle Fragen integriert (Grunwald 1999a; Siune et al. 2009), operiert aber auch weiterhin mit ihrer ursprünglichen Stoßrichtung, dem Blick auf die nicht intendierten Technikfolgen und die unterschiedlichen Perspektiven ihrer Bewertung angesichts der teils dialektischen Spannungsfelder des wissenschaftlich-technischen Fortschritts.

15.2 Technikfolgenabschätzung und Bildung

Technikfolgenabschätzung ist nicht an den Universitäten entstanden, sondern an außeruniversitären Forschungs- und Beratungseinrichtungen. Dies ist gut erklärbar, stellen doch zum einen Forschung in gesellschaftlichem Auftrag, systemisches Denken und Politikberatung zentrale Aufgaben dieser Einrichtungen dar. Zum anderen sind (oder zumindest waren) klassischen, an Disziplinen orientierten und in Fakultäten strukturierten Universitäten disziplinübergreifende Forschungsfelder wie die Technikfolgenabschätzung strukturell eher fremd. Dies dürfte der wesentliche Grund dafür sein, dass TA-Aspekte in der universitären Lehre lange Zeit, abgesehen von Initiativen einzelner Hochschullehrer, kaum bis wenig thematisiert wurden.

Dies ändert sich seit einigen Jahren. Auf beiden Seiten, außeruniversitärer Forschung wie auch der Universitäten hat es teils gravierende strukturelle Bewegungen gegeben. Beispielsweise führt die programmorientierte Forschung der Helmholtz-Gemeinschaft ein Stück weit zu einer Akademisierung dieser außeruniversitären Forschung. Auf der anderen Seite ist es die Exzellenzinitiative des Bundes, die Bereitschaft zu problemorientierter und interdisziplinärer Kooperation in den Universitäten erheblich ausgeweitet hat. Schließlich hat sich durch die weitgehend flächendeckende Einführung der BA- und MA-Studiengänge und ihrer hohen inhaltlichen Differenzierung das kanonische Fächerspektrum der Universitäten weitgehend aufgelöst und Raum geschaffen für neue Bildungskonzepte.

Dies mag der Hintergrund dafür sein, dass es seit wenigen Jahren ein wachsendes Interesse an der Technikfolgenabschätzung im Rahmen universitärer Bildung gibt. Einerseits lässt sich dies in Bezug auf die Integration von TA-Aspekten in natur- und technikwissenschaftliche Studiengänge erkennen, andererseits drückt es sich in einem größeren politik- und sozialwissenschaftlichen Interesse an Technikfolgenabschätzung aus. Schließlich gilt dies auch für die Ausbildung des wissenschaftlichen Nachwuchses der Technikfolgenabschätzung selbst – für eine noch junge Community ein entscheidender Aspekt.

Universitäre Lehre im Kontext der Technikfolgenabschätzung ist dabei so inhaltlich vielfältig wie diese selbst. Lehrstühle für Technikfolgenabschätzung gibt es zwar nur wenige, jedoch wird TA-Lehre auch aus den verwandten Fächern heraus bedient. Folgende Ausrichtungen lassen sich unterscheiden (vgl. TATuP 2009, insbesondere Bora/Mölders 2009):

- Lehrveranstaltungen, die sich an Ingenieurstudenten richten und dabei TA-Aspekte, Empfehlungen des VDI folgend, als Elemente der Ingenieursausbildung begreifen. Im Vordergrund stehen dabei umweltbezogene Ansätze wie das LCA oder die Stoffstromanalyse (vgl. Kap. 7.1), die VDI-Richtlinie 3780 und technikethische Fragen;
- in der politik- und sozialwissenschaftlichen Lehre interessiert Technikfolgenabschätzung als Element der Gestaltung der Schnittstelle zwischen Technik und Gesellschaft, allgemeiner auch zwischen Wissenschaftssystem und Gesellschaft, einschließlich der dabei relevanten Beratungs- und Transferbeziehungen. Ihre Rolle im Kontext der ‚Governance' von Wissenschaft und Technik (Aichholzer et al. 2010) ist in den letzten Jahren in den Blickpunkt auch in Lehrveranstaltungen gerückt;
- in den an vielen Universitäten angebotenen Veranstaltungen des Studium Generale haben TA-Lehrveranstaltungen einen gewissen Platz erobert, weil dort übergreifende Aspekte im Verhältnis von Wissenschaft, Technik und Gesellschaft thematisiert werden;
- die Lehre im Kontext der Nachhaltigkeitsforschung, z.B. in den Umweltwissenschaften und in der sozial-ökologischen Forschung, bezieht sich auf die vielfältigen Relationen zwischen Technik und Nachhaltigkeit (vgl. Kap. 9);
- im Kontext der STS-Studien und Innovationsforschung hat sich international ein gewisses Angebot vor allem im postgraduierten Bereich entwickelt (Grunwald/Moniz in TATuP 2009).

Eine radikalere Sicht besteht darin, nicht nur Bildung für und über Technikfolgenabschätzung zu betrachten, sondern Technikfolgenabschätzung selbst als Bildung zu verstehen, etwa TA-Projekte als Bildungsprozesse zu verstehen (Beecroft/Dusseldorp 2009):

> „Der Anspruch von TA ist es vor diesem Hintergrund (in erster Annäherung), ihre jeweiligen Adressaten darin zu unterstützen, in Bezug auf die genannten Problemlagen ihre eigene Position zu schärfen und gegebenenfalls Entscheidungen zu treffen, die auf angemessener Information und Reflexion basieren. So formuliert lässt sich der Anspruch der TA als der eines Bildungsprogramms verstehen, das auf die Mündigkeit der Adressaten in Bezug auf die anliegende Problemlage abzielt." (Ebd., S. 57)

15.3 Vorsichtige Bemerkungen zur Zukunft

Bemerkungen über Zukunft stehen in der ‚Immanenz der Gegenwart' (Kap. 6.1). Im Bewusstsein dieser Immanenz seien einige tentative Bemerkungen erlaubt.

15.3.1 Aktuelle Herausforderungen

Die Darstellung von Herausforderungen an die Technikfolgenabschätzung folgt den TA-Diskussionen der letzten Jahre und umfasst Globalisierung, Wissensgesellschaft, Evaluierungsdruck, Zukunftsanalysen, Veränderungen in der Technikentwicklung und im Innovationsverhalten sowie das Aufkommen neuer ‚TA-artiger' Formen der Technikreflexion.

Globalisierung

Die seit Jahrzehnten fortschreitende und seit dem Zusammenbruch der kommunistischen Regime 1989 beschleunigte ökonomische und kulturelle Globalisierung hat starke Auswirkungen auf die Technikfolgenabschätzung. Letztere war (und ist vielfach weiterhin) aufgrund ihrer Geschichte an die nationalstaatlichen oder regionalen Entscheidungswege angebunden, so vor allem als parlamentarische Politikberatung (Kap. 3.3). Technikfolgen machen jedoch vielfach nicht an Staatsgrenzen halt, genauso wenig wie die Prozesse der Technikentwicklung heute noch in nationalen Grenzen verlaufen. Beispiele wie die Open Source Bewegung in der Software, das Human Genome Project oder die Nanotechnologie zeigen, dass Entwicklung und Nutzung von Technik zunehmend global erfolgen. Diesem Umstand müssen nationale Entscheidungsregime Rechnung tragen, genauso dann natürlich eine Technikfolgenabschätzung, die diese nationalen Verfahren und Institutionen beraten will.

Die Folgen des Klimawandels sind genauso global wie seine Verursachung, beides allerdings regional sehr ungleich verteilt. In diesem Feld hat sich ein Stück weit eine ‚Global Governance' etabliert, vor allem angetrieben durch die Vereinten Nationen, für die z.B. das Kyoto-Protokoll und die weltweiten Klimakonferenzen stehen. Technikfolgenabschätzung beginnt erst auf dieser Ebene zu operieren. Als vermutlich erstes partizipatives TA-Projekt auf der internationalen Bühne ist ‚World Wide Views' zu nennen, in dem es um eine weltweite Bürgerbeteiligung zum Klimawandel geht (Klüver 2010).

Wissensgesellschaft

Von der Entwicklung hin zu einer Wissensgesellschaft betroffen sind die Produktionsformen, der Zugang, die Verteilung und die Nutzungsweisen des Wissens. Angetrieben durch die Verbreitung der Informations- und Kommunikationstechnologien wächst die Bedeutung des Wissens in ökonomischer, sozialer und politischer Hinsicht. Wissenspolitik und Wissensmanagement werden zu neuen gesellschaftlichen Handlungsfeldern (Stehr 2003). Handlungen und Entscheidungen werden zunehmend durch wissenschaftliches Wissen fundiert und legitimiert. Zugleich führt aber die Wissensbasierung der Gesellschaft zur Risikoproduktion. Wissenschaft erzeugt – neben ihren erwünschten Wirkungen – Kontingenz und Unsicherheit mit potentiellen Selbstgefährdungen der Gesellschaft. Zu einer Wissensgesellschaft gehört daher der Umgang mit Nichtwissen untrennbar hinzu.

Technikfolgenabschätzung kann selbst als eine Form avancierten Wissensmanagements verstanden werden (Bechmann/Gorokhov 2009): als systematisches Verbinden unterschiedlicher Wissensbestände und Perspektiven, die erforderlich sind für eine bestimmte Technikfolgenreflexion, als Beurteilung (‚Assessment') dieses Wissensstandes in Bezug auf Prämissen und Einseitigkeiten, als Erforschung der Implikationen der Wissensgesellschaft für gesellschaftliche Bereiche, z.B. die Arbeitswelt oder Produktionsmuster, als Analyse der involvierten Nichtwissensbestände und der daraus zu ziehenden Schlussfolgerungen und als Einbringen ihrer eigenen Erkenntnisse in die politischen, gesellschaftlichen und wirtschaftlichen Meinungsbildungs- und Entscheidungsprozesse über den wissenschaftlich-technischen Fortschritts. Dementsprechend ist die Herausforderung der Wissensgesellschaft für Technikfolgenabschätzung nichts grundlegend Neues; gleichwohl ist eine sorgfältige Beobachtung der Implikationen sinnvoll.

Evaluierungsdruck und Akademisierung

Der seit ca. zehn Jahren zunehmende Evaluationsdruck auf allen Ebenen des Wissenschaftssystems hat auch die Technikfolgenabschätzung erfasst und führt hier zu spezifischen Problemen. Heilsam ist sicher wie in allen wissenschaftlichen Einrichtungen die Erzeugung eines Bewusstsein des ständig von außen

'Beobachtet-Werdens'. Die vorgestellte Außenperspektive läuft in der internen Arbeit von TA-Institutionen immer mit. Hierdurch erfolgt eine ständige Reflexion des Standes der eigenen Arbeit und von Veränderungs- oder Verbesserungsmöglichkeiten. Heilsam sind sicher auch das Erkennen offenkundiger Schwachstellen und das Setzen neuer thematischer Anstöße, die, trotz aller Versuche, sich eine Außenperspektive *vorzustellen*, gelegentlich einer *realen* Außenperspektive externer Gutachter bedürfen.

Ambivalent bis negativ wirken sich jedoch andere Facetten des Evaluationsdrucks aus. Problematisch für Technikfolgenabschätzung ist vor allem, wenn die üblichen Kriterien disziplinärer Wissenschaften einfach übertragen werden. In der wissenschaftshistorisch noch jungen, heterogenen und interdisziplinären Technikfolgenabschätzung haben sich bislang nicht in den klassischen Disziplinen die üblichen Hierarchien wissenschaftlicher Fachzeitschriften, hochrangiger Konferenzen und von Peers herausgebildet. Das vielfach verwendete Kriterium der Zahl der Publikationen in Zeitschriften, die in der Thomson-Liste geführt werden (ISI und SSCI), und die Verwendung des Impact-Faktors sind recht sinnlos, insofern sie nicht im Kontext anderer Faktoren gesehen werden. Umgekehrt sind bestimmte für Technikfolgenabschätzung relevante Aspekte wie erbrachte Beratungsleistungen und die erfolgreiche Umsetzung von TA-Resultaten in den üblichen Kriterienlisten nicht enthalten oder nur schwer unterzubringen. Die starke Kontextabhängigkeit der Technikfolgenabschätzung ist mit der häufig an abstrakten quantifizierbaren Indikatoren interessierten Arbeitsweise von Evaluationsagenturen nicht gut abbildbar. Was bislang fehlt, ist eine Verständigung in der TA-Community über geeignete Benchmarks, über die wichtigsten Zeitschriften und über Anforderungen an Gutachter und Gutachtergremien.

Neue Ansätze zur Zukunftsanalyse und -bewertung

In den letzten Jahren ist ein verstärktes Interesse an 'Zukünften' zu beobachten, sowohl in Bezug auf ihre Konstruktion und Bewertung als auch in Hinblick auf die Verwendungsweise der unterschiedlichen 'Zukünfte' wie Visionen, Erwartungen, Befürchtungen und Szenarien in der gesellschaftlichen Technikdiskussion (Brown et al. 2000; Grunwald 2007b). Abseits der Hoffnungen früherer Zukunftsforschung geht es nicht darum, Zukünfte zu antizipieren, sondern Zukünfte als Orientierungen in der Gegenwart einzusetzen (Kap. 2.1). Hierzu ist es erforderlich, die Zukünfte zu bewerten (z.B. Pereira et al. 2007).

Auf diese Weise kommt es zu einer Konvergenz der Technikfolgenabschätzung mit den vielfältigen *Foresight-Aktivitäten,* die seit den späten 1990er Jahren teils in Abgrenzung zur Technikfolgenabschätzung konzeptionell entworfen und praktisch umgesetzt worden sind. Stichworte sind die Orientierung auf positive Entwicklungsziele und Visionen, z.B. für eine Region (FOREN 2001), die *soziale* Komponente durch die Mobilisierung relevanter Akteure und die starke Berücksichtigung außerwissenschaftlicher und außertechnischer Entwicklungen.

Besonders vielfältig ist in der Nanotechnologie über Zukünfte geredet worden, was geradezu zu einem Boom in der Befassung mit den Nano-Zukünften in der Technikfolgenabschätzung und in den ,Science, Technology & Society Studies' (STS) geführt hat (z.B. Coenen 2006, Grunwald 2006a). Hierbei ist es zu der für Technikfolgenabschätzung günstigen Konstellation gekommen, dass die Technik, die in ihrem Blickpunkt steht, sich noch in einem sehr frühen Entwicklungsstadium befindet. Diese Situation wurde allgemein als Chance begriffen, dass Technikfolgenabschätzung hier sehr früh und damit auch gestaltend die Entwicklung begleiten könnte. Das ,upstream engagement' wurde zum Schlagwort: Technikfolgenabschätzung solle ,flussaufwärts' gehen, um den Lauf des Flusses besser mitgestalten zu können. Das Collingridge-Dilemma (Kap. 6.6) jedoch führt auch hier zur Ernüchterung: weit flussaufwärts ist, um im Bild zu bleiben, wenig bekannt über den Unterlauf, und dieses geringe Wissen trübt die Gestaltungschancen. Auch das ,upstream engagement' trifft auf Grenzen – und ihre wenigstens teilweise Überwindung bedarf wiederum der Bewertung von ,Zukünften' – metaphorisch gesprochen: der Bewertung von Bildern, die man sich am Oberlauf des Flusses vom Unterlauf machen kann. Für die Technikfolgenabschätzung dürfte dies weniger eine aktuelle Herausforderung als vielmehr eine Dauerbaustelle sein. In aktuellen Feldern wie der Nanotechnologie, den ,Converging Technologies' und der Synthetischen Biologie zeigen sich die Herausforderungen jedoch in besonderer Weise und ergeben sich auch besondere Experimentier- und Lernmöglichkeiten.

Veränderungen im Gegenstandsbereich

Es lassen sich Veränderungen und Akzentverschiebungen in den *Eigenschaften aktueller wissenschaftlich-technischer Entwicklungen* erkennen. Nicht mehr die klassische Großanlagenproblematik steht im Mittelpunkt, wie dies häufig in der frühen Technikfolgenabschätzung der Fall war. Vielmehr verläuft die Entwicklung, wie in Nanotechnologie und den Informations- und Kommunikationstechnologien sowie im Gedanken der ,Converging Technologies' zu erkennen ist, hin zu mehr Vernetzung, mehr Querschnitthaftigkeit und zur Erzeugung von immer mehr Schnittstellen. Weniger Einzelentwicklungen entscheiden über den weiteren Gang der Dinge, sondern das geschickte Zusammenbringen verschiedener Entwicklungen aus vormals teils völlig getrennten Bereichs. Dadurch steigt die Kontingenz: diese Entwicklungen erhöhen die Zahl der Rekombinationsmöglichkeiten und machen Entscheidungsprozesse komplexer. In Bezug auf Nanotechnologie wurde bereits von einer Vervielfachung der Unsicherheiten gesprochen (Schmidt 2008), da aufgrund der Vermehrung der Rekombinationsmöglichkeiten der Blick auf die Zukunft immer schwieriger wird: die Zahl der auch nur plausiblen Zukünfte wächst.

Veränderungen im Innovationsverhalten

Die Rolle von Technik in der Gesellschaft wird immer weniger durch die *technische* Machbarkeit von Produkten, Verfahren oder Systemen bestimmt. Vieles, was technisch machbar ist und was dann auch gemacht und auf dem Markt angeboten wurde, scheitert, worauf die Innovationsforschung hinweist, in der gesellschaftlichen Einbettung an ökonomischen Aspekten, der sozialen Akzeptanz oder an der mangelnden Einpassung in bestehende Technik (z.B. der Transrapid). Insbesondere die Kundenakzeptanz führt gelegentlich zu unerwarteten Wendungen, so z.B. in der Frage des Genfood in Großbritannien. Vielfach haben die sozialen Bedingungen für Akzeptanz wie z.B. Einpassung in Wertmuster, Konsumstile oder Lifestyle an Bedeutung sogar gegenüber den rein ökonomischen Aspekten gewonnen. Für Technikfolgenabschätzung ergibt sich daraus die Notwendigkeit der verstärkten Zuwendung hin zu den sozialen und kulturellen Bedingungen für gelingende Innovation (Maasen/Merz 2006). Auch entstehen damit neue Schnittstellen zwischen der Innovationsforschung und der Technikfolgenabschätzung (Smits/ten Hertog 2007).

Neue Formen im Umfeld der Technikfolgenabschätzung

In den letzten Jahren haben neuartige Formen der Technikreflexion an Aufmerksamkeit gewonnen wie z.B. die EHS-Studien (environment, health, safety), die STS-Studien (science, technology & society) und die ELSI-Aktivitäten (ethical, legal and social implications). Sie treten in der Regel projektförmig als Begleitforschung auf (Kap. 3.4.2). Sie zielen ebenfalls auf wissenschaftliche Politikberatung, aber sind flexibler in ihrer Anlage – negativ formuliert: ihre Ansprüche sind niedriger, in konzeptioneller Hinsicht, in Bezug auf Institutionalisierungen und auf der Ebene der Ziele. Ein Ziel wie „to achieve a better technology in a better society" (Rip et al. 1995), wie dies im Constructive Technology Assessment formuliert wurde (Kap. 4.3) oder ambitionierte demokratietheoretische Ziele partizipativer Technikfolgenabschätzung sind hier weit entfernt. Gleichwohl sind ‚TA-artige' Gedanken und Elemente enthalten: die Einbettung wissenschaftlich-technischer Entwicklungen in ein gesellschaftliches Umfeld, der Blick auf die ‚Folgen', wenngleich bescheiden auf ‚implications' reduziert, die Breite der Untersuchungsthemen – und natürlich die methodischen Probleme (Kap. 6), die sämtlich in gleicher Weise auftreten. Auch ist das Folgendenken in weite Teile der Natur- und Technikwissenschaften sowie in gesellschaftliche Bereiche wie die Politik und die Medien eingegangen. Folgenreflexion – in welcher Form auch immer – ist zu einem gängigen Selbstverständigungsmedium moderner Gesellschaften geworden. Diese ,Diffusion in die Breite' ist jedoch häufig mit einem Verlust an Professionalität verbunden. Der Technikfolgenabschätzung kommt hier die Aufgabe zu, den eigenen Erfahrungshintergrund auch für andere Bereiche fruchtbar zu machen.

15.3.2 Nächste Schritte

Die Geschichte der Technikfolgenabschätzung lässt sich als eine Geschichte der Experimente erzählen: Experimente mit konzeptionellen Ansätzen, institutionellen ,Settings' und methodischen Vorgehensweisen, um in der Vielfalt der sich teils auch ändernden Kontexte adäquate Antworten auf die Fragen im Umfeld der dialektischen Spannungsfelder des wissenschaftlich-technischen Fortschritts zu entwickeln. Dies sollte auch so bleiben. Im Folgenden seien kurz nur einige Entwicklungen angesprochen, durch die Technikfolgenabschätzung auf bestehende Defizite und aktuelle Herausforderungen reagieren könnte.

Formierung einer internationalen TA-Community

Vor dem Hintergrund der Globalisierung in Wirtschaft und Technikentwicklung ist eine zunehmende internationale Kooperation in der Technikfolgenabschätzung wünschenswert. Tendenzen dazu sind beobachtbar. So gibt es ein wachsendes Interesse an Technikfolgenabschätzung in den Industrie- und Schwellenländern Asiens, ein wieder erwachendes Interesse in den USA, und erste Aktivitäten in Australien. Damit verbessern sich die Voraussetzungen, eine internationale TA-Community zu formieren. Eine solche besteht zurzeit nur in dem wichtigen aber thematisch schmalen Segment des Health Technology Assessment (HTA, Kap. 3.7). Ansonsten gibt es das Netzwerk europäischer parlamentarischer TA-Einrichtungen (EPTA, vgl. Kap. 3.3) und das deutschsprachige Netzwerk Technikfolgenabschätzung (Kap. 15.1). Ein internationaler Verband oder ein Netzwerk der Technikfolgenabschätzung besteht nicht, genauso wenig wie es institutionalisierte Weltkonferenzen der Technikfolgenabschätzung gibt. In Bezug auf Fachzeitschriften gibt es durchaus einige mit Nähe zur Technikfolgenabschätzung, aber keine anerkannte, die den Fokus auf ihr hätte. Hier besteht Handlungsbedarf.

Technology Governance

Angesichts supranationaler Institutionen und global agierender Konzerne, aber auch aufgrund von Veränderungen in den Governance-Strukturen selbst und in den gesellschaftlichen Kommunikationsstrukturen bildet sich ein neues Verhältnis von Gesellschaft und Technikentwicklung heraus. Eine der früheren Hauptaufgaben des Staates in Bezug auf Technik, Schlüsseltechnologien zu fördern und in die Anwendung zu bringen, ist einer stärkeren Betonung einerseits der *Moderatorenrolle* des Staates in Innovationsprozessen und andererseits der Rolle des Staates als *Gestalter von Rahmenbedingungen* für Innovationen gewichen. Statt einer zentralen Techniksteuerung durch den Staat verlaufen Entscheidungs- und Entwicklungsprozesse weniger hierarchisch und stärker dezentral-netzwerkartig. Technikgenese und Technikdiffusion prägen in der Netzwerk-Gesellschaft neue Formen aus (z.B. Dolata 2003). Die seit einigen Jahren kursierende Rede von ‚Technology Governance' versucht, diese Veränderungen begrifflich einzufangen. Technikfolgenabschätzung hat begonnen, sich damit auseinanderzusetzen (Aichholzer et al. 2010). Angesichts der zentralen Bedeutung der Technology Governance für die Technikfolgenabschätzung – und der möglicherweise auch zentralen Bedeutung der Technikfolgenabschätzung für die Technology Governance – gilt es, diesen Entwicklungspfad offensiv weiter zu verfolgen.

Partizipation – quo vadis?

Partizipation ist seit mehr als zwanzig Jahren ein zentrales Thema der Technikfolgenabschätzung (Kap. 4.2). Viele Konzepte und Methoden sind entwickelt und erprobt worden. Weit reichende Hoffnungen wurden geweckt und zu einem guten Teil enttäuscht. Nichtsdestotrotz ist der Elan ungebrochen. Es scheint eine reflexive Besinnung anzustehen: welche sind rechtfertigbare und realistische Ziele der Partizipation? Wo liegen ihre Grenzen? Was sind die real eintretenden Effekte (z.B. Bogner 2010)? Warum wird sie trotz vieler Misserfolge weiterhin mit Elan betrieben? Neben der normativen Begeisterung bedarf es eines nüchternen Blicks auf die real ablaufenden sozialen Prozesse und ihre Auswirkungen.

Theoriearbeit

Eine Theorie der Technikfolgenabschätzung liegt nicht vor, auch wenn es viele Gründe gibt, warum und wozu es eine solche geben sollte (Kap. 12.1). Eine solche Theorie würde sicher nicht normativ entscheiden können, was Technikfolgenabschätzung ist und was nicht, sie würde aber helfen, das gegenwärtige ‚Patchwork' der Technikfolgenabschätzung zu strukturieren, vor allem durch eine nachvollziehbare Relationierung zwischen dem Allgemeinen und dem Konkreten.

*

Der Technikfolgenabschätzung werden sobald die Aufgaben nicht ausgehen. Wahrscheinlich werden es sogar eher mehr als weniger. Jedoch kommen nicht einfach neue Fälle hinzu, sondern die Art und Weise der Aufgaben verändert sich in dem Maße, in dem Gesellschaft selbst sich verändert. Technikfolgenabschätzung wird in diesem Sinne nicht nur deshalb nie ‚fertig', weil das wissenschaftlich-technische System immer neue Technologien und damit immer neue Anwendungsfälle für Technikfolgenabschätzung produziert, sondern auch deshalb – und dies ist das eigentlich Interessante –, weil die ‚Natur' der Fälle sich ändert. Technikfolgenabschätzung kann nur dann gut ihre Aufgaben erfüllen, wenn sie diesem Wandel auf den Fersen bleibt – und das heißt, wenn sie möglichst nahe an den gesellschaftlichen wie auch an den technischen Entwicklungen ist. Dies macht ihre Schwierigkeit aus, ist aber gleichzeitig auch ihr Faszinosum.

Literatur

Abels, G.; Bora, A. (2004): Demokratische Technikbewertung. Bielefeld

Acatech (2009a): Deutsche Akademie der Technikwissenschaften: Synthetische Biologie. Stellungnahme. Berlin

Acatech (2009b): Deutsche Akademie der Technikwissenschaften: Wege zur Technikfaszination. Sozialisationsverläufe und Interventionszeitpunkte. Berlin

Achternbosch, M.; Bräutigam, K.-R.; Hartlieb, N.; Kupsch, Chr.; Richers, U.; Stemmermann, P.; Gleis, M. (2003): Heavy metals in cement and concrete resulting from the Co-incinaration of wastes in cement kilns with regard to the legitimacy of waste utilisation. Karlsruhe

Achternbosch, M.; Kupsch, Chr.; Sardemann, G.; Bräutigam, K.-R. (2009): Cadmium flows caused by the worldwide production of primary zinc metal. In: Journal of Industrial Ecology (JIE) 13(2009)3, S. 438-454

Adorno, Th.; Albert, H.; Dahrendorf, R.; Habermas, J.; Pilot, H.; Popper, K. (Hg.) (1972): Der Positivismusstreit in der deutschen Soziologe. Darmstadt

Agersnap, T. (1992): Consensus Conferences for Technology Assessment. In: Technology & Democracy. Proceedings of the 3th European Conference on Technology Assessment, Copenhagen, S. 45-54

Aichholzer, G.; Bora, A.; Bröchler, S.; Decker, M.; Latzer, M. (2010): Technology Governance. Der Beitrag der Technikfolgenabschätzung. Berlin

AkEnd – Arbeitskreis Auswahlverfahren Endlagerstandorte (2002): Auswahlverfahren für Endlagerstandorte. Empfehlungen. Köln

Albert, H.; Topitsch, E. (Hg.) (1971): Werturteilsstreit. Darmstadt

Alemann, U. von; Schatz H. (1987): Mensch und Technik. Grundlagen und Perspektiven einer sozialverträglichen Technikgestaltung. Opladen

Alemann, U. von; Schatz, H.; Simonis, G. (1992): Leitbilder Sozialverträglicher Technikgestaltung. Opladen

Alpern, K. D. (1993): Ingenieure als moralische Helden. In: Lenk/Ropohl 1993, S. 177-193

Anders, G. (1964): Die Antiquiertheit des Menschen. München

Arbter, K. (2005): Nachhaltige Politiken und Rechtsakte. Studie zum internationalen Stand der Dinge und zu einem Ablauf für Österreich. Wien

Arrow, K. (1963): Social Choice and Individual Values. London

Ayres, R. U.; Carlson, J. W.; Simon, S. W. (1970): Technology Assessment and Policy-Making in the United States. New York

Baccini, P.; Bader, H.-P. (1996): Regionaler Stoffhaushalt. Heidelberg u.a.O.

Banse, G.; Bechmann, G. (1998): Interdisziplinäre Risikoforschung. Eine Bibliographie. Opladen, Wiesbaden

Banta, H. D.; Luce, B. (1993): Health care technology and its assessment: An international perspective. Oxford

Barber, B. R. (1984): Strong Democracy. Participatory Politics for a New Age. Berkeley/CA

Basalla, G. (1988): The Evolution of Technology. Cambridge

Bauer, C.; Poganietz, W.-P. (2007): Prospektive Lebenszyklusanalyse oder die Zukunft in der Ökobilanz. In: Technikfolgenabschätzung – Theorie und Praxis 16(2007)3, S. 17-23

BDI – Bundesverband der Deutschen Industrie e.V. (Hg.) (1986): Möglichkeiten und Grenzen der Technik sowie der Beurteilung ihrer Folgen für Wirtschaft und Gesellschaft. Dokumentation, 26.3.1986

Bechmann, G. (1993): Ethische Grenzen der Technik oder technische Grenzen der Ethik? Geschichte und Gegenwart. In: Vierteljahreshefte für Zeitgeschichte, Gesellschaftsanalyse und politische Bildung 12, S. 213-225

Bechmann, G. (1994): Frühwarnung – die Achillesferse der TA? In: Grunwald/Sax 1994, S. 88-100

Bechmann, G. (1996) (Hg.): Praxisfelder der Technikfolgenforschung. Konzepte, Methoden, Optionen. Frankfurt/M.

Bechmann, G. (1997): Diskursivität und Technikgestaltung. In: Köberle et al. 1997, S. 151-163

Bechmann, G. (2001): Paradigmenwechsel in der Wissenschaft? – Anmerkungen zur problemorientierten Forschung. In: Grunwald, A. (Hg.): ITAS 1999/2000. Jahrbuch des Instituts für Technikfolgenabschätzung und Systemanalyse, Karlsruhe

Bechmann, G. (2007): Die Beschreibung der Zukunft als Chance oder Risiko? In: Technikfolgenabschätzung – Theorie und Praxis 16(2007)1, S. 24-31

Bechmann, G.; Decker, M.; Fiedeler, U.; Krings, B. (2007): TA in a complex world. In: International Journal of Foresight and Innovation Policy 4, S. 4-21

Bechmann, G.; Frederichs G. (1996): Problemorientierte Forschung: Zwischen Politik und Wissenschaft. In: Bechmann, G. (Hg.) (1996): Praxisfelder der Technikfolgenforschung. Konzepte, Methoden, Optionen. Frankfurt/M., S. 11-37

Bechmann, G.; Gloede, F. (1992): Erkennen und Anerkennen. Über die Grenzen der Idee der „Frühwarnung“. In: Petermann 1992, S. 121-150

Bechmann, G.; Gorokhov, V.; Stehr, N. (2009) (Hg.): The Social Integration of Science. Institutional and Epistemological Aspects of the Transformation of Knowledge in Modern Society. Berlin

Beck, U. (1986): Risikogesellschaft. Auf dem Weg in eine andere Moderne. Frankfurt/M.

Beck, U.; Lau, C. (2004): Entgrenzung und Entscheidung. Was ist neu an der Theorie reflexiver Modernisierung? Frankfurt/M.

Becks, H.; Gelbke, H.-P. (2001): Die Ökoeffizienz-Analyse nach BASF. In: TA-Datenbank-Nachrichten 10(2001)2, S. 34-39

Beecroft, R.; Dusseldorp, M. (2009): TA als Bildung. Ansatzpunkte für Methodologie und Lehre. In: Technikfolgenabschätzung – Theorie und Praxis 18(2009)3, S. 55-61

Bellucci, S.; Rey, L. (1999): Das TA-Programm Schweiz. In: Bröchler et al. 1999, S. 395-402

Bender, G. (2006): Technologieentwicklung als Institutionalisierungsprozess. Zur Entstehung einer soziotechnischen Welt. Berlin

Beusmann, V.; Kollek, R. (2009): Lehre zur Technikbewertung in den Lebenswissenschaften. In: Technikfolgenabschätzung – Theorie und Praxis 18(2009) 3, S. 40-46

Bieker, T.; Dyllick, T.; Gminder, C.; Hockerts, K. (2001): Management unternehmerischer Nachhaltigkeit mit einer Balanced Sustainability Scorecard. Diskussionsbeitrag Nr. 94 des Instituts für Wirtschaft und Ökologie der Universität St. Gallen (IWÖ), St. Gallen

Biervert, B.; Held, M. (Hg.) (1992): Evolutorische Ökonomik. Neuerungen, Normen, Institutionen. Frankfurt/M.

Bijker, W. E.; Hughes, T. P.; Pinch, T. J. (Hg.) (1987): The Social Construction of Technological Systems. Cambridge/Mass.

Bijker, W.; Law J (Hg.) (1994): Shaping Technology/Building Society. Cambridge/Mass.

Bimber, B. A. (1996): The politics of expertise in Congress: the rise and fall of the Office of Technology Assessment. New York

Birnbacher, D. (1988): Verantwortung für zukünftige Generationen. Stuttgart

BMBF – Bundesministerium für Bildung und Forschung (2008): Innovations- und Technikanalyse. Berlin

BMFT – Bundesministerium für Forschung und Technologie (1990): Deutsche Risikostudie Kernkraftwerke, Phase B. TÜV Rheinland, Köln

Bogner, A. (2010): Partizipation als Laborexperiment. Paradoxien der Laiendeliberation in Technikfragen. In: Zeitschrift für Soziologie 39, S. 87-105

Böhle, K.; Riehm, U. (1998): Blütenträume – Über Zahlungssysteminnovationen und Internet-Handel in Deutschland. Wissenschaftliche Berichte FZKA 6161, Forschungszentrum Karlsruhe

Böhret, C.; Franz, P. (1982): Technikfolgenabschätzung. Institutionelle und verfahrensmäßige Lösungsansätze. Frankfurt/M.

Böhret, C.; Konzendorf, G. (1997): Ko-Evolution von Gesellschaft und funktionalem Staat. Ein Beitrag zur Theorie der Politik. Opladen

Böhret, C.; Konzendorf, G. (2000): Handbuch zur Gesetzesfolgenabschätzung. Berlin. Kurzfassung: Moderner Staat – Moderne Verwaltung. Leitfaden zur Gesetzesfolgenabschätzung. Berlin

Boldt, J.; Müller, O.; Maio, G. (2009): Synthetische Biologie. Eine ethisch-philosophische Analyse. Bern

Bora, A.; Bröchler, S.; Decker, M. (Hg.) (2007): Technology Assessment in der Weltgesellschaft. Berlin

Bora, A.; Decker, M.; Grunwald, A.; Renn, O. (Hg.) (2005): Technik in einer fragilen Welt. Herausforderungen an die Technikfolgenabschätzung. Berlin

Bora, A.; Mölders, M. (2008): Im Schutz der Disziplinen: Technikfolgenabschätzung in der Lehre zwischen Multi- und Transdisziplinarität. Universität Bielefeld (http://bieson.ub.uni-bielefeld.de/volltexte/2008/1337/pdf/Bora-and-Molders-2008-05-19.pdf; download 10.12.09)

Bora, A.; van den Daele, W. (1997): Partizipatorische Technikfolgenabschätzung. Das Verfahren zu transgenen herbizidresistenten Kulturpflanzen. In: Köberle et al. 1997, S. 124-150

Böschen, S.; Kratzer, N.; May, S. (Hg.) (2006): Nebenfolgen. Analyse zur Konstruktion und Transformation moderner Gesellschaften. Weilerswist, Velbrück

Boxsel, J. A. M. (1991): Konstruktive Technikfolgenabschätzung in den Niederlanden. In: Kornwachs 1991a, S. 137-154

Brand, K.-W.; Fürst, V. (2002): Voraussetzungen und Probleme einer Politik der Nachhaltigkeit – Eine Exploration des Forschungsfelds. In: Brand, K.-W. (Hg.): Politik der Nachhaltigkeit. Berlin, S. 15-109

Bräutigam, K.-R.; Achternbosch, M.; Kupsch, Chr.; Sardemann, G. (2008): Management of cadmium flows under the aspect of establishing closed loops. In: Journal of Environmental Engineering and Management (JEEAM) 18(2008)1, S. 25-32

Brinckmann, A. (2006): Wissenschaftliche Politikberatung in den 60er Jahren. Berlin

Britzelmaier, B.; Geberl, S.; Weinmann, S. (2002) (Hg.): Der Mensch im Netz – Ubiquitous Computing. Stuttgart

Bröchler, S.; Schützeichel, R. (2008) (Hg.): Politikberatung. Stuttgart

Bröchler, S.; Simonis, G.; Sundermann, K. (1999) (Hg.): Handbuch Technikfolgenabschätzung. Berlin

Brown, N.; Rappert, B.; Webster, A. (Hg.) (2000): Contested Futures. A sociology of prospective techno-science. Burlington, Ashgate

Brunner, P. H.; Rechberger, H. (2004): Practical Handbook of Material Flow Analysis. New York

Bührlen,B.; Vollmar, H. (2009): Biomedizinische Innovationen und klinische Forschung – Wettbewerbs- und Regulierungsfragen. Berlin, TAB-Arbeitsbericht Nr. 132

Büllingen, F. (1999): Das Office of Technology Assessment. In: Bröchler et al. 1999, S. 411-416

Bullinger, H.-J. (1991): Technikfolgenabschätzung – Wissenschaftlicher Anspruch und Wirklichkeit. In: Kornwachs 1991a, S. 103-114

BUND – Bund für Umwelt und Naturschutz in Deutschland (Hg.) (2008): Aus dem Labor auf den Teller. Die Nutzung der Nanotechnologie im Lebensmittelsektor (www.bund.net; abgerufen 21.6.2008)

Bundestag (1987): Einschätzung und Bewertung von Technikfolgen, Gestaltung von Rahmenbedingungen der technischen Entwicklung. Bundestagsdrucksache 10/5844, Bonn

Bundestag (2002): Technikfolgenabschätzung (TA). Beratungskapazität Technikfolgenabschätzung beim Deutschen Bundestag – ein Erfahrungsbericht. Bundestags-Drucksache 14/9919, Berlin

Bundestag (2007): Bundestagsdrucksache 16/6337. Berlin

Burchardt, U. (2007): Technology Assessment in der Weltgesellschaft. In: Bora et al. 2007, S. 29-38

Bütschi, D.; Carius, R.; Decker, M.; Gram, S.; Machleidt, P.; Steyaert, St.; van Est, R. (2004): The Practice of TA; Science, Interaction, and Communication. In: Decker/Ladikas 2004, S. 12-55

Calliess, C. (2009): Das Vorsorgeprinzip und seine Auswirkungen auf die Nanotechnologie. Vortragsmanuskript, zugänglich über die Internetseite des Sachverständigenrates für Umweltfragen (SRU)

Camhis, M. (1979): Planning Theory and Philosophy. London

Catenhusen, W.-M. (1994): Auswirkungen der TA auf die nationale und internationale Raumfahrtpolitik. In: Grunwald/Sax 1994, S. 200-210

Charpa, U. (1996): Grundprobleme der Wissenschaftsphilosophie. Paderborn u.a.O.

Christaller, T.; Decker, M.; Gilsbach, J. M.; Hirzinger, G.; Lauterbach, K.; Schweighofer, E.; Schweitzer, E.; Sturma, D. (2001): Robotik. Perspektiven für menschliches Handeln in der zukünftigen Gesellschaft. Berlin u.a.O.

Coates, V. T. (1995): On the Demise of OTA. In: TA-Datenbank-Nachrichten 4(1995)4, S. 13-17

Coenen, C. (2006): Der posthumanistische Technikfuturismus in den Debatten über Nanotechnologie und Converging Technologies. In: Nordmann, A.; Schummer, J.; Schwarz, A. (Hg.): Nanotechnologien im Kontext. Berlin, S. 195-222

Coenen, C., Riehm, U. (2008): Entwicklung durch Vernetzung. Informations- und Kommunikationstechnologien in Afrika. Berlin

Coenen, R. (2001) (Hg.): Integrative Forschung zum Globalen Wandel. Herausforderungen und Probleme. Frankfurt/M.

Coenen, R.; Grunwald, A. (Hg) (2003): Nachhaltigkeitsprobleme in Deutschland. Analyse und Lösungsstrategien. Berlin

Collingridge, D. (1980): The Social Control of Technology. New York

Collins, H.; Pinch, T. (1998): The Golem at Large: What should you know about Technology. Cambridge

Cruz-Castro, L.; Sanz-Menendez, L. (2004): Politics and institutions: European parliamentary technology assessment. In: Technological Forecasting and Social Change 27, S. 79-96

Cuhls, K.; Blind, K.; Grupp, H. (1998): Delphi '98-Umfrage. Studie zur globalen Entwicklung von Wissenschaft und Technik. Karlsruhe

Daimler-Benz AG (Hg.) (1988): Technikfolgenabschätzung und Technikbewertung. Konzeption, Anwendungsfälle, Perspektiven. Report 10, Düsseldorf

Decker, M. (2001) (Hg.): Implementation and Limits of Interdisciplinarity in European Technology Assessment. Heidelberg u.a.O.

Decker, M. (2007a): Praxis und Theorie der Technikfolgenabschätzung. Erste Überlegungen zu einer methodischen Rekonstruktion. In: Technikfolgenabschätzung – Theorie und Praxis 16(2007)1, S. 25-31

Decker, M. (2007b): Angewandte interdisziplinäre Forschung in der Technikfolgenabschätzung. Bad Neuenahr-Ahrweiler: Europäische Akademie, Graue Reihe Nr. 41

Decker, M.; Grunwald, A. (2001): Rational Technology Assessment as Interdisciplinary Research. In: Decker 2001, S. 33-60

Decker, M.; Ladikas, M. (Hg.) (2004): Bridges between Science, Society and Policy. Technology Assessment – Methods and Impacts. Berlin

DEEPEN (2009): Reconfiguring Responsibility. Deepening Debate on Nanotechnology (www.geography.dur.ac.uk/projects/deepen; last access by October 12, 2009)

Degele, N. (1997): Kreativität rekursiv. Von der technischen Kreativität zur kreativen Aneignung von Technik. In: Jahrbuch Technik und Gesellschaft 9. Frankfurt/M., S. 55-64

Dessauer, F. (1956): Streit um die Technik. Frankfurt/M.

Detzer, K. (1995): Wer verantwortet den industriellen Fortschritt? Berlin

Detzer, K.; Dietzfelbinger, D.; Gruber, A.; Uhl, W.; Wittmann, U. (1999): Nachhaltig Wirtschaften. Expertenwissen für umweltbewusste Führungskräfte in Wirtschaft und Politik. Augsburg

Dienel, P. (1997): Die Planungszelle. Eine Alternative zur Establishment-Demokratie. Opladen

Dienel, P.; Trütken, B. (1999): Die Planungszelle.® In: Bröchler et al. 1999, S. 551-563

Dierkes, M. (Hg.) (1997): Technikgenese. Befunde aus einem Forschungsprogramm. Berlin

Dierkes, M.; Hoffmann, U.; Marz, L. (1992): Leitbild und Technik. Zur Entstehung und Steuerung technischer Innovationen. Berlin

Dierkes, M.; Petermann, Th.; Thienen, V. von (Hg.) (1986): Technik und Parlament. Technikfolgenabschätzung: Konzepte, Erfahrungen, Chancen. Berlin

DIN EN ISO 14040 (2006): Umweltmanagement – Ökobilanz – Grundsätze und Rahmenbedingungen

DIN EN ISO 14044 (2006): Umweltmanagement – Ökobilanz – Anforderungen und Anleitungen

DLR – Deutsche Forschungsanstalt für Luft- und Raumfahrt (Hg.) (1993): Technikfolgenbeurteilung der bemannten Raumfahrt. Systemanalytische, wissenschaftstheoretische und ethische Beiträge (DLR-TB-318-1993-01B). Köln-Porz

Dolata, U. (2003): Unternehmen Technik. Akteure, Interaktionsmuster und strukturelle Kontexte der Technikentwicklung: Ein Theorierahmen, Berlin

Dolata, U.; Werle, R. (Hg.) (2007): Gesellschaft und die Macht der Technik. Sozioökonomischer und institutioneller Wandel durch Technisierung. Frankfurt/M., New York

Dörner, D. (1992): Die Logik des Misslingens. Strategisches Denken in komplexen Situationen. Reinbek

Dreier, T.; Vogel, R. (2008): Software- und Computerrecht. Frankfurt/M.

Drexler, K. E. (1986): Engines of Creation – The Coming Era of Nanotechnology. Oxford

Duddeck, H. (Hg.) (2001): Technik im Wertekonflikt. Opladen

Dupuy, J.-P.; Grinbaum, A. (2004): Living with Uncertainty: Toward the ongoing Normative Assessment of Nanotechnology. In: Techné 8, S. 4-25

Dusseldorp, M. (2007): Zielkonflikte der Nachhaltigkeit als Herausforderung für die Technikfolgenabschätzung. In: Bora et al. 2007, S. 417-421

Edler, J. (2007) (Hg.): Bedürfnisse als Innovationsmotor. Konzepte und Instrumente nachfrageorientierter Innovationspolitik. Berlin

Eigner, S.; Kruse, L. (2001): Wahrnehmung und Bewertung von Technik – was ist psychologisch relevant? In: Ropohl 2001, S. 97-108

Enquête-Kommission „Schutz des Menschen und der Umwelt" des 12. Bundestages (Hg.) (1994): Die Industriegesellschaft gestalten – Perspektiven für einen nachhaltigen Umgang mit Stoff- und Massenströmen. Bonn

Epstein, G. (2009): It's Time to Press ‚Play Once Again'! Gerald Epstein's Appeal to restart OTA in the US. In: Technikfolgenabschätzung – Theorie und Praxis 18(2009)1, S. 87-91

ETC Group (2003): From Genomes to Atoms. The Big Down. Atomtech: Technologies Converging at the Nano-scale (www.etcgroup.org.)

ETC Group (2004): Down on the Farm. The Impact of Nano-Scale Technologies on Food and Agriculture (www.etcgroup.org.)

Felt, U.; Fochler, M.; Winkler, P. (2009): Coming to Terms with Biomedical Technologies in Different Technopolitical Cultures. Science, Technology, & Human Values (in press)

Fiedeler, U.; Hennen, L.; Schippl, J. (2008): TA in der Praxis. Schwierigkeiten und Erfahrung bei der Durchführung von drei TA-Projekten im Auftrag des Europäischen Parlaments. In: Technikfolgenabschätzung – Theorie und Praxis 17(2008)1, S. 152-166

Fiedeler, U.; Nentwich, M. (2009): Begleitforschung. Zur Klärung eines politischen Begriffs. In: Technikfolgenabschätzung – Theorie und Praxis 18(2009)2, S. 94-102

Finckh, R.; Dusseldorp, M.; Parodi, O. (2008): Die TA hält Rat. Zum Beratungsbegriff in einer Theorie der TA. In: Technikfolgenabschätzung – Theorie und Praxis 17(2008)1, S. 115-121

Fischer, F. (1990): Technocracy and the Politics of Expertise. London

Fisher, R.; Ury, W.; Patton, B. M. (1988): Das Harvard-Konzept: sachgerecht verhandeln – erfolgreich verhandeln. Frankfurt/M.

Fleischer, G. (1990): Primäre Abfallvermeidung in der Industrie. In: Fleischer, G. (Hg.): Vermeidung und Verwertung von Abfällen. Berlin, S. 1-38

Fleischer, T.; Decker, M.; Fiedeler, U. (2005): Assessing emerging technologies – Methodical challenges and the case of nanotechnologies. In: Technological Forecasting & Social Change 52, S. 1112-1121

Fleischer, T.; Grunwald, A. (2002): Technikgestaltung für mehr Nachhaltigkeit – Anforderungen an die Technikfolgenabschätzung. In: Grunwald 2002, S. 99-148

Fleischer, T.; Hocke, P.; Kastenholz, H.; Krug, H.; Quendt, C.; Spangenberg, A. (2009): Evidenzbewertung von Gesundheitsrisiken synthetischer Nanopartikel – Ein neues Verfahren für die Unterstützung von Governance-Prozessen in der Nanotechnologie. In: Aichholzer et al. 2010 (im Druck)

FOREN (2001): A practical guide to Regional Foresight (http://foren.jrc.es)

Friends of the Earth (2006): Nanomaterials, sunscreens, and cosmetics. Small Ingredients. (http://www.foe.org/camps/comm/nanotech/nanocosmetics.pdf)

Fritzsche, A.-F. (1986): Wie sicher leben wir? TÜV Rheinland, Köln

Führ, M.; Hermann, A.; Merenyi, S.; Moch, K.; Möller, M.; Kleinhauer, S.; Steffensen, B. (2006): Rechtsgutachten Nanotechnologie. Darmstadt

Funtowicz, S.; Ravetz, J. (1993): The Emergence of Post-Normal Science. In: von Schomberg, R. (Hg.): Science, Politics and Morality. London, S. 141-162

Fussler, C. (1999): Die Öko-Innovation: wie Unternehmen profitabel und umweltfreundlich sein können. Stuttgart

Gaia (2009): Schwerpunkthefte zu systemischen Risiken, Hefte 1/2009 und 2/2009

Gausemeier, J.; Fink, A.; Schlafke, O. (1996): Szenario-Management. Planen und Führen mit Szenarien. München, Wien

Gausemeier, J. (Hg.) (2009): Vorausschau und Technologieplanung. Paderborn

Gaycken, S.; Kurz, C. (Hg.) (2008): 1984.exe Gesellschaftliche, politische und juristische Aspekte moderner Überwachungstechnologien. Bielefeld

Gazsó, A.; Greßler, S.; Schiemer, F. (Hg.) (2007): Nano. Chancen und Risiken aktueller Technologien. Wien

Gee, D.; Greenberg, M. (2002): Asbestos: from ‚magic' to malevolent mineral. In: Harremoes et al. 2002, S. 49-63

Gehlen, A. (1986): Der Mensch. Seine Natur und seine Stellung in der Welt. Wiesbaden

Gerlinger, K.; Petermann, T.; Sauter, A. (2008): Gendoping. TAB-Arbeitsbericht Nr. 124. Berlin

Gerybadze, A. (2004): Technologie- und Innovationsmanagement. Strategie, Organisation und Implementierung. München

Gethmann, C. F. (1979): Protologik. Untersuchungen zur formalen Pragmatik von Begründungsdiskursen. Frankfurt/M.

Gethmann, C. F. (1993): Langzeitverantwortung als ethisches Problem im Umweltstaat. In: Gethmann, C. F.; Kloepfer, M.; Nutzinger, H. G. (Hg.): Langzeitverantwortung im Umweltstaat. Bonn, S. 1-21

Gethmann, C. F. (1994): Die Ethik technischen Handelns im Rahmen der Technikfolgenbeurteilung. In: Grunwald/Sax 1994, S. 146-159

Gethmann, C. F. (1999): Rationale Technikfolgenbeurteilung. In: Grunwald 1999b, S. 1-11

Gethmann, C. F. (2000): Ethische Probleme der Verteilungsgerechtigkeit beim Handeln unter Risiko. In: Gethmann-Siefert, A.; Gethmann, C. F. (Hg.): Philosophie und Technik. München, S. 61-74

Gethmann, C. F. (2001): Participatory Technology Assessment. Some Critical Questions. In: Decker 2001, S. 3-16

Gethmann, C. F.; Kamp, G. (2001): Gradierung und Diskontierung von Verbindlichkeiten bei der Langzeitverpflichtung. In: Mittelstraß, J. (Hg.): Die Zukunft des Wissens. Berlin, S. 281-295

Gethmann, C. F.; Langenbach, C. (1999): Europäische Akademie zur Erforschung von Folgen wissenschaftlich-technischer Entwicklungen Bad Neuenahr-Ahrweiler GmbH. In: Bröchler et al. 1999, S. 437-442

Gethmann, C. F.; Mittelstraß, J. (1992): Umweltstandards. In: GAIA 1(1992), S. 16-25

Gethmann, C. F.; Sander, T. (1999): Rechtfertigungsdiskurse. In: Grunwald/Saupe 1999, S. 117-151

Gibbons, J. (1991): Technology Assessment am Office of Technology Assessment: Die Entwicklungsgeschichte eines Experimentes. In: Kornwachs 1991a, S. 23-48

Giesecke, S. (2003) (Hg.): Technikakzeptanz durch Nutzerintegration? Beiträge zur Innovations- und Technikanalyse. Teltow

Gloede, F. (1987): Vom Technikfeind zum gespaltenen Ich. Thesen zur Technikakzeptanz. In: Lompe, K. (Hg.): Techniktheorie, Technikforschung, Technikgestaltung. Opladen, S. 233-261

Gloede, F. (1994): Der TA-Prozess zur Gentechnik in der Bundesrepublik Deutschland – zu früh, zu spät oder überflüssig? In: Weyer 1994a, S. 105-128

Gloede, F. (2007): Unfolgsame Folgen. Begründung und Implikationen der Fokussierung auf Nebenfolgen bei TA. In: Technikfolgenabschätzung – Theorie und Praxis 16(2007)1, S. 45-53

Goodman, N. (1954/1988): Tatsache Fiktion Voraussage. Frankfurt/M. (Ersterscheinung: Fact Fiction Forecast [1954]).

Gottschalk, N.; Elstner, M. (1997): Technik und Politik. Überlegungen zu einer innovativen Technikgestaltung. In: Elstner, M. (Hg.): Gentechnik, Ethik und Gesellschaft. Heidelberg, S. 143-180

Grande, E. (2001): Politik und Technik. In: Ropohl 2001, S. 181-194

Grimmer, K.; Häusler, J.; Kuhlmann, S.; Simonis, G. (Hg.) (1992): Politische Techniksteuerung. Opladen

Grimmer, K.; Kuhlmann, S.; Meyer-Krahmer, F. (Hg.) (1999): Innovationspolitik in globalisierten Arenen. Opladen

Grin, J. (2000): Shaping 21st century society through vision assessment? Technology assessment to support judgement. In: Grin/Grunwald 2000, S. 9-30

Grin, J.; Grunwald, A. (Hg.) (2000): Vision assessment: shaping technology in 21st century society. Towards a repertoire for technology assessment. Heidelberg u.a.O.

Grin, J.; van de Graaf, H.; Hoppe, R. (1997): Technology Assessment through Interaction. Amsterdam

Grobe, A. (2007): Europa setzt auf Dialoge: Neue Wege der (Risiko-)Kommunikation für Nanotechnologien. In: Gazsó et al. 2007, S. 199-214.

Groß, M.; Hoffmann-Riem, H.; Krohn, W. (2005): Realexperimente. Ökologische Gestaltungsprozesse in der Wissensgesellschaft. Bielefeld

Groys, B. (1992): Über das Neue. München

Groys, B. (1997): Technik im Archiv. Die dämonische Logik technischer Innovation. In: Jahrbuch Technik und Gesellschaft 9. Frankfurt/M., S. 15-32

Grundahl, J. (1995): The Danish Consensus Conference Model. In: Joss, S.; Durant; J. (Hg.): Public Participation in Science. Chippenham, S. 31-40

Grunwald, A. (1994): Wissenschaftstheoretische Anmerkungen zur Technikfolgenabschätzung: Prognose- und Quantifizierungsproblematik. In: Zeitschrift für allgemeine Wissenschaftstheorie 25, S. 51-70

Grunwald, A. (1998): Das prädiskursive Einverständnis. In: Zeitschrift für allgemeine Wissenschaftstheorie 29, S. 205-223

Grunwald, A. (1999a): Technology Assessment or Ethics of Technology? Reflections on Technology Development between Social Sciences and Philosophy. Ethical Perspectives 6, S. 170-182

Grunwald, A. (1999b) (Hg.): Rationale Technikfolgenbeurteilung. Konzeption und methodische Grundlagen. Berlin

Grunwald, A. (1999c): Ethische Grenzen der Technik? Reflexionen zum Verhältnis von Ethik und Praxis. In: Grunwald/Saupe 1999, S. 221-252

Grunwald, A. (2000a): Technik für die Gesellschaft von morgen. Möglichkeiten und Grenzen gesellschaftlicher Technikgestaltung. Frankfurt/M.

Grunwald, A. (2000b): Against Over-Estimating the Role of Ethics in Technology. In: Science and Engineering Ethics 6, S. 181-196

Grunwald, A. (2001): Arbeitsteilige Technikgestaltung und verteilte Beratung: TA zwischen Politikberatung und Technikbewertung in Unternehmen. TA-Datenbank-Nachrichten 10(2001)2, S. 61ff.

Grunwald, A. (2002) (Hg.): Technikgestaltung für eine nachhaltige Entwicklung. Berlin

Grunwald, A. (2003): Die Unterscheidung von Gestaltbarkeit und Nicht-Gestaltbarkeit der Technik. In: Grunwald, A. (Hg.): Technikgestaltung zwischen Wunsch und Wirklichkeit. Berlin u.a.O., S. 19-38

Grunwald, A. (2005): Wissenschaftliche Unabhängigkeit als konstitutives Prinzip parlamentarischer Technikfolgen-Abschätzung. In: Petermann/Grunwald 2005, S. 213-239

Grunwald, A. (2006a): Nanotechnologie als Chiffre der Zukunft. In: Nordmann, A.; Schummer, J.; Schwarz, A. (Hg.): Nanotechnologien im Kontext. St. Augustin, S. 49-80

Grunwald, A. (2006b): Technikfolgenabschätzung als Nachhaltigkeitsbewertung. In: Kopfmüller, J. (Hg.): Ein Konzept auf dem Prüfstand. Das integrative Nachhaltigkeitskonzept in der Forschungspraxis. Berlin, S. 39-61

Grunwald, A. (2007a): Auf dem Weg zu einer Theorie der Technikfolgenabschätzung: der Einstieg. In: Technikfolgenabschätzung – Theorie und Praxis 16(2007)1, S. 4-17

Grunwald, A. (2007b): Orientierungsbedarf, Zukunftswissen und Naturalismus. Das Beispiel der ‚technischen Verbesserung' des Menschen. In: Deutsche Zeitschrift für Philosophie 55(2007)6, S. 949-965

Grunwald, A. (2007c): Technikdeterminismus oder Sozialdeterminismus. In: Dolata, U.; Werle, R. (Hg.): Gesellschaft und die Macht der Technik. Sozioökonomischer und institutioneller Wandel durch Technisierung. Frankfurt/M., New York, S. 63-82

Grunwald, A. (2008a): Technik und Politikberatung. Philosophische Perspektiven. Frankfurt/M.

Grunwald, A. (2008b): Auf dem Weg in eine nanotechnologische Zukunft. Philosophisch-ethische Fragen. Freiburg

Grunwald, A. (2009a): Energiezukünfte vergleichend bewerten – aber wie? In: Möst et al., S. 33-47

Grunwald, A. (2009b): Vision Assessment Supporting the Governance of Knowledge – the Case of Futuristic Nanotechnology. In: Bechmann et al. 2009, S. 147-170

Grunwald, A. (2009c): Konzepte nachhaltiger Entwicklung vergleichen – aber wie? Diskursebenen und Vergleichsmaßstäbe. In: Egan-Krieger, T. von; Schultz, J.; Thapa, Ph. P.; Voget, L. (Hg.): Die Greifswalder Theorie starker Nachhaltigkeit. Ausbau, Anwendung und Kritik. Marburg, S. 41-64

Grunwald, A. (2010): Technology Assessment. Concepts and Methods. In: Meijers, A. (Hg.): Philosophy of Technology and Engineering Sciences. Amsterdam u.a.O., S. 1103-1146

Grunwald, A.; Banse, G.; Coenen, C.; Hennen, L. (2006): Netzöffentlichkeit und digitale Demokratie. Tendenzen politischer Kommunikation im Internet. Berlin

Grunwald, A.; Grünwald, R.; Oertel, D.; Paschen, H. (2002): Kernfusion Sachstandsbericht. TAB-Arbeitsbericht Nr. 75. Berlin

Grunwald, A.; Hocke-Bergler (2009): The risk debate on nanoparticles: Contribution to a normalisation of the science/society relationship? In: Kaiser, M.; Kurath, M.; Maasen, S.; Rehmann-Sutter, Chr. (Hg.): Governing future technologies. Nanotechnology and the rise of an assessment regime. Dordrecht u.a.O., S. 157-177

Grunwald, A.; Julliard, Y. (2005): Technik als Reflexionsbegriff – Überlegungen zur semantischen Struktur des Redens über Technik. In: Philosophia naturalis 42(2005)1, S. 127-157

Grunwald, A.; Kopfmüller, J. (2006): Nachhaltigkeit. Frankfurt/M., New York

Grunwald, A.; Kopfmüller, J. (2007): Die Nachhaltigkeitsprüfung: Kernelement einer angemessenen Umsetzung des Nachhaltigkeitsleitbilds in Politik und Recht. Forschungszentrum Karlsruhe FZKA 7349

Grunwald, A.; Saupe, S. (Hg.) (1999): Ethik in der Technikgestaltung. Praktische Relevanz und Legitimation. Berlin

Grunwald, A.; Sax, H. (Hg.) (1994): Technikbeurteilung in der Raumfahrt. Anforderungen, Methoden, Wirkungen. Berlin

Grünwald, R. (2007): CO_2-Abscheidung und -Lagerung bei Kraftwerken. TAB-Arbeitsbericht Nr. 120, Berlin

Grupp, H. (1997): Messung und Erklärung des technischen Wandels. Berlin, Heidelberg

Guston, D. H.; Sarewitz, D. (2002): Real-Time Technology Assessment. In: Technology in Culture 24, S. 93-109

Gutmann, M.; Hanekamp, G. (1999): Wissenschaftstheorie und Technikfolgenbeurteilung. In: Grunwald 1999b, S. 55-92

Habermas, J. (1968a): Verwissenschaftlichte Politik und öffentliche Meinung. In: Habermas, J. (Hg.): Technik und Wissenschaft als Ideologie. Frankfurt/M., S. 120-145

Habermas, J. (1968b): Erkenntnis und Interesse. Frankfurt/M.

Habermas, J. (1988): Theorie des kommunikativen Handelns. Frankfurt/M.

Habermas, J. (1992): Drei normative Modelle der Demokratie: Zum Begriff deliberativer Politik. In: Münkler, H. (Hg.): Die Chancen der Freiheit. München, S. 11-124

Habermas, J. (2001): Die Zukunft der menschlichen Natur. Frankfurt/M.

Habermas, J. (2008): Hat die Demokratie noch eine epistemische Dimension? Empirische Forschung und normative Theorie. In: Habermas, J. (Hg.): Ach Europa, Frankfurt/M., S. 138-191

Hack, L. (1999): Sozialwissenschaftliche Technikforschung. In: Bröchler et al. 1999, S. 192-204

Hake, J.; Eich, R. (2005): Anforderungen an eine in die Zukunft gerichtete Energieforschung. In: Energiewirtschaftliche Tagesfragen 55, S. 8-12

Halbritter, G.; Bräutigam, R.; Fleischer, T.; Klein-Vielhauer, S.; Kupsch, Chr.; Paschen, H. (1999): Umweltverträgliche Verkehrskonzepte. Entwicklung und Analyse von Optionen zur Entlastung des Verkehrsnetzes und zur Verlagerung von Straßenverkehr auf umweltfreundlichere Verkehrsträger. Berlin

Halfmann, J. (1996): Die gesellschaftliche ‚Natur' von Technik. Opladen

Halfmann, J. (2003): Eine Stellungnahme aus Sicht der Techniksoziologie. In: Giesecke 2003, S. 155-161

Hampel, J.; Renn, O. (Hg.) (1999): Gentechnik in der Öffentlichkeit. Wahrnehmung und Bewertung einer umstrittenen Technologie. Frankfurt/M.

Hansson, S. O. (2006): Great Uncertainty about small Things. In: Schummer, J.; Baird, D. (Hg.): Nanotechnology Challenges – Implications for Philosophy, Ethics and Society. Singapur u.a.O., S. 315-325.

Harremoes, P.; Gee, D.; MacGarvin, M.; Stirling, A.; Keys, J.; Wynne, B.; Guedes Vaz, S. (Hg.) (2002): The Precautionary Principle in the 20th century. Late Lessons from early warnings. London

Hauff, V. (Hg.) (1987): Unsere gemeinsame Zukunft. Greven

Haum, R.; Petschow, U.; Steinfeldt, M.; von Gleich, A. (2004): Nanotechnology and Regulation within the Framework of the Precautionary Principle. Schriftenreihe des IÖW 173/04. Berlin

Heinloth, K. (2003): Die Energiefrage. Bedarf und Potentiale, Risiken und Kosten. Vieweg

Hempel, C. G. (1965/1977): Aspects of Scientific Explanation and other Essays in the Philosophy of Science. New York, London (Dt. Fassung: Aspekte wissenschaftlicher Erklärung, Tübingen 1977)

Hennen, L. (1997): Technikakzeptanz und Kontroversen über Technik – Ambivalenz und Widersprüche. TAB-Arbeitsbericht Nr. 54, Berlin

Hennen, L. (2002): Positive Veränderung des Meinungsklimas – konstante Einstellungsmuster – Dritter Sachstandsbericht. TAB-Arbeitsbericht Nr. 83. Berlin

Hennen, L.; Grünwald, R.; Revermann, C.; Sauter, A. (2007): Hirnforschung. TAB-Arbeitsbericht Nr. 117. Berlin

Hocke-Bergler, P.; Grunwald, A. (Hg.) (2006): Wohin mit dem radioaktiven Abfall? Perspektiven für eine sozialwissenschaftliche Endlagerforschung. Berlin

Hocke-Bergler, P.; Renn, O. (2009): Concerned public and the paralysis of decision-making: nuclear waste management policy in Germany. In: Journal of Risk Research 12(2009)7-8, S. 921-940

Höffe, O. (1979): Ethik und Politik. Grundmodelle und -probleme der praktischen Philosophie. Frankfurt/M.

Höffe, O. (1993): Moral als Preis der Moderne. Ein Versuch über Wissenschaft, Technik und Umwelt. Frankfurt/M.

Honnefelder, L.; Propping, P. (Hg.) (2001): Was wissen wir, wenn wir das menschliche Genom kennen? Köln

Hörning, K. H. (1995): Technik und Kultur. Ein verwickeltes Spiel der Praxis. In: Jahrbuch Technik und Gesellschaft 8, S. 131-152

Hornung, A.; Seifert, H.; Vehlow, J. (2002): Nachhaltige Entsorgung von Abfällen aus dem Elektro- und Elektronikbereich. In: Grunwald 2002, S. 375-386

Huber, J. (1995): Nachhaltige Entwicklung. Strategien für eine ökologische und soziale Erdpolitik. Berlin

Hubig, C. (1993): Ethik der Technik. Ein Leitfaden. Heidelberg u.a.O.

Hubig, C. (1999): Pragmatische Entscheidungslegitimation angesichts von Expertendilemmata. Vorbereitende Überlegungen zu einer Ethik der Beratung auf der Basis einer provisorischen Moral. In: Grunwald/Saupe 1999, S. 197-210

Hubig, C. (2007): Die Kunst des Möglichen II. Grundlinien einer dialektischen Philosophie der Technik. Band 2: Ethik der Technik als provisorische Moral. Bielefeld

Hubig, C.; Huning, A.; Ropohl, G. (2000): Nachdenken über Technik. Die Klassiker der Technikphilosophie. Berlin

Hubig, C.; Reidel, J. (Hg) (2004): Ethische Ingenieurverantwortung. Handlungsspielräume und Perspektiven der Kodifzierung. Berlin

Hüsing, B. (2003): Technikakzeptanz und Nachfragemuster als Standortvorteil. In: Giesecke 2003, S. 39-56

IEA – International Energy Agency (2005): Key World Energy Statistics, Paris

ILK – Internationale Länderkommission Kerntechnik (2004): Stellungnahme zur Bewertung der Nachhaltigkeit der Kernenergie und anderer Technologien zur Stromerzeugung (http://www.ilk-online.de/public/de/stellungnahmen.htm)

Irrgang, B. (2005): Posthumanes Menschsein? Künstliche Intelligenz, Cyberspace, Roboter, Cyborgs und Designer-Menschen – Anthropologie des künstlichen Menschen im 21. Jahrhundert. Stuttgart

Jaeger, J.; Scheringer, M. (1998): Transdisziplinarität: Problemorientierung ohne Methodenzwang. In: GAIA 7, S. 10-25.

Janich, P. (1995): Die methodische Konstruktion der Wirklichkeit durch die Wissenschaften. In: Lenk, H.; Poser, H. (Hg.): Neue Realitäten – Herausforderung der Philosophie. Berlin, S. 460-476

Janich, P. (1996): Kulturalistische Erkenntnistheorie statt Informationismus. In: Hartmann, D.; Janich, P. (Hg.): Methodischer Kulturalismus. Frankfurt/M., S. 115-155

Janich, P. (1997): Kleine Philosophie der Naturwissenschaften. München

Janich, P. (1998): Die Struktur technischer Innovationen. In: Hartmann, D.; Janich, P. (Hg.): Die kulturalistische Wende. Frankfurt/M., S. 129-177

Janich, P. (Hg.) (2008): Naturalismus und Menschenbild. Hamburg

Janich, P. (2009): Kein neues Menschenbild – Zur Sprache der Hirnforschung. Frankfurt/M.

Jasanoff, S. (1990): The Fifth Branch. Science Advisers as Policymakers. Harvard

Jaufmann, D. (1999): Technikakzeptanzforschung. In: Bröchler et al. 1999, S. 205-226

Jischa, M. (2002): Die Perspektive der Ingenieurwissenschaften. In: Grunwald 2002, S. 65-80

Jochem, E. (1975): Möglichkeiten und Grenzen der Technikfolgen-Abschätzung und -Bewertung (TA), dargestellt an einigen ihrer Grenzen. In: Haas, H. (Hg.): Technikfolgenabschätzung. Köln, S. 55-66

Jochem, E. (1986): Hilfen und Irrtümer beim Rückgriff des Prognostikers auf die Vergangenheit. In: Dierkes et al. 1986, S. 93-114

Joly, P. B., Rip, A.; Callon, M. (2009): Reinventing innovation. In: Rossum, W.; Steenge, B. (Hg.): Governance of Innovations, Cheltenham/UK, S. 63-81

Jonas, H. (1979): Das Prinzip Verantwortung. Versuch einer Ethik für die technologische Zivilisation. Frankfurt/M.

Jonas, H. (1993): Warum die Technik ein Gegenstand für die Ethik ist: fünf Gründe. In: Lenk/Ropohl 1993, S. 21-34

Joss, S.; Belucci, S. (Hg.) (2002): Participatory Technology Assessment – European Perspectives. London

Joss, S.; Durant, J. (Hg.) (1995): Public Participation in Science. Chippenham

Joy, B. (2000): Why the Future Does not Need Us. In: Wired Magazine, April, S. 238-263

Jungermann, H.; Slovic, P. (1993): Charakteristika individueller Risikowahrnehmung. In: Krohn, W.; Krücken, G. (Hg.): Riskante Technologien: Reflexion und Regulation. Frankfurt/M., S. 79-100

Jungk, R. (1977): Der Atomstaat. Vom Fortschritt in die Unmenschlichkeit. München

Jungk, R.; Müllert, N. (1997): Zukunftswerkstätten. Mit Phantasie gegen Routine und Resignation. München

Kamlah, W. (1973): Philosophische Anthropologie. Sprachkritische Grundlegung und Ethik. Mannheim

Karger, C., Wiedemann, P. (1994): Fallstricke und Stolpersteine in Aushandlungsprozessen. In: Claus, F.; Wiedemann, P. (Hg.): Umweltkonflikte. Vermittlungsverfahren zu ihrer Lösung. Taunusstein, S. 195-214

Keeney, R. L.; Renn, O.; von Winterfeldt, D.; Kotte, U. (1984): Die Wertbaumanalyse. München

Kemp, R.; Rotmans, J. (2004): Managing the Transition to Sustainable Mobility. In: Elzen, B.; Geels, F.; Green, K. (Hg.): System Innovation and the Transition to Sustainability: Theory, Evidence and Policy. Cheltenham/UK , S. 137-167

Klann, U.; Schulz, V. (2002): Großflächige Ökobilanzen – Anwendungen der umweltbezogenen Input-Output-Analyse. In: Stein, G. (Hg.): Umwelt und Technik im Gleichklang – Technikfolgenforschung und Systemanalyse in Deutschland. Berlin, S. 53-64

Kloepfer, M. (1998): Recht als Technikkontrolle und Technikermöglichung. In: GAIA 7, S. 127-133

Kloepfer, M. (2003): Technikgestaltung durch Recht. In: Grunwald, A. (Hg.): Technikgestaltung zwischen Wunsch und Wirklichkeit. Berlin u.a.O., S. 139-160

Klöpfer, W.; Grahl, B. (2009): Ökobilanz (LCA): ein Leitfaden für Ausbildung und Beruf. Weinheim

Klumpp, W. (1996): Technikgestaltung in der Telekommunikation: Interdisziplinäre Zukunftsgestaltung oder multimediale Zeitgeistdiskussion? In: Büllingen, F. (Hg.): Technikfolgenabschätzung und Technikgestaltung in der Telekommunikation. WIK, Bad Honnef, S. 29-45

Klüver, L. (1995): Consensus Conferences at the Danish Board of Technology. In: Joss/ Durant 1995, S. 41-52

Klüver, L. (2010): World Wide Views on Global Warming. Global Citizen Consultation – Global TA (in preparation)

Knapp, H.-G. (1978): Logik der Prognose. Freiburg, München

Knaus, A.; Renn, O. (1998): Den Gipfel vor Augen. Unterwegs in eine nachhaltige Zukunft, Marburg

Knie, A. (1994): Gemachte Technik. Zur Bedeutung von „Fahnenträgern", „Promotoren" und „Definitionsmacht" in der Technikgenese. In: Rammert/Bechmann 1994, S. 41-66

Knie, A. (1997): Technik als gesellschaftliche Konstruktion, Institutionen als soziale Maschinen – Perspektiven der Technikgestaltung. In: Dierkes 1997, S. 225-244

Köberle, S.; Gloede, F.; Hennen, L. (Hg.) (1997): Diskursive Verständigung? Mediation und Partizipation in Technikkontroversen. Baden-Baden

Kollek, R. (2005): From chance to choice? Selbstverhältnis und Verantwortung im Kontext biomedizinischer Körpertechniken. In: Bora et al. 2005, S. 79-90

Kopfmüller, J.; Brandl, V.; Jörissen, J.; Paetau, M.; Banse, G.; Coenen, R.; Grunwald, A. (2001): Nachhaltige Entwicklung integrativ betrachtet. Berlin

Kopfmüller, J.; Sardemann, G.; Achternbosch, M.; Kupsch, Chr.; Bräutigam, K.-R.; Hartlieb, N. (2005): Ressourcen- und Abfallmanagement für eine nachhaltige Entwicklung, dargestellt am Beispiel von Cadmium. In: Österreichische Wasser- und Abfallwirtschaft 57(2005)7/8, S. 119-128

Kornwachs, K. (1991a) (Hg.): Reichweite und Potential der Technikfolgenabschätzung. Stuttgart

Kornwachs, K. (1991b): Glanz und Elend der Technikfolgenabschätzung. In: Kornwachs 1991a, S. 1-22

Kowol, U.; Krohn, W. (1995): Innovationsnetzwerke. Ein Modell der Technikgenese. In: Jahrbuch Technik und Gesellschaft 8, S. 77-106

Krauch, H. (1970): Die organisierte Forschung. Neuwied

Krings, B.-J. (2003): Individualisierung der Arbeit. Neue Arbeitsstrukturen in der Informationsgesellschaft. In: Fischer, P.; Hubig, C.; Koslowski, P. (Hg.): Wirtschaftsethische Fragen der E-Economy. Heidelberg, S. 256-272

Krings, B.-J. (2007): Business as Usual? Gesellschaftliche Rahmenbedingungen der Technikentwicklung in modernen Gesellschaften. In: Technikfolgenabschätzung – Theorie und Praxis 16(2007)1, S. 18-25

Krings, B.-J.; Riehm, U. (2006): Die Nutzung und Nichtnutzung des Internets. Eine kritische Reflexion der Diskussion zum ‚Digital Divide'. In: Nicanor, U.; Metzner-Szigeth, A. (Hg.): Netzbasierte Kommunikation, Identität und Gemeinschaft. Berlin, S. 233-251

Krohn, W.; Rammert, W. (1985): Autonomer Prozess und industrielle Strategie. In: Lutz, B. (Hg.): Soziologie und gesellschaftliche Entwicklung. Frankfurt/M. S. 411-433

Krug, H. F.; Fleischer, T. (2007): Nanotechnologie – eine Bestandsaufnahme. In: umwelt – medizin – gesellschaft 20, S. 44-50

Krupp, H. (1982): Möglichkeiten der Abschätzung langfristiger wirtschaftlicher Konsequenzen von Technologien. In: Münsch, E.; Renn, O.; Roser, T. (Hg.): Technik auf dem Prüfstand. Essen, S. 89-97

Kuhlmann, S. (2009): Evaluation von Forschungs- und Innovationspolitik in Deutschland. In: Widmer, T.; Beywl, W.; Fabian, C. (Hg.): Evaluation. Ein systematisches Handbuch. Wiesbaden, S. 283-294

Kuhlmann, S.; Smits, R.; Shapira, P. (2009): Innovation Policy – Theory and Practice. An International Handbook. Cheltenham/UK

Langenbach, C.; Ulrich, O. (Hg.) (2001): Elektronische Signaturen. Heidelberg u.a.O.

Latour, B. (1995): Wir sind nie modern gewesen. Berlin

Latzer, M.; Schmitz, S.W. (2002): Die Ökonomie des eCommerce. New Economy, Digitale Ökonomie und realwirtschaftliche Auswirkungen. Marburg

Leggewie, C. (Hg.) (2007): Von der Politik- zur Gesellschaftsberatung. Neue Wege öffentlicher Konsultation. Frankfurt/M., New York

Leible, L.; Kälber, S.; Kappler, G.; Lange, S.; Nieke, E.; Proplesch, P.; Wintzer, D.; Fürniß, B. (2007): Kraftstoff, Strom und Wärme aus Stroh und Waldrestholz. Eine systemanalytische Untersuchung. Forschungszentrum Karlsruhe, FZKA 7170

Lenk, H.; Ropohl, G. (Hg.) (1993): Technik und Ethik. Stuttgart

Lenk, H. (1992): Zwischen Wissenschaft und Ethik. Frankfurt/M.

Leutzbach, W. (2000): Das Problem mit der Zukunft: wie sicher sind Voraussagen? Düsseldorf

Levidow, L. (1999): Democratizing Technology – or Technologizing Democracy? In: von Schomberg 1999, S. 51-70

Loew, T.; Ankele, K.; Braun, S.; Clausen, J. (2004): Bedeutung der CSR-Diskussion für Nachhaltigkeit und die Anforderungen an Unternehmen. Berlin

Lohrie, A. (2001): Standard für soziale Verantwortung. Erfahrungen mit dem SA 8000. In: Ökologisches Wirtschaften, Nr. 1, S. 13-14

Lorenzen, P. (1987): Lehrbuch der konstruktiven Wissenschaftstheorie. Mannheim

Lübbe, H. (Hg.) (1978): Fortschritt der Technik – gesellschaftliche und ökonomische Auswirkungen. Heidelberg.

Lübbe, W. (1997): Expertendilemmata – ein wissenschaftsethisches Problem? In: GAIA 6, S. 177-181

Ludwig, B. (2001): Management komplexer Systeme. Berlin

Luhmann, N. (1983): Legitimation durch Verfahren. Frankfurt/M.

Luhmann, N. (1984): Soziale Systeme. Frankfurt/M.

Luhmann, N. (1988): Die Wirtschaft der Gesellschaft. Frankfurt/M.

Luhmann, N. (1990): Die Wissenschaft der Gesellschaft. Frankfurt/M.

Luhmann, N. (1997): Die Gesellschaft der Gesellschaft. Frankfurt/M.

Lutz, B. (1991): Was sind Defizite von TA-Forschung? Drei einleitende Überlegungen. In: Albach, H.; Schade, D.; Sinn, H. (Hg.): Technikfolgenforschung und Technikfolgenabschätzung. Berlin, S. 65-79

Maasen, S.; Merz, M. (2006): TA-Swiss erweitert seinen Blick. Kultur- und sozialwissenschaftliche ausgerichtete Technologiefolgenabschätzung. Bern

Mai, M. (1999): Umsetzung von TA in der Politik. In: Bröchler et al. 1999, S. 343-350

Malanowski, N.; Krück, C.; Zweck, A. (2003): Technology Assessment in der Wirtschaft. Frankfurt/M., New York

Mambrey, P.; Paetau, M.; Tepper, A. (1995): Technikentwicklung durch Leitbilder. Neue Steuerungs- und Bewertungsinstrumente. Frankfurt/M.

Mappus, S. (Hg.) (2005): Erde 2.0 – Technologische Innovationen als Chance für eine nachhaltige Entwicklung. Berlin u.a.O.

Marcuse, J. (1967): Der eindimensionale Mensch. Neuwied

Martin, B. R.; Irvine, J. (1989): Research Foresight: Priority-Setting in Science. London

Martinsen, R. (1992): Theorien politischer Steuerung – auf der Suche nach dem Dritten Weg. In: Grimmer et al. 1992, S. 51-75

Martinsen, R. (2000): Angst als politische Kategorie. Überlegungen zum Verhältnis von Demokratie und Gentechnik. In: Martinsen/Simonis 2000, S. 53-69

Martinsen, R.; Simonis, G. (Hg.) (2000): Demokratie und Technik (k)eine Wahlverwandtschaft? Opladen

Marx, K.; Engels, F. (1959): Manifest der Kommunistischen Partei. In: Marx, K.; Engels, F.: Werke, Bd. 4, S. 459-493

Mayntz, R. (1987): Politische Steuerung und gesellschaftliche Steuerungsprobleme. In: Jahrbuch zur Staats- und Verwaltungswissenschaft 1. Baden-Baden, S. 89-104

Mayntz, R. (1994): Politikberatung und politische Entscheidungsstrukturen. Zu den Voraussetzungen des Politikberatungsmodells. In: Murswieck, A. (Hg.): Regieren und Politikberatung. Opladen, S. 17-30

Meadows, D.; Maedows, D; Randers, I.; Behrens,W. (1972): Die Grenzen des Wachstums. Bericht des Club of Rome zur Lage der Menschheit. Stuttgart

Mensch, G. (1981): Ist die technische Entwicklung ganz oder teilweise vorprogrammiert? In: Kruedener, J. v.; Schubert, K. v. (Hg.): Technikfolgen und Sozialer Wandel. Opladen, S. 103-128

Mensch, K.; Schmidt, J. (Hg.) (2003): Technik und Demokratie. Zwischen Expertokratie, Parlament und Bürgerbeteiligung. Opladen

Messner, D. (2003): Das ‚Global-Governance'-Konzept. Genese, Kernelemente und Forschungsperspektiven. In: Kopfmüller, J. (Hg.): Den globalen Wandel gestalten. Berlin, S. 243-267

Meyer, R.; Grunwald A.; Rösch, Ch.; Sauter, A. (2008): Chancen und Herausforderungen neuer Energiepflanzen – Basisanalysen. TAB-Arbeitsbericht Nr. 121, Berlin

Meyer-Abich, K.-M. (1976): Gesellschaftliche Rahmenbedingungen der Energieversorgung – Kriterien zur Technikfolgenabschätzung von Energieversorgungssystemen. Schriftenreihe des Instituts für Zukunftsforschung, Bd. 54. Berlin, S. 11-42

Meyer-Krahmer, F. (1999): Technikfolgenabschätzung im Kontext von Innovationsforschung und Globalisierung. In: Petermann/Coenen 1999, S. 197-216

Michelsen, G.; Godemann, J. (2005): Handbuch Nachhaltigkeitskommunikation. Grundlagen und Praxis. München

Minx, E.; Meyer, H. (1999): Umsetzung von TA in die Wirtschaft. In: Bröchler et al. 1999, S. 351-362

Minx, E.; Meyer, H. (2001): Produktfolgenabschätzung im Rahmen des Innovationsmanagements. In: TA-Datenbank-Nachrichten 10(2001)2, S. 39-45

Mitcham, C. (1994): Thinking through Technology. Chicago

Mittelstraß, J. (1998): Interdisziplinarität oder Transdisziplinarität? In: Mittelstraß, J. (Hg.): Die Häuser des Wissens. Frankfurt/M., S. 29-48

Mittelstraß, J. (2000): Die Angst und das Wissen – oder was leistet die Technikfolgenabschätzung? In: Gethmann-Siefert, A.; Gethmann, C. F. (Hg.): Philosophie und Technik. München, S. 25-42

Möst, D.; Fichtner, W.; Grunwald A. (Hg.) (2009): Energiesystemanalyse. Tagungsband: Universitätsverlag Karlsruhe

Müller, A.; Tulickas, E.; Wienhöfer, E. (1996): Vorläufige Bewertung des Verfahrens ‚Bürgerforum'. In: Wienhöfer, E. (Hg.): Bürgerforen als Verfahren der Technikfolgenbewertung. Arbeitsbericht der TA-Akademie Stuttgart, S. 115-128

Myhr, A. I.; Dalmo, R. A. (2007): Nanotechnology and Risk: What are the Issues? In: Allhoff, F.; Lin, P.; Moor, J.; Weckert, J. (Hg.): Nanoethics. The ethical and social implications of nanotechnology. New Jersey, S. 149-159

NAK – Nationale Akademie (2009): Konzept für ein integriertes Energieforschungsprogramm für Deutschland. Leipzig

Nelson, R.; Winter, S. (1977): In search of useful theory of innovation. In: Research Policy 6, S. 36-76

Nennen, H.-U. (2000): DISKURS. Begriff und Realisierung. Würzburg

Nennen, H.-U.; Garbe, D. (1996): Das Expertendilemma: zur Rolle wissenschaftlicher Gutachter in der öffentlichen Meinungsbildung. Heidelberg u.a.O.

Nentwich, M.; Bogner, A.; Peissl, W.; Sotoudeh, M.; Torgersen, H. (2006) TECHPOL 2.0: Awareness – Participation – Legitimität. Institut für Technikfolgen-Abschätzung, Wien

Nentwich, M.; Peissl, W. (Hg.) (2005): Technikfolgenabschätzung in der österreichischen Praxis. Wien

Nida-Rümelin, J. (1996): Risikoethik. In: Nida-Rümelin, J. (Hg.): Angewandte Ethik. Die Bereichsethiken und ihre theoretische Fundierung. Stuttgart, S. 863-887

Nitsch, J. (2003): Markteinführung nachhaltigerer Technik – regenerative Energieträger. In: Coenen/Grunwald 2003, S. 386-404

Nitsch, J.; Rösch, C. (2002): Perspektiven für die Nutzung regenerativer Energien. In: Grunwald, A.; Coenen, R.; Nitsch, J.; Sydow, A.; Wiedemann, P. (Hg.): Forschungswerkstatt Nachhaltigkeit. Berlin, S. 297-319

Nordmann, A. (2003): Shaping the World Atom by Atom: Eine nanowissenschaftliche Welt-Bildanalyse. In: Grunwald, A. (Hg.): Technikgestaltung zwischen Wunsch und Wirklichkeit. Berlin u.a.O., S. 192-203

Nordmann, A. (2007a): If and Then: A Critique of Speculative NanoEthics. In: Nanoethics 1, S. 31-46

Nowotny, H.; Scott, P.; Gibbons, M. (2001): Re-Thinking Science. Knowledge and the Public in an Age of Uncertainty. Polity, Cambridge u.a.O.

Nullmeier, C. (2007): Neue Konkurrenzen: Wissenschaft, Politikberatung und Medienöffentlichkeit. In: Leggewie 2007, S. 171-180

Oertel, D.; Fleischer, T. (2001): Brennstoffzellen-Technologie: Hoffnungsträger für den Klimaschutz. Technische, ökologische und ökonomische Aspekte ihres Einsatzes in Verkehr und Energiewirtschaft. Berlin

Offe, C. (Hg.) (2003): Demokratisierung der Demokratie. Diagnosen und Reformvorschläge. Frankfurt/M., New York

Oldemeyer, E. (1988): Wertekonflikt um die Technikakzeptanz. In: Bungard, W.; Lenk, H. (Hg.): Technikbewertung. Frankfurt/M., S. 33-45

Orwat, C. (2001): Buchhandel und Internet – Zur These der Disintermediation durch den elektronischen Handel. In: Grunwald, A. (Hg.): Jahrbuch des Instituts für Technikfolgenabschätzung und Systemanalyse 1999/2000, S. 42-62

Orwat, C.; Graefe, A.; Faulwasser, T. (2008): Towards pervasive computing in health care – a literature review. BMC Medical Informatics and Decision Making, Vol. 8

Orwat, C.; Grunwald, A. (2005): Informations- und Kommunikationstechnologien und Nachhaltige Entwicklung. In: Mappus 2005, S. 242-276.

Ott, K. (1996): Technik und Ethik. In: Nida-Rümelin, J. (Hg.): Angewandte Ethik. Die Bereichsethiken und ihre theoretische Fundierung. Stuttgart, S 652-717

Ott, K.; Döring, R. (2004): Theorie und Praxis starker Nachhaltigkeit. Marburg

Paschen, H. (1975): Technology Assessment als partizipatorischer und argumentativer Prozess. In: Haas, H. (Hg.): Technikfolgen-Abschätzung. München, Wien, S. 45-54

Paschen, H.; Coenen, C.; Fleischer, T.; Grünwald, R.; Oertel, D.; Revermann, C. (2004): Nanotechnologie. Forschung und Anwendungen. Berlin u.a.O.

Paschen, H.; Coenen, R.; Gloede, F.; Sardemann, G.; Tangen, H. (1992a): Technikfolgenabschätzung zum Raumtransportsystem ‚Sänger'. TAB-Arbeitsbericht. Bonn

Paschen, H.; Bechmann, G.; Coenen, R.; Franz, P.; Petermann, T.; Schevitz, J.; Wingert, B. (1992b): Zur Umsetzungsproblematik bei der Technologiefolgenabschätzung. In: Petermann 1992, S. 151-185

Paschen, H.; Gresser, K.; Conrad, S. (1978): Technology Assessment: Technologiefolgenabschätzung. Ziele, methodische und organisatorische Probleme, Anwendungen. Frankfurt/M.

Paschen, H.; Oertel, D.; Grünwald, R. (2003): Möglichkeiten geothermischer Stromerzeugung in Deutschland. TAB-Arbeitsbericht Nr. 84, Berlin

Paschen, H.; Petermann, Th. (1992): Technikfolgenabschätzung – ein strategisches Rahmenkonzept für die Analyse und Bewertung von Technikfolgen. In: Petermann 1992, S. 19-42

Peissl, W. (1999): Parlamentarische Technikfolgen-Abschätzung in Europa. In: Bröchler et al. 1999, S. 469-478

Pereira, A. G.; Schomberg, R. von; Funtowicz, S. (2007): Foresight Knowledge Assessment. In: International Journal on Foresight and Innovation Policy 3, S. 53-75

Perleth, M.; Wild, C. (2001): Health Technology Assessment – eine Einführung. In: TA-Datenbank-Nachrichten 10(2001)1, S. 6-12

Perrow, C. (1987): Normale Katastrophen. Die unvermeidbaren Risiken der Großtechnik. Frankfurt/M.

Petermann, T. (Hg.) (1992): Technikfolgen-Abschätzung als Technikforschung und Politikberatung. Frankfurt/M.

Petermann, T. (1999): Technikfolgen-Abschätzung – Konstituierung und Ausdifferenzierung eines Leitbilds. In: Bröchler et al. 1999, S. 17-52

Petermann, T. (2005): Das TAB – Eine Denkwerkstatt für das Parlament. In: Petermann/ Grunwald 2005, S. 14-65

Petermann, T.; Coenen, R. (Hg.) (1999): Technikfolgenabschätzung in Deutschland. Bilanz und Perspektiven. Frankfurt/M.

Petermann, T.; Grunwald, A. (Hg.) (2005): Technikfolgen-Abschätzung am Deutschen Bundestag. Berlin

Petermann, T.; Scherz, C. (2005): Parlamentarische TA-Einrichtungen in Europa als reflexive Institutionen. In: Petermann/Grunwald 2005, S. 213-239

Peters, H. P. (1995): Massenmedien und Technikakzeptanz. Inhalte und Wirkungen der Medienberichterstattung über Technik, Umwelt und Risiken. Arbeiten zur Risiko-Kommunikation 50. Jülich: Forschungszentrum Jülich

Peters, H.-P.; Brossard, D.; de Cheveigné, S.; Dunwoody, S.; Kallfass, M.; Miller, S.; Tsuchida, S. (2008): Science-media interface: It's time to reconsider. In: Science Communication 30/2, S. 266-276

Picht, G. (1971): Prognose Utopie Planung. Stuttgart

Popp, M. (2005): Die zukünftige Rolle von ITAS im Forschungszentrum und in der Helmholtz-Gemeinschaft. In: Technikfolgenabschätzung – Theorie und Praxis 14(2005)3, S. 89-92

Rader, M. (2002): Synthesis of Technology Assessment. In: Tübke, A.; Ducatel, K.; Gavigan, J. P.; Moncada-Paternò-Castello, P. (Hg.): Strategic Policy Intelligence: Current Trends, the State of Play and Perspectives. Sevilla, S. 27-37

Radkau, J. (1989): Technik in Deutschland. Vom 18. Jahrhundert bis zur Gegenwart. Frankfurt/M.

Rammert, W. (1994): Modelle der Technikgenese. Von der Macht und Gemachtheit technischer Sachen in unserer Gesellschaft. In: Jahrbuch Arbeit und Technik 1994. Bonn, S. 3-12

Rammert, W.; Bechmann, G. (Hg.) (1994): Konstruktion und Evolution von Technik. In: Jahrbuch Technik und Gesellschaft 7. Frankfurt/M.

Rammert, W.; Schulz-Schaeffer, I. (Hg.) (2002): Können Maschinen handeln? Soziologische Beiträge zum Verhältnis von Mensch und Technik. Frankfurt/M., New York

Rapp, F. (1978): Analytische Technikphilosophie. Freiburg

Rapp, F. (1994): Dynamik der modernen Welt. Einführung in die Technikphilosophie. Frankfurt/M.

Rapp, F. (Hg.) (1999): Normative Technikbewertung. Wertprobleme der Technik und die Erfahrungen mit der VDI-Richtlinie 3780. Düsseldorf

Renn, O. (1991): Risikowahrnehmung und Risikobewertung: Soziale Perzeption und gesellschaftliche Konflikte. In: Chakraberty, S.; Yadigarolu, G. (Hg.): Ganzheitliche Risikobetrachtung. Köln, S. 06-1 bis 06-62

Renn, O. (1994): Politische Entscheidungen und die Multidimensionalität von Technikfolgenabschätzung – ein unaufhebbares Dilemma? In: Grunwald/Sax 1994, S. 105-124

Renn, O. (1996): Kann man die technische Zukunft voraussagen? In: Pinkau, K.; Stahlberg, C. (Hg.): Technologiepolitik in demokratischen Gesellschaften. Stuttgart, S. 23-51

Renn, O. (1998): Die Austragung öffentlicher Konflikte um chemische Produkte oder Produktionsverfahren – eine soziologische Analyse. In: Renn, O.; Hampel, J. (Hg.): Kommunikation und Konflikt. Fallbeispiele aus der Chemie. Würzburg, S. 34-76

Renn, O. (1999a): Methodische Vorgehensweisen in der TA. In: Bröchler et al. 1999, S. 609-615

Renn, O. (1999b): Die Wertbaumanalyse. In: Bröchler et al. 1999, S. 617-624

Renn, O.; Kastenholz, H.; Schild, P.; Wilhelm, U. (Hg.) (1998): Abfallpolitik im kooperativen Diskurs. Zürich

Renn, O.; Roco, M. C. (2006): The Risk Governance of Nanotechnology. In: Journal of Nanoparticle Research 8(2), S. 153-191

Renn, O.; Schweizer, P.-J.; Dreyer, M.; Klinke, A. (2008): Risiko. Über den gesellschaftlichen Umgang mit Unsicherheit. München

Renn, O.; Webler, T. (1998): Der kooperative Diskurs – Theoretische Grundlagen, Anforderungen, Möglichkeiten. In: Renn et al. 1998, S. 3-103

Renn, O.; Zwick, M. M. (1997): Risiko- und Technikakzeptanz. Heidelberg u.a.O.

Rescher, N. (1988): Rationality. Cambridge

Revermann, C. (2003): Risiko Mobilfunk. Berlin

Riehm, U.; Orwat, C. (2001): E-Commerce-Politik: Warum, Was, Wie, Wann und Wer? In: TA-Datenbank-Nachrichten 10(2001)4, S. 3-11

Rip, A. (2007): Die Verzahnung von technologischen und sozialen Determinismen und die Ambivalenzen von Handlungsträgerschaft im ‚Constructive Technology Assessment'. In Dolata/Werle 2007, S. 83-106

Rip, A. (2009): Futures of ELSA. In: EMBO Reports 10, S. 666-670

Rip, A.; Misa, T.; Schot, J. (Hg.) (1995): Managing Technology in Society. London

Rip, A.; Swierstra, T. (2007): Nano-ethics as NEST-ethics: Patterns of Moral Argumentation About New and Emerging Science and Technology. In: NanoEthics 1, S. 3-20

Roco, M. C.; Bainbridge, W. S. (Hg.) (2002): Converging Technologies for Improving Human Performance. Arlington/Virginia

Rogall, H. (2009): Nachhaltige Ökonomie. Ökonomische Theorie und Praxis einer nachhaltigen Entwicklung. Marburg

Rohbeck, J. (1993): Technologische Urteilskraft. Zu einer Ethik technischen Handelns. Frankfurt/M.

Rohr, M. (1999): Die Akademie für Technikfolgenabschätzung in Baden-Württemberg. In: Bröchler et al. 1999, S. 487-494

Ropohl, G. (1982): Kritik des technologischen Determinismus. In: Rapp, F.; Durbin, P. T. (Hg.): Technikphilosophie in der Diskussion. Braunschweig, S. 3-18

Ropohl, G. (1995): Die Dynamik der Technik und die Trägheit der Vernunft. In: Lenk, H.; Porser, H. (Hg.): Neue Realitäten – Herausforderung der Philosophie. Berlin, S. 477-495

Ropohl, G. (1996): Ethik und Technikbewertung. Frankfurt/M.

Ropohl, G. (1979/1999): Allgemeine Technologie. Eine Systemtheorie der Technik. München (1999). Erstfassung: Eine Systemtheorie der Technik. Frankfurt/M. (1979)

Ropohl, G. (2002): Wider die Entdinglichung im Technikverständnis. In: Abel, G.; Engfer, H. J.; Hubig, C. (Hg.): Neuzeitliches Denken. New York, S. 141-156

Ropohl, G. (Hg.) (2001): Erträge der Interdisziplinären Technikforschung. Eine Bilanz nach 20 Jahren. Berlin

Rösch, C.; Skarka, J.; Raab, K.; Stelzer, V. (2009): Energy production from grassland – Assessing the sustainability of different process chains under German conditions. In: Biomass & Bioenergy 33(2009)4, S. 689-700

Roßnagel, A. (1984): Radioaktiver Zerfall der Grundrechte? Zur Verfassungsverträglichkeit der Kernenergie. München

Roßnagel, A. (2001): Rechtwissenschaft. In: Ropohl 2001, S. 195-214

Royal Society (2004): Nanoscience and Nanotechnologies: Opportunities and Uncertainties, London

Rubik, F. (1999): Ökobilanzen von Produkten. In: Bröchler et al. 1999, S. 625-633

Sachsse, H. (1972): Die Verantwortung des Ingenieurs. Düsseldorf

Saretzki, T. (2007): ... address unknown? Was heißt „Gesellschaftsberatung“ und was folgt daraus für Wissenschaft und Demokratie? In: Leggewie 2007, S. 161-180

Schaper-Rinkel, P. (2003): Die europäische Informationsgesellschaft. Münster

Schaper-Rinkel, P. (2007): Governance der Nanotechnologie: TA in der globalen Diskursordnung. In: Bora et al. 2007, S. 221-228

Schellnhuber, H.-J.; Wenzel, V. (Hg.) (1999): Earth Systems Analysis. Integrating Science for Sustainability. Heidelberg u.a.O.

Schelsky, H. (1961): Demokratischer Staat und moderne Technik. Atomzeitalter 5, S. 99-102

Schepelmann, P.; Ritthoff, M.; Jeswani, H.; Azapagic, A.; Suomalainen, K. (2009): Options for deepening and broadening LCA. CALCAS – Co-ordination Action for innovation in Life-Cycle Analysis for Sustainability. Brüssel u.a.O.

Scherhorn, G.; Weber, C. (Hg.) (2002): Nachhaltiger Konsum. Auf dem Weg zur gesellschaftlichen Verankerung. München

Schippl, J.; Grunwald, A.; Hartlieb, N.; Jörissen, J.; Mielicke, U.; Parodi, O.; Stelzer, V.; Weinberger, N.; Dieckhoff, Chr. (2009): Roadmap Umwelttechnologien 2020 – Endbericht. Karlsruhe

Schmid, G.; Ernst, H.; Grünwald, W.; Grunwald, A.; Hofmann, H.; Janich, P.; Krug, H.; Mayor, M.; Rathgeber, W.; Simon, B.; Vogel, V.; Wyrwa, D. (2006): Nanotechnology – Perspectives and Assessment. Berlin u.a.O.

Schmidt, J. C. (2008): Unbestimmtheitssignaturen der Nanotechnologie. In: Köchy, K.; Norwig, N.; Hofmeister, G. (Hg.): Nanobiotechnologien. Philosophische, anthropologische und ethische Fragen. Freiburg, S. 47-66

Schmitt, C. (1934): Politische Theologie (2. Aufl.). München, Leipzig

Schneeweiß, Ch. (1991): Planung 1. Systemtheoretische und entscheidungstheoretische Grundlagen. Heidelberg

Schneidewind, U. (2000): Nachhaltige Informationsgesellschaft – eine institutionelle Annäherung. In: Schneidewind, U.; Truscheit, A.; Steingräber, G. (Hg.): Nachhaltige Informationsgesellschaft. Marburg, S. 15-35

Schot, W. (1992): Constructive Technology Assessment and Technology Dynamics: The Case of Clean Technologies. In: Science, Technology and Human Values 17, S. 36-56

Schot, J.; Rip, A. (1997): The Past and Future of Constructive Technology Assessment. In: Technological Forecasting and Social Change 54, S. 251-268

Schröder, M.; Claussen, M.; Grunwald, A.; Hense, A.; Klepper, G.; Lingner, S.; Ott, K.; Schmitt, D.; Sprinz, D (2002): Klimavorhersage und Klimavorsorge. Berlin

Schuchardt, W.; Wolf, R. (1990): Technikfolgenabschätzung und Technikbewertung: Möglichkeiten und Schwierigkeiten von Technikkontrolle und Technikregulierung. In: Ropohl, G.; Schuchardt, W.; Wolf, R. (Hg.): Schlüsseltexte der Technikbewertung, Düsseldorf, S. 174-192

Schumpeter, J. (1934/1993): Theorie der wirtschaftlichen Entwicklung. Berlin

Schwarz, M. (1992): Technology and Society: Dilemmas of the Technological Culture. Technology and Democracy, Proceedings of the 3rd European Congress on Technology Assessment. Copenhagen, S. 30-44

Schwarz, M.; Thompson, M. (1990): Divided We Stand. Hassocks

Schwemmer, O. (1976): Theorie der rationalen Erklärung. München

Selin, C. (2006): Trust and the illusive force of scenarios. In: Futures 38, S. 1-14

Shrader-Frechette, K. S. (1991): Risk and Rationality. Philosophical Foundations for Populist Reforms. Berkeley

Simonis, G. (1992): Forschungsstrategische Überlegungen zur politischen Techniksteuerung. In: Grimmer et al. 1992, S. 13-50

Simonis, G. (1999): Sozialverträglichkeit. In: Bröchler et al. 1999, S. 105-118

Simonis, G.; Martinsen, R.; Saretzki, T. (Hg.) (2001): Politik und Technik: Analysen zum Verhältnis von technologischem, politischem und staatlichem Wandel am Anfang des 21. Jahrhunderts. Wiesbaden

Siune, K.; Markus, E.; Calloni, M.; Felt, U.; Gorski, A.; Grunwald, A.; Rip, A.; de Semir, V.; Wyatt, S. (2009): Challenging Futures of Science in Society. Report of the MASIS Expert Group. Brussels, European Commission

Skorupinski, B.; Ott, K. (2000): Ethik und Technikfolgenabschätzung. Zürich

Slovic, P. (1993): Perceived risk, trust, and democracy. In: Risk Analysis 13, S. 675-682

Smits, R. (1992): Technikfolgenabschätzung in den Niederlanden. In: Petermann 1992, S. 253-270

Smits, R.; Leyten, J. (1991): Technology Assessment. Watchdog or Tracker? Kerkebosch/ Zeist

Smits, R.; Leyten, J.; den Hertog, P. (1995): Technology Assessment and Technology Policy in Europe. In: Policy Sciences, 28, S. 272-299

Smits, R.; den Hertog, P. (2007): TA and the management of innovation in economy and society. In: International Journal on Foresight and Innovation Policy 3, S. 28-52

SPP – Science and Public Policy (2003): Schwerpunktheft zum Thema „Democratizing Expertise“ Band 30(2003)3

Statistisches Bundesamt (1998): Umweltökonomische Gesamtrechnungen, Fachserie 19, Reihe 5: Material- und Energieflussrechnungen. Stuttgart

Staudt, E. (1996): Forschungs- und Technologiepolitik. In: Steger, U. (Hg.): Globalisierung der Wirtschaft: Konsequenzen für Arbeit, Technik und Umwelt. Berlin, S. 133-143

Staudt, E.; Merker, R. (2001): Betriebswirtschaftliche Theoriebildung im Spannungsfeld von Organisation und Technik. In: Ropohl 2001, S. 125-144

Stehr, N. (2003): Wissenspolitik. Frankfurt/M.

Stein, G. (Hg.) (2003): Umwelt und Technik im Gleichklang – Technikfolgenforschung und Systemanalyse in Deutschland. Berlin

Steinmüller, K.; Tacke, K.; Tschiedel, R. (1999): Innovationsorientierte Technikfolgenabschätzung. In: Bröchler et al. 1999, S. 129-147

Suzuki, T. (2010): Prospects for TA in Japan (in preparation)

TAB-Brief (2009): Thema ‚20 Jahre TAB‘, TAB-Brief Nr. 36

Tacke, K. (1999): Planungswerkstatt. In: Bröchler et al. 1999, S. 679-686

TADN – Schwerpunktheft ‚Technikfolgenabschätzung und Industrie‘ (2001): In: TA-Datenbank-Nachrichten 10(2001)2

TA-Swiss (2008): Beschreibungen der Ansätze und Methoden auf der Homepage (http://www.ta-swiss.ch/)

TATuP (2005): Schwerpunktheft ‚Technikakzeptanz als Gegenstand wissenschaftlicher und politischer Diskussion‘. Technikfolgenabschätzung – Theorie und Praxis 14(2005)3

TATuP (2007a): Schwerpunktheft ‚Auf dem Weg zu einer Theorie der Technikfolgenabschätzung: der Einstieg‘. In: Technikfolgenabschätzung – Theorie und Praxis 16(2007)1

TATuP (2007b): Schwerpunktheft ‚Lebenszyklusanalysen in der Nachhaltigkeitsbewertung‘. Technikfolgenabschätzung – Theorie und Praxis 16(2007)3

TATuP (2009): Schwerpunktheft ‚Technikfolgenabschätzung und Bildung‘. Technikfolgenabschätzung – Theorie und Praxis 18(2009)3

TATuP (2010): Schwerpunktheft ‚Climate Engineering – wissenschaftliche und gesellschaftliche Fragen‘. Technikfolgenabschätzung – Theorie und Praxis 19(2010)2

Tenbruck, F. H. (1972): Zur Kritik der planenden Vernunft. Freiburg, München

Toffler, A.; Toffler, H. (1984): Creating a new civilisation. The politics of the third wave. Atlanta

Tschiedel, R. (1999): Objektinterview. In: Bröchler et al. 1999, S. 687-696

Unger, S. H. (1994): Controlling Technology. Ethics and the Responsible Engineer. New York

United States Senate (1972): Technology Assessment Act of 1972. Report of the Committee on Rules and Administration, 13 Sept. 1972. Washington/D.C.

Urban, P. (1973): Zur wissenschaftstheoretischen Problematik zeitraumüberwindender Prognosen. Köln

van Eijndhoven, J. (1997): Technology Assessment: Product or Process? In: Technological Forecasting and Social Change 54, S. 269-286

van Est, R.; van Eijndhoven, J. (1999): Parliamentary Technology Assessment at the Rathenau Institute. In: Bröchler et al. 1999, S. 427-436

van Gunsteren, H. R. (1976): The Quest for Control: A critique of the rational-central-rule approach in public affairs. London

van Lente, H. (1993): Promising Technology. The Dynamics of Expectations in Technological Developments. Delft

van Merkerk, R. (2007): Intervening in Emerging Technologies – A CTA of Lab-on-a-chip technology, Nederlandse Geografische Studies, Utrecht

VCI – Verband der chemischen Industrie (1994): Technikfolgenabschätzung – die Position der chemischen Industrie. Positionspapier. Frankfurt/M.

VDI – Verein Deutscher Ingenieure (1991): Richtlinie 3780 Technikbewertung, Begriffe und Grundlagen. Düsseldorf

VDI – Verein Deutscher Ingenieure (1996): Entscheidungsprozesse im Spannungsverhältnis Technik – Gesellschaft – Politik. Report 25, Düsseldorf

VDI – Verein Deutscher Ingenieure (1997): Technikaufgeschlossenheit. Pragmatische Maßnahmen. Zukünftige Technologien, Bd. 22. Düsseldorf

VDI – Verein Deutscher Ingenieure (2000): Ethische Ingenieurverantwortung – Handlungsspielräume und Perspektiven der Kodifizierung. VDI-Report 31, Düsseldorf

Vig, N.; Paschen, H. (Hg.) (1999): Parliaments and Technology Assessment. The Development of Technology Assessment in Europe. Albany/USA

von Gleich, A. (1999): Vorsorgeprinzip. In: Bröchler et al. 1999, S. 287-294

von Gleich, A.; Petschow, U.; Steinfeldt, M. (2007a): Nachhaltigkeitspotenziale und Risiken von Nanotechnologien – Erkenntnisse aus der prospektiven Technikbewertung und Ansätze zur Gestaltung. In: Gazsó et al. 2007, S. 61-82

von Gleich, A.; Pade, C.; Petschow, U.; Pissarskoi, E. (2007b): Bionik. Aktuelle Trends und zukünftige Potentiale. Bremen

von Schomberg, R. (2005) The Precautionary Principle and its normative challenges. In: Fisher, E.; Jones, J.; von Schomberg, R. (Hg.): The precautionary principle and public policy decision making, Cheltenham/UK, S. 161-175

von Schomberg, R. (2007): From the ethics of technology towards an ethics of knowledge policy & knowledge assessment. European Commission Services, EUR 2429, Brüssel

von Schomberg, R. (Hg.) (1999): Democratizing Technology. Theory and Practice of a Deliberative Technology Policy. Hengelo

Vorwerk, V. (1999): Mediation. In: Bröchler et al. 1999, S. 705-712

Voss, A. (2000): Energiesysteme und das Leitbild der Nachhaltigen Entwicklung. In: Wolfrum, J.; Wittig, S. (Hg.): Energie und Umwelt. Berlin u.a.O., S. 225-237

Voss, J.-P.; Bauknecht, D.; Kemp, R. (Hg.) (2006): Reflexive Governance for Sustainable Development. Cheltenham/UK

Wagner-Döbler, R. (1989): Das Dilemma der Technikkontrolle. Berlin

WBGU – Wissenschaftlicher Beirat Globale Umweltveränderungen (1996): Welt im Wandel. Herausforderungen an die deutsche Wissenschaft. Jahresgutachten 1996, Berlin u.a.O.

Weaver, P.; Jansen, L.; van Grootveld, G.; van Spiegel, E.; Vergragt, P. (2000): Sustainable Technology Development. Sheffield

Weber, J.; Hoffmann, D.; Kehrmann, T.; Schäffer, U. (1999): Technology Assessment – eine Managementperspektive. Wiesbaden

Weber, M.; Dorda, A. (1999): Strategisches Nischen-Management: ein Instrument für die Markteinführung von neuen Verkehrstechnologien und -konzepten. In: IPTS Report 31, Sevilla

Weckert, J.; Moor, J. (2007): The Precautionary Principle in Nanotechnology. In: Allhoff, F.; Lin, P.; Moor, J.; Weckert, J. (Hg.): Nanoethics – The Ethical and Social Implications of Nanotechnology. New Jersey, S. 133-146.

Weingart, P. (Hg.) (1989): Technik als sozialer Prozess. Frankfurt/M.

Weingart, P.; Lentsch J. (2008): Wissen Beraten Entscheiden. Form und Funktion wissenschaftlicher Politikberatung in Deutschland, Velbrück

Weizsäcker, E. von; Lovins, A.; Lovins, H. (1995): Faktor vier: Doppelter Wohlstand – halbierter Naturverbrauch. Der neue Bericht an den Club of Rome. München

Wennrich, C. (1999): STOA – Die TA-Einrichtung des Europäischen Parlamentes. In: Bröchler et al. 1999, S. 529-534

Westphalen, Graf R. von (1997): Technikfolgenabschätzung als politische Aufgabe (3. Aufl.). München

Weyer, J. (1994a) (Hg.): Theorie und Praktiken der Technikfolgenabschätzung. Wien

Weyer, J. (1994b): Wissenschaftstheoretische Implikationen des Praktisch-Werdens der sozialwissenschaftlichen Technikfolgenabschätzung. In: Weyer 1994a, S. 7-14

Weyer, J. (1997a): Konturen einer netzwerktheoretischen Techniksoziologie. In: Weyer et al. 1997, S. 23-52

Weyer, J. (1997b): Weder Ordnung noch Chaos. Die Theorie sozialer Netzwerke zwischen Institutionalismus und Selbstorganisationstheorie. In: Weyer et al. 1997, S. 53-100

Weyer, J. (1997c): Partizipative Technikgestaltung. Perspektiven einer neuen Forschungs- und Technologiepolitik. In: Weyer et al. 1997, S. 329-346

Weyer, J. (1999): Wernher von Braun. Reinbek

Weyer, J.; Kirchner, U.; Riedl, L.; Schmidt, J. F. K. (1997): Technik, die Gesellschaft schafft. Soziale Netzwerke als Ort der Technikgenese. Berlin

Wiedemann, P. (2010): Vorsorgeprinzip und Risikoängste. Zur Risikowahrnehmung des Mobilfunks. Wiesbaden

Wiedemann, P.; Claus, F. (Hg.) (1994): Umweltkonflikte: Vermittlungsverfahren zu ihrer Lösung. Taunusstein

Wiedemann, P.; Schütz, H. (Hg.) (2008): The Role of Evidence in Risk Characterization. Making Sense of Conflicting Data. Weinheim

Williamson, R. A. (1994): Space Policy at the Office of Technoloy Assessment. In: Grunwald/Sax 1994, S. 211-225

Willke, H. (1983): Entzauberung des Staates. Überlegungen zu einer gesellschaftlichen Steuerungstheorie. Königstein/Ts.

Winner, L. (1982): Autonomous Technology. Technics-out-of-Control as a Theme in Political Thought. Cambridge

Wolf, R. (1992): Techniksteuerung durch Recht – Vorüberlegungen zu einem forschungspolitischen Desiderat. In: Grimmer et al. 1992, S. 75-93

Wörle-Knirsch, J. M.; Krug, H. F. (2007): Risikoforschung und toxikologische Bewertung von Nanomaterialen. In: Gazsó et al. 2007, S. 101-114

Wynne, B. (1995) Technology Assessment and Reflexive Social Learning: Observations from the Risk Field. In: Rip et al. 1995, S. 19-36

Yoshinaka, Y.; Clausen, C. ; Hansen, A. (2003): The Social Shaping of Technology: A New Space for Politics? In: Grunwald, A. (Hg.): Technikgestaltung – Wunsch oder Wirklichkeit? Berlin, S. 117-131

Zillessen, H. (Hg.) (1998): Mediation. Kooperatives Konfliktmanagement in der Umweltpolitik. Opladen

Zimmerli, W. Ch. (1982): Prognose und Wert: Grenzen einer Philosophie des „Technology assessment“. In: Rapp, F.; Durbin, P. T. (Hg.): Technikphilosophie in der Diskussion. Braunschweig, S. 139-152

Zweck, A. (1999): Technologiefrüherkennung. Ein Instrument zwischen Technikfolgenabschätzung und Technologiemanagement. In: Bröchler et al. 1999, S. 155-163

Verzeichnis der Abkürzungen

AkEnd	Arbeitskreis Auswahlverfahren Endlagerstandorte
BDI	Bundesverband der Deutschen Industrie
BMBF	Bundesministerium für Bildung und Forschung
CTA	Constructive Technology Assessment
EHS	Environment, health and safety
ELSI	Ethical, legal and social implications
EPTA	European Parliamentary Technology Assessment Network
ETAG	European Technology Assessment Group
GMO	Genetisch verändete Organismen
HGF	Hermann von Helmholtz-Gemeinschaft Deutscher Forschungszentren
HTA	Health Technology Assessment
IKT	Informations- und Kommunikationstechnologien
ISI	Fraunhofer-Institut für System- und Innovationsforschung
ITA	Innovations- und Technikanalyse
ITAS	Institut für Technikfolgenabschätzung und Systemanalyse
LCA	Life Cycle Assessment
OTA	Office of Technology Assessment
PID	Präimplantationsdiagnostik
SCOT	Social Construction of Technology
STOA	Scientific and Technological Options Assessment
STS	Science, Technology and Society
TA	Technikfolgenabschätzung
TAB	Büro für Technikfolgen-Abschätzung beim Deutschen Bundestag
TAMI	Technology Assessment – Method and Impact
VDI	Verein Deutscher Ingenieure

– bitte beachten Sie auch die folgende Seite –

Zeitfracht Medien GmbH
Ferdinand-Jühlke-Straße 7
99095 Erfurt, Deutschland
produktsicherheit@kolibri360.de